全国水利类高职高专教育统编教材

浙江省"十一五"重点教材建设项目

水利工程施工技术与组织

（第二版）

主　编　董邑宁

副主编　彭晓兰　单长河

U0294074

中国水利水电出版社
www.waterpub.com.cn

内 容 提 要

　　本教材是在 2005 年 8 月第 1 版《水利工程施工技术与组织》(全国水利类高职高专教育统编教材)的基础上修订的,全书对于原有的内容作了增删及修改。全书除绪论外,共分 10 章,包括导流工程、爆破工程、土石方工程、混凝土结构工程、吊装工程、灌浆工程、土石建筑物施工、渠道及渠系建筑施工、施工组织与计划、施工管理等内容。

　　本教材可作为高职高专水利水电建筑工程、水利工程、水利工程施工技术、水利工程监理、水利水电工程管理等专业的教材及相关专业的教学参考书,也可供从事水利水电工程建设的专业技术人员、管理人员参考。

图书在版编目 (CIP) 数据

　　水利工程施工技术与组织/董邑宁主编 . —2 版
—北京:中国水利水电出版社,2010.12 (2017.7 重印)
　　全国水利类高职高专教育统编教材、浙江省"十一五"
重点教材建设项目
　　ISBN 978 - 7 - 5084 - 8078 - 7

　　Ⅰ.①水… Ⅱ.①董… Ⅲ.①水利工程-工程施工-施工技术-高等学校:技术学校-教材②水利工程-工程施工-施工组织-高等学校:技术学校-教材 Ⅳ.①TV5

　　中国版本图书馆 CIP 数据核字 (2010) 第 236068 号

书　　名	全国水利类高职高专教育统编教材 浙江省"十一五"重点教材建设项目 **水利工程施工技术与组织 (第二版)**
作　　者	主编　董邑宁　　副主编　彭晓兰　单长河
出版发行	中国水利水电出版社 (北京市海淀区玉渊潭南路 1 号 D 座　100038) 网址:www. waterpub. com. cn E - mail:sales@waterpub. com. cn 电话:(010) 68367658 (营销中心)
经　　售	北京科水图书销售中心 (零售) 电话:(010) 88383994、63202643、68545874 全国各地新华书店和相关出版物销售网点
排　　版	中国水利水电出版社微机排版中心
印　　刷	北京瑞斯通印务发展有限公司
规　　格	184mm×260mm　16 开本　23.75 印张　563 千字
版　　次	2005 年 8 月第 1 版　2005 年 8 月第 1 次印刷 2010 年 12 月第 2 版　2017 年 7 月第 9 次印刷
印　　数	24501—27000 册
定　　价	**48.00 元**

第二版前言

本教材是浙江省"十一五"重点教材建设项目。教材编写组针对水利高等职业教育的发展，结合职业岗位（群）的任职要求，以高素质技能人才能力培养为主线，构建课程教学内容的知识点和技能点，力求突出实用性、针对性。同时，教学内容融入国家及地方有关水利工程规范、规程及标准，充分体现工学结合的人才培养思路。结合工程实际与应用，吸收了水利水电工程施工技术与组织管理的新理论、新方法、新设备、新工艺，并在2005年8月第1版《水利工程施工技术与组织》（全国水利类高职高专教育统编教材）的基础上，认真听取行业企业专家及工程技术人员的意见，对有关章节进行了调整、删减和补充。

参加教材编写（修订）人员有浙江水利水电专科学校董邑宁、陈斌、王玉强、潘迎春，浙江同济科技职业学院彭晓兰，浙江省正邦水电建设有限公司张美娟及南昌工程学院王美生、河北工程技术高等专科学校单长河、广东水利电力职业技术学院黄亚梅。具体分工如下：绪论、第6章和第10章由董邑宁编写；第1章由陈斌、单长河编写；第2章由彭晓兰、王美生编写。第3章由张美娟、单长河编写；第4章由王玉强、单长河编写；第5章由张美娟、黄亚梅编写；第7章由彭晓兰、黄亚梅编写；第8章由王玉强、黄亚梅编写；第9章由潘迎春、王美生编写。本教材由董邑宁教授任主编，彭晓兰、单长河任副主编，王英华教授主审。

由于编者水平有限，书中难免存在错误和不妥之处，热切希望批评和指正。

编　者

2010 年 11 月

第一版前言

　　本教材是根据国家教育部高等学校水利学科教学指导委员会高职高专教学组关于突出高职高专教材特色的精神而编写的。内容力求突出实用性、针对性和通用性，以适应水利水电建设管理体制改革和现代水利施工的要求。

　　本教材第一部分主要介绍施工导流、土方工程、爆破工程、混凝土结构工程、吊装工程、灌浆工程，并有针对性地介绍了几种水工建筑物的施工方法和技术要求；第二部分从工程施工与管理的角度主要介绍施工组织与计划、施工组织管理等内容。结合工程实际与应用，着重阐述水利工程施工的基本原理和基本方法，力求反映和介绍现代水利施工的新技术、新工艺和新方法。

　　各章节分工为：绪论、第六章、第八章第一节、第九章由董邑宁编写；第三章、第八章（第二、三、四、五、六节）由王美生编写；第一章、第二章、第四章由单长河编写；第五章由黄亚梅、董邑宁编写；第七章由黄亚梅编写。

　　编写过程中，参考借鉴了有关教材内容和科技文献，刘松林教授仔细审阅并对原稿提出了极为宝贵的意见，对此进行了修改、补充和完善。编者在此表示衷心感谢。

　　本教材由董邑宁任主编，单长河任副主编，刘松林教授主审。

　　由于编者水平有限，书中难免存在不足和疏漏之处，恳请读者批评指正。

编　者

2005 年 8 月

目录

绪　　论

进入21世纪，水利行业已成为对国家经济建设、社会进步具有重大影响的行业，也是国家重点投资的基础产业。随着经济发展和科技进步，水利事业已从传统水利向现代水利、可持续发展水利转变。同时，水利工程建设的形势推动了施工技术的发展，特别是新型建筑材料和大型专用施工机械的不断出现与日益改进，水利工程由传统的人力施工转向机械化施工后，对水利工程施工和管理提出了较高的要求。

水利工程建设一般分为规划、可行性研究、设计、施工和工程后评估等阶段，反映了建设工作所固有的客观自然规律和经济规律，是建设项目科学决策和顺利进行的重要保证。水利工程因其规模大、费用高、制约因素多、失事后果严重等特点，施工阶段必须以规划和设计成果为主要依据，结合当地经济、社会状况和施工条件，采用新技术、新工艺和新方法，综合运用工程建设和组织管理等方面的知识，精心组织和科学管理，将设计方案转变为工程实体。根据工程质量控制、进度控制及投资控制的要求，施工阶段要力求做到安全、快速和经济。

0.1　水利工程施工发展概况及展望

纵观我国水利工程发展的历史，历来受到各族人民的重视，在古代就修建了许多兴利除害的水利工程，如郑国渠、安丰塘、鉴湖、它山堰、都江堰等。特别是黄河大堤、钱塘江海塘、灵渠及京杭运河等工程显示出古代水利工程施工技术的成就。在河工方面，我国有几千年防御与治理洪水的历史，在处理险工和堵口截流等施工技术方面积累了丰富的经验。

近60年来，我国有计划有步骤地开展江河的综合治理，已建成水库8万多座，已建成大型、中型工程1100多座。在20世纪50～60年代，修建了一批坝高100m左右的混凝土坝，如三门峡、丹江口、新丰江、刘家峡等；70～80年代，建设高100m以上的混凝土坝有龙羊峡、乌江渡、安康、风滩、黄龙滩、潘家口等，其中规模最大的是葛洲坝工程；90年代，高100m以上的混凝土坝有二滩、李家峡、宝珠寺、万家寨、三峡等，其中三峡工程为混凝土重力坝，是世界上最大的水利枢纽，也是最大的水电工程，单机容量70万kW。其他如小浪底工程，拦河大坝采用斜心墙堆石坝，是一座集防洪、防凌、减淤、供水、灌溉、发电于一体，综合利用的特大型水利枢纽工程。据初步统计，全国已建、在建大中型水电站220余座，中小型水利水电工程得到蓬勃发展。

0.1.1　施工技术的进步

改革开放以来，为满足国民经济的快速发展对水利和电力的需求，以溪洛渡、小湾、锦屏一级为代表的一大批特大型、大型水电项目开始兴建，天荒坪、张河湾、西龙池等大型抽水蓄能电站的建设及世界级调水工程南水北调工程等，构成了我国水利水电建设宏伟壮观的场面，水利工程施工技术取得长足的进步。主要表现在：

（1）施工导流与截流技术。经过多年工程实践，在宽河床或峡谷河床上建坝，采用分期导流或一次围堰断流，各种挡水泄水建筑物如隧洞、明渠、围堰等修建或拆除等方面积累了丰富的经验。如河道平堵截流有船舶、浮桥、缆机施工等方式，立堵截流有单戗、双戗或多戗等形式。所用材料除土石外，多用混凝土多面体、异形体及混凝土构架等。

（2）地基处理技术。针对不同地基状况，选择和采取有效的技术措施。如灌浆有帷幕灌浆、固结灌浆、接触灌浆、回填灌浆及化学灌浆等，各种灌浆材料如超细水泥、胶状浆体及化学灌浆材料相继得到应用和发展；软弱地基加固，有换土或采用砂垫层、桩基础、沙井、沉井、沉箱、爆炸压密、锚喷、预应力锚固等措施。振冲加固和高压喷射灌浆技术的广泛应用，使得地基处理技术不断提高。

（3）土石坝施工技术。由于岩土力学理论的发展和新技术、新设备的采用，土石坝的施工技术不断提高。许多工程从料场开采、运输、上坝到压实的全过程实现了机械化联合作业；重型压实机具的使用使得筑坝材料使用范围进一步扩大，如利用开挖出来的土石料筑坝等。特别是碾压堆石为主的混凝土面板堆石坝的迅速发展，如关门山水库、西北口水库、小浪底工程等，使得混凝土面板抗裂、防渗及滑模施工技术等不断提高。

（4）混凝土坝施工技术。随着自动化拌和楼、门（塔）机及胶带机运输系统的使用，混凝土坝施工综合机械化程度和水平不断提高，砂石骨料开采加工、混凝土生产预冷、大坝混凝土浇筑三大施工系统技术获得飞速发展。采取有效措施如优化混凝土级配、取消纵缝、通仓浇筑、严格温控措施、采用薄层浇筑以及采用高速缆机等高效大型施工机械设备等；碾压混凝土筑坝发展很快，其特点为大量掺加粉煤灰，减少水泥用量，采用通仓薄层浇筑等，浇筑快速连续上升，已具有实现高强度快速施工的能力，筑坝技术已处于世界先进行列。

0.1.2　高新技术的应用

一些高新技术在水利工程中的应用越来越广泛。主要表现在：

（1）计算机技术。主要用于科学计算、信息采集和信息处理、管理自动化等。

1）水资源规划方面，借助计算机技术，引进许多先进的规划理论和方法，用于资料整编和数据收集处理，使宏观决策更具科学性。

2）工程设计方面，用于科学计算和计算机绘图。如工程设计中一些物理模型、数学模型求解和结构优化设计、计算机辅助设计等。

3）防洪减灾方面，如雨情、水情的预测预报，防洪措施联合调度及灾情评估等。

4）管理应用方面，如施工管理、用水管理、运行管理、监控自动化等。工程施工中可通过计算机发出指令进行调度，生产统计报表、砂石料配方、混凝土生产等由计算机监控，实现自动化生产。

（2）三S技术。即遥感技术RS、地理信息系统技术GIS和全球卫星定位系统技术GPS的简称。三S技术在水利工程中有着广泛的应用，如用于水库工程选取坝址、水库测淤、滑坡体判断等。

（3）信息技术。信息技术集合了计算机网络技术、卫星通信和光导纤维技术的成果，是当前发展最快、影响最广的高新技术之一。如水利行政系统或水利行业系统的网络，可快速进行信息交流。流域或梯级开发的水库群，通过网络系统进行实时监控和联合调度。

（4）系统分析法。计算机的应用和系统分析方法的发展，对工程规划与勘测、设计与施工、运行与管理等方面的方案优化和决策，发挥了积极和重要的作用。如在三峡工程、小浪底工程中采用系统分析法，取得明显实效。一些工程运用适宜的数学模型和科学预测决策法，对施工方案进行科学评价和工程进度计划进行合理分析，取得良好的经济效益。

目前，运用系统工程的理论和电子计算机技术，进行水利工程施工的科学组织与管理已贯穿于施工准备、主体工程施工及工程完建投入生产等各个阶段。但现代管理一些新理论和方法在应用中受到一定限制，如工程受制约因素多，模型应用与实际出入较大，需积累大量资料等。此外，我国高效多功能的施工机械系列化、自动化程度仍不高，水电资源开发利用程度还较低，新技术、新工艺的研究和推广还有待加强。从充分发挥水力资源优势、减少环境污染、缓解煤炭生产运输压力和优化能源结构出发，大力发展水电事业势在必行。

随着我国社会经济的发展和综合国力的提高，江河及城市防洪标准需进一步提高，堤防建设现代化、高标准，需不断提高施工技术水平和管理水平。可见，水利工程施工学科的发展，为水利水电建设事业展现出一片广阔的前景。

0.2　水利工程施工任务和特点

0.2.1　任务

随着改革开放的深入和工程建设监理制度的实施，现代水利水电工程建设已走上健康轨道，社会各方面对工程的质量也越来越重视，水利工程施工阶段的重要性和地位日益表现出来。在建设项目管理中，形成了以项目法人责任制、招标投标制、建设监理制为核心的建设管理体系，其目的在于促进参与工程建设的项目法人、承包商、监理单位三元主体，应用项目管理科学的、系统的方法，确保工程质量，减轻风险和提高投资效益。据此，水利工程施工的主要任务可概括为：

（1）科学地编制施工组织设计。根据工程特点和施工条件，充分利用有限的资源如设备、材料和人力等，合理进行资源优化配置，使工程质量控制、进度控制和投资控制相统一。

（2）精心组织施工和加强施工管理，确保工程质量。工程的质量管理是核心，管理工作要紧紧围绕此中心。同时，必须做好施工前的各项准备工作。

（3）有效开展观测、试验研究工作。根据工程的特点和管理要求，要卓有成效地开展观测、试验研究工作，为工程设计、科学施工和管理积累经验，不断提高施工技术水平和管理水平。

0.2.2　特点

在水利工程建设中，实践表明施工受自然条件的影响较大，涉及许多专业工种和环境保护问题，施工组织和管理比较复杂，施工中必须注意以下特点：

（1）工程在江河上施工，大多数需修建导流工程，其受地形、地质、水文和气象条件的影响较大。不同的导流方案其工期、投资不同，如全段围堰法导流和分段围堰法导流，具体如隧洞导流、明渠导流、涵管导流和底孔导流等。同时，水利工程要充分利用枯水期施工，有很强的季节性和必要的施工强度，有的工程因受气候影响还需采取温度控制措施。

（2）工程施工所需材料、设备和生活资料的数量巨大，运输任务繁重且交通不便，场内外运输能力对工期有直接影响。为保证工期和降低工程投资，需要对场内外运输方案进行系统的分析和比较，须合理解决场内外交通运输问题。

（3）工程多数远离城市，需在工地建设专用砂石、混凝土工厂、钢筋加工厂、机械安装、仓库及堆场、供电工程等，施工工厂和临时设施较多且规模大。

（4）工程涉及专业工种多，施工技术较为复杂，需精心做好施工组织设计。如截流、控制爆破、边坡开挖支护等。另外，一些大型机电、闸门安装也涉及复杂的技术和设备。从设计和施工的角度看，涉及的专业比一般建筑、市政、公路等工程要广。合理的施工进度、工期和相应的资源配置，是连续、均衡、高效组织施工和保证施工质量的重要前提。

（5）高度重视工程质量，并采取切实有效措施。水利工程一旦失事将对当地乃至国家产生难以估量的损失或带来毁灭性的灾难。在施工组织和管理中，必须结合施工规范，层层把关，严格控制和确保施工质量。

（6）新技术的发展和创新对工程建设影响较大。如大型机械、温控预冷和制冷技术的发展，可加快工程建设速度，缩短工期和降低造价。

（7）工程建设必然会对流域生态环境产生影响。如减轻水旱灾害，改善水质和局地气候，使生态系统向有利方向发展，但也可能带来不利影响，如施工管理不善等。因此，施工期要注意景观保护，减少森林的砍伐与植被的破坏，特别注意废渣的堆放，保护水质、减少扬尘及噪音污染等。

今后，我国水利工程建设的步伐将进一步加快，自然条件越来越复杂，许多复杂的技术难题有待解决，从水利工程施工的需要和特点出发，要进一步分析和研究有关安全、快速和经济施工的技术和方法。在施工组织与管理方面，从系统工程的观点出发，按照施工的科学规律和基本建设程序，建立健全各种规章制度，确保各质量保证系统的正常运作，使工程施工的各个工序和环节有计划有步骤地进行。

0.3　课程性质和主要内容

根据专业培养目标和要求，《水利工程施工技术与组织》课程强调实践性和综合性，是关于各种水工建筑物的施工工艺、施工方法、常用施工机械、施工质量安全保证及组织管理等内容的一门课程，是水利类专业学生学习的核心职业技术课。涉及建筑材料、土力学、水力学、水工钢筋混凝土结构、水工建筑物、水电站及其他相关专业课程相关内容的运用，内容广泛，知识性强。通过施工课程的学习，理论和实践相结合，进一步加深对专业知识的理解和掌握。

根据工程的应用和要求，教材的主要内容分为两部分：第一部分主要介绍导流工程、爆破工程、土石方工程、混凝土结构工程、吊装工程、灌浆工程、土石建筑物施工、渠道及渠系建筑物施工等，有针对性的介绍典型水工建筑物的施工方法和技术要求；第二部分从工程施工与管理的角度主要介绍施工组织与计划、施工组织管理等内容。以上两部分内容融入国家及地方有关水利工程规范、规程及标准，以培养岗位技术应用能力为主线，强化常见工种的学习，阐清施工的基本方法和施工组织与管理的基本原则、方法及手段，培养学生分析解决问题的能力和实际动手的能力。

学习本课程时，涉及到国家及地方有关水利工程规范、规程、标准、法令、法规的运用，要利用选修课程的有关知识和工地实习获得的感性认识，重点学习各种类型水工建筑物的施工方法、施工质量安全保证措施等，进一步理解和掌握各章节的知识点和技能点。同时，及时了解和注意国内外水利工程施工新技术的发展，为今后从事水利工程施工和管理工作奠定良好的基础。

第1章 导 流 工 程

学习要点

【知 识 点】 掌握施工导流的基本方法与导流标准；掌握围堰的类型和截流方法；掌握基坑排水类型；了解导流工程的水文水力计算方法。

【技 能 点】 能进行导流方法的选择，能制定中小型水利水电工程的导流方案。

【应用背景】 在水域内修建水利工程时，施工导流贯穿工程施工的全过程，其水流控制一般可概括为"导、截、拦、蓄、泄"等施工措施。导流设计主要根据水文、枢纽布置和施工条件等资料，划分导流时段，选定导流标准，确定导流设计流量；选择导流方案及挡（泄）水建筑物的形式，确定导流建筑物的布置、构造与尺寸；拟定导流挡水建筑物的修建、拆除与泄水建筑物的堵塞方法以及河道截流、拦洪度汛、基坑排水的措施等。

1.1 施 工 导 流

1.1.1 施工导流方式

施工导流可划分为一次拦断河床围堰导流方式（全段围堰法导流）和分期围堰导流方式（分段围堰法导流）。导流方法不但影响导流工程的规模和造价，且与枢纽布置、主体工程施工部署、施工工期密切相关，有时还受施工条件及施工技术水平的制约。在选择和确定导流的方法时，应考虑如下问题：

（1）适应河流水文特性和地形、地质条件，满足通航、过木、排冰、供水等要求。

（2）利用永久泄水建筑物，尽量减少导流工程量和投资。

（3）河道截流、坝体度汛、封堵及蓄水等环节应合理衔接，确保工程安全施工。

1.1.1.1 全段围堰法导流

全段围堰法导流又称河床外导流，即在河床主体工程的上下游各修建一条拦河围堰拦断水流，使河水经河床以外预先修建的临时或永久泄水建筑物向下游宣泄。在坡降很陡的山区河道上，若泄水建筑物出口处的水位低于基坑处河床高程时，也可不修建下游围堰。

采用全段围堰法导流时，主体工程施工受水流干扰小，工作面较大，有利高速度施工，并可利用围堰作两岸交通。但由于专门修建临时泄水建筑物，增加导流工程费用。

结合工程应用，全段围堰法导流按泄水建筑物一般可分为隧洞导流、明渠导流和涵管导流等。

1. 隧洞导流

隧洞导流是在河岸中开挖隧洞，在基坑的上下游修建围堰，河水通过隧洞下泄，如图1.1所示。对于一般山区河流，河谷狭窄、两岸地形陡峻、山岩坚实时可采用隧洞导流。

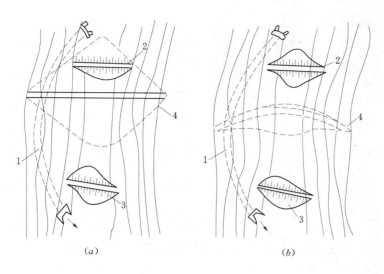

图 1.1　隧洞导流示意图

(a) 土石坝枢纽；(b) 混凝土坝枢纽

1—导流隧洞；2—上游围堰；3—下游围堰；4—主坝

据统计，我国约 49% 的大中型水电工程采用隧洞导流，其中土石坝约占 56%，混凝土坝约占 44%。

导流隧洞的布置取决于地形、地质、枢纽布置以及水流条件等因素，可从平面和立面两个方面考虑。

(1) 导流隧洞的平面布置主要是指隧洞路线的选择。应特别注意地质条件和水力条件，一般可参照以下原则布置：

1) 应将隧洞布置在完整、新鲜的岩层中，应避免隧洞轴线与岩层、断层、破碎带平行，洞轴线与岩石层面的交角最好在 45° 以上，层面倾角也以不小于 45° 为宜。

2) 隧洞尽可能布置成直线，有弯道时其转弯半径以大于 5 倍洞宽为宜。

3) 隧洞进出口应与上下游水流相衔接，与河道主流的交角以 30° 左右为宜。

4) 隧洞进出口与上下游围堰之间要有适当的距离，以免对围堰造成较大的冲刷，一般要求在 50m 以上（对斜墙铺盖式土石围堰应更慎重）。

(2) 导流隧洞的立面布置主要指进出口高程的选择，应考虑以下几点：

1) 隧洞应有足够的埋深，进洞处顶部岩层厚度通常在 1~3 倍洞径之间。

2) 进出口底部高程应考虑洞内流态、截流等要求。一般出口底部高程与河床齐平或略高。对于有压隧洞，底坡在 1‰~3‰ 者居多，无压隧洞的底坡主要取决于水力计算。

3) 隧洞出口消能也应给予足够重视（特别是有压隧洞或永久隧洞）。扩散消能、挑流鼻坎、消力池等布置方式均有应用。

隧洞断面形式可采用方圆形、圆形或马蹄形，以方圆形居多，如图 1.2 所示。

特别指出，隧洞导流不但适用于施工初期，也适用于中后期。当隧洞导流适用于几个施工阶段时，应根据整个控制阶段的洪水标准进行设计。水利枢纽设计有永久隧洞时，应尽量使导流隧洞与永久隧洞相结合，统一布置，如图 1.3 所示。

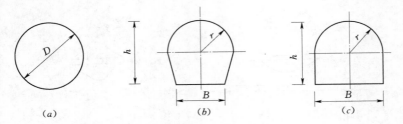

图 1.2   隧洞断面形式

(a) 圆形；(b) 马蹄形；(c) 方圆形

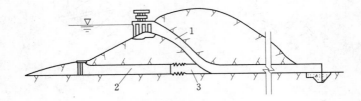

图 1.3   导流隧洞与永久隧洞结合布置（龙抬头）

1—永久隧洞；2—导流隧洞；3—混凝土封堵

2. 明渠导流

明渠导流是在河岸或滩地上开挖渠道，在基坑上下游修建围堰，使河水经渠道向下游宣泄。一般适用于河流流量较大、岸坡平缓或有宽阔滩地的平原河道，如图 1.4 所示。

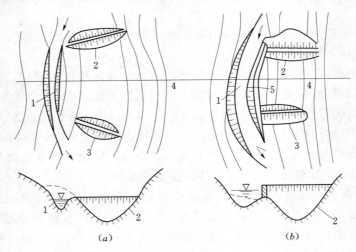

图 1.4   明渠导流示意图

(a) 在岸坡上开挖的明渠；(b) 在滩地上开挖并设有导墙的明渠

1—导流明渠；2—上游围堰；3—下游围堰；4—坝轴线；5—明渠外导墙

导流明渠要以保证水流畅通、施工方便、渠线开挖量小为原则，结合工程具体情况，合理进行布置。为确保上下游水流的顺畅衔接，一般明渠进出口与河道主流的交角以 30°左右为宜，且其进出口与上下游围堰距离不宜小于 50m。同时，为避免水流紊乱和影响交通运输，导流明渠一般单侧布置。

此外，对于要求施工期通航的水利工程，导流明渠还应考虑通航所需的宽度、深度和长度的要求。

3. 涵管导流

涵管一般为钢筋混凝土结构。河水通过埋设在坝下的涵管向下游宣泄，如图 1.5 所示。

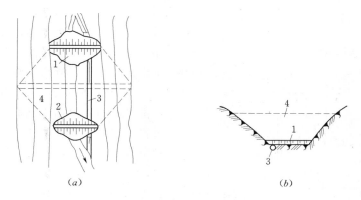

图 1.5 涵管导流
(a) 平面图；(b) 上游立视图
1—上游围堰；2—下游围堰；3—涵管；4—坝体

涵管导流一般在修筑土坝、堆石坝工程中使用。因涵管泄水能力较低，仅适用于小流量河流导流或仅担负枯水期的导流任务。

涵管外壁和坝身防渗体之间易发生接触渗流，通常沿涵管外壁每隔一定距离设置截流环，以延长渗径和减少渗流破坏。施工时，一方面应严格控制涵管外壁防渗体的填压质量；另一方面在坝体和围堰的修筑过程中应防止重型机械对涵管的破坏。

1.1.1.2 分段围堰法导流

分段围堰法导流又称河床内导流，即用围堰将水工建筑物分段分期围护起来分别进行施工的方法。分段分期的方法有两段两期、三段两期、三段三期等。如图 1.6 所示。实践表明，段数分得越多；施工越复杂；期数分得越多，工期有可能拖得越长。实际工程中多采用两段两期导流。一般只有在较宽阔的河道上不允许断航时才采用多段多期导流法，如三峡水利枢纽工程采用三段三期导流。

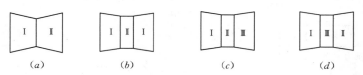

图 1.6 导流分期与围堰分段示意图
(a) 两段两期；(b) 三段两期；(c) 三段三期；(d) 三段三期

分段围堰法导流适用于河流流量大、河槽宽、覆盖层薄的坝址。目前，分段围堰导流是混凝土坝的主要导流方式，更常用于洪水流量大且河床宽阔的混凝土坝工程。

　　分段围堰法前期是利用束窄的河床导流，后期导流方式与永久建筑物的形式有关。工程中常用的有底孔导流、坝体缺口导流、明槽导流等。一般情况下，发电、通航、排冰、排砂及后期导流用的永久建筑物宜在第一期施工。当采用两段两期围堰法导流时，主要根据地形、地质条件、主体工程布置、施工进度及对外交通布置等因素综合考虑。

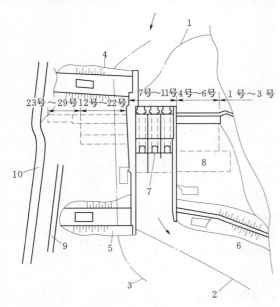

图 1.7　石泉水电站导流布置

1——一期上游围堰轴线；2——一期下游围堰轴线；
3——一期草土围堰轴线；4——二期上游土石围堰；
5——二期下游过水围堰；6——厂房围堰；7——导流
底孔；8——厂房；9——基坑交通线；10——公路

1. 底孔导流

　　底孔导流主要用于河床内导流的工程。导流底孔是在坝体内设置的临时泄水孔口或永久底孔。导流时让全部或部分导流流量经底孔宣泄到下游（图1.7）。

　　对于临时底孔，在工程接近完工或需要蓄水时加以封堵。其底孔尺寸、数目和布置，须结合导流的任务如过水、过木、过鱼及封堵闸门设备、建筑物结构特点等，通过水力计算确定。一般底孔的底坎高程布置在枯水位之下，以确保枯水期泄水。

　　底孔导流可使挡水建筑物上部的施工不受水流干扰，有利均衡连续施工。如混凝土坝中后期可用已修建的永久底孔或临时底孔导流。但设置临时底孔，钢材用量增加，封堵质量不好时会削弱坝的整体性，导流时底孔有被漂浮物堵塞的危险。

　　我国一些设有导流底孔的工程见表1.1。导流底孔一般设置于泄洪坝段，也有个别工程在引水坝段内设导流底孔。导流底孔在完成任务后用混凝土封堵，个别工程的导流底孔在水库蓄水后又重新打开，改建为排沙孔。

表 1.1　　　　　　　　　部分工程导流底孔尺寸及布置

工程名称	坝型	坝高 （m）	孔数—尺寸 宽×高 （m×m）	断面形式	布置方式
三门峡	重力坝	106	12—3×8	矩形	每跨2孔，跨中布置
白山	重力拱坝	149.5	2—9×21	拱门形	跨中布置
三峡	重力坝	183	22—6.5×8.5	矩形	跨中布置
新安江	重力坝	105	3—10×13	拱门形	跨中布置
黄龙滩	重力坝	107	1—8×11	拱门形	跨中布置
丹江口	重力坝	97	12—4×8	贴角矩形	每跨2孔，跨中布置

2. 坝体缺口导流

在汛期河水流量较大，其他导流建筑物不足以宣泄全部流量时，可在未完建的混凝土坝体上预留缺口以配合宣泄汛期洪水，汛后再继续修筑缺口。

坝体缺口的宽度和高度取决于导流设计流量、其他泄水建筑物的泄水能力、建筑物结构特点和施工条件等。对于混凝土坝，特别是修建大体积混凝土坝时，常采用此导流方法。

特别指出，分段围堰法导流和全段围堰法导流应根据工程实际情况灵活应用，进行恰当的组合，并经过技术经济比较，确定出施工期的导流方案。如在全段围堰导流时，坝体修筑到一定高程之后可采用底孔或坝体缺口导流；同样，在分段围堰导流的后期，当泄水建筑物泄流能力有限时也可采用隧洞或明渠导流作为辅助；此外，一些工程在汛期也采用允许围堰过水，淹没基坑的导流方法。对于平原河道河床式电站，利用电站厂房导流。当河水较深或河床覆盖层较厚时，在一期围堰的围护下修建导流明槽，可将导流明槽河床侧的边墙作为二期的纵向围堰（明槽导流）。

【工程实例】 三峡水利枢纽工程导流方案。

三峡水利枢纽工程采用三段三期导流方式。第一期导流，利用中堡岛修建一期土石围堰围护右岸叉河，一期基坑内修建导流明渠和碾压混凝土纵向围堰。同时在左岸岸坡修建临时船闸。本期江水及船舶仍从主河床通过。第二期导流，修建二期上、下游横向围堰，与混凝土纵向围堰形成二期基坑，进行河床泄洪坝段、左岸电站坝段、左岸电站厂房施工。同时在左岸修建永久通航建筑物。二期导流期间，江水经导流明渠下泄，船舶经明渠或临时船闸通行；第三期导流，修建三期碾压混凝土围堰，拦断明渠并蓄水至 135m 高程，左岸电站及永久船闸可开始投入运用。三期围堰与混凝土纵向围堰形成三期基坑，修建右岸大坝和电站。三期导流期间，江水经由永久深孔和设于泄洪坝段的 22 个临时导流底孔下泄，船舶经永久船闸通行。

1.1.2 围堰工程

围堰是保护大坝或厂房等水工建筑物干地施工的挡水建筑物，一般属临时性工程，但也常与主体工程结合而成为永久工程的一部分。在导流任务完成后，若对永久建筑物的运行或另一期导流有妨碍时，应予以拆除。工程中围堰形式的选择一般应遵守下列原则：

（1）安全可靠，能满足稳定、抗渗、抗冲等要求。

（2）结构简单，施工方便，易于拆除并能充分利用当地材料及开挖渣料。

（3）堰基易于处理，堰体便于与岸坡或已有建筑物连接。

（4）能够在预定施工期内修筑到需要的断面及高程。

（5）必要时应设置抵抗冰凌、船筏冲击破坏的设施。

围堰按其与水流相对位置的不同，可分为横向围堰和纵向围堰；按导流期间基坑是否淹没，可分为过水围堰和不过水围堰，过水围堰应同时满足挡水和过水的要求；按构造和使用材料的不同，主要有土石围堰、草土围堰、钢板桩围堰和混凝土围堰等。其中，混凝土围堰常用作纵向围堰和过水围堰。

1.1.2.1 围堰基本形式及构造

1. 土石围堰

土石围堰能充分利用当地材料或废弃的土石方，构造简单，可以在水流中、深水中、岩基上或有覆盖层的河床上修建。施工时，可与截流戗堤结合，可利用开挖弃渣，并可直接利用主体工程开挖装运设备进行机械化快速施工，是应用最广泛的围堰形式。

土石围堰的一般断面形式如图 1.8 所示。土石围堰抗冲刷能力较低，占地面积大，堰身沉陷变形大，一般多用于横向围堰，但在宽阔河床中，如有可靠的防冲保护措施，也可用于纵向围堰。如葛洲坝工程的一期导流工程、水口和三峡工程的导流明渠施工均采用了土石纵向围堰。

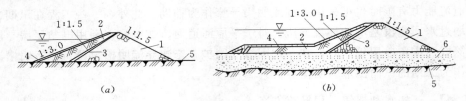

图 1.8　土石围堰
(a) 黏土斜墙式；(b) 黏土斜墙带水平铺盖式
1—堆石体；2—黏土斜墙、铺盖；3—反滤层；4—护面；5—隔水层；6—砂砾覆盖层

土石围堰一般不允许堰顶过水。但有时工程受水文、地形、地质等条件的制约，采用围堰全年挡水会导致导流工程规模过大，在采取一定防冲措施的情况下也可以堰顶过水，如采用钢筋石笼、块石或混凝土柔性板等对围堰溢流面进行保护，其中较常使用的是混凝土柔性板和块石（图 1.9、图 1.10）。过水围堰对地基适应性强，但应注意土石方填筑量不宜过大，围堰挡水流量标准也不宜过低，以便有足够时间完成围堰的过水保护，并避免围堰全年频繁过水而影响施工。

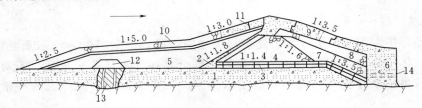

图 1.9　上犹江工程过水围堰
1—砂砾地基；2—反滤层；3—柴排护底；4—堆石体；5—黏土防渗斜墙；6—毛石混凝土挡墙；7—回填块石；8—干砌块石；9—混凝土溢流面板；10—块石护面；
11—混凝土护面；12—黏土顶盖；13—水泥灌浆；14—排水孔

土石围堰常用土质斜墙或心墙防渗，在防渗料不足或覆盖层较厚时，可用混凝土防渗墙或帷幕灌浆解决防渗问题，近年也有用土工膜等材料防渗。早期堰基覆盖层防渗常用黏土覆盖或水泥灌浆，随造孔成墙技术的发展，混凝土防渗墙已被广泛采用，特别适用于高土石围堰。20 世纪 90 年代以后，高压喷射灌浆开始在不少工程中采用，如二滩、东风、飞来峡和小浪底等工程。

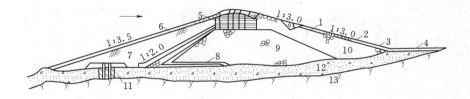

图 1.10 柘溪工程过水围堰

1—混凝土溢流面板；2—钢筋骨架铅丝笼护面；3—竹笼护面；4—竹笼护底；
5—木笼；6—块石护面；7—黏土斜墙；8—过渡带；9—水下抛石；10—回填
块石；11—灌浆帷幕；12—覆盖层；13—基岩

2. 草土围堰

草土围堰是一种草土混合结构（图 1.11）。黄河、淮河等地区的灌溉工程和河堤堵口工程就一直采用麦草、稻草、芦柴、柳枝和土为主要材料用捆草法修建。在八盘峡、刘家峡、青铜峡等大型水电工程施工中，都曾采用过草土围堰。

草土围堰施工简单、速度快、造价低，能适应沉陷变形，但不能承受较大水头，仅限于水深不超过 6m、流速不超过 3.5m/s，使用期在 2 年以内的工程中应用。

草土围堰的断面一般为矩形或边坡很陡的梯形，坡比为 1∶0.2～1∶0.3。根据实践经验，草土围堰的宽高比，在岩基河床上为 2～3；在软基河床上为 4～5，堰顶超高一般采用 1.5～2.0m。

图 1.11 草土围堰断面（单位：m）

1—戗土；2—土料；3—草捆

图 1.12 钢板桩锁口示意图

(a) 握裹式；(b) 互握式；(c) 倒钩式

3. 钢板桩围堰

钢板桩围堰是由许多块钢板桩通过锁口互相连接而成为格型整体。钢板桩的锁口有握裹式、互握式和倒钩式三种（图 1.12）。其平面形式有圆筒形格体、扇形格体及花瓣形格体等（图 1.13）。格体内填充透水性较强的填料，如砂、砂卵石或石碴等。在向格体内进行填料时，必须保持各格体内的填料表面大致均衡上升，高差太大会影响格体变形。

钢板桩围堰具有坚固、抗冲、抗渗、围堰断面小、便于机械化施工、钢板桩可重复使用等优点，尤其适于在束窄度大的河床段做为纵向围堰，如葛洲坝工程采用圆筒形格体钢板桩围堰作为纵向围堰的一部分。

圆筒形格体钢板桩围堰的修建由定位、打设模架支柱、模架就位、安插钢板桩、打设钢板桩、填充料渣、取出模架及其支柱、填充料渣至设计高度等工序组成（图 1.14）。

钢板桩围堰既可在岩基上使用又可在软基上使用。一般最高挡水水头不超过 30 m，以 20 m 以下为宜。

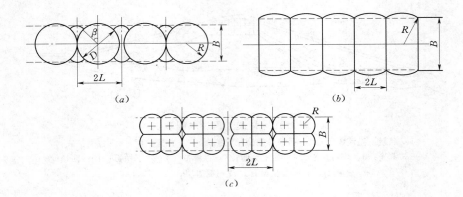

图 1.13   钢板桩格型围堰平面形式

(a) 圆筒形格体；(b) 扇形格体；(c) 花瓣形格体

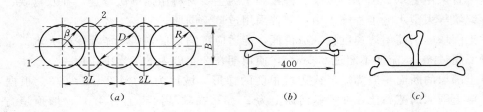

图 1.14   圆筒形格体钢板桩围堰（单位：mm）

(a) 平面图；(b) "一字形"钢板桩；(c) 钢板桩异形接头

1—主格体；2—联弧段

4. 混凝土围堰

混凝土围堰抗冲防渗性能好，占地范围小，既适用于挡水围堰，也适用于过水围堰。虽造价较土石围堰相对较高，仍为许多工程所采用。混凝土围堰一般需在低水土石围堰保护下干地施工，也可创造条件在水下浇筑混凝土或预埋骨料灌浆。

当在水利枢纽中有导流墙时，可以结合作纵向围堰使用。

混凝土围堰形式有重力式、支墩式、框格式（预制钢筋混凝土材料）以及拱形混凝土围堰等。如图 1.15 所示。实际工程中纵向或横向围堰多采用重力式。通常分期导流的纵

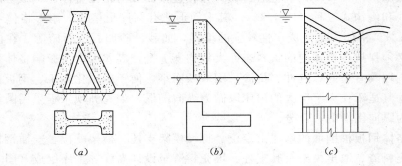

图 1.15   混凝土围堰

(a) 双向挡水支墩式；(b) 撑墙式；(c) 溢流重力式

向围堰因受占地范围的限制并有防冲要求，且为了便于与永久建筑物连接或结合，绝大多数采用混凝土重力式结构，如丹江口、岩滩、水口、宝珠寺等工程；当堰址河谷狭窄且堰基和两岸地质条件良好时可考虑采用混凝土拱围堰。自刘家峡水电站建成我国第一座高49m 的混凝土重力式拱围堰后（图 1.16），乌江渡、紧水滩、大朝山等电站用不同施工方法修建了拱围堰。实际工程中，混凝土拱围堰一般多用于隧洞导流、河床一次断流的工程。

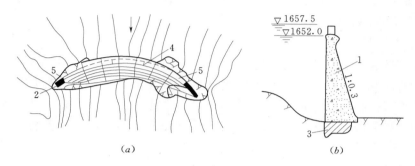

图 1.16　刘家峡水电站上游混凝土拱形围堰
（a）平面图；（b）横断面图
1—拱身；2—拱座；3—灌浆加固；4—溢流段；5—非溢流段

近年来，碾压混凝土围堰也得到了较好的应用。如三峡导流工程的纵向围堰，沿右岸导流明渠全长 1218m，最大堰高达 95m，碾压混凝土量达 142 万 m³。再如岩滩水电站，采用导流明渠，上下游围堰均为碾压混凝土。碾压混凝土围堰与常规混凝土围堰相比，造价低、施工速度快、工艺简单，有条件时应优先考虑。

5. 围堰其他形式

在沿海临江地区的海塘、水闸等工程施工中，土工织物充填粉细砂（图 1.17）等围堰形式得到广泛应用。

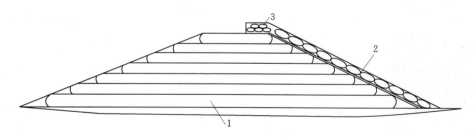

图 1.17　土工膜袋围堰
1—土工膜袋；2—块石；3—袋装土

1.1.2.2　围堰拆除

围堰是临时建筑物，导流任务完成后，设计上要求拆除的应予以拆除，以免影响永久建筑物的施工和运行。

（1）以散粒材料堆成的土围堰、土石围堰、草土围堰可用挖土机械直接挖除或用爆破方法拆除。

（2）钢板桩围堰首先用抓斗或吸石器将填料清除，然后用拔桩机拔起钢板桩。

（3）混凝土围堰一般用爆破法拆除。

方案选择时，不论采用何种方法拆除围堰都不能影响永久建筑物的安全和运行。

1.1.3 导流设计流量的确定

导流设计流量是选择导流方案、设计导流建筑物的重要依据，施工前，若能预报整个施工期的水情变化，据以拟定导流设计流量，最符合经济与安全的原则。目前，导流设计流量是按照导流时段根据导流标准确定的。

1.1.3.1 导流标准

导流标准是选择导流设计流量进行施工导流设计的标准。导流标准的高低实质上是风险度大小的问题。它不但与工程所在地的水文气象特性、水文系列长短、导流工程运用时间长短直接相关，也取决于导流建筑物、主体工程及遭遇超设计标准洪水时可能对工程本身和下游地区带来损失的大小。同时还受地形地质条件及各种施工条件的制约。

1. 导流建筑物级别及其洪水标准

当前施工洪水计算是用数理统计法，将洪水作为随机事件，以几率形式预估可能发生的情势，然后根据导流建筑物的级别，选择某一洪水重现期作为导流标准。导流建筑物属于临时性水工建筑物，根据《水利水电工程等级划分及洪水标准》（SL 252—2000），其级别应根据保护对象的重要性、失事后果、使用年限和临时性建筑物规模，按表1.2确定。当导流建筑物按表1.2指标分属不同级别时，其级别应按其中最高级别确定。但对3级导流建筑物，符合该级别规定的指标不得少于两项。

表 1.2 　　　　　　　　　　　导流建筑物级别划分

级别	保护对象	失 事 后 果	使用年限（年）	导流建筑物规模	
				围堰高度（m）	库容（亿 m³）
3	有特殊要求的1级永久性水工建筑物	淹没重要城镇、工矿企业、交通干线或推迟工程总工期及第一台（批）机组发电，造成重大灾害和损失	>3	>50	>1.0
4	1级、2级永久性水工建筑物	淹没一般城镇、工矿企业、或影响工程总工期及第一台（批）机组发电，造成较大经济损失	1.5～3	15～50	0.1～1.0
5	3级、4级永久性水工建筑物	淹没基坑，但对总工期及第一台（批）机组发电影响不大，经济损失较小	<1.5	<15	<0.1

导流建筑物的洪水标准，根据建筑物的结构类型和级别，在表1.3规定的幅度内，结合风险度综合分析，合理选用。对失事后果严重的，应考虑遇超标准洪水的应急措施。

2. 坝体施工期临时度汛洪水标准

施工中后期的施工导流，往往需要由坝体挡水或拦洪。当坝体筑高到不需围堰保护时，其临时度汛洪水标准应根据坝型及坝前拦洪库容按表 1.4 规定执行。

<table>
<tr><td colspan="4">表 1.3　　　导流建筑物洪水标准
［重现期（年）］</td></tr>
<tr><td rowspan="3">导流建筑物类型</td><td colspan="3">导流建筑物级别</td></tr>
<tr><td>3</td><td>4</td><td>5</td></tr>
<tr><td colspan="3">洪水重现期（年）</td></tr>
<tr><td>土石结构</td><td>50～20</td><td>20～10</td><td>10～5</td></tr>
<tr><td>混凝土、浆砌石结构</td><td>20～10</td><td>10～5</td><td>5～3</td></tr>
</table>

<table>
<tr><td colspan="4">表 1.4　　坝体施工期临时度汛洪水标准
［重现期（年）］</td></tr>
<tr><td rowspan="3">坝　型</td><td colspan="3">拦洪库容（亿 m³）</td></tr>
<tr><td>≥1.0</td><td>1.0～0.1</td><td>＜0.1</td></tr>
<tr><td colspan="3">洪水重现期（年）</td></tr>
<tr><td>土石坝</td><td>≥100</td><td>100～50</td><td>50～20</td></tr>
<tr><td>混凝土坝、浆砌石坝</td><td>≥50</td><td>50～20</td><td>20～10</td></tr>
</table>

3．导流泄水建筑物封堵后坝体度汛洪水标准

导流泄水建筑物封堵后，如永久泄洪建筑物尚未具备设计泄洪能力，坝体度汛洪水标准的确定，应对坝体施工和运行要求进行分析后，按表 1.5 规定执行。汛前坝体上升高度应满足拦洪要求，帷幕灌浆及接缝灌浆高程应满足蓄水要求。

表 1.5　　　　　导流泄水建筑物封堵后坝体度汛洪水标准 ［重现期（年）］

<table>
<tr><td colspan="2" rowspan="3">坝　型</td><td colspan="3">大 坝 级 别</td></tr>
<tr><td>1</td><td>2</td><td>3</td></tr>
<tr><td colspan="3">洪水重现期（年）</td></tr>
<tr><td rowspan="2">土石坝</td><td>设计</td><td>500～200</td><td>200～100</td><td>100～50</td></tr>
<tr><td>校核</td><td>1000～500</td><td>500～200</td><td>200～100</td></tr>
<tr><td rowspan="2">混凝土坝
浆砌石坝</td><td>设计</td><td>200～100</td><td>100～50</td><td>50～20</td></tr>
<tr><td>校核</td><td>500～200</td><td>200～100</td><td>100～50</td></tr>
</table>

导流泄水建筑物的封堵时间应在满足水库拦洪蓄水要求的前提下，根据施工总进度确定。封堵下闸的设计流量可用封堵时段 5～10 年重现期的月或旬平均流量，或按实测水文统计资料分析确定。封堵工程施工阶段的导流设计标准，可根据工程的重要性、失事后果等因素在该时段 5～20 年重现期进行选择确定。

1.1.3.2　导流时段的划分

施工过程中不同阶段可以采用不同的施工导流方法和挡水、泄水建筑物。不同导流方法组合的顺序，通常称为导流程序。导流时段就是按照导流程序所划分的各个施工阶段的延续时间。

根据河床的水文特性，一般可划分为枯水期、中水期、洪水期（如图 1.18）。如安排导流建筑物只在枯水期内工作，则因流量小、水

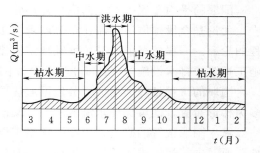

图 1.18　全年流量变化过程线

位低，导流建筑物工程量不大，可以获得较大的经济效益。但又不可能只追求导流建筑物的经济效益，而有碍于主体工程的施工，因此，合理地划分导流时段，明确不同时段导流建筑物的工作条件，是既安全又经济地完成导流任务的基本要求。

导流时段的划分，实质是就是解决主体建筑物在整个施工过程中各个时段的水流控制问

题，也就是确定工程施工顺序、施工期间不同时段宣泄不同的导流流量的方式，以及与之相适应的导流建筑物的高程和尺寸。它与主体建筑物形式、导流方式、施工进度等有关。

一般土石坝、堆石坝等不允许坝顶溢流，如在一个枯水期不能建成拦洪时，导流时段就要考虑以全年为标准，其导流设计流量就应以年最大洪水的一定频率来设计。如能争取让土坝在汛前修到临时拦洪断面，既可缩短围堰使用期限，降低围堰高度，减少围堰工程量，又能达到安全度汛、经济合理与快速施工的目的。这样导流时段可按不包括汛期的施工时段为标准，导流设计流量即为该时段按某导流标准的设计频率计算得到的最大流量。

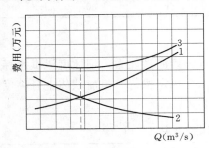

图 1.19　导流建筑物费用、
基坑淹没损失费用
与导流设计流量的关系
1—导流建筑物费用曲线；2—基坑淹没
损失费用曲线；3—导流总费用曲线

若土石坝、堆石坝在施工期间坝体泄洪，应通过水力计算或经水工模型试验专门论证确定坝体堆筑高度、过流断面形式、水力学条件及相应的防护措施。

对于混凝土坝、浆砌石坝等施工期允许坝顶溢流的建筑物，可考虑洪峰来时，让未建成的主体工程过水，部分或全部工程停工，待洪水过后再继续施工。选择的导流设计流量越低，基坑的年淹没次数就越多，年有效施工天数就越少，相应的基坑淹没损失就越大，而导流建筑物的费用则越低；反之，则基坑淹没损失就越小，而导流建筑物的费用则越高。因此，从经济的角度应选择导流总费用曲线（图 1.19 曲线3）的最低点，然后再论证该方案的技术可行性。在采用允许基坑淹没的导流方案时，应注意对未建成的主体工程及施工设施的保护，如电站厂房、已开挖基坑、建在基坑内部的拌和站等。

1.1.4　围堰的平面布置

围堰的平面布置如果布置不当，围堰围护的基坑面积过大，就会增加施工排水的设备容量（尤其是初期）；基坑面积过小，则会影响主体建筑物的施工；纵向围堰的平面布置更是关系到各时段的水流宣泄和围堰、岸坡的冲刷问题。

围堰的平面布置主要包括围堰外形轮廓布置和确定堰内基坑范围两个问题。

无论是全段围堰法导流还是分段围堰法导流，上下游横向围堰的位置都取决于主体工程的轮廓。一般情况下，基坑坡趾离主体建筑物轮廓的距离不应小于 20～30m，以便布置施工道路、排水设施等（图 1.20）。全段围堰法导流的横向围堰一般都垂直于河流方向，以将围堰的工程量降到最低。分段围堰法导流的上下游围堰一般不与主河道垂直，其平面多为梯形布置，既可保证水流的顺畅，又便于施工道路的布置与衔接。

纵向围堰位置的确定，应在分析水工枢纽布置、纵向围堰所处地形、地质和水力学条件、通航、筏运、进入基坑的交通道路及各段主体工程施工强度等因素后确定。束窄河床段的允许流速一般取决于围堰及河床的抗冲允许流速。但在某些情况下，也可以允许河床有适当的刷深，或预先将河床挖深、扩宽或采取防冲措施。在通航河道上，束窄河段的流速、水面比降、水深及河宽还应与当地航运部门共同协商确定。

纵向围堰不作为永久建筑物的一部分时，纵向基坑坡趾离主体建筑物轮廓的距离一般不大于 2.0m，以供布置排水系统和堆放模板。如无此要求，只需留 0.4～0.6m。

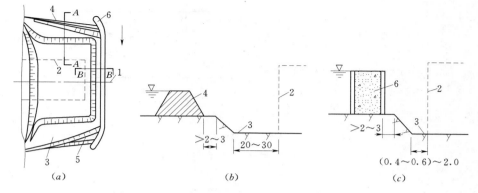

图 1.20　围堰布置与基坑范围示意图（单位：m）

(a) 平面图；(b) A—A 剖面；(c) B—B 剖面

1—主体工程轴线；2—主体工程轮廓；3—基坑；4—上游横向围堰；5—下游横向围堰；6—纵向围堰

此外，布置围堰时，应尽量利用有利的地形，以减少围堰的工程量。有时为照顾个别建筑物施工的需要或避开岸边较大的溪沟，而将围堰布置成折线形。对于一些重要的大中型水利水电工程的围堰布置，还应结合导流方案，必要时可通过水工模型试验来确定。

1.1.5　导流建筑物的水力计算

1.1.5.1　纵向围堰位置和束窄河床段的水力计算

前述提到，分段围堰法导流时，纵向围堰的位置即选择河床的束窄程度问题。

一般河床束窄程度可用下式表示

$$K = \frac{A_2}{A_1} \times 100\% \tag{1.1}$$

式中　　K——河床束窄程度（一般取值在 40%～60% 之间），%；

　　　　A_1——原河床的过水面积，m^2；

　　　　A_2——围堰和基坑所占据的过水面积，m^2。

束窄河床段的平均流速，可粗略按下式确定

$$v_c = \frac{Q}{\xi (A_1 - A_2)} \tag{1.2}$$

式中　　v_c——束窄河床段的平均流速，m/s；

　　　　Q——导流设计流量，m^3/s；

　　　　ξ——侧收缩系数，一侧收缩时采用 0.95，两侧收缩时采用 0.90。

束窄河床段前产生水位壅高，其壅高值可由下式估算（图 1.21）

$$z = \frac{1}{\varphi^2} \times \frac{v_c^2}{2g} - \frac{v_0^2}{2g} \tag{1.3}$$

式中　　z——水位壅高，m；

　　　　φ——流速系数，随围堰的布置形式而定，当平面布置为矩形时 $\varphi = 0.75 \sim 0.85$，为梯形时，$\varphi = 0.8 \sim 0.85$，如有导流墙时，$\varphi = 0.85 \sim 0.90$；

　　　　v_0——行近流速，m/s；

　　　　g——重力加速度，m/s^2。

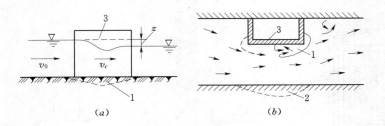

图 1.21　分段围堰束窄河床段水力计算图

(a) 剖面图；(b) 平面图

1、2—冲刷地段；3—围堰

1.1.5.2　泄水建筑物的水力计算

泄水建筑物底孔、坝体缺口、涵管、渡槽、明渠、隧洞等尺寸均须通过水力计算来确定，下面仅就隧洞导流水力计算加以简要介绍。对于分期分段导流的坝体缺口、底孔等泄水能力，可分别按宽顶堰、孔流等流量公式计算。

1. 隧洞压力流

隧洞压力流的计算简图如图 1.22 所示。

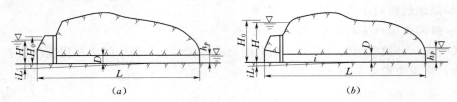

图 1.22　隧洞压力流计算简图

(a) 自由出流；(b) 淹没出流

上游从进口底坎算起计入行近流速的水深 H_0 可按下式计算：

$$H_0 = h_p + \frac{v^2}{2g}(1 + \sum \xi) + \left(\frac{v^2}{C^2 R} - i\right)L \tag{1.4}$$

式中　h_p——下游计算水深（根据隧洞出口处河流的水位流量关系曲线得出：当下游水位低于洞顶，为自由出流时，h_p 可按 $0.85D$ 计算；当下游水位高于洞顶，为淹没出流时，h_p 按实际水深计算，D 为隧洞直径），m；

v——洞内平均流速，m/s；

$\sum \xi$——局部水头损失系数总和；

C——谢才系数，$\mathrm{m}^{1/2}/\mathrm{s}$；

R——隧洞水力半径，m；

i——隧洞底坡；

L——隧洞长度，m。

2. 隧洞无压流

当隧洞为无压流时，水流流态有急流和缓流两种。

(1) 急流。下游水位对上游隧洞进口水深不发生影响，上游水深 H_0 可按非淹没宽顶

堰公式计算

$$H_0 = \left(\frac{Q}{mb\ \sqrt{2g}}\right)^{2/3} \qquad (1.5)$$

$$b = \frac{A_c}{h_c} \qquad (1.6)$$

式中　m——流量系数，采用 $0.32\sim0.38$；

　　　b——隧洞进口处水面的计算宽度，m；

　　　h_c——隧洞进口处临界水深，m；

　　　A_c——隧洞进口处过水断面面积，m^2。

（2）缓流。下游水位对上游隧洞进口水深将发生影响。在一般情况下，隧洞长度较长，这种情况可忽略不计，故隧洞进口处水深可按正常水深计算。按下式可近似求得上游水深 H

$$H = \frac{1}{\varphi^2} \times \frac{v^2}{2g} + h_0 \qquad (1.7)$$

式中　φ——考虑侧向收缩的流速系数；

　　　v——洞内平均流速，m/s；

　　　h_0——洞内正常水深，m。

1.1.5.3　上下游堰顶高程

围堰高程的确定取决于导流设计流量及围堰的工作条件。

下游围堰的堰顶高程由下式决定

$$H_{下} = h_{下} + \delta + h_a \qquad (1.8)$$

式中　$H_{下}$——下游围堰堰顶高程，m；

　　　$h_{下}$——下游水面高程，m；

　　　δ——围堰的安全超高（对于过水围堰可不予考虑，对于不过水围堰采用表 1.6 数值），m；

　　　h_a——波浪爬高，m。

上游围堰的堰顶高程由下式决定

$$H_{上} = h_{下} + Z + \delta + h_a \qquad (1.9)$$

式中　$H_{上}$——上游围堰堰顶高程，m；

　　　Z——上下游水位差，m；

其余符号含义同式（1.8）。

表 1.6　不过水围堰堰顶安全加高下限值　单位：m

围堰型式	围堰级别	
	3	4～5
土石围堰	0.7	0.5
混凝土围堰、浆砌石围堰	0.4	0.3

纵向围堰的堰顶高程要与束窄河床中宣泄导流设计流量时的水面曲线相适应，其上游部分与上游围堰同高，下游部分与下游围堰同高，中间纵向围堰的顶面往往作成阶梯形式或倾斜状。

1.2　截　流　工　程

河道截流（图 1.23）是大中型水利水电工程施工中的关键环节之一，不仅直接影响工期和造价，而且将影响整个工程的全局。

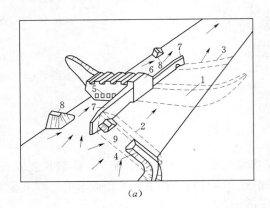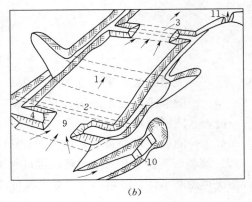

(a)　　　　　　　　　　　　　　(b)

图 1.23　截流布置示意图
(a) 采用分段围堰底孔导流时的布置；(b) 采用全段围堰隧洞导流时的布置
1—大坝基坑；2—上游围堰；3—下游围堰；4—戗堤；5—底孔；6—已浇混凝土坝体；7—二期纵向围堰；
8—一期围堰的残留部分；9—龙口；10—导流隧洞进口；11—导流隧洞出口

一般截流过程包括戗堤进占、龙口裹头及护底、合龙、闭气等工作。先在河床的一侧或两侧向河床中填筑截流戗堤，这种向水中筑堤的工作叫进占；戗堤进占到一定程度，河床束窄，形成流速较大的泄水缺口（龙口）。龙口一般选在河流水深较浅，覆盖层较薄或基岩部位，以降低截流难度。常采用工程防护措施如抛投大块石、铅丝笼等（裹头与护底），保证龙口两侧堤端和底部的抗冲稳定；一切准备就绪后，应抓住有利时机在较短的时间进行龙口的封堵，即合龙；合龙以后，龙口段及戗堤本身仍然漏水，必须在戗堤全线设置防渗措施，这一工作叫闭气。截流后，戗堤往往尚需进一步加高培厚，达到设计高程修筑成设计围堰。

截流工程在技术上和施工组织上都具有相当的艰巨性和复杂性。必须充分掌握河流的水文、地形、地质等条件，掌握截流过程中水流的变化规律及其影响。通过精心组织施工，在较短的时间内以较大的施工强度完成截流工作。

1.2.1　截流的基本方法

截流的基本方法有平堵法和立堵法两种。实际工程中，应结合水文、地形、地质、施工条件及材料供应等因素综合考虑。

1. 平堵法

沿戗堤轴线，在龙口处设置浮桥或栈桥，用自卸汽车沿龙口全线均匀地抛填截流材料，逐层上升，直至戗堤露出水面，如图 1.24 所示。

此种截流方式，龙口的单宽流量及最大流速均较小，流速分布比较均匀，截流材料的单个重量也较小。截流时工作前线长，抛投强度较大，施工进度快。但在通航河道上，因搭设浮桥或栈桥而影响河道的通航。施工时技术复杂、造价高，通常用于流量较大的软基河床上。

近年来，我国二滩等工程采用了架桥平抛的截流方法。二滩电站截流平抛钢桥长 135.7m，宽 6m，龙口宽度 52m，最大流速 7.14m/s，截流实际流量 1440m³/s，合龙用特殊材料为 0.7m 石料，截流历时 3.4h。

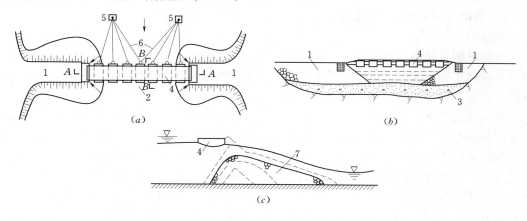

图 1.24　平堵截流示意图
(a) 平面图；(b) A—A 剖面图；(c) B—B 剖面图
1—截流戗堤；2—龙口；3—覆盖层；4—浮桥；5—锚缆；6—钢缆；7—平堵截流抛石体

2. 立堵法

立堵法截流是用自卸汽车将截流材料从龙口一端向另一端或从两端向中间抛投进占，逐步缩窄龙口直至合龙截断水流（图 1.25）。一般适用于截流落差不大于 3.5m 的情况。

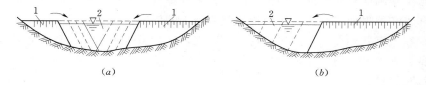

图 1.25　立堵截流示意图
(a) 双向进占；(b) 单向进占
1—截流戗堤；2—龙口

立堵法不需要在龙口架设浮桥或栈桥，突出的优点是施工简便，没有（或很少）水上作业，造价较低，尤其在使用大型土石方施工设备如挖掘机、推土机、汽车等日益普遍的形势下，此法应用更加广泛。其缺点是龙口单宽流量和流速较大，流速分布不均匀。在封堵龙口的最后阶段，往往需用单个重量较大的截流材料。由于工作前线狭窄，抛投强度受到限制。

立堵法截流一般适用于大流量、岩基或覆盖层较薄的岩基河床上，对于软基河床只要护底措施得当，也可使用。国内如龙羊峡、葛洲坝、安康、水口、李家峡等工程均采用了立堵截流。

在实际工程中，上述平堵法和立堵法通常结合使用。为了充分发挥平堵水力条件较好的优点，降低架桥的费用，可采用先立堵、后架桥平堵的方式，称为立平堵法；对于软基河床单纯立堵易造成河床冲刷，往往采用先平抛护底，再立堵合龙的方案，称为平立堵法。

此外，一些工程河道截流还采用河道上建闸、定向爆破等方法，但由于造价较高或施工技术复杂，一般只有在条件特殊、充分论证后方可使用。

1.2.2 截流日期和截流设计流量

1. 截流日期

截流日期（时段）的选择，主要取决于水文气象条件、航运条件、施工工期及控制性进度、后续工程的施工安排、截流施工能力和水平等因素，其不仅影响到截流本身能否顺利进行，而且直接影响工程施工布局。

截流应选在枯水期进行，此时流量小，不仅易于断流，耗费材料少，而且有利于后期围堰的加高培厚。至于截流选在枯水期什么时间，首先要保证截流以后，全年挡水围堰能在汛期到来以前修建到拦洪水位以上。截流时间应尽量提前，一般安排在枯水期的前期，使截流以后有足够时间来完成围堰的后期工程及基坑内工作。在有通航要求的河道上进行截流，截流日期最好选择在对航运影响较小的时段内。一般来说，截流宜安排在 10～11 月，南方一般不迟于 12 月底，在北方有冰凌的河流上，截流不宜在流冰期进行。

国内一些工程截流一般安排在当年汛末至第二年汛前的非汛期进行。

2. 截流设计流量

截流流量是截流设计的依据，如选择不当，将使截流规模如龙口尺寸、投抛料尺寸及数量设计过大造成浪费；或规模设计过小造成被动，影响整个施工全局。

截流标准一般采用截流时段重现期 5～10 年的月或旬平均流量。如水文资料不足，可用短期的水文观测资料或根据条件类似的工程来选择截流设计流量。同时，须根据当地的实际情况和水文预报加以修正，作为指导截流施工的依据。

此外，在截流开始前，导流建筑物应已完工，已具备过水条件，并已完成截流所需的材料、设备、人员、交通道路等准备工作。

1.2.3 截流材料

截流材料的选择，主要取决于截流时可能发生的流速、落差及工地上现有起重、运输设备的能力。一般应遵循如下原则：

（1）充分利用当地材料，特别是尽可能利用开挖弃渣料。

（2）入水稳定，流失量少。

（3）抛投料级配满足戗堤稳定要求。

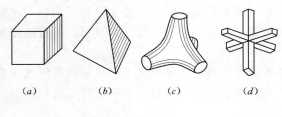

图 1.26　截流材料

(a) 混凝土六面体；(b) 混凝土四面体；(c) 混凝土四脚体；(d) 钢筋混凝土构架

（4）开采、制作、运输方便，费用低。

（5）对工程施工设备的适应性良好。

目前，国内外大河截流一般首选块石作为截流的基本材料。当截流水力条件较差时，使用混凝土六面体、四面体、四脚体及钢筋混凝土构架等材料（图1.26）。如葛洲坝在进行"大江截流"时，关键时刻采用铁链连接在一起的混凝土四面体，最终取得截流的成功。

为确保截流既安全顺利又经济合理，须正确计算截流材料的备料量。备料量通常在设计的戗堤体积的基础上再增加一定的裕度，主要是考虑堆放、运输的损失及其他不可预见原因造成的用料增加。

据不完全统计，国内外许多工程的截流材料备料量往往远多于实际用量，尤其是人工块体大量多余，造成浪费和影响环境，可考虑用于护岸或其他河道整治工程。对于其他截流材料，也应预先作出筹划。

在平原地区，对于水流较急的河道截流，还可以采用"袋装混凝土"进行截流。所谓袋装混凝土，即在麻袋中装混凝土（一般装半袋，以利变形）向水中抛填；对于水流较缓、河道较窄的截流，可以采用在河道打桩如混凝土桩、木桩等方法进行截流。

在截流中，合理选择截流材料的尺寸或重量，对于截流的成败和节省截流费用具有很大意义。截流材料的尺寸或重量主要取决于龙口的流速等因素。各种不同材料的适用流速，见表 1.7。

表 1.7　　　　　　　　　　　截流材料的适用流速

截 流 材 料	适用流速（m/s）	截 流 材 料	适用流速（m/s）
土　料	0.5～0.7	3t 重大石块或钢筋石笼	3.5
20～30kg 重石块	0.8～1.0	4.5t 重混凝土六面体	4.5
50～70kg 重石块	1.2～1.3	5t 重大石块、大石串或钢筋石笼	4.5～5.5
麻袋装土（0.7m×0.4m×0.2m）	1.5		
φ0.5m×2m 装石竹笼	2.0	12～15t 重混凝土四面体	7.2
φ0.6m×4m 装石竹笼	2.5～3.0	20t 重混凝土四面体	7.5
φ0.8m×6m 装石竹笼	3.5～4.0	φ1.0m×15m 柴石枕	约 7～8

1.2.4　减少截流难度的技术措施

减少截流难度的主要技术措施包括加大分流量，改善分流条件；改善龙口水力条件；增大抛投料的稳定性，减少块料流失；加大截流施工强度等。

1. 加大分流量，改善分流条件

分流条件好坏直接影响到截流过程中龙口的流量、落差和流速。分流条件好，截流就容易，反之就困难。改善分流条件的主要措施有：

（1）合理确定导流建筑物尺寸、断面形式和底高程。导流建筑物不仅要满足导流要求，而且应满足截流的需要。

（2）确保泄水建筑物上下游引渠开挖和上下游围堰拆除的质量。这是改善分流条件的关键环节，否则泄水建筑物虽然尺寸很大，但分流却受上下游引渠或上下游围堰残留部分控制，泄水能力受到限制，增加截流工作的难度。

（3）在永久泄水建筑物泄流能力不足时，可以专门修建截流分水闸或其他形式泄水道帮助分流，待截流完成后，借助于闸门封堵泄水闸，最后完成截流任务。

（4）增大截流建筑物的泄水能力。当采用木笼、钢板桩格形围堰时，也可以间隔一定距离安放木笼或钢板桩格体，在其中间孔口宣泄河水，然后以闸板截断中间孔口完成截流任务。另外，也可以在进占戗堤中埋设泄水管帮助泄水，或者采用投抛构架块体增大戗堤的渗流量等办法减少龙口溢流量和溢流落差，从而减轻截流的困难程度。

2. 改善龙口水力条件

龙口水力条件是影响截流的重要因素，改善龙口水力条件的措施有双戗截流、三戗截流、宽戗截流、平抛垫底等。

（1）双戗截流。双戗截流采用上下游两道戗堤，协同进行截流，以分担落差。通常采取上下戗堤立堵。常见的进占方式有上下戗轮换进占、双戗固定进占和以上两种方式混合使用。也有以上戗进占为主，由下戗配合进占一定距离，局部壅高上戗下游水位，减少上戗进占的龙口落差和流速。

（2）三戗截流。三戗截流利用第三戗堤分担落差，可以在更大的落差下用来完成截流任务。

（3）宽戗截流。宽戗截流采用增大戗堤分担落差的方法，改善龙口水流条件。缺点是进占前线宽，要求投抛强度大，工程量也大为增加，所以只有当戗堤可以作为坝体（土石坝）的一部分时，才宜采用，否则用料太多，过于浪费。

（4）平抛垫底。对于水位较深，流量较大，河床基础覆盖层较厚的河道，常采取在龙口部位一定范围抛投适宜填料，抬高河床底部高程，以减少截流抛投强度，降低龙口流速，达到降低截流难度的目的。

3. 增大抛投料的稳定性，减少块料损失

增大抛投料的稳定性，减少块料损失的主要措施有采用特大块石、葡萄串石、钢构架石笼、混凝土块体等来提高投抛体的本身稳定。也可在龙口下游平行于戗堤轴线设置一排拦石坎来保证抛投料的稳定，防止抛投料的流失。

4. 加大截流施工强度

加大截流施工强度，加快施工进度，可以减少龙口的流量和落差，起到降低截流难度的作用，并可以减少投抛料的流失。加大截流施工强度的主要措施有加大材料供应量、改进施工方法、增加施工设备投入等。

1.3　基　坑　排　水

围堰合龙闭气后，应及时排除基坑的积水和不断流入基坑的渗水，使基坑基本保持干燥状态，以利于基坑开挖、地基处理及建筑物的正常施工。基坑的排水工作按排水时间和性质，可分为初期排水和经常性排水。初期排水是指在围堰合龙闭气后排除围堰内的积水、围堰的渗水和降水；经常性排水是指在基坑开挖和建筑物施工过程中，排除基坑内的渗水、降水和施工废水等。按排水的方法可分为明沟排水和人工降低地下水位两种。

1.3.1　初期排水

在选定排水设备的容量时，需估计初期排水量大小。根据地质情况、工期长短、施工条件等因素来确定，可按下式估算

$$Q = \frac{KV}{T} \qquad (1.10)$$

式中　Q——排水设备容量，m^3/s；

K——积水体积系数，大中型工程采用 4～10，小型采用 2～3；

V——基坑的积水体积，m^3；

T——初期排水时间，s。

排水时间（T）受基坑水位下降速度的限制。允许下降速度视围堰形式、地基特性及基坑内水深而定。水位下降太快，则围堰或基坑边坡中动水压力变化过大，容易引起塌坡。一般下降速度限制在 0.5～1.5m/d。

根据初期排水流量即可确定所需的排水设备容量。排水设备常用普通离心泵或潜水泵。为运转方便，应选择容量不同的离心式水泵，以便组合使用。

初期排水泵站的布置，有固定式和浮动式两种类型。固定式，即将泵站设在固定的围堰上或基坑内固定的平台上；浮动式，即将泵站设在移动的平台或浮船上，如图 1.27 所示。当基坑内水深较大时，可将水泵逐级下放至坑内平台，或用浮动泵站。

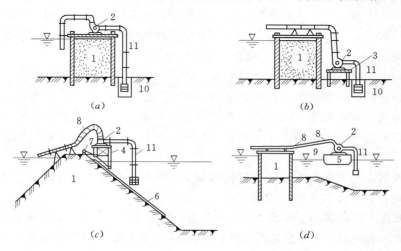

图 1.27　水泵站的布置

（a）设在围堰上；（b）设在固定平台上；（c）设在移动平台上；（d）设在浮船上
1—围堰；2—水泵；3—固定平台；4—移动平台；5—浮船；6—滑道；7—绞车；
8—橡皮接头；9—铰接桥；10—集水井；11—吸水管

1.3.2　经常性排水

基坑内积水排除后，围堰内外的水位差增大，此时渗透量相应增加。此外，施工过程中还有降水及一些施工废水。因此，初期排水工作完成后，应接着进行经常性排水。按排水方法可分为明沟排水和人工降低地下水位（或称明式排水和暗式排水）两种。

1.3.2.1　明沟排水法

基坑明沟排水是指基坑开挖和建筑物施工过程中，在基坑内布置明式排水系统，包括排水沟、集水井和水泵站（图 1.28）。

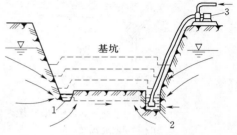

图 1.28　明沟排水法
1—排水沟；2—集水井；3—水泵

当采用明沟排水法时，在开挖地下水位较高的细砂、粉砂及亚砂土等基坑土时，随着基坑底面的下降，坑底与原地下水位的高差越来越大，坡脚及坑底土壤中会形成较大的渗透压力，当此压力超过一定数值（土颗粒的浮容重）时，就会产生流土现象，导致基底土

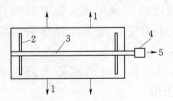

图 1.29　基坑开挖过程中
排水系统的布置

1—运土方向；2—支沟；3—干沟；
4—集水井；5—抽水

丧失承载能力，施工条件恶化，严重时会造成边坡滑坡、坑底隆起，甚至危及临近建筑物的安全。为避免产生流土可采用滤水拦砂稳定基坑边坡或改变排水方法采用人工降低地下水位。

排水系统的布置通常应考虑两种情况：

（1）基坑开挖过程中的排水系统布置（图 1.29）。基坑开挖过程中布置排水系统，应以不妨碍开挖和运输工作为原则，一般将排水干沟布置在基坑中部，以利两侧出土。随着基坑开挖工作的进展，应逐渐加深排水沟，通常保持干沟深度为 1.0～1.5m，支沟深度为 0.4～0.5m，集水井底部应低于干沟的沟底 0.5～1.0 m，或深于抽水泵进水阀的高度。

集水井井壁应进行加固，以防井壁坍塌。井底可填 20cm 厚碎石或卵石。

（2）修建建筑物时的排水系统布置（图 1.30）。基坑开挖完成后修建建筑物时的排水系统，通常布置在基坑四周，以免对工程主体施工造成影响。排水沟应布置在建筑物轮廓线以外，且距离基坑边坡坡脚不小于 0.3～0.5m。排水沟的断面尺寸和底坡大小，取决于排水量大小。

集水井布置在建筑物轮廓线以外较低的地方，干沟、集水井与建筑物外缘的距离应考虑立模、堆放材料、交通等所需要的宽度。

当基坑开挖土层由多种土组成，中部夹有透水性强的砂性土时，为避免上层地下水冲刷基坑下部边坡，造成塌方，可在基坑边坡上设置 2～3 层明沟及相应的集水井，分层阻截并排除上部土层中的地下水，如图 1.31 所示。此法可保持基坑边坡稳定，减少边坡高度和水泵扬程。适用于深度较大，地下水位较高，且上部有透水性较强的土层的基坑开挖。

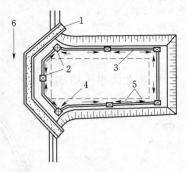

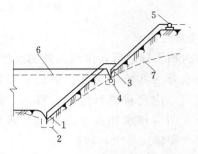

图 1.30　修建建筑物时
基坑排水系统布置

1—围堰；2—集水井；3—排水沟；
4—建筑物轮廓线；5—水流
方向；6—河流

图 1.31　分层明沟排水法

1—底层排水沟；2—底层集水井；
3—二层排水沟；4—二层集水井；
5—水泵；6—原地下水位线；
7—降低后地下水位线

有关渗透流量的计算等内容，可参阅有关论著。

1.3.2.2 人工降低地下水位法

在地下水位以下的含水丰富的土层中开挖大面积基坑时，采用一般的明沟排水方法，地下涌水量较大，难于排干，遇粉、细砂层时宜产生流土（砂）等现象，使基坑开挖施工条件恶化，边坡失稳甚至坍塌。此时，可采用人工降低地下水位的方法，从根本上防止流沙的产生。

人工降低地下水位的方法是在基坑开挖之前，在基坑周围钻设一些滤水管（井），并在基坑开挖及基坑内建筑物施工过程中仍不断抽水，使基坑地下水位始终在开挖面或基底以下，从而使基坑内土壤始终保持干燥状态。其可以明显改善基坑内的施工条件，防止流土现象发生，基坑边坡可以陡些，从而大大减少挖方量。一般应使地下水位降到开挖的基坑底部 0.5～1.0m 以下。

人工降低地下水位的方法按排水原理可分为管井法和井点法两类。管井法是单纯利用重力作用排水，它适用于渗透系数 $K=10～250m/d$ 的土层；井点法还附有真空或电渗排水作用，适于 $K=0.1～50m/d$（真空法），甚至 $K<0.1m/d$（电渗法）的土层。现分别介绍如下。

1. 管井排水法

管井法排水大口径井点，就是在基坑周围布置一些单独工作，内径为 20～40cm 的管井，地下水在重力作用下流入井中。每口井用一台普通离心泵、潜水泵或深井泵抽水，分别可降低水位 3～6m、6～20m 和 20m 以上，一般采用潜水泵较多。

管井一般设置在基坑边坡中部，井的纵向间距通常为 15～25m，当土层渗透系数较小时间距应较小，反之则间距较大些。当采用普通离心式水泵且要求降低地下水位较深或基坑较长时，应分层设置管井（图 1.32）。当要求降低地下水位较深（大于 20m）时，最好采用专用深井水泵。

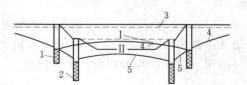

图 1.32 分层降低地下水位
Ⅰ—第一层；Ⅱ—第二层
1—第一层管井；2—第二层管井；3—天然
地下水位；4—第一层水面降落曲线；
5—第二层水面降落曲线

井管可用钢管、预制混凝土管（底部混凝土管设进水孔）或预制无砂混凝土管制作，预制无砂混凝土管较常用，其构造如图 1.33 所示，包括井管、外围滤料及封底填料三部分，在井管外还需设置反滤层。滤水管是井管的重要组成部分，其构造对井的出水量和可靠性影响极大。要求它过水能力大，进入的泥沙少，要有足够的强度和耐久性。

管井埋设可采用射水法、振动射水法和钻井法等。采用钻井法埋设时，可先下套管，后下井管，然后再一边填滤料，一边起拔套管；当采用射水法下管时，可用专门的水枪冲孔，井管随冲孔而下沉。

2. 井点排水法

井点排水按其类型可分为轻型井点、喷射井点和电渗井点三类，最常用的井点是轻型井点。

（1）轻型井点。轻型井点是由井点管、滤管、集水总管、抽水机组和集水箱等设备所组成的一个排水系统（图 1.34）。轻型井点根据抽水机组类型不同，分为真空泵轻型井点、射流泵轻型井点和隔膜泵轻型井点三种。

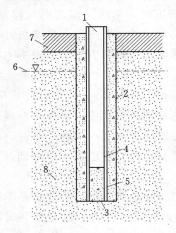

图 1.33　排水管井结构图

1—井管；2—围填滤料；3—封底
滤料；4—水泥砾石管；5—普通
水泥管；6—地下水位；7—表
层土；8—含水土层

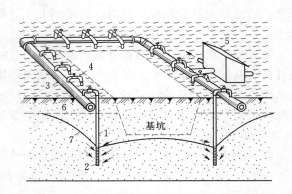

图 1.34　轻型井点法示意图

1—井点管；2—滤管；3—总管；4—弯联管；5—水泵
房；6—原地下水位线；7—降低后地下水位线

1）真空泵轻型井点的抽水机组如图 1.35 所示。工作时形成真空度高（67～80kPa），带井点数多（60～70 根），降水深度较大（5.5～6.0m），但设备较复杂，维修管理困难。一般用于重要的较大规模的工程降水。

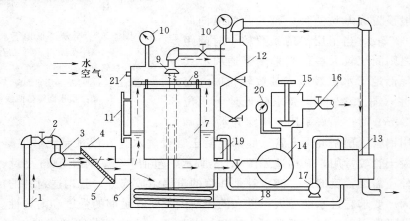

图 1.35　真空泵轻型井点抽水设备工作简图

1—井点管；2—弯联管；3—总管；4—过滤箱；5—过滤网；6—水气分离器；
7—浮筒；8—挡水布；9—阀门；10—真空表；11—水位计；12—副水气分
离器；13—真空泵；14—离心泵；15—压力箱；16—出水管；17—冷却泵；
18—冷却水管；19—冷却水箱；20—压力表；21—真空调节阀

2）射流泵轻型井点抽水机组如图 1.36 所示。设备构造简单，易于加工制造，效率较高，降水深度较大（可达 9m），耗能少和费用低，是一种具有发展前途的降水设备。

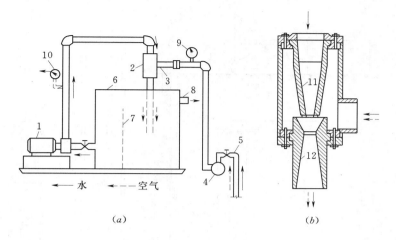

图 1.36　射流泵轻型井点设备工作简图

(a) 总图；(b) 射流器剖面图

1—离心泵；2—射流器；3—进水管；4—总管；5—井点管；6—循环水箱；
7—隔板；8—泄水口；9—真空表；10—压力表；11—喷嘴；12—喉管

3) 隔膜泵轻型井点又可分为真空型、压力型和真空压力型三种。真空型和压力型隔膜泵轻型井点抽水设备由真空泵、隔膜泵、水气分离器等组成；真空压力型隔膜泵兼有真空泵、隔膜泵、水气分离器的特性，设备较简单，易于操作维修，耗能较少，真空度较低（56～64kPa），所带井点较少（20～30 根），降水深度为 4.7～5.1m，适用于降水深度不大的一般工程使用。

轻型井点的井点管一般为直径 38～50mm 的无缝钢管，间距 0.6～1m，最大可达 3m。井点系统的井点管就是水泵的吸水管，地下水从井点管下端的滤水管借真空及水泵的抽吸作用流入管内，沿井点管上升汇入集水总管。

在安装井点管时，在距井口 1m 范围内，须填黏土密封，井点管与总管连接应注意密封，以防漏气。排水结束后，可用杠杆或倒链将井点管拔出。

（2）喷射井点。喷射井点设备由喷射井管、高压水泵及进水排水管路组成（图 1.37）。喷射井管由内管和外管组成，在内管下端设有扬水器与滤管相连。高压水经外管与内管之间的环形空间，并经扬水器侧孔流向喷嘴，由于喷嘴处截面突然缩小，压力水经喷嘴以很高的流速喷入混合室，使该室压力下降造成一定的真空。此时，地下水被吸入混合室与高压水汇合流经扩散管，沿内管上升经排水总管排出。

喷射井点的排水效率不高，一般适用于渗透系数为 3～50m/d，渗流量不大的场合。当基坑较深而地下水位又较高时，采用多级轻型井点使得工期较长，基坑挖方量大，可改用喷射井点。喷射井点的降水深度可达 8～20m。

（3）电渗井点。电渗井点是以轻型井点或喷射井点的井点管作为阴极，用直径 25mm 的钢筋或其他金属材料作阳极，通以直流电，利用土中水在电场作用下的电渗作用，加速地下水向井点管的渗透。阴阳极的数量宜相等。阳极垂直埋设在井点管的内侧，埋设深度一般较井点管约深 50cm，露出地面 20～40cm。采用轻型井点和喷射井点时，阴阳极的间

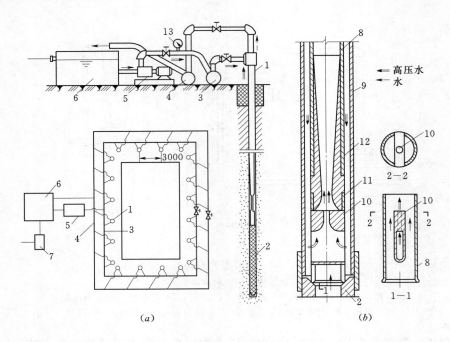

图 1.37　喷射井点设备及布置

1—喷射井管；2—滤管；3—进水总管；4—排水总管；5—高压水泵；6—集水池；
7—水泵；8—内管；9—外管；10—喷嘴；11—混合室；12—扩散管；13—压力表

距分别为 0.8~1.0m 和 1.2~1.5m。

　　对于渗透系数小于 0.1m/d 的黏土或淤泥中降低地下水位时，采用轻型井点或喷射井点降水效果较差，宜改用电渗井点降水。

本　章　小　结

　　施工导流可划分为一次拦断河床围堰导流方式（全段围堰法导流）和分期围堰导流方式（分段围堰法导流），适用于不同的水文、地质、地形和枢纽布置、施工条件。对应于两种施工导流基本方法，可选用不同的围堰、泄水建筑物形式。导流建筑物的规模应根据其级别、洪水标准经计算确定。施工导流是一个动态的过程，随着施工进展，可采取不同的导流方式。

　　截流施工的基本过程为：戗堤进占→龙口加固→合龙→闭气，其基本方法有平堵法和立堵法两种，在具体工程中，两种方法经常结合使用。截流施工一般应选择枯水期初，根据截流流量可选择截流材料的种类和尺寸。

　　基坑排水按排水时间和性质，分为初期排水和经常性排水两类，前者一般直接在基坑中放置水泵排水，设计时需选择水泵的型号、数量和布置；后者又分为明沟排水和人工降低地下水位两种。明沟排水按支沟→干沟→集水井的顺序，将水集中抽排；人工降低地下水位法则根据不同的地基条件，可分别选用管井井点、轻型井点、喷射井点和电渗井点等。

职 业 训 练

中小型水利水电工程的导流方案设计

（1）资料要求：水文、地质资料和地形图。

（2）分组要求：3～5人为1组。

（3）学习要求：选择、设计导流方案，并计算确定相关临时性水工建筑物的规模。

思 考 题

（1）施工导流方式有哪些？各有何特点及适用范围？

（2）何谓导流标准？如何确定导流设计流量？

（3）围堰的平面布置应注意哪些问题？

（4）截流的基本方法有哪些？各有何优缺点及适用范围？

（5）经常性排水的基本方法有哪些？怎样选择排水方法？

（6）井点排水方法有哪些？各有何特点？

第2章 爆 破 工 程

学习要点

【知 识 点】 了解炸药性能指标；掌握孔眼爆破、洞室爆破参数确定及技术要点；了解各种起爆器材的性能及特种爆破参数确定；掌握爆破操作安全要求及盲炮处理。

【技 能 点】 能从事爆破初步设计；能进行爆破安全控制。

【应用背景】 水利工程施工常采用爆破方法完成某些特定的施工任务，如基坑开挖、石料开采、隧洞（隧道）开挖、定向爆破筑坝或截流、库区清理、渠道开挖、松动爆破、水下爆破、控制拆除爆破等。其基本方法有孔眼爆破和洞室爆破，特种爆破技术有定向爆破、预裂爆破、光面爆破、水下岩塞爆破、微差挤压爆破等。

2.1 炸药及药量计算

2.1.1 爆破基本原理

爆破是利用炸药的爆炸能量作用于炸药周围的介质（土、岩石及混凝土等），使其发生变形并进行破坏，如松动、破碎或抛掷等。

1. 均质无限介质中的爆破

在均质的无限介质中起爆球形药包时，地震波将呈同心球面向外传播，对一定区域内的岩体产生不同程度的破坏作用。这种破坏作用距药包中心越近，破坏程度越大。根据破坏程度大小，可将介质大致分成压缩圈（粉碎圈）、抛掷圈、松动圈、振动圈四个圈，相应的半径为压缩半径或粉碎半径 R_c、抛掷半径 R、松动半径 R_p、振动半径 R_z，如图 2.1 所示。振动圈以外爆破作用的能量就消失了。以上各圈只是为了说明爆破作业而划分的，其爆破作用与炸药特性和用量、药包结构、爆炸方式以及介质特性等密切相关。

2. 有限均匀介质中的爆破

土岩介质与空气介质的交界面往往称为自由面或临空面。当自由面（临空面）在爆破作用的影响范围以内时，自由面将对爆破产生聚能作用和反射拉力波作用。有限介质的爆破是指药包埋设深度不大，爆破作用受到临空面影响的爆破。当药包的爆破作用具有使部分介质抛向临空面的能量

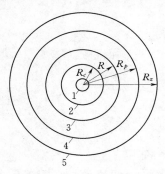

图 2.1 无限介质中
爆破原理示意图

1—药包；2—压缩圈；3—抛掷圈；
4—松动圈；5—振动圈

时，往往形成一个倒立圆锥形的爆破坑，形如漏斗，如图 2.2 所示。

爆破漏斗的几何特征参数有：药包中心至临空面的最短距离，即最小抵抗线长度 W，

爆破漏斗底半径 r，爆破作用半径 R，可见漏斗深度 P 和抛掷距离 L。爆破漏斗的几何特性反映了药包重量和埋深的关系，反映了爆破作用的影响范围。显然，爆破作用指数 $n=r/W$ 最能反映爆破漏斗的几何特性，它是爆破设计中最重要的参数。n 值大形成宽浅式漏斗，n 值小形成窄深式漏斗，

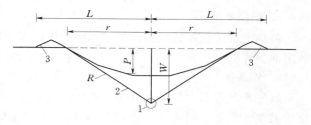

图 2.2　爆破漏斗示意图
1—药包；2—飞渣回落充填体；3—坑外堆积物

甚至不出现爆破漏斗，故可用 n 值大小对爆破进行分类。

当 $n=1$，称为标准抛掷爆破；

当 $n>1$，称为加强抛掷爆破；

当 $0.75<n<1$，称为减弱抛掷爆破；

当 $0.33<n\leqslant0.75$，称为松动爆破；

当 $n\leqslant0.33$，称为隐藏式爆破。

以上各类爆破的药包分别称为标准抛掷药包、加强抛掷药包、减弱抛掷药包、松动药包和炸胀药包。

2.1.2　炸药的主要性能指标

爆破应根据岩石性质和施工要求选择不同特性的炸药。反映炸药特性的基本性能指标有以下几种。

1. 威力

威力分别以爆力和猛度表示。前者又称静力威力，用定量炸药炸开规定尺寸铅柱体内空腔的容积来表示，它表征炸药破坏一定体积介质的能力。后者又称动力威力，用定量炸药炸塌规定尺寸铅柱体的高度来表示，它表征炸药爆炸时粉碎一定体积介质的能力。威力的大小主要反映在爆速、爆热、爆温、爆气量与爆压等几方面。

2. 安定性

安定性指炸药在长期储存和运输过程中，保持自身物理和化学性质稳定不变的能力。物理安定性主要有吸湿、结块、挥发、渗油、老化、冻结、耐水等性能。化学安定性取决于炸药的化学性能。例如：硝化甘油类炸药在 50℃ 时开始分解，如果热量不能及时散发，可能引起自燃与爆炸。

3. 敏感度

敏感度指炸药在外界能量的作用下，发生爆炸的难易程度。不同的炸药对不同的外界能量的敏感程度往往是不可比的。炸药的敏感度常用爆燃点、发火性、撞击敏感度和起爆敏感度等来表示。爆燃点是指在规定时间内（5min）使炸药发生爆炸的最低温度；发火性是指炸药对火焰的敏感程度；撞击敏感度是指炸药对机械作用的敏感程度；起爆敏感度是指引起炸药爆炸的极限药量。

炸药的敏感度常随掺合物的不同而改变。例如，在炸药中掺有棱角坚硬物（砂、玻璃、金属屑等）时敏感度提高；当掺有水、石蜡、沥青、油、凡士林等柔软、热容量大、发火点高的掺合物时，敏感度降低。

4. 最佳密度

最佳密度是指炸药能获得最大爆破效果的密度。炸药密度凡高于和低于此密度，爆破效果都会降低。

5. 氧平衡

氧平衡是炸药含氧量和氧化反应程度的指标。当炸药的含氧量恰好等于可燃物完全氧化所需要的氧量，则生成无毒 CO_2 和 H_2O，并释放大量热能，称零氧平衡。若含氧量大于需氧量，生成有毒的 NO_2，并释放较少的热量，称正氧平衡。若含氧量不足，只能生成有毒的 CO，释放热量仅为正氧平衡的 1/3 左右。显然，从充分发挥炸药化学反应的放热能力和有利于安全出发，炸药最好是零氧平衡。考虑到炸药包装材料燃烧的需氧量，炸药通常配制成微量的正氧平衡。氧平衡可通过炸药的掺合来调整。

例如 TNT 炸药是负氧平衡，掺入正氧平衡的硝酸铵，使之达到微量的正氧平衡。对于正氧平衡的炸药药卷，也可增加包装纸爆炸燃烧达到零氧平衡。

6. 殉爆距

殉爆是由于一个药包的爆炸引起与之相距一定距离的另一药包爆炸的现象。殉爆距是能够连续三次使该药包出现殉爆现象的最大距离。

7. 稳定性

炸药起爆后，若能以恒定不变的速度自始至终保持完整的爆炸反应，称为稳定的爆炸。在钻孔爆破中影响爆炸稳定性的因素有药包直径（d）和炸药密度（ρ）。

2.1.3　常用工程炸药的种类

1. 炸药的种类

炸药一般分为起爆炸药和主炸药。起爆炸药是用于制造起爆器材的炸药。其主要特点有：敏感度高；爆速增加快，易由燃烧转为爆轰；安定性好，特别是化学安定性好；有很好的松散性和压缩性。常用的起爆炸药主要有雷贡 $Hg(CNO)_2$，50℃开始分解，160℃爆炸，对温度敏感；氮化铅 $Pb(N_3)_2$，比雷贡迟钝，不溶于水；二硝基重氮酚 $C_6H_2O_5N_4$，安定性好，起爆能力强，相对安全，价格便宜等。

主炸药是产生爆破作用的炸药。其主要特点有：威力大，能被普通雷管引爆；成本低，种类多（适用于各种条件），安全可靠。常用的主炸药主要有三硝基甲苯、硝化甘油、铵锑炸药、铵油炸药、浆状炸药、乳化炸药和黑火药等。

2. 常用工程炸药

（1）三硝基甲苯（TNT）。TNT 是一种烈性炸药，呈黄色粉末或鱼鳞片状，热安定性好，遇火能燃烧（特别条件下能转为爆炸），机械敏感度低，难溶于水，可用于水下爆破。爆炸后呈负氧平衡，故一般不用于地下工程或通风不好的隧洞爆破。爆破爆速 7000m/s，爆热 950kcal/kg，价格昂贵。由于威力大，常用来做副起爆药（雷管加强药）。

（2）胶质炸药。主要成分是硝化甘油，威力大、密度大、抗水性强，可做副起爆炸药，可用于水下和地下爆破工程。它价格昂贵，爆力 500mL，猛度 22～23mm。如国产 SHJ-K 水胶炸药，不仅威力大，抗水性好，且敏感度低，运输、储存和使用均较安全。

（3）铵梯炸药。淡黄色粉末，本身有毒但爆炸气体无毒，敏感度小，价格低，易潮湿结块。主要成分是硝酸铵加少量的 TNT（敏感剂）和木粉（可燃剂）混合而成。调整三种成分的百分比可制成不同性能的铵梯炸药。国产铵锑炸药品种有：露天铵锑炸药#1、#2、#3、岩石铵锑炸药#1、#2 和安全铵锑炸药等。主要性能指标见表 2.1。

表 2.1　　　　　　　　　　　铵锑炸药性能指标

性　　能	#1 岩	#2 岩	#1 露	#2 露	#3 露
炸力（mL）	350	320	300	250	230
猛度（mm）	13	12	11	8	5
殉爆距（cm）	6	5	4	3	2
密度（g/cm³）	0.45~1.1	0.95~1.1	0.85~1.1	0.85~1.1	0.85~1.1

硝酸铵加入一定配比的松香、沥青、石蜡和木粉，可改善炸药的吸湿性和结块性，用于潮湿和有少量水的地方，爆破中等坚固的岩石；加入一定成分的 35 号柴油，则可制成性能良好的铵—油炸药。

（4）浆状炸药。浆状炸药可以是非黏稠的晶质溶液、黏稠化的胶体溶液或黏稠并交联的凝胶体。几乎所有的浆状炸药都含有增稠的胶凝剂，含有水溶性剂的浆状炸药又叫水胶炸药。水胶炸药性能主要取决于其配方和胶凝系统的制造工艺。其优点是炸药密度、形态及其性能可在较大的范围内调整，有突出的抗水性能，但其抗冻性和稳定性有待改善。

（5）乳化炸药。它是以氧化剂水溶液与油类经乳化而成的油包水型的乳胶体作爆炸性基质，再添加少量氯酸盐和过氯酸盐作辅助氧化剂。乳化剂胶体是乳化炸药中的关键组成部分。乳化剂是一种表面活性剂，用来降低水油的表面张力，形成水包油或油包水的乳化物。乳化炸药的爆速较高，且随药柱直径增大、炸药密度增大而提高。其抗水性能强，爆炸性能好。

（6）黑火药。由 60%~75%硝石加 10%~15%硫磺再加 15%~25%木炭掺合而成，制作简单、成本低廉、易受潮、威力小，适用于小型水利工程中的松软岩石和做导火索。

2.1.4　药量计算

在进行药量计算时，应首先分清药包的类型，因为药包的类型不同，药量计算也不一样。按形状，药包分为集中药包和延长药包。当药包的最长边与最短边的比值 $L/a \leqslant 4$ 时，为集中药包；当 $L/a > 4$ 时，为延长药包。对于洞室爆破，常用集中系数 Φ 来区分药包的类型。当 $\Phi \geqslant 0.41$ 时为集中药包；反之，为延长药包或条形药包。

$$\Phi = 0.62 \frac{\sqrt[3]{V}}{b} \tag{2.1}$$

式中　b——药包中心到药包最远点的距离，m；

　　　V——药包的体积，m³。

对单个集中药包，药量可按式（2.2）计算

$$Q = KW^3 f(n) \tag{2.2}$$

式中　K——单位耗药量，kg/m³；

　　　W——最小抵抗线长度，m；

　　$f(n)$——爆破作用指数函数。

标准抛掷爆破 $f(n)=1$；加强抛掷爆破 $f(n)=0.4+0.6n^3$；减弱抛掷爆破 $f(n)=[(4+3n)/7]^3$；松动爆破 $f(n)=n^3$。

爆破设计时，标准抛掷爆破的单位用药量 K 值（标准情况）可根据试验确定，也可参考表 2.2 确定。所谓标准情况是指：标准抛掷爆破，标准炸药，在一个临空面的平地上进行爆破。随着临空面的增多，单位耗药量随之减少。有两个临空面为 $0.83K$；有三个临空面为 $0.67K$。当采用非标准炸药，尚须用爆力换算系数 e 对表 2.2 中的 K 值进行修正。

$$e=\frac{e_b}{e_i} \tag{2.3}$$

式中　e_i——实际采用炸药的爆力值，cm^3；

　　　e_b——标准炸药爆力值，国内以 ♯2 岩石铵锑炸药为标准炸药，其爆力值为 $320cm^3$。

表 2.2　　　　　　　　　　　　　**单位用药量 K 值**

岩石种类	K 值 (kg/m³)	岩石种类	K 值 (kg/m³)	岩石种类	K 值 (kg/m³)
黏　土	1.0～1.1	砾　岩	1.4～1.8	坚实黏土、黄土	1.1～1.25
泥灰岩	1.2～1.4	片麻岩	1.4～1.8	页岩、千枚岩、板岩	1.2～1.5
石灰岩	1.2～1.7	花岗岩	1.4～2.0	石英斑岩	1.3～1.4
砂　岩	1.3～1.6	闪长岩	1.5～2.1	石英砂岩	1.5～1.8
流纹岩	1.4～1.6	辉长岩	1.6～1.9	安山岩、玄武岩	1.6～2.1
白云岩	1.4～1.7	辉绿岩	1.7～1.9	石英岩	1.7～2.0

2.2　爆　破　基　本　方　法

工程爆破的基本方法有孔眼爆破、洞室爆破和药壶爆破等。孔眼爆破又分为浅孔爆破和深孔爆破。爆破参数主要包括爆破介质与炸药特性、药包布置、炮孔的孔径和孔深、装药结构及起爆药量等。施工过程包括布孔、钻孔、清孔、装药、捣实、堵气、引爆等几道工序。爆破方法取决于工程规模、开挖强度和施工条件。

对于明挖钻孔爆破，设计内容有：爆破区地形、地质条件；爆破区周围环境及质量、安全标准；梯段高度和爆破参数；边坡轮廓、建基面及爆区附近建筑物等保护；炸药品种、装药方法和堵塞；爆破方式与起爆方法；单响最大起爆药量；爆破安全距离计算；施工技术要求和质量、安全措施；附图（表），如孔网平面布置图、起爆网络敷设图、单孔装药结构图和排孔装药量明细表等。

2.2.1　浅孔爆破

浅孔爆破是炮孔深度 L 一般小于 5m 装药引爆的爆破技术。它适用于各种地形条件和工作面情况，有利于控制开挖面的形状和规格，使用的钻孔机具较简单，操作方便，但劳动强度大，生产效率低，孔耗大，不适合大规模的爆破工程。

1. 炮孔布置原则

炮孔布置合理与否，直接关系到爆破效果。设计时要充分利用天然临空面或积极创造更多的临空面。例如在基础开挖时往往先开挖先锋槽，形成阶梯，这样不仅便于组织钻孔、装药、爆破和出渣等流水作业，安排出渣运输和基坑排水，避免施工干扰，加快进度，而且有利于提高爆破效果，降低成本；布孔时，宜使炮孔与岩石层面和节理面正交，不宜穿过与地面贯穿的裂缝，以防漏气，影响爆

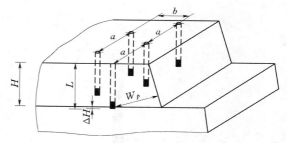

图 2.3　孔眼爆破梯段布孔图

破效果。图 2.3 表示孔眼爆破梯段布孔图。平面上炮孔一般采用梅花状布置。

2. 技术参数计算

（1）抵抗线长度 W_p（m）

$$W_p = K_w d \tag{2.4}$$

（2）阶梯高度 H（m）

$$H = K_h W_p \tag{2.5}$$

（3）炮孔深度 L（m）

$$L = K_L H \tag{2.6}$$

（4）炮孔间距 a（m）

$$a = K_a W_p \tag{2.7}$$

（5）炮孔排距 b（m）

$$b = (0.8 \sim 1.2) W_p \tag{2.8}$$

（6）装药长度 $L_{药}$（m）

$$L_{药} = (1/3 \sim 1/2) L \tag{2.9}$$

以上各式中　K_w——岩石性质对抵抗线的影响系数，常采用 15～30；

　　　　　　K_h——防止爆破顶面逸出的系数，常采用 1.2～2.0；

　　　　　　K_L——岩性对孔深的影响系数，坚硬岩石取 1.1～1.15。中等坚硬岩石取 1.0，松软岩石取 0.85～0.95；

　　　　　　K_a——起爆方式对孔距的影响系数，火花起爆取 1.0～1.5，电气起爆取 1.2～2.0；

　　　　　　d——炮孔直径，m。

2.2.2　深孔爆破

深孔爆破是炮孔深度 L 大于 5m 装药引爆的爆破技术。深孔爆破适用于料场和基坑规模大、强度高的采挖工作，且多采用松动爆破。深孔爆破具有爆破单位体积岩体所耗的钻孔工作量和炸药量少、爆破控制性差，对保留岩体影响大等特点。常用冲击式、回转式、潜孔钻等造孔。

1. 深孔布置

深孔爆破的炮孔布置原则与浅孔爆破基本相同，平面上也采用梅花状布置；垂直方向上主要有垂直孔和倾斜孔两种，如图 2.4 所示。倾斜孔由于 W_p 全等均匀，所以具有堆渣高和宽容易控制、爆后坡面平整等优点，但倾斜孔技术复杂，装药也相对较难。

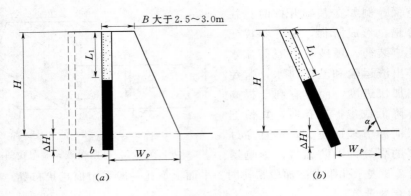

图 2.4   露天深孔布置图

(a) 垂直孔布置；(b) 倾斜孔布置

2. 技术参数计算

(1) 抵抗线长度 W_p (m)

$$W_p = HD\eta d/150 \tag{2.10}$$

(2) 超钻深度 ΔH (m)

$$\Delta H = L - H = (0.12 \sim 0.3)W_p \tag{2.11}$$

(3) 炮孔间距 a (m)

$$a = (0.7 \sim 1.4)W_p \tag{2.12}$$

(4) 炮孔排距 b (m)   一般双排布孔呈等边三角形，多排呈梅花形。

$$b = a\sin60° = 0.87a \tag{2.13}$$

(5) 药包重量 Q (kg)

$$Q = 0.33KHW_pa \tag{2.14}$$

(6) 炮孔最小堵塞长度 L_{min}

$$L_{min} \geqslant W_p \tag{2.15}$$

以上各式中 D——岩石硬度影响系数，一般取 0.46～0.56；

η——阶梯高度系数，见表 2.3；

d——炮孔直径，mm；

K——系数：坚硬岩 0.54～0.6，中坚岩 0.3～0.45，松软岩 0.15～0.3；

其他符号同前。

表 2.3   阶 梯 高 度 系 数 η 值

H (m)	10	12	15	17	20	22	25	27	30
η	1.0	0.85	0.74	0.67	0.6	0.56	0.52	0.47	0.42

2.2.3   洞室爆破

工程设计和施工中，有时需要开凿洞室装药进行大量爆破，来完成特定的施工任务。如采料、截流或定向爆破筑坝等。根据地形条件，一般洞室爆破的药室常用平洞或竖井相连，装药后须按要求将平洞或竖井堵塞，以确保爆破施工质量和效果，如图 2.5 所示。

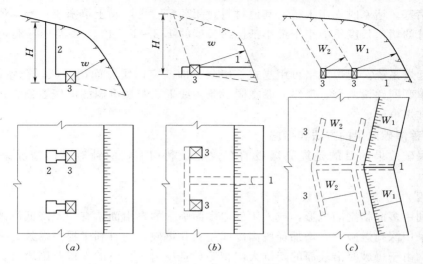

图 2.5　洞室爆破洞室布置示意图
(*a*) 竖井布置；(*b*) 平洞布置；(*c*) 条形药包布置
1—平洞；2—竖井；3—药室

1. 导洞与药室布置

导洞可以是平洞或竖井。当开挖工程量相近时，平洞比竖井投资少、施工方便，具体应根据地形条件选择。平洞截面一般取 1.2m×1.8m，竖井取 1.5m×1.5m，以满足最小工作面需要。平洞不宜太长，竖井深度也应不大于 30m，以利自然通风。对于群孔药包，为了减少开挖量，连接药室的洞井宜布置成 T 形或倒 T 形。对条形布药，可利用与自由面平行的平洞作为药室。集中装药的药室以接近立方体为好。药室容积 V（m³）可按式 (2.16) 计算

$$V = CQ/\Delta \tag{2.16}$$

式中　　C——炸药的装填系数，它与药室支护及装药方式有关，有支护可取 1.5～1.8，无支护可取 1.1～1.25，散装取小值，袋装取大值；

$\quad\quad\;\;Q$——装药量，t；

$\quad\quad\;\;\Delta$——炸药密实度，t/m³。

集中布药，药室间距 a（m）和药室排距 b（m）可分别按式 (2.17)、式 (2.18) 计算

$$a = (1.1 \sim 1.2)W_p \tag{2.17}$$
$$b = (1.3 \sim 1.4)W_p \tag{2.18}$$

式中　W_p——相邻药室的平均最小抵抗线长度，m，$W_p = (0.6 \sim 0.8)H$。

2. 洞室爆破施工

(1) 装药。装药前应对洞室内的松石进行处理，并做好排水和防潮工作。

装药时，先在药室四周装填选用的炸药，再放置猛度较高性能稳定的炸药，最后于中部放置起爆体。起爆体重 20～25kg，内装有敏感度高、传爆速度快的烈性起爆炸药，其中安放几个电雷管组或传爆索。起爆药量通常为总装药量的 1%～2%。导洞和药室应采

用 12～36V 的低压电照明。

（2）堵塞。堵塞时先用木板或其他材料封闭药室，再用黏土填塞 3～5m，最后用石渣料堵塞。总的堵塞长度不能小于最小抵抗线长度的 1.2～1.5 倍。对 T 形导洞可适当缩小堵塞长度。

（3）起爆系统。起爆网络可用复式并串联。即药室内雷管间用并联，药室间用串联，同样的并串联网路设两套，最终并联在同一条主线上。起爆电源的电压要稳定，电流不应低于安全准爆电流。

2.2.4 改善爆破效果的方法和措施

改善爆破效果的目的是提高爆破的有效能量利用率，应针对不同情况采取不同的措施。

1. 合理利用临空面，积极创造临空面

充分利用多面临空的地形，或人工创造多面临空的自由面，有利于降低爆破的单位耗药量。当采用深孔爆破时，增加梯段高度或用斜孔爆破，均有利于提高爆效。平行坡面的斜孔爆破，由于爆破时沿坡面的阻抗大体相等，且反射拉力波的作用范围增大，通常可较竖孔的能量利用率提高 50%。斜孔爆破后边坡稳定，块度均匀，还有利于提高装车效率。

2. 采用毫秒微差挤压爆破

毫秒微差挤压爆破是利用孔间微差迟发不断创造临空面，使岩石内的应力波与先期产生残留在岩体内的应力相叠加，从而提高爆破的能量利用率。在深孔爆破中可降低单位耗药量 15%～25%。

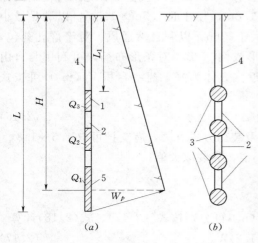

图 2.6　分段装药药包构造图

(a) 竹节炮；(b) 竹节坛子炮

1—药包；2—空穴；3—药壳；

4—堵塞段；5—底部药包

3. 采用不耦合装药，提高爆破效果

炮孔直径与药包直径的比值称为不耦合系数。其值大小与介质、炸药特性等有关。由于药包四周存在空隙，降低了爆炸的峰压，从而降低或避免了过度粉碎岩石，也使爆压作用时间增长，提高了爆破能量利用率。

4. 分段装药爆破

一般孔眼爆破，药包位于孔底，爆后块度不均匀。为改善爆破效果，沿孔长分段装药，使爆能均匀分布，且增长爆压作用时间。图 2.6 为分段装药示意图，图 2.6 (a) 俗称竹节炮，图 2.6 (b) 俗称竹节坛子炮。

分段装药的药包（或药壶）宜设在坚硬完整的岩层内，空穴设于软弱岩层内。在孔深 20m 以内，一般分 2～3 段装药，底部药包通常占总药量的 60%～70%。堵塞段长应不小于计算抵抗线的 0.7 倍。

5. 保证堵塞长度和堵塞质量

一般堵塞良好时其爆破效果和能量利用率较堵塞不良的可以成倍地提高。工程中应严格按规范进行爆破施工质量控制。

2.3　钻孔与起爆

2.3.1　钻孔机具

钻孔的效率和质量很大程度上取决于钻孔机具。爆破施工中多数采用孔眼爆破法。钻爆作业中，当开挖厚度和方量较小时，可采用手提式钻机；开挖场面较狭窄、交通困难或高陡坡上，宜用移动方便的轻型钻机；开挖场面较大、地势较平坦的梯段爆破，可用潜孔钻机或履带式液压钻机。采石、基础开挖等作业多用大型钻机进行深孔作业。

1. 风钻

浅孔爆破作业中，向下钻垂直孔，多采用轻型手提式风钻；向上及倾斜钻孔，则多采用支架式重型风钻，所用风压一般为 $4 \times 10^5 \sim 6 \times 10^5$ Pa，耗风量一般为 $2 \sim 4\text{m}^3/\text{min}$。国内常用 YT - 23 型、YT - 25 型和 YT - 30 型以及带腿的 YTP - 26 型风钻。YT - 23 型自重轻，钻孔效率高。

2. 回转式钻机

回转式钻机一般以钻孔最大深度表示钻机的型号。例如国产 XJ - 100 型和 X - 300 型回转式钻机。回转式钻机可钻斜孔，钻进速度快。钻杆端部可根据钻孔孔径要求装大小不同的钻头，如钢钻头和嵌有合金刀片的各种形式钻头、钻石钻头等。钻进过程中为了排除岩粉，冷却钻头，由钻杆顶部通过空心钻杆向孔内注水。钻松软岩石时，可向孔内注入泥浆，使岩屑悬浮至表面溢出孔外，泥浆还起固护孔壁的作用。

3. 冲击式钻机

冲击式钻机工作时只能钻垂直向下的孔，如

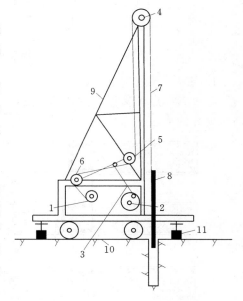

图 2.7　冲击式钻机

1—绞车；2—偏心轮；3—连杆；4、5、6—滑轮；
7—钢索；8—钻具；9—钻架；10—履带；
11—支承千斤顶

图 2.7 所示。钻具凭自重下落冲击岩石，其自重和落高是机械类型的控制参数。如国产 CZ - 20 型、CZ - 2 型钻机。钻孔时每冲击一次，钢索旋转带动钻具旋转一个角度，以保证钻具均匀破碎岩石，形成圆形钻孔。钻进时应向孔内加水，以冷却钻头。

4. 潜孔钻

潜孔钻结构较以上钻机有进一步改进，钻孔方向有 $45°$、$60°$、$75°$、$90°$ 四种。钻进过程中，将粉尘由设在孔口的捕尘罩借助抽风机将粉尘吸入集尘箱处理。潜孔钻运行可靠，是一种通用的、功能良好的深孔作业钻孔机械。

2.3.2　起爆器材与起爆方法

利用外能使药包爆炸的过程称为起爆，它是爆破设计施工的重要环节，起爆药包的制作过程如图 2.8 所示。结合工程应用，主要起爆方法有导火索起爆法、电力起爆法、导爆索起爆法和导爆管起爆法。

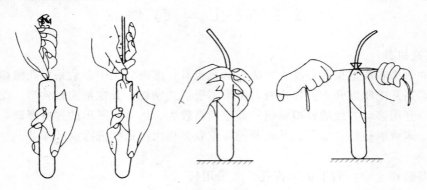

图 2.8　起爆药包制作

1. 导火索起爆法

导火索起爆法又称火雷管起爆法，是利用导火索产生的火焰使火雷管爆炸，从而引起药包爆炸的方法。

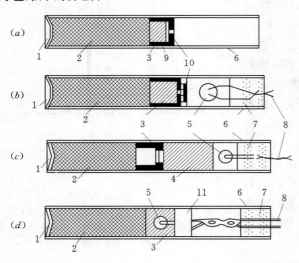

图 2.9　各种雷管构造示意图

(a) 火雷管；(b) 即发雷管；(c) 延发电雷管；(d) 安全雷管
1—聚能穴；2—副起炸药；3—正起炸药；4—缓燃剂；
5—点火桥丝；6—雷管外壳；7—密封胶；8—脚线；
9—加强帽；10—帽孔；11—微型安全电路

火雷管由管壳、起爆炸药和加强帽组成，如图 2.9 (a) 所示。管壳一般用铜、铝、塑料等材料制成，一端压成凹形穴，起聚能作用，导火索从另一端插入。起爆炸药分正、副两部分，正起爆药常为雷汞或氮化铅等。

导火索一般由压缩的黑火药做线芯，外缠纱线并涂沥青防水。导火索在储存、运输和使用中应防止折断，使用前应进行燃速试验。导火索的长度由炮工撤至安全区及点炮所需的总时间来确定。

火花起爆虽然简便，但一次点炮的数目不宜太多，不宜用于重要的、大型爆破工程。

导火索起爆法应注意以下几点：

(1) 火前用快刀切除导火索点火端 5cm，严禁边点火边切除。

(2) 应使用导火索段或专用点火器材点火。

(3) 在爆破区附近应有点炮人员的安全避炮设施。

2. 电力起爆法

电雷管与火雷管的不同之处在于管的前段装有电点火装置，如图 2.9 (b)、(c) 所示。当电雷管中输入大于安全准爆电流后即可起爆。

电雷管按起爆时间的不同，分为即发电雷管、秒延发电雷管和毫秒微差电雷管三种。常用的即发雷管为 6～8 号；秒延发雷管在点火装置与加强帽之间加了一段缓燃剂，根据缓燃剂的性质和多少控制延发时间。国产的延发雷管分 7 段，每段延发间隔 1s；毫秒微差雷管的缓燃剂是特殊的延发剂，一般延发时间为 25～200ms，国产毫秒雷管共有 20 段。一般电雷管因爆点附近有杂散电流而容易产生意外爆炸，国产 BJ－1 型安全电雷管则有抗杂散电流的功能，如图 2.9（d）所示。

电力起爆适用于远距离同时或分段起爆大规模药包群。可用仪表检测电雷管和起爆网路，保证起爆的安全可靠性。为了安全准爆，要求通过每个电雷管的最小准爆电流：直流电流为 1.8A，交流电流为 2.5A；雷管电阻为 1.0～1.5Ω 之间，成组串联的电雷管电阻差最大不得大于 0.25Ω；不同种类的即发和延发雷管不能串联在同一支路上，只能分类串联，各支路间可以相互并联接入主线，但各支路电阻必须保持平衡。

常用的电爆网络连接方法有串联法、并联法和混合联。串联法要求电压大而电流小，导线损耗小，接线和检测容易，但只要有一处脚线或雷管断路，整个网络的雷管将全部拒爆；并联法要求电压小而电流大，导线损耗大，只要主线不断损，雷管间互不影响；串联法和并联法只宜用于小规模爆破。为了准爆和减小电流消耗，施工中多采用混合连接，如串并联和并串联，对于分段起爆的网络，各段分别采用即发或某一延发雷管，则宜采用并—串—并联网络。如图 2.10 所示。

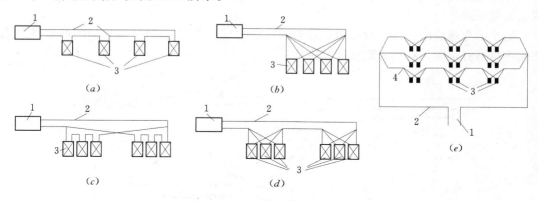

图 2.10　电爆网络连接示例
（a）串联法；（b）并联法；（c）串并联法；（d）并串联法；（e）并-串-并联法
1—电源；2—输电线路；3—药包；4—支路

起爆网络连接方式选定后，尚须进行电路设计计算。如网络的总电阻、准爆总电流、所需的总电压以及通过每个雷管的电流强度等。

电力起爆应注意以下几点：

（1）只允许在无雷电天气、感应电流和杂散电流小于 30mA 的区域使用。

（2）爆破器材进入爆破区前，现场所有带电的设备、设施、导电的管与线设备必须切断电源。

（3）起爆电源开关须专用且在危险区内人员未撤离、避炮防护工作未完前禁止打开起爆箱。

3. 导爆管起爆法

导爆管传递的爆轰波是一种低爆速的爆轰波，只能起爆与之相匹配的非电雷管，再由雷管爆炸引爆孔内炸药。导爆管用火或撞击均不能引爆，须用起爆枪或雷管才能起爆。

导爆管是一根外径 3mm，内径 1.4mm 的塑料软管，内壁涂有薄层烈性炸药，其传爆速度为 2000m/s 以上，在起爆网路中多用串联连接。它适用于非电引爆的起爆系统，只能用雷管起爆，不受爆点附近杂散电流及火花影响，储存、运输和使用比较安全。

导爆管起爆应严格执行以下规定：

（1）起爆导爆管的雷管聚能穴方向与导爆管的传爆方向相反。起爆雷管应捆扎在导爆管末端不少于 15cm 的位置上。

（2）集中起爆的导爆管应用连接块连接传爆，采用捆扎法应均匀捆扎在起爆雷管的周围，导爆管不得超过两层。

（3）寒冷季节或高寒地区出现导爆管硬化易折断时，不得使用导爆管起爆法。

4. 导爆索起爆法

利用绑在导爆索一端的雷管起爆导爆索，由导爆索引爆药包，即导爆索的传爆可直接引爆起爆药包。多用于深孔和洞室爆破。

导爆索是由黑索金或泰安等单质炸药卷成，外涂红色或红白间色。导爆索可用火雷管或电雷管引爆。

施工中导爆索的连接一般采用搭接和扭接的方法，如图 2.11。连接处的两根导爆索之间不得夹有杂物，且接合紧密两端捆紧。

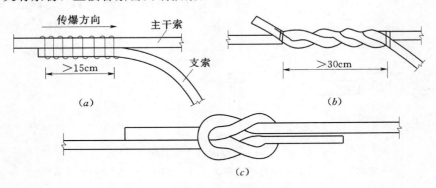

图 2.11   导爆索连接法
(a) 搭接法；(b) 扭接法；(c) 水手结法

导爆索起爆法应注意以下几点：

（1）进入孔内的导爆索，须与起爆药包紧密结合。

（2）起爆导爆索的雷管聚能穴应朝向导爆索的传爆方向。起爆雷管应捆扎在距导爆索末端不少于 15cm 的位置上。

（3）孔口堵塞前应对导爆索进行检查。需指出，当工程爆破为群体药包时，可用同时、延期或组内同时组间延期的方式起爆。同时起爆能增强爆破效果，但爆炸破坏及振动影响随之增大。为保护围岩的完整性和相邻建筑物的安全，常需限制一次同时起爆的炸药用量。延期起爆常采用电力起爆方式，选用秒延发或毫秒延发雷管控制延发时间。秒延起爆有创造辅助临空面和减振的作用。

【乳化炸药混装车技术】

　　该技术是一种集炸药的原材料运输、现场制备、装药、联网起爆为一体的爆破施工技术。其原理是先从半成品制备地面站将合格的水相和油相、多孔粒状硝铵、铝粉、发泡剂等装入乳化炸药混装车上相应的罐内，由混装车运到爆破现场。在爆破现场，水相和油相按配方比例经各自的输送泵和流量计汇入同一条软管，输入连续乳化器，乳化后的乳胶体进入混合器，加入发泡剂，有时根据需要加入多孔粒状硝铵（或铝粉）进行混合，然后药浆经螺杆泵通过输药软管装入炮孔底部；药浆在孔内 5～10min 完成发泡而成为非雷管感度的现场混装乳化炸药，最后由爆破施工人员对炮孔联网起爆。

　　该项技术在水布垭、公伯峡、拉西瓦、龙滩等大型水利水电工程中得到应用。主要优点是炸药的安全性能好（低感度的浆状炸药，不能直接用雷管起爆）、装药效率高、爆破成本低和改善爆破质量。近年来，乳化炸药混装车技术在应用中不断地发展和创新，设备由开始仅适用于露天爆破作业的乳化炸药混装车，先后开发了与炸药混装车配套的移动式地面站和适用于地下工程开挖爆破的地下装药车等，自动化程度高，装药迅速灵活，安全性好。

2.4　特种爆破技术

　　特种爆破实质上是在某一特殊条件下的控制爆破。结合水利工程应用，主要介绍定向爆破、光面爆破与预裂爆破、岩塞爆破等。

2.4.1　定向爆破

1. 定向爆破原理

　　爆破工程中，当进行抛掷爆破时，介质从爆破漏斗中抛出。实践证明，临空面对抛掷速度有明显的影响。介质流主要沿药包中心至临空面的最短距离，即沿最小抵抗线 W 方向抛射是其必然的结果。

　　向外弯曲的临空面及曲心被称为"定向坑"和"定向中心"，是单药包爆破时设计的关键。群药包定向爆破，绝大部分介质流的运动是沿着几个药包联合作用所决定的方向。只要药包布置得当，群药包定向爆破的效果比单药包好。在陡峭且狭窄的山谷中做定向爆破有时可以不用抛掷，因介质流还受重力的作用，靠重力将爆松的土岩滚到沟底预期位置（崩塌爆破）。爆破时应尽量利用天然地形布置药包，或利用辅助药包创造人工临空面，以满足工程定向抛掷的要求。

　　定向爆破可以用来截流、筑坝、开渠、移山填谷等。陕西石砭峪水库采用定向爆破筑坝技术，总药量 1589t，上坝堆石 143.7 万 m^3，为我国规模最大的一次定向爆破筑坝工程。这里只对定向爆破筑坝作一些简要介绍。

2. 定向爆破筑坝

(1) 基本要求。

1) 地形条件。地形上要求河谷狭窄，岸坡陡峻（通常 40°以上）；坝肩山体有一定的高度、厚度和可爆宽度，要求山高山厚为设计坝高的两倍以上，且大于坝顶设计长度。同时满足这些条件的地形是不多见的，根据经验，只要所选地形有某一方面突出的优点，也可以用定向爆破筑坝。

2) 地质条件。地质上要求爆区岩性均匀、强度高、风化弱、构造简单、覆盖层薄、地下水位低、渗水量小，爆区岩石性质适合作坝体材料，坝址地质构造受爆破振动影响在允许范围内。

3) 整体布置条件。定向爆破筑坝要满足整体布置条件，泄水和导流建筑物的进出口应在堆积范围以外并满足防止爆振的安全要求；施工上要求爆前完成导流建筑物、布药岸的交通道路、导洞药室的施工及引爆系统的敷设等。

(2) 药包布置。药包布置的总体原则是：在保证安全的前提下，尽可能提高抛掷上坝方量，减少人工加高培厚的工作量，且方便施工。

在已建成的定向爆破筑坝工程中，有 20%左右采用的是崩塌爆破。尽管崩塌爆破为首选方案，但目前能直接采用崩塌爆破的地形很少，所以多采用单岸或双岸布药爆破。

条件允许时应尽可能采用双岸爆破，双岸爆破一般一岸为主爆区，另一岸为副爆区，即使在很平缓的岸坡上也可以布置几个药包作为副爆区，如图 2.12 所示。

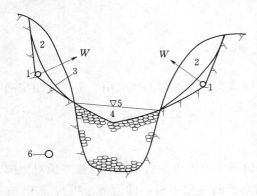

图 2.12　定向爆破筑坝药包布置图
（双岸爆破）

1—药包；2—爆破漏斗；3—爆堆顶部轮廓线；
4—鞍点；5—坝顶高程；6—导流隧洞

如果一岸不具备条件或河谷特窄，一岸山体雄厚，爆落方量已能满足需要，则单岸爆破也是可行的，药包布置如图 2.13 所示。

药包布置的高程，一方面为了提高抛掷上坝方量，减少人工加高培厚及善后处理工作量，药包布置应尽可能得低；另一方面，从维护工程安全出发，为了防止爆破后基岩破坏造成绕坝渗漏等问题，要求药包位于正常水位以上，且大于垂直破坏半径。药包与坝肩的水平距离大于水平破坏半径。

在实际工程中，定向爆破筑坝一般都采用群药包布置方案，药包布置位置按"排、列、层"系统考虑。药包布置应充分利用天然凹岸，在同一高程按坝轴线对称布置单排药包。当河段平直，则布置双排药包，利用前排的辅助药包创造人工临空面，利用后排的主药包保证上坝堆积方量。

2.4.2　预裂爆破

1. 预裂爆破机理

预裂爆破即在开挖区主体爆破之前，先沿设计开挖线钻孔装药并爆破（图 2.14），使岩体形成一条沿设计开挖线延伸的宽 1~4cm 的贯穿裂缝，在这条缝的"屏蔽"下再进行主体爆破，冲击波的能量通常可被预裂缝削减 70%，保留区（开挖区以外的保留体）的

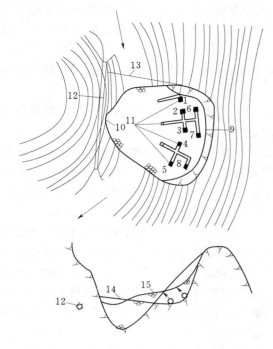

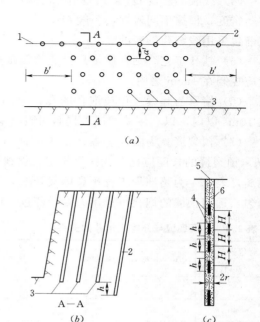

图 2.13　定向爆破筑坝一岸布置药包图

1~5—前排药包；6~8—后排药包；9—爆破漏斗
边线；10—堆积轮廓线；11—爆破定向中心；
12—导流隧洞；13—截水墙轴线；14—设计
坝顶高程；15—堆积体顶坡线

图 2.14　预裂爆破布孔和装药情况

（a）、（b）明槽开挖布孔图；（c）药包结构图
1—预裂线（设计开挖线）；2—预裂孔；
3—开挖区炮孔；4—药包；
5—传爆线；6—堵塞段

振动破坏得到控制，设计边坡稳定平整，同时避免了不必要的超挖和欠挖。预裂爆破常用于大劈坡、基础开挖、深槽开挖等爆破施工中。

预裂孔采用的是一种不耦合装药结构（药卷直径小于炮孔直径），如图 2.14（c）所示。由于药包和孔壁间环状空隙的存在，削减了作用在孔壁上的爆压峰值，不致使孔壁产生明显的压缩破坏，只有切向拉力使炮孔四周产生径向裂纹（岩石抗压强度远大于抗拉强度）。滞后的高压气体沿缝产生"气刃"劈裂作用，使周边孔间连线上的裂纹全部贯通成缝。

2. 预裂爆破设计与施工

影响预裂爆破效果的主要因素有：炮孔直径 D、炮孔间距 a、装药量及装药集中度、岩石物理力学性质、地质构造、炸药品种及其特性、药包结构、起爆技术、施工条件等。

（1）炮孔直径 d。预裂爆破孔径通常为 50~200mm，浅孔爆破用小值，深孔爆破用大值。

（2）不耦合系数 η。为避免孔壁破坏，采用不耦合装药，不耦合系数一般取 $\eta=2\sim4$。

（3）炮孔间距 a。与岩石特性、炸药性质、装药情况、缝壁平整度要求、孔径等有关，通常为 $a=(8\sim12)d$，小孔径取大值，大孔径取小值，岩石均匀完整取大值，反之取小值。

（4）线装药密度 $Q_{线}$。预裂炮孔内采用线状分散间隔装药，单位长度的装药量称为线装药密度，根据不同岩性，一般 $Q_{线}＝200\sim400\mathrm{g/m}$。为克服岩石对孔底的夹制作用，孔底药包采用线装药密度的 $2\sim5$ 倍。

（5）钻孔工艺。钻孔质量是保证预裂面平整度的关键。钻孔轴线与设计开挖线的偏离值应控制在 15cm 之内。

（6）堵塞与起爆。预裂炮孔的孔口应用粒径小于 10mm 的砾石堵塞。起爆时差控制在 10ms 以内，以利用微差爆破提高爆破效果。

（7）预裂缝。为阻隔主爆区传来的冲击波，应使预裂孔的深度超过开挖区炮孔深度 Δh，预裂缝的长度应比开挖区里排炮孔连线两端各长 ΔL，同时应与内排炮孔保持 Δa 的距离，表 2.4 为葛洲坝工程预裂爆破开挖区与预裂缝的关系。开挖区里排炮孔宜用小直径药包，远离预缝的炮孔可采用大直径药包。前者为了减振，后者可以改善爆破效果。

特别指出，在岩基爆破施工时，为防止上部梯段爆破造成水平建基面岩体的破坏（如出现爆破裂隙或使原有节理裂隙面明显张开和错动）而预留一定厚度的岩体（保护层）。通常有分层爆破法、保护层一次爆破法和无保护层一次爆破法。对于无保护层一次爆破法，基础岩石开挖采用梯段爆破法，水平建基面开挖采用预裂爆破法。

表 2.4   预裂缝与开挖区炮孔的关系

药包直径 d（mm）	Δa（m）	ΔL（m）	Δh（m）
55	$0.8\sim1.0$	6	0.8
90	$1.5\sim2.0$	9	1.3
$100\sim150$	$2.5\sim6.0$	$10\sim15$	1.3

3. 预裂爆破质量控制

预裂爆破的质量控制主要是预裂面的质量控制，通常按如下标准控制：

（1）预裂缝面的最小张开宽度应大于 $0.5\sim1\mathrm{cm}$，坚硬岩石取小值，软弱岩石取大值。

（2）预裂面上残留半孔率，对坚硬岩石不小于 85%；中等坚硬岩石不小于 70%；软弱岩石不小于 50%。

（3）钻孔偏斜度小于 1°，预裂面的不平整度不大于 15cm。

【工程实例】 水布垭引水渠及控制段基础开挖工程。

采用水平预裂辅以垂直浅孔梯段爆破相结合的施工方案，快速开挖保护层。溢洪道泄槽保护层厚度为 $2\sim3\mathrm{m}$，钻孔直径为 90mm，钻孔间距为孔径的 9 倍。泄槽段在距中桩号 $33-44.5$，上下游 $0＋205.5\sim0＋250.04$ 为一个 $1:1.25$ 的坡面，坡面总长 57.062m，宽 11.5m，高差 35.67m。考虑一次施工成型难度较大，分四次预裂造孔，每次钻孔的孔深在 15m 左右，前三次由上游往下游造孔，最后一次由下游往上游，从而减轻了建基面的整修清理工作量，大大加快了施工进度，达到预期效果。

2.4.3 光面爆破

1. 光面爆破机理

光面爆破即沿开挖周边线按设计孔距钻孔，采用不耦合装药毫秒爆破，在主爆孔起爆后起爆，使开挖后沿设计轮廓获得保留良好边坡壁面的爆破技术。

光面爆破与预裂爆破在爆破顺序上恰好相反，是先在开挖区内对主体部位的岩石进行爆破，然后再利用布置在设计开挖线上的光爆孔，将作为保护层的"光爆层"爆除，从而形成光滑平整的开挖面。其设计、施工比预裂爆破复杂，要求也比预裂爆破高。

光面爆破被广泛地用于隧道（洞）等地下工程的施工中，它具有成型好、爆岩平整光滑、围岩破坏小、超挖少效率高、与喷锚技术结合施工质量好且安全可靠、省材料成本低等一系列优点。

2. 光面爆破设计与施工

影响光面爆破效果的主要因素有：炮孔直径 D、炮孔间距 a、装药量及装药集中度 $Q_{线}$、最小抵抗线（光爆层厚度）W、周边孔密集系数 m、岩石物理性质及地质构造、炸药品种及其特性、药包结构、起爆技术、施工条件等。

光面爆破设计说明书包括的内容有：标有起爆方式的炮孔布置图；周边孔装药结构图；光爆参数一览表及其文字说明和计算；技术指标和质量要求等。

（1）炮孔直径 d。对于隧洞，常用的孔径为 $d=35\sim45mm$，光面爆破的周边孔与掘进作业的其他炮孔直径一致。

（2）不耦合系数 η。一般 $d=62\sim200mm$ 时，$\eta=2\sim4$；$d=35\sim45mm$ 时，$\eta=1.5\sim2.0$。

（3）周边炮孔间距 a。a 值过大，W 值大，则须加大装药量，从而增大围岩的损坏和振裂，W 值小，则周边会凹凸不平；a 值过小而 W 值取大，则爆后难以成缝。通常 $a=(12\sim16)D$，具体视岩石硬度而定。如果在两炮孔间加一不装药的导向孔效果更好。

（4）线装药密度 $Q_{线}$。一般当露天光面爆破 $d\geqslant50mm$、$W>1m$ 时，$Q_{线}=100\sim300g/m$，完整坚硬的取大值，反之取小值。全断面一次起爆时适当增加药量。

（5）光爆层厚度 W 与周边孔密集系数 m。光爆层是周边炮孔与主爆区最边一排炮孔之间的那层岩石，其厚度就是周边炮孔的最小抵抗线 W，一般等于或略大于炮孔间距 a，在隧洞爆破中取 $W=70\sim80cm$ 较好。a 与 W 的比值称为炮孔密集系数 m，它随岩石性质、地质构造和开挖条件的不同而变化，一般 $m=a/W=0.8\sim1.0$。

（6）周边孔的深度和角度。对于隧洞开挖，从光爆效果来说周边孔越深越好，但受岩壁的阻碍，一般深度为 $1.5\sim2.0m$，采用钻孔台车作业时为 $3\sim5m$，以一个工作班能进行一个掘进循环为原则。钻孔要求"准、平、直、齐"，但受岩壁的阻碍，凿岩机钻孔时不得不甩出一个小角度，一般要求将此角度控制在 $4°$ 以内。

（7）装药结构。常用的装药结构有三种：一是普通标准药卷（$\phi32mm$）空气间隔装药；二是小直径药卷径向空气间隙连续装药；三是小直径药卷（$\phi20\sim25mm$）间隔装药。

3. 光面爆破质量控制

（1）周边轮廓尺寸符合设计要求，岩石壁面平整。露天光爆壁面不平整度控制在 $\pm20cm$ 以内；隧洞工程欠挖不大于 $5cm$，超挖不大于 $5cm$；岩石起伏差控制在 $15\sim20cm$ 以内。

（2）光爆后岩面上残留半孔率，对坚硬岩石不小于 80%；中等坚硬岩石不小于 65%；软弱岩石不小于 50%。

（3）光爆后，地质好的无危石，地质差的无大危石，保留面上无粉碎和明显的新裂缝。

（4）两排炮孔衔接处的"台阶"，露天大直径深孔光爆应控制在 $30\sim50cm$ 以内，地下隧洞工程应控制在 $10\sim15cm$ 以内。

【工程实例】 光面爆破技术在鱼跳水电站引水隧洞开挖中的应用。

鱼跳电站是白水河的二级电站，由拦河坝、引水系统和发电厂房等枢纽建筑构成。引水系统的下游引水隧洞、调压井及压力管道工程，全长 941.7m，开挖量 30838m³。引水隧洞位于灰白色细中粒正长花岗岩以及细中粒斑状黑云正长花岗岩中，调压井上部为残坡砂质积土，中部和压力管出口为弱风化细中粒花岗岩，其余岩石较稳固，且呈脆性。在该引水系统的开挖中，应用光面爆破技术，采用♯2岩石硝铵炸药，用导爆索引爆，孔深 2.4～2.6m，每孔装药 3～10 卷，装药系数为 24%～85%，炮孔堵塞长度为 200mm；周边孔间隔装药，间隔长度为 500mm，其余炮孔连续装药，爆破效果良好。

2.4.4 水下岩塞爆破

1. 水下岩塞爆破的特点

岩塞爆破是一种水下控制爆破。一般从隧洞出口逆水流方向按常规开挖，待掌子面接近进水口位置时，预留一定厚度的岩石（称为岩塞），待隧洞和进口控制闸门全部完建后，采用爆破将岩塞一次炸除，形成进水口，使隧洞和水库连通。

水下岩塞爆破应满足以下要求：

（1）预留岩塞一次爆通。如采用复式爆破网络。

（2）岩塞口成型良好。

（3）岩塞口的洞脸及附近山坡安全、稳定。

（4）岩塞口附近建（构）筑物安全。

（5）集渣坑安全稳定及施工过程安全。

由于使用预裂等特种爆破技术，爆破形成的进水口一般都能满足设计形状和水力方面的要求，对周围岩体和附近建筑物的影响也可以控制在允许的范围。该施工方法不受水位、季节、气候等条件的限制。

2. 岩塞布置及爆落石渣处理

（1）岩塞布置。岩塞布置应根据隧洞的使用要求、地形、地质等因素确定，宜选择在覆盖层薄、岩石坚硬完整且层面与进口中心交角大的部位，特别应避开节理、裂隙、构造发育的地段。岩塞的开口尺寸应满足进水流量的要求。岩塞厚度一般为岩塞底部直径的 1～1.5 倍，太厚则难以一次爆通，太薄则不安全（图 2.15）。

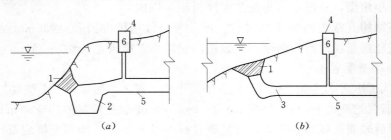

图 2.15 岩塞爆破岩塞布置图

（a）设集渣坑集渣；（b）设缓冲坑泄渣

1—岩塞；2—集渣坑；3—缓冲坑；4—闸门井；5—引水隧洞；6—操作室

（2）岩塞爆落石渣处理。岩塞爆落石渣常采用集渣和泄渣两种处理方法，如图 2.15 所示。前者为爆前在洞内正对岩塞的下方挖一容积相当的集渣坑，让爆落的石渣大部分抛入坑内，且保证运行期坑内石渣不被带走。后者为爆破时闸门开启，借助高速水流将石渣冲出洞口。采用泄渣方式时，除了要严格控制岩渣块度、对闸门埋件和门楣作必要的防护处理外，为避免瞬间石渣堵塞，正对岩塞可设一流线型缓冲坑，其容积相当于爆落石渣总量的 1/4～1/5。泄渣处理方式适用于灌溉、供水、防洪隧洞一类的取水口岩塞爆破。

3. 岩塞爆破设计

进行岩塞爆破设计时，主要内容有：爆破器材品种、规格、数量及爆破方案；钻孔爆破施工组织和施工程序；排孔或洞室布置和装药结构；周边预裂孔网及其爆破参数；起爆分段顺序时差、起爆网络计算；爆破地震、水击波对附近建（构）筑物、设施、山坡稳定影响的计算，预防发生危害性的安全技术措施等。

岩塞爆破属于水下爆破，用药量计算应考虑静水压力的阻抗，比常规抛掷爆破药量增大 20%～30%，即

$$Q = (1.2 \sim 1.3)KW^3(0.4 + 0.6n^3) \tag{2.19}$$

式中　　n——爆破作用指数，一般取 1～1.5。

岩塞爆破可以是钻孔爆破，也可以是洞室爆破。药室在岩塞内呈"王"字形布置，药室开挖采用浅孔小炮，另钻少量超前孔。若发现渗水集中时，可用胶管将水排出洞外，当漏水量小而分散时，可进行灌浆处理。为控制和保证洞脸围岩稳定，岩塞周边可采用预裂爆破减振防裂。

2.4.5　微差挤压爆破

1. 微差挤压爆破机理

微差挤压爆破是在大规模的深孔爆破中，将炮孔以毫秒级的时间间隔，分组进行顺序起爆的方法。其大致过程是：先起爆的深孔相当于单孔漏斗爆破，在压缩波和拉伸波的作用下，形成破裂漏斗，并在漏斗体外的周围岩石中产生应力场及微裂隙。短时内漏斗体内的岩石尚未明显移动，深孔内的高压爆气也未消失；在第一组深孔爆破漏斗形成后，第二组微差延发的深孔紧接着起爆，爆破漏斗成为第二组的新增临空面，爆破效果提高；若先爆一组的应力波和高压爆气在周围岩体中尚未消失，将与后一组的相互叠加，加强岩石的破碎效果；前一组爆碎的岩石在后一组爆碎岩石的挤压作用下更加破碎，前后两次产生的少量飞散岩石也相互碰撞产生补充破碎，使爆堆集中，飞散较远的碎石量也较少。

由于不同组的起爆时间有微差间隔，因而地震强度大大降低。观测资料表明，微差爆破的地震作用比一般爆破大约降低 1/3～2/3。

2. 微差挤压爆破应用

由于微差挤压爆破应用于深孔爆破中具有增加自由面、应力波叠加、岩块相互碰撞和挤压、地震效应减弱等一系列优点，所以微差挤压爆破被广泛应用于水利水电工程施工的基坑开挖中。

微差挤压爆破是爆破工作面前有堆渣的微差爆破。在一般条件下，爆破后破碎岩石的体积要比在原岩状态下增加 50%～60%，所以在自由面要留出足够的空间，在基坑开挖中一般称先锋槽。采用深孔台阶挤压爆破，爆破后岩石仅产生微动，碎胀系数仅为 1.05

～1.10，这大大减少了等待爆破的停产时间和设备及建筑物转移或保护的工作量。

微差挤压爆破一般采用大型机械装渣，这样不怕爆渣过度挤压，只要破碎均匀块度适当即可。考虑到爆破工作面堆渣连成一体，反射波能量减少，可适当增加单位耗药量。

此外，拆除爆破技术在工程中也得到应用。如用来拆除临时围堰、临时导墙、砂石料仓的隔墙等。在爆破参数选择、布孔、药量计算和炸药单耗确定等设计中，常依据等能、微分、失稳等原理，采取相应的技术措施，以达到拆除爆破控制的目的。

2.5 爆 破 安 全 控 制

2.5.1 爆破作业安全防护措施

1. 严格规章制度，加强安全教育

建立严格的爆破器材领发、清退制度、工作人员的岗位责任、培训制度以及重大爆破技术措施的审批制度，加强对施工人员的安全教育，未经专门培训并考试合格取得相应资质的人员，严禁从事相应的爆破作业；管理中一般起爆器材与炸药要分开运输、储存和保管；爆破器材在运输中不得抛掷、撞击，严防明火接近；炸药储存地点相互应有足够的殉爆安全距离；装药洞室内应用 36V 以内的低压照明。

2. 提高工艺水平，增加技术含量

爆破作业应尽可能采用分段延期和毫秒微差爆破，减少一次起爆药量，调整振动周期和减少振动；通过打防振孔、挖防振槽或进行预裂爆破，以保护有关建筑物、构筑物和重要设施；尽量避免采用裸露爆破，以节约炸药，减少飞石和空气冲击波压力；水下爆破可采用气幕防振，利用气泡压缩变形吸收能量，减轻水中冲击波对被保护目标的破坏；尽可能选择小的爆破作用指数和孔距小、孔深浅的爆破，减小抛掷距离和飞石；也可以采用调整布孔和起爆顺序的方法来改变最小抵抗线的方向，避免最小抵抗线正对居民区、重要建筑物、主要施工机械设备以及其他重要设施。

3. 加强保护措施，防止飞石破坏

对飞石的防护措施可根据被保护对象的特征和施工条件而异。在平地开挖宽度不大于4m 的沟槽，可采用拱式或壳式覆盖；挡板式覆盖的架设拆除费时费工，要求架设在高于爆破对象的天然或人工支承上，距爆破表面不小于 0.3～0.5m；网式和链式覆盖多用于对房屋建筑的拆除爆破；浅孔爆破在孔口压土袋，大量爆破用填土覆盖被保护建筑物，对防止飞石破坏有明显效果。

2.5.2 安全控制距离

在制定爆破作业安全措施时，应根据各种情况对安全控制距离进行计算，以便确定安全警戒范围和安全保护措施。

1. 飞石安全控制距离 R_F （m）

爆破时个别飞石对人的安全距离 R_F 可按下式计算：

$$R_F = 20n^2 W K_F \tag{2.20}$$

式中 W——最小抵抗线，m；

　　　n——爆破作用指数；

K_F——安全系数，一般采用 1.0～1.5；大风时取 1.5～2.0。

计算时应注意：

（1）飞石对机械设备影响，按式（2.20）计算值减半。

（2）一般抛掷爆破的个别飞石飞散范围可参考表 2.5。

表 2.5　　　　　　　　　抛掷爆破个别飞石的安全距离　　　　　　单位：m

最小抵抗线	对于人员					对于机械及建筑物				
	n 值					n 值				
	1.0	1.5	2.0	2.5	3.0	1.0	1.5	2.0	2.5	3.0
1.5	200	300	350	400	400	100	150	250	300	300
2.0	200	400	600	600	600	100	200	350	400	400
4.0	300	500	700	800	800	150	250	500	550	550
6.0	300	600	800	1000	1000	150	300	550	650	650

注　当 $n<1$ 时，将最大药包的最小抵抗线 W 换算成相当于抛掷爆破的最小抵抗线 W_p，$W_p=5W/7$，再根据 $n=1$ 条件下按本表查得碎石飞散的安全距离。

（3）在不同爆破条件下，其爆破作用指数 n 值可参考表 2.6。

2. 爆破地震作用安全控制距离

爆破地震安全，多采用质点振速 V 进行控制，即以实测质点振速是否大于允许振速 $[V]$（见表 2.7）来判断该点处的建筑物是否安全。地表某质点振速 V 可根据一些半经验半理论的公式进行计算，可阅有关参考书。

表 2.6　不同条件下的爆破作用指数 n 值

爆 破 条 件		n 值
多临空面	抛 掷	1.0～1.25
	加强松动	0.7～0.8
陡 坡	抛 掷	0.8～1.0
	加强松动	0.65～0.75

表 2.7　　　　　　　　爆破振动破坏允许振速 [V]

建筑物或构筑物情况	允许振速 $[V]$（cm/s）	建筑物或构筑物情况	允许振速 $[V]$（cm/s）
简易木结构房屋、砖砌居住房屋、钢筋混凝土烟囱	5	钢构件结构	8～16
无胶结材料的大型砌块房屋	1.2～1.5	跨度 8～10m 的洞室（顶部岩石坚硬或中等坚硬）	8～12
砖砌体烟囱	2～5	跨度 15～18m 的洞室（顶部岩石坚硬或中等坚硬）	7～10
有精密仪器的工业厂房	1.5～3		
一般工业厂房、桥梁	5～10	跨度 19～25m 的洞室（顶部岩石坚硬或中等坚硬）	4～6
钢筋混凝土框架结构	5～15		

在混凝土浇筑或其基础灌浆过程中，若邻近的部位还在钻孔爆破，为确保爆破时混凝土、灌浆、预应力锚杆（索）质量及电站设备不受影响，必须采取控制爆破。控制标准见表 2.8。

3. 空气冲击波影响的安全距离 R_b

空气冲击波为球形波，为保证人身安全，其波阵面的超压不应大于 1.96×10^4 Pa。对于建筑物避免危害影响的半径可按下式计算：

$$R_b = K_b \sqrt{Q} \tag{2.21}$$

式中　Q——一次同时起爆药包重量，kg；

　　　K_b——与装药情况和限制破坏程度有关的系数，可查表 2.9 确定。

表 2.8　　允许爆破质点振动速度

单位：cm/s

项　目	龄期 (d)			备　注
	3	3～7	7～28	
混凝土	1～2	2～5	6～10	
坝基灌浆	1	1.5	2～2.5	含坝体、接缝灌浆
预应力锚索	1	1.5	5～7	含锚杆
电站机电设备		0.9		含仪表、主变压器

表 2.9　　空气冲击波影响安全距离系数 K_b 值

破　坏　程　度	安全级别	K_b	
		裸露药包	埋入药包
完全无损坏	I	50～150	10～50
玻璃窗偶然破坏	II	10～50	5～10
玻璃窗全坏，门局部破坏	III	5～10	2～5
隔墙、门窗、板棚破坏	IV	2～5	1～2
砖、石、木结构破坏	V	1.5～2	0.5～1
全部破坏	VI	1.5	

　　进行地下爆破时，对人员保护的安全距离应根据洞型、巷道分布、药量及损害程度等因素，经测试确定。水中爆破冲击波对人员、船舶的安全距离分别见表 2.10 和表 2.11。

表 2.10　　　水中爆破冲击波对人员的最小安全距离　　　单位：m

装药及人员情况		装　药　量　（kg）		
		≤50	50～200	200～1000
水中裸露装药	游泳	900	1400	2000
	潜水	1200	1800	2600
钻孔或药室装药	游泳	500	700	1100
	潜水	600	900	1400

表 2.11　　　对船舶的水冲击波最小安全距离

爆破方式	装药量（kg）	非机动船（m）	机　动　船（m）	
			停泊	航行
裸露药包	5～20	90	120	200
钻孔装药	200～500			
裸露药包	50～150	120	150	300
钻孔装药	100～500			

　　4. 有害气体扩散安全控制距离

　　炸药爆炸生成的各种有害气体，如一氧化碳、二氧化碳、二氧化硫和硫化氢等，在空气中的含量超过一定数值就会危及人身安全。空气中爆生有害气体浓度随扩散距增加而渐减，直到许可标准，这段扩散距离可作为有害气体扩散的控制安全距离，爆破有害气体的许可量视有害气体种类不同而各异，可参考有关安全规程确定。

5. 库区外部安全距离和库间殉爆安全距离

炸药库与炸药库之间、炸药库与雷管库之间要相隔一段殉爆安全距离，防止一处爆炸引起另一处发生爆炸。根据规范规定，炸药库房之间、雷管库与炸药库间的最小安全距离分别见表 2.12 和表 2.13。爆破器材库或药堆至居民区或村庄边缘的最小外部距离见 2.14。

表 2.12　　　　　　　　　　　炸药库房之间允许最小安全距离　　　　　　　　　单位：m

C ＼ B ＼ A	150～200	100～150	80～100	50～80	30～50	20～30	10～20	5～10	＜5
硝铵类炸药	42	35	30	26	24	20	20	20	20
梯恩梯	—	100	90	80	70	60	50	40	35
黑索金	—	—	100	90	80	70	60	50	40
胶质炸药					100	85	75	60	50

注　1. A—存药量，t；B—距离，m；C—炸药名称。

　　2. 表中为各库均设有土堤的最小距离。不设土堤时表中距离需调整。

　　3. 相邻库房储存不同品种炸药时，应分别计算，取其最大值。

　　4. 导爆索按每万米为 140kg 黑索金计算。

表 2.13　　　　　　　　　　雷管库与药库间的允许最小安全距离　　　　　　　　单位：m

C ＼ B ＼ A	200	100	80	60	50	40	30	20	10	5
雷管库与炸药库之间	42	30	27	23	21	19	17	14	10	8
雷管库与雷管库之间	71	50	45	39	35	32	27	22	16	11

注　1. A—雷管储量，万发；B—距离，m；C—库房名称。

　　2. 表中为各库均设有土堤的最小距离。不设土堤时表中距离需调整。

表 2.14　　　　　　　爆破器材库或药堆至居民区或村庄边缘的最小外部距离

存药量（t）	150～200	100～150	50～100	30～50	20～30	10～20	5～10	≤5
最小外部距离（m）	1000	900	800	700	600	500	400	300

注　表中距离适用于平坦地形。遇山坡（沟）时需调整。

2.5.3　盲炮及其处理

1. 盲炮产生原因

通过引爆而未能爆炸的药包称为盲炮。通常炮孔外有残留的导火线、引爆电线或传爆线，炮孔附近地表有裂缝而无明显松动和抛掷现象，炮孔或药室间有明显未爆的间隔等都是盲炮的迹象。

造成盲炮的原因：一方面，是起爆破材料的质量检查不严，起爆网络连接不良和网络电阻计算有误及堵塞炮泥操作时损坏起爆线路，如雷管或炸药过期失效、非防水炸药受潮或浸水、引爆系统线路接触不良、起爆的电流电压不足等；另一方面，执行爆破作业的规章制度不严或操作不当容易产生盲炮。

2. 盲炮处理

爆破作业后，怀疑或发现盲炮应立即设置明显标志，并派专人监护，查明原因后进行处理。对于明挖钻孔爆破，一般盲炮处理方法如下：

（1）当网络中有拒爆引起盲炮，可进行支线、干线检查处理，重新联线再次起爆。

（2）炮孔深度在 0.5m 以内时，可用表面爆破法处理。

（3）炮孔深度在 0.5～2m 时，宜用冲洗法处理。可先用竹、木工具掏出上部堵塞的炮泥，再用压力水将雷管冲出来或采用起爆药包进行诱爆。

（4）孔深超过 2m 时，应用钻孔爆破法处理，即在盲炮孔附近打一平行孔，孔距为不小于原炮孔孔径的 10 倍，但不得小于 50cm，装药爆破。

对于洞室爆破出现的盲炮，尽可能重新接线起爆。洞室爆破若属起爆体内的问题，则应清除堵塞物并取出起爆体进行检查处理。

本　章　小　结

水利工程施工爆破属于有限均匀介质中的爆破，根据爆破作用指数将爆破分为标准抛掷爆破、加强抛掷爆破、减弱抛掷爆破、松动爆破和隐藏式爆破。炸药的性能指标包括威力、安定性、敏感度、最佳密度、氧平衡、殉爆距、稳定性等。常用主炸药主要有三硝基甲苯、硝化甘油、铵锑炸药、铵油炸药、浆状炸药、乳化炸药和黑火药等。

工程爆破的基本方法有孔眼爆破、洞室爆破和药壶爆破等。施工中多数采用孔眼爆破法，孔眼爆破又分为浅孔爆破和深孔爆破，其施工过程包括布孔、钻孔、清孔、装药、捣实、堵气、引爆等几道工序。主要起爆方法有导火索起爆法、电力起爆法、导爆索起爆法和导爆管起爆法。为提高爆破效能，应合理选择钻孔机具，并针对不同情况采取不同措施，如合理利用临空面，采用毫秒微差挤压爆破、不耦合装药、分段装药爆破及保证堵塞长度和堵塞质量等。

特种爆破主要包括定向爆破、光面爆破、预裂爆破、岩塞爆破、水下爆破等。水利施工现场爆破一般与其他工程施工同时进行，须做好爆破作业安全防护措施。

职　业　训　练

料场松动爆破设计

（1）资料要求：某采石场开采块石，工作面积为长 40m，宽 3.5m，采用台阶式开采方法，台阶高度 2m，岩石为中等坚硬的花岗岩，其岩石坚硬，采用电气起爆。系数为 $f=7～12$；开采时采用 $^{\#}2$ 铵锑炸药（装药密度可达 $1.1g/cm^3$），进行浅孔松动爆破，炮孔直径为 50mm。

（2）分组要求：4～6 人为 1 组。

（3）学习要求：①试进行炮孔布置，并计算装药量及每孔装药长度；②画出炮孔布置图。

思　考　题

1. 爆炸与爆破有何不同？试加以简述。
2. 何谓正氧平衡和零氧平衡？二者之间有何区别？
3. 如何理解炸药的敏感度、安定性和威力？
4. 爆破设计主要应确定哪些参数？
5. 试比较浅孔爆破与深孔爆破的特点。
6. 常用的爆破方法有哪几种？如何提高爆破效果？
7. 何谓预裂爆破和光面爆破？地下洞室开挖为什么多采用光面爆破？
8. 何谓微差挤压爆破？它有何特点？
9. 爆破安全作业应注意哪些问题？

第3章 土石方工程

学习要点

【知 识 点】 了解土石分类和开挖与运输机械，熟悉压实方法与压实机械；掌握土石坝填筑施工、面板堆石坝施工与质量控制。

【技 能 点】 能进行土石坝、面板堆石坝施工质量控制。

【应用背景】 土石方工程是水利工程主要工种之一，主要施工过程为开挖、运输和填筑。根据不同的自然和物资条件，可以采用人工、机械、爆破等方法进行。工程中应尽可能采用机械化施工，以代替或减轻繁重的体力劳动。常见水工建筑物如土石坝、面板堆石坝、堤防、渠道、土石围堰等。

3.1 土石工程种类和性质

3.1.1 土石工程分类

土方工程施工和工程预算定额中，土是按其开挖难易程度进行分类（十六级）。一般工程土类分Ⅰ、Ⅱ、Ⅲ、Ⅳ级，Ⅴ～Ⅹ Ⅵ级属岩石。不同级别的土应采用不同的方法和设备施工。其中土类开挖级别划分见表3.1。

表3.1　　　　　　　　　　　　**土 类 开 挖 级 别 划 分**

土类级别		土类名称	天然湿度下平均容量（kg/m³）	可松性系数		外形特征	开 挖 方 法
				K_1	K_2		
松土	Ⅰ	1. 砂土 2. 种植土	1650～1750	1.08～1.17	1.01～1.03	疏松，黏着力差或易透水略有黏性	用锹或略用脚踩
	Ⅱ	1. 壤土 2. 淤泥 3. 含壤种植土	1750～1850	1.14～1.28	1.02～1.05	开挖时能成块，并易打碎	用锹，需用脚踩
普通土	Ⅲ	1. 黏土 2. 干燥黄土 3. 干淤泥 4. 含少量砾石黏土	1800～1950	1.24～1.30	1.04～1.07	黏手，看不见砂粒或干硬	用镐、三齿耙开挖或用锹用力加脚踩开挖
硬土	Ⅳ	1. 坚硬黏土 2. 砾质黏土 3. 含卵石黏土	1900～2100	1.26～1.32	1.06～1.09	土壤结构坚硬，将土分裂后成块状或含黏粒砾石较多	用镐、三齿耙等开挖

根据岩石强度系数 f 的大小，岩石开挖级别划分为软石（Ⅴ）、坚石（Ⅵ～Ⅻ）、特坚石（ⅩⅢ～ⅩⅥ）。常用爆破方法开挖。其相应岩石名称、天然湿度下平均容重（kg/m³）、极限抗压强度 R（MPa）等可参见 SL 303—2004《水利水电工程施工组织设计规范》。

3.1.2　土的性质

1. 含水量

土的含水量（W）是指土中所含的水与土颗粒的质量比，以百分数表示

$$W = \frac{G_1 - G_2}{G_2} \times 100\%　　　　　　　(3.1)$$

式中　G_1——含水状态时土的质量；

　　　G_2——土烘干后的质量。

土的含水量大小对工程施工和质量控制有直接影响。含水量过大会给施工带来困难。如回填夯实时，若土料呈饱和状态，会产生橡皮土的现象。工程中回填土料应使土的含水量处于最佳含水量范围之内。

2. 渗透性

土的渗透性是指土体被水透过的性能，它与土的密实度有关。一般取决于土的形成条件、颗粒级配、胶体颗粒含量和土的结构等因素。

渗透水流在碎石土、砂土和粉土中多呈层流状态，其运动速度服从达西定律。达西定律表达式为

$$V = KI　　　　　　　　　　(3.2)$$

式中　V——渗透水流的速度，m/d；

　　　K——渗透系数，m/d；

　　　I——水力坡度。

3. 动水压力和流砂

动水压力表达式为：

$$G_D = I\gamma_w　　　　　　　　　(3.3)$$

式中　G_D——动水压力（渗透力），kN/m³；

　　　I——水力坡度；

　　　γ_w——水的容重，kN/m³。

动水压力的大小与水力坡度成正比，其作用方向与水流方向相同。当动水压力等于或大于土的浸水重度时，土颗粒失去自重，处于悬浮状态，随渗流的水一起流动，此现象即流砂。在一定动水压力作用下，松散而饱和的细砂和粉砂易产生流砂。

4. 土的可松性

自然状态的土经开挖后会因变松散而使体积增大，以后即使再经填筑压实一般也难于恢复到原来的体积，这种性质称为土的可松性。土的可松性大小用可松性系数表示。即：

$$K_1 = \frac{V_2}{V_1} \tag{3.4}$$

$$K_2 = \frac{V_3}{V_1} \tag{3.5}$$

以上二式中　K_1——最初可松性系数（表3.1）；

　　　　　　　K_2——最终可松性系数（表3.1）；

　　　　　　　V_1——土在自然状态下的体积，m^3；

　　　　　　　V_2——土经开挖后的松散体积，m^3；

　　　　　　　V_3——土经填筑、压实后的体积，m^3。

土的可松性对于土方需求量、料场规划、运输工具数量及土方平衡调配等计算都有重要的实用意义（表3.1）。移挖作填或借土回填，一般土经过挖运、填压后均有压缩，在核实土方量时，一般可按填方断面增加10%～20%的方数考虑。

5. 自然倾斜角

自然堆积土壤的表面与水平面间所形成的角度即土的自然倾斜角。工程中挖方、填方边坡的大小与土壤的自然倾斜角有关。

土方边坡开挖应采取自上而下、分区、分段的方法依次进行，不允许先下后上切脚开挖。坡面开挖时，应结合土质情况，间隔一定的高度设置戗台，戗台宽度视用途而定。

3.2　土石方开挖与运输

3.2.1　开挖机械

土方在工程量较少、施工地点分散和缺少设备情况下可采用人工开挖。开挖机械根据工作方式可分为单斗式挖掘机、多斗式挖掘机、铲运机械和水力开挖机械等类型。淤泥等可采用水力机械进行开挖。

冻土或岩石一般采用爆破的方法，有关钻孔凿岩机械见第2章。

1. 单斗式挖掘机

单斗式挖掘机是仅有一个铲土斗的挖掘机械（如图3.1），均由行走装置、动力装置和工作装置三大部分组成。行走装置有履带式、轮胎式和步行式三类。常用的为履带式，它对地面的单位压力小，可在较软的地面上开行，但转移速度慢；动力装置有电动和内燃机两类，国内以内燃机式使用较多；工作装置有正向铲、反向铲、拉铲和抓铲四类，前两类应用最广。工作装置可用钢索操纵或液压操纵。大、中型正向铲一般用钢索操纵，小型正向铲和反向铲趋向液压操纵。液压操纵的挖掘机结构紧凑、传动平稳、操纵灵活、工作效率高。

（1）正向铲挖掘机。正向铲挖掘机如图3.2所示，最适于挖掘停机面以上的土方，但也可挖停机面以下一定深度的土方，工作面高度一般不宜小于1.5m，过低或开挖停机面以下的土方生产率较低。工程中正向铲的斗容量常用1～4m^3。正向铲稳定性好、铲土力大，可挖掘Ⅰ～Ⅳ类土及爆破石渣。

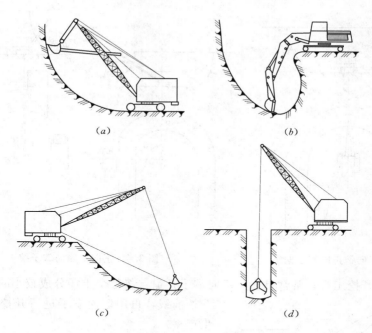

图 3.1　单斗式挖掘机

（a）正向铲；（b）反向铲；（c）拉铲；（d）抓铲

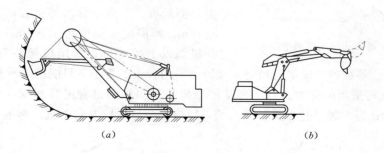

图 3.2　正向铲挖掘机

（a）钢索式正向铲挖掘机；（b）液压正向铲挖掘机

　　挖土机的每一工作循环包括挖掘、回转、卸土和返回四个过程。它的生产率主要决定于每斗的铲土量和每斗作业的延续时间。为了提高挖土机的生产率，除了工作面（指挖土机挖土时的工作空间，也称为掌子面）高度必须满足一次铲土能装满土斗的要求之外，还要考虑开挖方式和与运土机械的配合问题，应尽量减少回转角度，缩短每个循环的延续时间。

　　正向铲的挖土方式有两种，即正向掌子挖土和侧向掌子挖土。掌子的轮廓尺寸由挖土机的工作性能及运输方式决定。开挖基坑常采用正向掌子，并尽量采用最宽工作面，使汽车便于倒车和运土（图 3.3）。

　　开挖料场、土丘及渠道土方，宜采用侧向掌子，汽车停在挖掘机的侧面，与挖掘机的开行路线平行（图 3.4），使得挖掘卸土的回转角度较小，省去汽车倒车与转弯时间，可提高挖土机生产率。

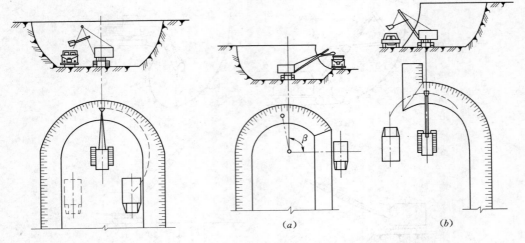

图 3.3　正向铲正向掌子挖土　　　　　图 3.4　正向铲侧向掌子挖土

大型土方开挖工程，常常是先用正向掌子开道，将整个土场分成较小的开挖区，增加开挖前线，再用侧向掌子进行开挖，可大大提高生产率。

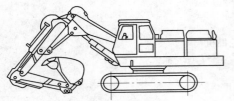

图 3.5　履带式液压反铲挖掘机

（2）反向铲挖掘机。目前，工程中常用液压反铲（如图 3.5）。其最适于开挖停机面以下的土方，如基坑、渠道、管沟等土方，最大挖土深度 4～6m，经济挖土深度为 1.5～3m。但也可开挖停机面以上的土方。常用反铲斗容量有 0.5m³、1.0m³、1.6m³ 等数种。反铲的稳定性及铲土力均较正铲为小，只能挖 Ⅰ～Ⅱ 类土。

反铲挖土可采用两种方式：一种是挖掘机位于沟端倒退着进行开挖，称为沟端开行 [图 3.6（a）]；另一种是挖掘机位于沟侧，行进方向与开挖方向垂直，称为沟侧开行 [图

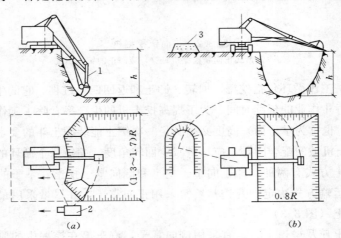

图 3.6　反铲挖掘机开行方式与工作面
（a）沟端开行；（b）沟侧开行
1—反铲挖掘机；2—自卸汽车；3—弃土堆

3.6 (b)]。后者挖土的宽度与深度小于前者，但能将土弃于距沟边较远的地方。

（3）拉铲挖掘机。常用拉铲的斗容量为 $0.5m^3$、$1.0m^3$、$2.0m^3$、$4.0m^3$ 等数种。拉铲一般用于挖掘停机面以下的土方，最适于开挖水下土方及含水量大的土方。

拉铲的臂杆较长，且可利用回转通过钢索将铲斗抛至较远距离，故其挖掘半径、卸土半径和卸载高度均较大（图3.7），最适于直接向弃土区弃土。在大型渠道、基抗的开挖与清淤及水下砂卵石开挖中应用较广。

拉铲的基本开挖方式，也可分为沟端开行和沟侧开行两种（图3.8）。沟端开行的开挖深度较大，但开挖宽度和卸土距离较小。

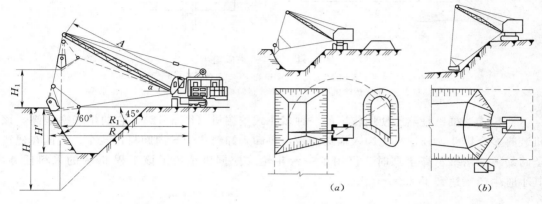

图 3.7　拉铲挖掘机工作示意图

图 3.8　拉铲开行方式
（a）沟侧开行；（b）沟端开行

（4）抓铲挖掘机。抓铲挖掘机靠其合瓣式铲斗自由下落的冲力切入土中，而后抓取土料提升，回转后卸掉。抓铲挖掘机适于挖掘窄深基坑或沉井中的水下淤泥及砂卵石等松软土方，也可用于装卸散粒材料。抓铲挖掘机的外形和工作示意如图3.9和图3.10所示。

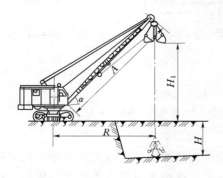

图 3.9　抓铲挖掘机工作示意图

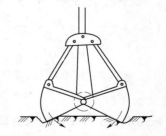

图 3.10　抓铲土斗工作示意图

2. 多斗式挖掘机

多斗式挖掘机是有若干个铲土斗的挖掘机械。其类型很多，主要有链斗式采砂船、斗轮式挖掘机两种。链斗式采砂船在我国水利工程中广泛采用。它是一种生产率较高的多斗式挖掘机，可以挖取水下砂卵石（图3.11）。工作时，链斗挖得的砂卵石经漏斗落到横向的水平皮带输送机卸到岸上的运输车上或水上运输船中。采砂船一般不能自行，挖掘时靠船头两侧的卷扬机收紧与放松锚于上游河岸或水下的两根钢索使船身左右摆动前进。采砂船生产率有 120m³/h、320m³/h、750m³/h 等数种。

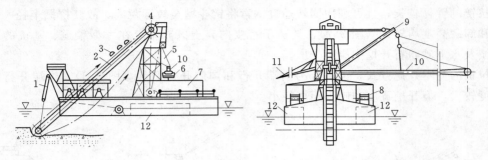

图 3.11　多斗式采砂船

1—斗架提升索；2—斗架；3—链斗；4—主动链轮；5—卸料漏斗；6—回转盘；7—主机房；
8—卷扬机；9—带式运输机吊杆；10—带式运输机；11—排水槽；12—平衡水箱

斗轮式挖掘机是陆上使用较广的一种多斗式挖掘机（图 3.12），它的生产率很高。该机装有多个铲斗，开挖料先卸入输送皮带，再卸入卸料皮带导向卸料口装车。美国在建造圣路易·沃洛维尔高土坝时，仅用了一台斗轮式挖掘机承担了该工程 66% 的采料任务，其小时生产率达到了 2300m³/h。

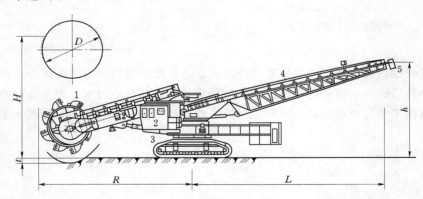

图 3.12　斗轮式挖掘机

1—斗轮；2—机房；3—履带行驶机构；4—臂式带式运输机；5—卸料装置

3. 铲运机械

铲运机械是水利工程常用的兼有铲土和运土功能的机械，主要有推土机和铲运机。

（1）推土机。推土机是在履带式拖拉机上安装推土刀等工作装置而成的一种铲运机械（图 3.13），主要用于平整场地，开挖宽浅的渠道、基坑、回填沟壑等。此外，也可拖拉其他无动力的机械（如羊足碾、松土器等）及用于小方量密实度要求不高的土方压实和坍落度较低的混凝土（如碾压混凝土）平仓。

推土机适宜推挖Ⅰ～Ⅲ级土。推土机的推土距离宜在 100m 以内，运距 30～50m 时生产效率较高。

推土刀的操纵有钢索和液压操纵两种方式，目前以液压操纵使用最广。液压操纵的推土刀较轻，可借助液压切入较硬土层。安装有回转式推土刀者，推土刀可在立面上回转3°～9°，平面上回转30°～60°，能适应不同的工作要求。

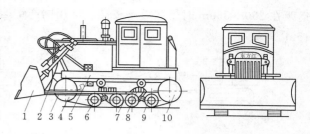

图 3.13 推土机构造示意图

1—推土刀；2—液压油缸；3—推杆；4—引导轮；5—托架；
6—支承轮；7—铰销；8—托带轮；9—履带架；10—驱动轮

推土机的生产率主要决定于推土刀推土的体积和切土、推土、回程等工作的循环时间。工程中采取下坡推土、多机并列推土、分批分段集中一次推运及在推土刀两侧加焊挡土板等措施，可起到增加推土力、减少推土散失，达到提高生产率的目的（图 3.14）。

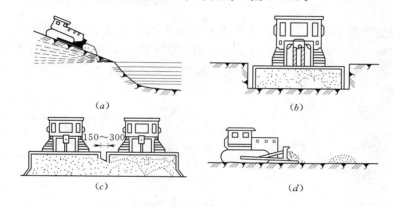

图 3.14 提高生产率的推土方法

（a）下坡推土法；（b）槽形推土法；（c）并列推土法；（d）分堆集中，一次推送法

（2）铲运机。铲运机是一种能连续完成铲土、运土、卸土、铺土和平土等施工工序的综合土方机械，其生产率高、运转费用低，适于平整大面积场地、开挖大型基坑、河渠、填筑堤坝和路基等。

按行走装置和方式不同，可分为轮胎自行式和履带拖拉式两种（图 3.15 和图 3.16）。

自行式切土力较小，装满铲斗所需的铲土长度较大，但行驶速度快，运距在800～1500m时，生产效率较高；拖拉式切土力较大，所需的铲土长度较短，但行驶速度慢，

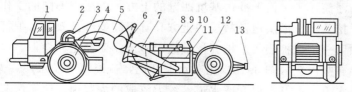

图 3.15 自行式铲运机工作示意图

1—驾驶室；2—中央框架；3—前轮；4—转向油缸；5—辕架；
6—提斗油缸；7—斗门；8—斗门油缸；9—铲刀；
10—卸土板；11—铲斗；12—后轮；13—尾架

运距在 250～350m 时生产效率较高。常用国产铲运机的斗容量有 2m³、5m³、6m³、8m³、15m³ 等数种。

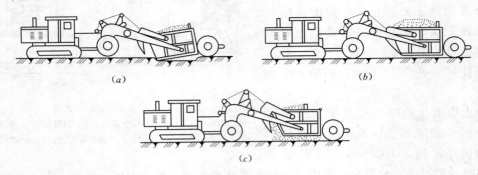

图 3.16 拖式铲运机工作示意图
(a) 铲土；(b) 运土；(c) 卸土

铲运机的生产率主要取决于铲斗装土容量及铲土、运土、卸土和回程的工作循环时间。为提高铲运机的生产率，可采取下坡取土、推土机助铲等方法，减少铲土阻力、缩短装土时间。结合工程实际，选择合理的开行路线，如环形和"8"字形路线（图 3.17）。

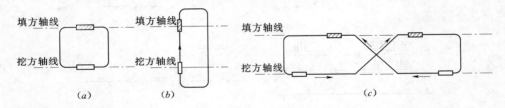

图 3.17 铲运机开行路线
(a) 纵向环形路线；(b) 横向环形路线；(c)"8"字形路线

4. 水力开挖机械

水力开挖是利用水枪的高速射流将水上土方冲成泥浆或挖泥船的绞刀将水下土方绞成泥浆而后运走或筑坝（吹填法）的土方开挖方法。

（1）水枪开挖。水枪可在平面上回转 360°，在立面上俯仰 50°～60°。由管道压送来的高压水经喷嘴形成射程达 20～30m 的高速射流将干土冲成泥浆，沿一定坡度的输泥沟自流或由吸泥泵经管道输送至填筑地或弃土坑。水枪可利用其基座支于地面上冲击掌子面的土方，也可利用浮筒浮于水面上冲击基坑四壁的土方，以适应不同的工作环境。

利用水枪开挖基坑、溢洪道及料场的土方具有很高的经济效益，但开挖基坑时，须离基底设计标高预留一定保护层。水枪开挖最适于砂土、亚黏土和淤泥。

（2）吸泥船。吸泥船（图 3.18）用于水下开挖，疏浚河道及水库、湖泊、海港清淤，还可于水边进行水上土方开挖以开辟水道。绞刀绞成的泥浆由泥浆泵吸起经浮动输泥管输至岸上或运泥船运走。

吸泥船不能自行，须由拖轮送到工作地点，靠尾部的两根拐桩轮流插入土中和船头的一对带锚索的绞车的牵引作弧形摆动前进和挖土。

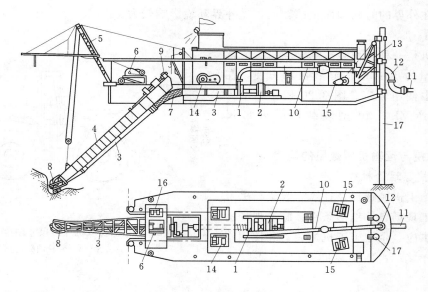

图 3.18　绞吸式挖泥船

1—泥泵；2—电动机；3—吸泥管；4—吸泥管及绞刀支架；5—桅杆；6—升降吸泥管用绞车；

7—软管；8—绞刀；9—绞刀电动机；10—压力输泥管；11—浮动输泥管；12—输泥管弯管；

13—拐桩吊架；14—锚索；15—拐桩升降绞车；16—绞车；17—拐桩

3.2.2　运输机械

土石方的运输机械种类较多，现介绍带式运输机和装载机。

1. 带式运输机

带式运输机是最常用的连续运输机械。根据有无行驶装置，分为移动式和固定式两种。前者多用于短程运输和散体材料的装卸堆存，后者用于长距离运输。固定式常采用分段布置，每段长度一般不超过 200m（图 3.19）。

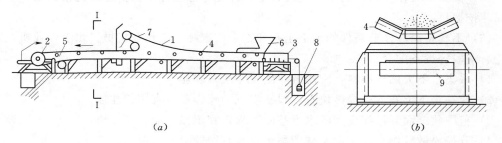

(a)　　　　　　　　　　(b)

图 3.19　固定带式运输机构造图

(a) 纵剖面图；(b) 横剖面图

1—皮带；2—驱动鼓轮；3—张紧鼓轮；4—上托辊；5—机架；

6—喂料器；7—卸料小车；8—张紧重锤；9—下托辊

带式运输机的皮带常用橡胶带。带宽一般为 800~1800mm，运行速度一般在 240m/min 以内，最大小时生产率可达 12000t/h。固定式带式运输机往往架设在脚手架上，不受地形的限制，并且结构简单，运行灵活方便，生产率较高。但采用带式运输机运输土方，土料暴露在外界的时间和面积都较大，受外界环境影响较大。

2. 装载机

装载机是一种短程装运结合的机械。常用的斗容量为 $1\sim3\text{m}^3$，运行灵活方便，在水利工程中使用较广。图 3.20 是斗容量为 2m^3 的国产 ZL - 40 型装载机的外形尺寸图。

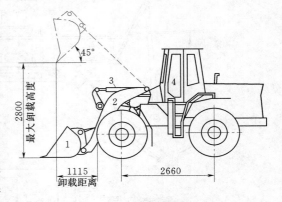

图 3.20　ZL - 40 型装载机外形尺寸图（单位：mm）
1—装载斗；2—活动臂；3—臂杆油缸；4—操作台

3.2.3　开挖与运输机械数量的确定

1. 开挖与运输机械的选择

进行施工机械选择及计算需收集相关资料，如施工现场自然地形条件、施工现场情况、能源供应、企业施工机械装备和使用管理水平等。结合工程实际，应注意以下几点：

（1）优先选用正铲挖掘机作为大体积集中土石方开挖的主要机械，再选择配套的运输机械和辅助机械。其具体机型的选定，应充分考虑工程量大小、工期长短、开挖强度及施工部位特点和要求。

（2）对于开挖Ⅲ级以下土方、挖装松散土方和砂砾石、施工场地狭窄且不便于挖掘机作业的土石方挖装等情况，可选用装载机作为主要挖装机械。

（3）与土石方开挖机械配套的运输机械主要选用不同类型和规格的自卸汽车。自卸汽车的装载容量应与挖装机械相匹配，其容量宜取挖装机械铲斗斗容的 $3\sim6$ 倍。

（4）对于弃渣场平整、小型基坑及不深的河渠土方开挖、配合开挖机械作掌子面清理和渣堆集散、配合铲运机开挖助推等工况，宜选用推土机。

（5）具备岸坡作业条件的水下土石开挖，优先考虑选择不同类型和规格的反铲、拉铲和抓斗挖掘机。

（6）不具备岸坡作业条件的水下土石开挖，应选择水上作业机械。水上作业机械需与拖轮、泥驳等设备配套。

1）采集水下天然砂石料，宜用链斗或轮斗式采砂船。

2）挖掘水下土石方、爆破块石，包括水下清障作业，宜用铲斗船。

3）范围狭窄而开挖深度大的水下基础工程，宜用抓斗船。

4）开挖松散砂壤土、淤泥及软塑黏土等，宜用铰吸式挖泥船。

（7）钻孔凿岩机械的选择，根据岩石特性、开挖部位、爆破方式等综合分析后确定，同时考虑孔径、孔深、钻孔方向、风压及架设移动的方便程度等因素。

2. 开挖与运输机械数量的确定

（1）挖掘机、装载机和铲运机。生产能力 P 为

$$P = \frac{TVK_{ch}K_t}{K_k t} \tag{3.6}$$

式中　P——台班生产率，m^3（自然方）/台班；

T——台班工作时间，取 $T=480\text{min}$；

V——铲斗容量，m^3；

K_{ch}——铲斗充满系数，对挖掘机，壤土取 1.0，黏土取 0.8，爆破石渣取 0.6；对装载机，当装载干砂土、煤粉时取 1.2，其他物料同挖掘机；对铲运机，一般取 0.5～0.9，有推土机助推时，取 0.8～1.2；

K_t——时间利用系数，对挖掘机，作业条件一般，机械运用和管理水平良好，取 0.7；对装载机，取 0.7～0.8；对铲运机，一般取 0.65～0.75；

K_k——物料松散系数，对挖掘机和装载机，Ⅰ～Ⅳ级土取 1.10～1.30；对铲运机，一般取 1.10～1.25；

t——每次作业循环时间，min。

需要量 N 为

$$N = \frac{Q}{MP} \tag{3.7}$$

式中　N——机械需要量，台；

Q——由工程总进度决定的月开挖强度，$\text{m}^3/\text{月}$；

M——单机月工作台班数；

P——单机台班生产率，$\text{m}^3/\text{台班}$。

（2）采砂船、吸泥船。链斗式采砂船生产能力 P 为

$$P = TVnK_{ch}K_t\frac{1}{K_k} \tag{3.8}$$

式中　P——单船每班生产率，$\text{m}^3/\text{班}$；

T——每班工作时间，取 $T=480\text{min}$；

V——单个链斗容量，m^3；

n——每分钟链斗通过个数，个/min；

K_{ch}——链斗充满系数；

K_t——时间利用系数；

K_k——物料松散系数。

铰吸式挖泥船生产能力 P 为

$$P = TK_tQB \tag{3.9}$$

式中　P——单船每班生产率，$\text{m}^3/\text{班}$；

T——每班工作时间，取 $T=480\text{min}$；

Q——泥浆流量，m^3/min；

B——泥浆浓度，%；

K_t——时间利用系数。

各类工作船舶的需要量均可参照式（3.7）进行计算。

（3）钻孔凿岩机械。钻孔机械生产能力 P 为

$$P = TVK_tK_s \tag{3.10}$$

式中　P——钻机台班生产率，$\text{m}/\text{台班}$；

T——台班工作时间，取 $T=480\text{min}$；

V——钻速，m/min，由厂家提供，在地质条件、钻机压力和钻孔方向等改变时需修正；

K_t——工作时间利用系数；

K_s——钻机同时利用系数，取 0.7～1.0（1～10 台），台数多取小值，反之取大值，单台取 1.0。

当考虑钻孔爆破与开挖直接配套时，钻孔机械的需要量 N 为

$$N=L/P \qquad\qquad (3.11)$$
$$L=Q/(mq)$$

式中　N——需要量，台；

　　　P——钻机台班生产率，m/台班；

　　　L——岩石月开挖强度为 Q 时，钻机平均每台班需要钻孔的总进尺，m/台班；

　　　Q——月开挖强度，m^3/月；

　　　m——钻机月工作台班数；

　　　q——每米钻孔爆破石方量（自然方），m^3/m，由钻爆设计取值。

3.3　土　料　压　实

3.3.1　土料压实特性和标准

1. 土料压实特性

影响土料压实的因素有土壤性质、压实机械、铺土厚度、压实功（压实遍数）、含水量、环境因素（湿度、温度）和压实方法等，其中影响压实的主要因素是铺土厚度、压实功（压实遍数）和含水量三要素。

对于黏性土的压实，控制适当的含水量至关重要。含水量过小，由于土粒间的摩阻力

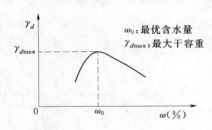

图 3.21　最优含水量与最大干容重

和黏结力较大，难于压实。若适当增大含水量，可以减小摩阻力和黏结力，在同样的压实功能下可以得到较大的干容重。但含水量超过一定限度后，土粒空隙中开始出现自由水，土体所受的有效压力减小而使压实效果变差。实践证明，在一定的铺土厚度、压实功能下，黏性土只有在某一特定的含水量时才能得到最好的压实，这时的干容重即为最大干容重，而相应的含水量称为最优含水量（图 3.21）。

对于非黏性土，由于其透水性好，排水容易，压实时并不会形成明显的孔隙水压力和封闭气泡阻碍压实，故不存在最优含水量问题。

2. 压实标准

在水利工程施工中，压实标准对于黏性土用干容重 γ_d 来控制，对于非黏性土以相对密度 D 来控制。控制标准随建筑物的等级不同而异。对于填方，一级建筑物 D 可取 0.7～0.75，二级建筑物可取 0.65～0.7。但施工现场用相对密度来控制施工质量较为不便，

一般将相对密度转化为干容重 γ_d 来控制，其转化公式如下：

$$\gamma_d = \frac{\gamma_1 \gamma_2}{\gamma_2(1-D) + \gamma_1 D} \tag{3.12}$$

式中　γ_1、γ_2——土料极松散和极紧密状态下的干容重，t/m^3；

　　　　D——相对密度。

3.3.2　压实参数的选择

1. 黏性土料

工程中压实参数的选择，在掌握土料物理力学指标的基础上，常通过现场碾压试验来确定。

现场碾压试验前，首先通过理论计算并参照类似已建工程的经验，初选几种碾压机械和拟定几组碾压参数，然后采用逐步收敛法进行现场碾压试验。所谓逐步收敛法系指固定其他参数，改变一个参数，通过试验确定该参数的最优值。将优选的此参数和其他参数固定，改变另一个参数，用试验确定其最优值。依此类推，得到每个参数的最优值。最后将这组最优参数再进行一次复核试验。倘若满足设计、施工的要求，即可作为现场使用的压实参数。

具体步骤为：首先给定铺土厚度 h_1 并给出三个不同的压实功 n_1、n_2、n_3，得到干容重与含水量的一组关系曲线（图 3.22）；然后铺土厚度改为 h_2 再给出三个压实功 n_1、n_2、n_3 得到干容重与含水量的另外一组关系曲线；同理铺土厚度改为 h_3 也得到一组关系曲线。最后，将这三组曲线按铺土厚度、压实功、最优含水量、最大干容重进行整理并绘制相应的关系曲线（图 3.23）。根据设计干容重 γ_d 从图 3.23 上分别查出不同的铺土厚度 h_1、h_2、h_3 所对应的压实遍数 a、b、c 以及对应的最优含水量 d、e、f。最后再分别计算 h_1/a、h_2/b、h_3/c，即单位压实遍数的压实厚度并进行比较，以单位压实遍数的压实厚度最大者为最经济合理。其对应的参数即为压实试验确定的压实参数。

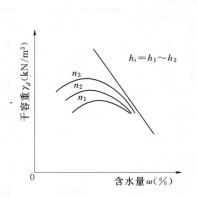

图 3.22　不同铺土厚度、不同
压实遍数土料含水量和
干容重的关系曲线

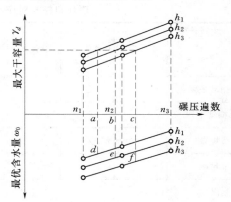

图 3.23　铺土厚度、压实遍数、最优
含水量、最大干容重的关系曲线

2. 非黏性土料

非黏性土的压实试验由于不考虑含水量的影响，只需作铺土厚度、压实功（压实遍

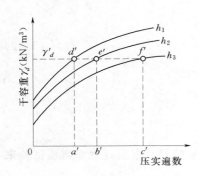

图 3.24 非黏性土干容重、压实
遍数、铺土厚度关系曲线

数）和干容重的关系曲线（图 3.24）。根据设计相对密度，以单位压实遍数的压实厚度 h_1/a'、h_2/b'、h_3/c' 三值中的最大者为最经济合理。

需指出，在选定有关压实参数如铺土厚度、压实遍数后，应结合施工具体情况，可适当进行调整。对于黏性土料还应考虑最优含水量是否便于施工控制等。

3.3.3　压实方法与压实机械

压实方法按其作用原理可分为碾压法、夯击法和振动法三类，如图 3.25 所示。碾压法和夯击法基本上可适于各类土，其中夯击法更适于砂性土，振动法仅适于砂性土。近年来，碾压与振动同时作用的振动碾，在工程中得到广泛应用。碾压机械与对应土质的适应性见表 3.2，可供实际工程参考。

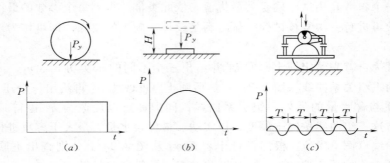

图 3.25　土料压实作用外力示意图
(a) 碾压；(b) 夯击；(c) 振动

表 3.2　　　　　　　　　　　碾压机械与对应土质的适应性

土料种类 / 碾压设备	堆石	砂质土	黏性土	砂、砂砾 优良级配	砂、砂砾 均匀级配	黏土 低中强度黏土	黏土 高强度黏土	软弱风化土石混合料
5～10t 振动平碾	△	○	△	○	○	△	△	—
10～15t 振动平碾	○	○	△	○	○	△	△	—
振动凸块碾	—	△	○	△	△	△	△	—
振动羊足碾	—	△	○	△	△	△	△	—
气胎碾	—	○	○	○	○	○	○	—
羊足碾	—	△	○	—	—	○	○	—
夯板	—	○	○	○	○	△	△	—
尖齿碾	—	—	—	—	—	—	—	○

注　○—适用；△—可用。

1. 平碾（光面碾）

平碾单位压力较小，一般铺土厚度较薄。在碾压黏性土时，易将土层表面压成光滑的硬壳，不利于上下土层间的结合，且顺滚碾轴线方向易出现剪切裂缝，不利于防渗。一般不得用于压实有较高防渗要求的黏性土防渗体。当缺少其他机械时，可用于压实砂性土、风化料、碎石层以及含水量较大而干容重要求不高的黏性土，其铺土厚度一般不超过 20 ～50cm，如图 3.26（a）所示。

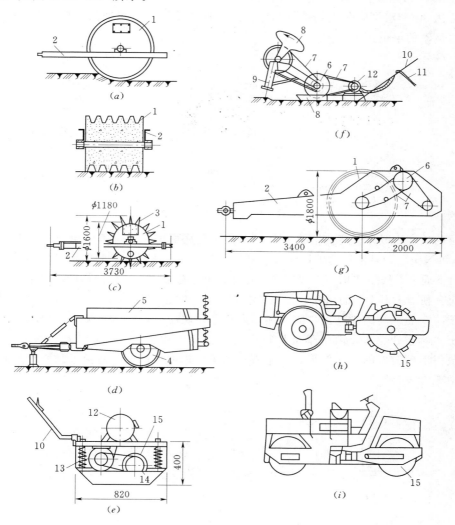

图 3.26　土方压实机械

（a）平碾；（b）肋形碾；（c）羊足碾；（d）气胎碾；（e）振动压实机；（f）蛙式夯；
（g）拖式内燃振动平碾；（h）自行式液压凸块振动碾；（i）自行式全液压振动平碾
1—碾滚；2—机架；3—羊足、凸块；4—充气轮胎；5—压重箱；6—主动轮、轴；
7—传动皮带；8—偏心块；9—夯头；10—扶手；11—电缆；12—电动机；
13—减振弹簧；14—夯板；15—振动体

2. 肋形碾

肋形碾为表面带横向肋的碾 [图 3.26 (b)]，需由拖拉机拖带，其与土层接触面积小，故单位压力大于平碾，且不易形成硬壳，可用于压实黏性土。

3. 羊足碾

羊足碾与平碾不同，在碾压滚筒表面设有交错排列的截头圆锥体，因状如羊足，称为羊足碾 [图 3.26 (c)]。钢铁空心滚筒侧面设有加载孔，可根据需要改变碾重，重型羊足碾碾重可达 30t。法国阿尔巴勒特公司生产的一种羊足碾，可以通过调整羊足的接地面积来改变羊足碾的单位压力（图 3.27）。

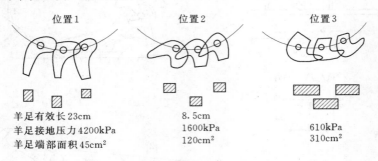

位置1　　　　　　位置2　　　　　　位置3

羊足有效长 23cm　　　　8.5cm　　　　　610kPa
羊足接地压力 4200kPa　　1600kPa　　　　310cm²
羊足端部面积 45cm²　　　120cm²

图 3.27　可以调整羊足的羊足碾

羊足的长度一般为碾滚直径的 1/6～1/7。羊足底面面积小，因而单位压力大（可高达 700～8500kN/m²），且锥形的羊足插入土层时，对周围土体还产生侧向挤压作用。由于压实过程是自下而上，故压实均匀，效果好。同时，羊足有使填土混合的作用，因土面形成大量羊足坑而有利于上下土层的结合，省去了刨毛工序，增加了填方的整体性和抗渗能力。

对于防渗要求高的黏性土，防渗体多采用羊足碾压实，但羊足碾不适合压实高含水量的黏性土。对于砂性土，由于羊足从行进的后方土中拔出时，会将刚刚压实的砂性土翻松，以致得不到较好的压实效果。近年来有的采用楔形体形式，避免了翻松现象的不利影响，如图 3.28 所示。

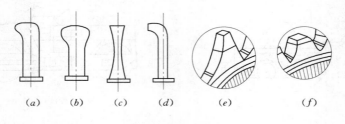

(a)　　(b)　　(c)　　(d)　　(e)　　　(f)

图 3.28　羊足形式

羊足碾的碾重可按下式计算

$$Q = nF\sigma \qquad\qquad (3.13)$$

式中　Q——碾重，N；

F——每个羊足顶端的面积，m²；

n——滚筒上一排羊足的个数；

σ——羊足的最佳接触应力，其值见表 3.3。

表 3.3	羊足碾最佳接触应力 σ		单位：MPa
土　类	轻壤土及部分中壤土	轻、中松质壤土及重壤土	重松质壤土及黏土
σ	2.0～4.0	4.0～9.0	6.0～9.0

4. 凸块碾与网格碾

凸块碾类似羊足碾，但其压实足长度较短，足端面积较大，压实足形式为楔形体（如图 3.28）。凸块碾既能压实黏性土，也可以压实非黏性土，而且对风化料、软岩石有破碎作用。

网格碾的滚筒是用合金钢铸成（或用钢筋焊成）的筛网卷成。内滚筒往往用钢板焊成圆台形，内装配重材料。网格碾的结构如图 3.29 所示。网格碾既能压实黏性土，也可以压实非黏性土。

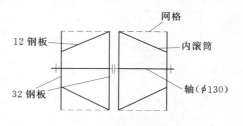

图 3.29　网格碾结构示意图（单位：mm）

5. 气胎碾

气胎碾比羊足碾的压实层厚度大，压实密度沿层厚分布较均匀。由于轮胎有弹性，压实时轮胎与土体同时变形，接触面大，因而对土体的加压作用时间较长，能使土体得到较好的压实。

轮胎对土体的单位压力可通过轮胎中的气压来调整，因而适用要求不同单位压力的各类土壤，如黏性土、砾质土、砂砾料等。工程中有时也用来压实高含水量的土料。气胎碾的生产率较高，是应用较广的一种压实机械。

6. 电动振动式压实机

电动振动式压实机是一种平板自行式振动压实机械，由电动机、传动皮带、振动体、减振弹簧、夯板等组成。振动频率 1100～1200r/min，影响深度一般 30cm 左右。非黏性土在振动的作用下，土粒之间的内摩擦力迅速降低，同时由于颗粒大小不均，质量有差异，导致惯性力存在差异，从而产生相对位移，使细颗粒填入粗颗粒之间的空隙中而达到密实。而对于黏性土，颗粒之间的黏结力是主要的，且颗粒粒径较均匀，振动密实的效果不如非黏性土。故振动式压实机适于含水量小于 12% 的砂质土壤、砾石、碎石层的压实。

7. 夯实机械

夯实机械是利用冲击力来压实土方，最适于在碾压机械难于施工的狭窄部位压实土方。常用的夯实机械有下列几种：

（1）蛙式打夯机。蛙式打夯机是一种小型电动夯实机械。由电动机带动偏心块旋转，在不平衡离心力作用下使夯头上下跳动，冲击土层。冲击频率 140～150r/min，跳跃高度 10～26cm，铺土厚度 20～40cm，夯击 4～5 遍，生产率可达 100～200m³/台班。

（2）夯板。夯板是用起重机、拖拉机或正铲挖掘机改装的一种夯土机械（如图 3.30），系用钢索悬吊一铸铁制成的圆形或方形夯板。夯实土料时将索具放松，使夯板自由下落，夯实土料，其压实铺土厚度可达 1m，生产率较高。对于大颗粒填料，其破碎率比碾压机械大得多。若在夯板上装上羊脚，即成羊脚夯，可用于夯实黏性土或略受冰冻

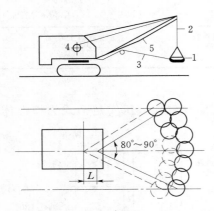

图 3.30　夯板及其工作示意图
1—夯板；2—提升索；3—操纵索；
4—机房；5—支杆

的土。

（3）强夯机。强夯机是一种强力夯击压实机械。它由高臂起重机或专制起重架与重 10～40t 的铸铁或钢筋混凝土夯块组成。夯土时将夯块提升 10～40m 而后自由下落冲击地面，其压实影响深度可达 4～5m，压实效果好，生产率高，最适于压实杂填土地基、软土地基及水下地基。

8. 振动碾

振动碾是一种以碾重静压和振动力共同作用的压实机械，较之没有振动的压实机械，土中应力可提高 4～5 倍。振动碾分为振动平碾和振动凸块碾两类。

（1）振动平碾。在光面碾上装设一根偏心轴即成为振动平碾。当偏心轴高速旋转时，碾滚即产生强烈振动，对土壤同时施加静压力和振动力，可有效地压实土壤。振动平碾可分为拖式和自行式两类。拖式的碾滚可由履带式拖拉机牵引；自行式的则采用铰接式车架，将前轮与后面的碾滚连为一体。

振动平碾主要适于压实砂性土，大功率（大吨位）的可压实砂卵石料。工程中也用于碾压混凝土。

（2）振动凸块碾。除碾滚上装有交错排列的形状不同于羊足的凸块外，其余同振动平碾，也分为拖式和自行式两类，但仅适于压实黏性土或风化黏土岩料。

振动凸块碾的碾重可按下式计算

$$Q = \alpha m r \omega^2 \tag{3.14}$$

式中　Q——碾重，N；

α——计算系数，取值 0.25～1.00；

m——偏心块的质量，kg；

r——偏心块的偏心距，m；

ω——偏心块的旋转角速度或振动频率，rad/s。

3.4　土石坝施工

土石坝是充分利用当地土石料填筑而成，其特点是能根据近坝材料的特性，设计坝体断面。根据筑坝技术，有碾压式、水中填土、水力冲填、定向爆破等类型。

结合工程应用，主要介绍碾压式土石坝施工。其主要有坝基与岸坡处理、坝料开采与运输、坝面填筑、质量检查与控制等内容。

3.4.1　坝基与岸坡处理

工程中坝基很少有不做任何处理就可以满足建坝要求的天然地基，不同坝型的土石坝对其地基有不同要求。其主要内容有清基及地基处理。地基处理时主要针对工程要求及岩石、砂砾石、软黏土等不同地基情况，选用灌浆、混凝土防渗墙、振冲加密及振冲置换、预压固结、置换、反滤排水等措施，提高坝基稳定性和防止有害变形。

1. 清基和填筑前准备

地基的开挖应自上而下先开挖两岸岸坡，再开挖和清理河床坝基。在强度、刚度方面不符合要求的材料均需清除。作为堆石坝壳的地基一般开挖到全风化岩石，无软弱夹层的河床砂砾石一般不开挖。对于岩石岸坡，可挖成不陡于 1 : 0.75 的坡度，且岸边应削成平整斜面，不可削成台阶形，更不能削成反坡。为减少削坡方量，岩石岸坡的局部反坡可用混凝土填补成平顺的坡面。特别注意防渗体部位的坝基、岸坡岩面开挖，可采用预裂、光面等控制爆破法，严禁采用洞室、药壶爆破法施工。

工程开挖过深和施工困难时，可采用工程处理如坝基河床砂层振冲加密、淤泥层砂井加速固结、心墙地基淤泥夹层的振冲置换处理等。

填筑前坝壳部位需将表面修整成可供碾压机械作业的平顺坡，砂砾石地基要预先用振动碾压实。对于心墙岩石地基，一般采用混凝土基础板作为灌浆盖板，并防止心墙土料由地基的裂隙流失。有的在清洗好的岩面上涂抹一层厚度不小于 2cm 的稠水泥砂浆，在其未凝固前铺上并压实第一层心墙料，砂浆可封闭岩面和充填细小裂隙并形成一层黏结在岩面上的薄而抗冲蚀的土与水泥的混合层，如碧口工程应用此法，效果良好。

2. 地基防渗处理

(1) 岩石地基的防渗处理。在岩石地基节理裂隙发育或有断层、破碎带等特殊地质构造时，可采用灌浆、混凝土塞、铺盖、扩大截水槽底宽等防渗措施，如图 3.31 所示。

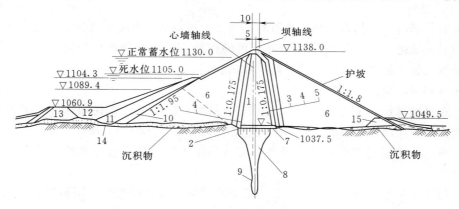

图 3.31　鲁布革水电站大坝剖面（尺寸单位：m）

1—心墙；2—黏土；3—细反滤料，水平宽 5m；4—粗反滤料，上游面水平宽 4m，下游面水平宽 5m；5—细堆石料，水平宽 6m；6—粗堆石料；7—混凝土垫层；8—铺盖灌浆；9—帷幕灌浆；10—反滤层；11—黏土斜墙；12—黏土斜墙保护层；13—上游围堰；14—混凝土垫层；15—下游围堰

如坝址在岩溶地区，应根据岩溶发育情况、充填物性质、水文地质条件、水头大小、覆盖层厚度和防渗要求研究处理方案。处于地表浅层的溶洞，可挖除其内的破碎岩石和充填物，并用黏性土或混凝土堵塞。深层溶洞可用灌浆方法或大口径钻机钻孔回填混凝土做成截水墙处理，或打竖井下去开挖回填混凝土处理。

对于浅层风化较重或节理裂缝发育的岩石地基，可开挖截水槽回填黏土夯实或建造混凝土截水墙处理。对于深层岩基一般采用灌浆方法处理。灌浆帷幕深度应达到相对不透水层。当有可能发生绕坝渗流时，必须设置深入岸内的灌浆防渗帷幕，作为河床帷幕的延续。

需注意，灌浆处理地基时对于节理裂隙充填物、断层泥、灰岩溶洞泥土冲填物等可灌性很差的物质，应尽量予以挖除，对那些分散的、细小的充填物可在下游基岩面作反滤料保护处理。

（2）砾石地基的渗流控制。砂砾石地基的抗剪指标较大，故抗滑稳定一般可满足工程要求，随着土石坝填筑上升，砂砾石逐渐被压实，故沉陷量不至于过大。砂砾石地基的处理问题主要是渗流控制，保证不发生管涌、流土和防止下游沼泽化。这种地基的处理方法有竖直和水平防渗两类。如截水槽防渗墙、混凝土防渗墙、灌浆帷幕、防渗铺盖等。其中混凝土防渗墙成为砂砾石地基的主要防渗处理手段，如图 3.32 所示。

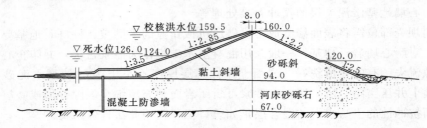

图 3.32　密云水库白河主坝剖面（尺寸单位：m）

3.4.2　坝料规划与开采

1. 料场规划

在规划料场时，应结合工程对土石料的要求，进行科学规划和选择。一般在坝型选择阶段就应对料场进行全面调查。施工前对料场作进一步勘探选择，如对其地质成因、埋深、储量以及各种物理力学指标进行勘探和试验。

料场规划时，应注意以下几点：

（1）选择储量足、覆盖层较浅、运距短的料场。料场可分布在坝址的上下游、左右岸，以便按坝不同部位、不同高程和不同施工阶段分别选用供料，减少施工干扰。

（2）料场位置有利于布置开采设备、交通和排水等，尽量避免或减少洪水对料场的影响。

（3）结合施工总体布置，考虑施工强度和坝体填筑部位的变化，用料规划力求近料和上游易淹没的料场先用，远料和下游料场后用；低料低用，高料高用；上坝强度高时用近料场，上坝强度低时用远料场。

（4）尽量利用挖方弃渣来填筑坝体或用人工筛分控制填料的级配，做到料尽其用。

（5）料场规划时应考虑主料场和备用料场，以确保坝体填筑工作正常进行。施工前对料场的实际可开采总量规划时，应考虑料场调查精度，料场天然密度与坝面压实密度的差值，以及开挖与运输、雨后坝面清理、坝面返工及削坡等损失。其与坝体填筑量之比如砂砾料为 1.5～2.0；水下砂砾料为 2.0～2.5；石料为 1.2～1.5；土料为 2.0～2.5；天然反滤料按筛分的有效方量考虑，一般不宜小于 3.0。在用料规划时，应使料场的总储量满足坝体总方量和施工各阶段最大上坝强度的要求。

（6）石料场规划时应考虑与重要（构）建筑物等防爆、防振安全距离的要求。

2. 坝料开采

施工中不合格的材料不得上坝。开采前应划定料场的边界线，清除妨碍施工的一切障碍物。在选用开采机具与方法时，应考虑坝料性质、料层厚度、料场地形、坝体填筑工程数量和强度及挖、装、运机具的配套。

对于堆石料的开采，一般有如下要求：

（1）石料开采宜采用深孔梯段微差爆破法或挤压爆破法。台阶高度按上坝强度、工作面布置、钻机形式而定。通常采用 100 型钻机，梯段高度 12～15m。条件许可时也可采用洞室爆破法。

（2）开采时应保持石料场开挖边坡的稳定。

（3）石料开采工作面数量配合储存料的调剂应满足上坝强度的要求。

（4）优先采用非电导爆管网络，若采用电爆网络时，应注意雷电、量测地电对安全的影响。

3.4.3　坝料运输

运输道路的规划和使用，一般结合运输机械类型、车辆吨级及行车密度等进行，主要考虑以下几点：

（1）根据各施工阶段工程进展情况及时调整运输路线，使其与坝面填筑及料场开采情况相适应。运输路线不宜通过居民点。

（2）根据施工计划，结合地形条件，合理安排线路运输任务。

（3）宜充分利用坝内堆石体的斜坡道作为上坝道路，以减少岸坡公路的修建。

（4）运输道路应尽量采用环形线路，减少平面交叉，交叉路口、急弯等处应设置安全装置。

（5）施工期场内道路规划宜自成体系，并尽量与永久道路相结合。国内几个土石坝工程施工道路技术参数见表 3.4。

表 3.4　　　　　　　　部分土石坝工程施工道路技术参数

序号	项　目	单　位	工　程　名　称				
			小浪底	黑河	鲁布革	碧口	天生桥
1	坝体总填筑量	$10^4 m^3$	4900	820	222	397	1800
2	坝体填筑高峰强度	$10^4 m^3/月$	157	57	22.3	27.7	118
3	行车密度	车次/h	30～85	26～68	—	—	—
4	汽车载重量	t	65	45	10～20	12.5	32
5	采用标准	—	露天矿山道路Ⅱ级	露天矿山道路Ⅱ级	—	—	露天矿山道路Ⅱ、Ⅲ级
6	路面宽度	m	16.5	12	10	8	—
7	最大纵坡	%	8	8	6	11	—
8	最小转弯半径	m	30	15		10	—
9	路面结构	—	泥结碎石	泥结碎石	土路	混凝土	

选择运输方案与运输机具时，应考虑坝体工程量、坝料性质和上坝强度、坝区地形、料场分布等因素，运输设备与开采、填筑设备、施工条件相配套。目前，国内外土石坝施工的运输方式和机具大部分是汽车直接上坝。工程中根据坝料的性质和上坝强度采用不同吨位的自卸汽车。如小浪底土石坝采用 60t 自卸汽车上坝，天生桥一级混凝土面板堆石坝采用 32t 自卸汽车上坝。

3.4.4 挖运强度和挖运机械数量

1. 挖运强度

挖运强度取决于土石坝的上坝强度。一般可由施工进度计划各个阶段要求完成的坝体方量来确定上坝和挖运强度，进而确定挖运机械的数量。

（1）上坝强度 Q_D（m^3/d）为

$$Q_D = \frac{V'K_a}{TK_1}K \qquad (3.15)$$

式中　V'——分期完成的坝体设计方量，m^3，以压实方计；

K_a——坝体沉陷影响系数，可取 $1.03 \sim 1.05$；

K——施工不均衡系数，可取 $1.2 \sim 1.3$；

K_1——坝面作业土料损失系数，可取 $0.9 \sim 0.95$；

T——分期施工时段的有效工作日数，d，等于该时段的总日数扣除法定节假日和因雨停工日数。对于黏土料可参考表 3.5。

表 3.5 黏土料因雨停工的天数

日降雨量（mm）	<2	2~10	10~20	20~30	>30
停工天数（含雨日）	0	1	2	3	4

（2）运输强度 Q_T（m^3/d）为

$$Q_T = \frac{Q_D}{K_2}K_c \qquad (3.16)$$

$$K_c = \frac{\gamma_0}{\gamma_T}$$

式中　K_c——压实影响系数；

γ_0——坝体设计干容重，t/m^3；

γ_T——土料运输的松散容重，t/m^3；

K_2——运输损失系数，可取 $0.95 \sim 0.99$。

（3）开挖强度 Q_c（m^3/d）为

$$Q_c = \frac{Q_D}{K_2 K_3}K_c' \qquad (3.17)$$

式中　K_c'——压实系数，为坝体设计干容重 γ_0 与料场土料天然容重 γ_c 的比值；

K_3——土料开挖损失系数，一般取 $K_3 = 0.92 \sim 0.97$。

2. 挖运机械数量

施工中采用正向铲与自卸汽车配合是最常见的挖运方案。挖掘机斗容量与自卸汽车的载重量为满足工艺要求有合理的匹配关系，可通过计算复核所选挖掘机的装车斗数 m 为

$$m = \frac{Q}{\gamma_c q K_H K_p'} \tag{3.18}$$

式中　Q——自卸汽车的载重量，t；

$\qquad q$——选定挖掘的斗容量，m^3；

$\qquad \gamma_c$——料场土的天然容重，t/m^3；

$\qquad K_H$——挖掘机的土斗充盈系数；

$\qquad K_p'$——土料的松散影响系数。

一般挖掘机装车斗数 $m=3\sim6$。若 m 值过大，说明所选挖掘机的斗容量偏小，装车时间长，降低汽车的利用率；若 m 值过小，说明汽车载重量偏小，需求汽车数量多且等候装车时间长，降低挖掘机的生产能力。为充分发挥挖掘机的生产潜力，应使一台挖掘机所需的汽车数 n 所对应的生产能力略大于此挖掘机的生产率，故应满足如下条件

$$P_a \geqslant \frac{P_c}{n} \tag{3.19}$$

式中　P_a——一辆汽车的生产率，m^3/h；

$\qquad P_c$——一台挖掘机的生产率，m^3/h。

满足高峰施工期上坝强度的挖掘机的数量 N_c 为

$$N_c = \frac{Q_{cmax}}{P_c} \tag{3.20}$$

式中　Q_{cmax}——高峰施工期开挖土料的最大施工强度，m^3/h。

满足高峰施工期上坝强度的汽车总数 N_a 为

$$N_a = \frac{Q_{Tmax}}{P_a} \tag{3.21}$$

式中　Q_{Tmax}——高峰施工期运输土料的最大施工强度，m^3/h。

3.4.5　坝面填筑

1. 坝面施工程序

坝面施工程序包括铺土、平土、洒水、压实、刨毛（用平碾压实时）、质检等工序。为减少坝面施工干扰，宜采用流水作业施工。

流水作业施工是按施工工序数目对坝面分段，然后组织相应专业施工队依次进入各工段施工。对同一工段而言，各专业队按工序依次连续施工，对各专业施工队而言，依次不停地在各工段完成固定的专业工作。此种流水作业可提高工人技术熟练程度和工作效率。

以图 3.33 为例，将某坝面划分成四个相互平行的工段，分成铺土、平土洒水、压实、

	第一工作班	第二工作班	第三工作班	第四工作班
I	铺土	平土洒水	压实	质检刨毛
II	平土洒水	压实	质检刨毛	铺土
III	压实	质检刨毛	铺土	平土洒水
IV	质检刨毛	铺土	平土洒水	压实

图 3.33　坝面流水作业示意图

I、II、III、IV—工段编号

质检刨毛四道工序进行施工，在同一时间内，每一工段完成一道工序，依次进行流水作业。

应尽量安排在人、地、机三不闲的情况下正常施工，必要时可合并某些工序，如将图3.33中的四道工序，合并为铺土平土洒水、压实、质检刨毛三道工序。注意坝面施工统一管理，使填筑面层次分明，作业面平整和均衡上升。

2. 填筑施工

（1）填筑与碾压。防渗土料的铺筑沿坝轴线方向进行，可用进占法卸料（图3.34），

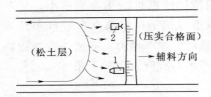

图 3.34　进占法卸料示意图
1—自卸汽车；2—推土机

汽车不应在已压实土料面上行使，严格控制铺土厚度。施工中宜采用振动凸块碾压实，碾压应沿坝轴线方向进行。若防渗体分段碾压时，相邻两段交接带碾迹应彼此搭接，垂直碾压方向搭接带宽度不小于0.3～0.5m，顺碾压方向搭接带宽度为1～1.5m。一般防渗体的铺筑应连续作业，若需短时间停工，其表面土层应洒水湿润，保持含水率在控制范围之内，若因故需长时间停工，须铺设保护层且复工时予以清除。对于中高坝防渗体或窄心墙，压实表面形成光面时，铺土前应洒水湿润并将光面刨毛。

坝壳料填筑时宜采用进占法卸料，推土机及时平料，铺料厚度符合设计要求，其误差不宜超过层厚的10%。填筑面上不应有超径块石和块石集中、架空等。坝壳料与岸坡及刚性建筑物结合部位，宜回填一条过渡料。坝壳料应用振动平碾压实，与岸坡结合处2m宽范围内平行岸坡方向碾压，不易压实的边角部位应减薄铺料厚度，用轻型振动碾压实或用平板振动器等压实。对于碾压堆石坝不应留削坡余量，宜边填筑、边整坡和护坡。

砂砾料、堆石及其他坝壳料纵横向接合部位可采用台阶收坡法，每层台阶宽度不小于1m。防渗体及均质坝的横向接坡不宜陡于1:3.0。

土石坝填筑一般力求各种坝料填筑全断面平起施工，跨缝碾压，均衡上升。心墙应同上下游反滤料及部分坝壳料平起填筑，宜采用先填反滤料后填土料的平起填筑法施工（先砂后土法，图3.35）。此法使土料的铺土、平土、压实都在有侧限条件下进行，压实效果好。

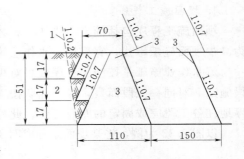

图 3.35　先砂后土法施工示意图
1—土砂设计边线；2—心墙；3—反滤料

（2）结合部位处理。施工中防渗体与坝基、两岸岸坡、溢洪道边墙、坝下埋管及混凝土齿墙等结合部位须认真处理，若处理不当，将可能形成渗流通道，引发防渗体渗透破坏和造成工程失事。

防渗体与坝基结合部位填筑时，对于黏性土、砾质土坝基，表面含水率应调至施工含水率上限，用凸块振动碾压实；对于无黏性土坝基铺土前，坝基应洒水压实，第一层料的铺土厚度可适当减薄，宜采用轻型压实机具压实。

防渗体与岸坡结合带的填土可选用黏性土，其含水率应调至施工含水率上限，选用轻

型碾压机具薄层压实，局部碾压不到的边角部位可用小型机具压实，严禁漏压或欠压。防渗体与岸坡结合带碾压搭接宽度不小于 1m。

防渗体与混凝土面（或岩石面）填筑时，须先清理混凝土表面乳皮、粉尘及其附着杂物。填土时面上应洒水湿润，并边涂刷浓泥浆、边铺土、边夯实，填土含水率控制在大于最优含水率 1%～3%，用轻型碾压机械碾压，适当降低干密度，待厚度在 0.5～1.0m 以上时方可用选定的压实机具和碾压参数正常压实。防渗体与混凝土齿墙、坝下埋管、混凝土防渗墙两侧及顶部一定宽度和高度内土料回填宜选用黏性土，采用轻型碾压机械压实，两侧填土保持均衡上升。

截水槽槽基填土时，应从低洼处开始，填土面保持水平，不得有积水。槽内填土厚度在 0.5m 以上时方可用选定的压实机具和碾压参数压实。

（3）反滤层施工。土工建筑物的渗透破坏，常始于渗流出口，在渗流出口设置反滤层，是提高土的抗渗比降，防止渗透破坏，促进防渗体裂缝自愈，消除工程隐患的重要措施。对于不均匀天然反滤料的填筑质量控制，主要有：

1）加工生产的反滤料应满足设计级配要求，严格控制含泥量不得超出设计范围。

2）生产、挖装、运输、填筑各施工环节，应避免反滤料分离和污染。

3）控制反滤料铺筑厚度、有效宽度和压实干密度。反滤料压实时，应与其相邻的防渗土料、过渡料一起压实，宜采用自行式振动碾压实。铺筑宽度主要取决于施工机械性能，以自卸汽车卸料、推土机摊铺时，通常宽度不小于 2～3m。用反铲或装载机配合人工铺料时，宽度可减小。严禁在反滤层内设置纵缝，以保证反滤料的整体性。

近年来，土工织物以其重量轻、整体性好、施工简便和节省投资等优点，普遍应用于排水、反滤。采用土工织物作反滤层时，应注意以下几点：

1）土工织物铺设前须妥善保护，防止曝晒、冷冻、损坏、穿孔和撕裂。

2）土工织物的拼接宜采用搭接方法，搭接宽度可为 30cm。

3）土工织物铺设应平顺、松紧适度、避免织物张拉受力及不规则折皱，坝料回填时不得损伤织物。

4）土工织物的铺设与防渗体的填筑平起施工，织物两侧防渗体和过渡料的填筑应人工配合小型机械施工。

3.4.6　冬季和雨季填筑施工

1. 冬季施工

负温下填筑是土石坝冬季施工遇到的问题，须采取有效的填筑方法和措施，以确保填筑工程质量和顺利施工。一般应加强质量控制和施工前保温、防冻措施的准备工作，在冻结前完成坝基处理，坝料含水率应控制在施工含水率下限等。

为此，施工填筑时应掌握好以下几点：

（1）施工前应编制具体施工计划，做好料场选择、保温、防冻措施及机械设备、材料、燃料供应等准备工作。

（2）填筑范围内的坝基在冻结前应处理好，并预先填筑 1～2m 松土层或采取其他防冻措施。

（3）对于露天土料的施工，应缩小填筑区，并采取铺土、碾压、取样等快速连续作业，压实时土料温度须在－1℃以上。当日最低气温在－10℃以下，或在0℃以下且风速大于10m/s时，应停止施工。

（4）黏性土的含水率不应大于塑限的90％；砂砾料含水率（指粒径小于5mm的细料含水率）应小于4％。

（5）负温下填筑，应做好压实土层的防冻保温工作。均质坝体及心墙、斜墙等防渗体不得冻结，砂、砂砾料及堆石的压实层，如冻结后的干密度仍达到设计要求，可继续填筑。

负温下停止填筑时，防渗料表面应加以保护，在恢复填筑时清除。

（6）填土时严禁夹有冰雪，不得含有冰块。土、砂、砂砾料与堆石，不得加水。必要时可采取减薄层厚、加大压实功能（如重型碾压机械）等措施。如因下雪停工，复工前应清理坝面积雪，检查合格后方可复工。

2. 雨季施工

防渗体雨季填筑是土石坝施工难点，切实可行的雨季施工措施和经验是保证土石坝防渗体雨季顺利施工的关键。施工时应分析当地水文气象资料，确定雨季各种坝料施工天数，合理选择施工机械设备的数量，满足坝体填筑进度的要求。一般可按如下控制：

（1）心墙坝雨季施工时，宜将心墙和两侧反滤料与部分坝壳料筑高，以便在雨天继续填筑坝壳料，保持坝面稳定上升。

（2）心墙和斜墙的填筑面应稍向上游倾斜，宽心墙和均质坝填筑面可中央凸起向上下游倾斜，以利排泄雨水。

（3）防渗体雨季填筑，应适当缩短流水作业段长度，土料应及时平整和压实。在防渗体填筑面上的机械设备，雨前应撤离填筑面。

（4）做好坝面保护，严禁施工机械穿越和人员践踏防渗体和反滤料。

（5）防渗体与两岸接坡及上下游反滤料须平起施工。

（6）雨后复工处理要彻底，严禁在有积水、泥泞和运输车辆走过的坝面上填土。

特别指出，近年来一些工程采用非土质材料如土工膜等作为防渗体，取得良好的效果。工程中如沥青混凝土防渗心墙、斜墙和混凝土面板堆石坝的施工可参考有关规范。

3.4.7 质量检查与控制

土石坝施工时，主要有坝基、料场、坝体填筑、护坡及排水反滤等质量检查和控制。现主要介绍坝体填筑质量控制，其他内容可参阅有关规范。

坝体填筑过程中，主要检查项目有：

（1）各填筑部位的边界控制及坝料质量，防渗体与反滤料、部分坝壳料的平起关系。

（2）碾压机具规格、质量，振动碾振动频率、激振力，气胎碾气胎压力等。

（3）铺料厚度和碾压参数。

（4）防渗体碾压层面有无光面、剪切破坏、弹簧土、漏压或欠压土层、裂缝等。

（5）过渡料、堆石料有无超径石、大块石集中和夹泥等现象。

（6）坝体与坝基、岸坡、刚性建筑物等的结合，纵横向接缝的处理与结合，土砂结合处的压实方法及施工质量。

（7）坝坡控制情况。结合工程实际，防渗体的压实控制指标可采用干密度、含水率或压实度。反滤料、过渡料及砂砾料的压实控制指标采用干密度或相对密度。堆石料的压实控制指标采用孔隙率。施工中坝体压实检查项目和取样次数见表 3.6。

表 3.6　　　　　坝 体 压 实 检 查 次 数

坝料类别及部位		检 查 项 目	取样（检测）次数
防渗体 黏性土	边角夯实部位	干密度、含水率	2～3 次/每层
	碾压面		1 次/（100～200）m³
	均质坝		1 次/（200～500）m³
砾质土	边角夯实部位	干密度、含水率、大于 5mm 砾石含量	2～3 次/每层
	碾压面		1 次/（200～500）m³
反滤料		干密度、颗粒级配、含泥量	1 次/（200～500）m³ 每层至少一次
过渡料		干密度、颗粒级配	1 次/（500～1000）m³ 每层至少一次
坝壳砂砾（卵）料		干密度、颗粒级配	1 次/（5000～10000）m³
坝壳砾质土		干密度、含水率、小于 5mm 含量	1 次/（3000～6000）m³
堆石料		干密度、颗粒级配	1 次/（10000～100000）m³

注　堆石料颗粒级配试验组数可比干密度试验适当减少。

施工中，黏性土现场密度检测宜用环刀法、表面型核子水分密度计法。环刀容积不小于 500cm³，环刀直径不小于 100mm，高度不小于 64mm。测密度时，应取压实层的下部。对于砾质土现场密度检测，宜用挖坑灌砂（灌水）法，反滤料、过渡料及砂砾料现场密度检测宜用挖坑灌水法或辅以表面波压实密度仪法，堆石料的现场密度检测宜用挖坑灌水法或表面波法、测沉降法等。

对于防渗土料，干密度或压实度的合格率不小于 90%，不合格干密度或压实度不得低于设计干密度或压实度的 98%。施工时可根据坝址地形、地质及坝体填筑土料性质、施工条件，对防渗体选定若干个固定取样断面，沿坝高每 5～10m 取代表性试样进行室内物理力学性质试验。

3.5　面 板 堆 石 坝 施 工

近年来，面板堆石坝由于其工期短，投资省，适应性好和施工简便等特点，成为高土石坝的主导坝型。特别是坝料开采技术、面板无轨滑模浇筑、趾板混凝土连续浇筑、垫层料的碾压砂浆固坡、挤压边墙施工、翻模固坡施工、混凝土面板防裂等先进技术的推广，对提高工程质量、降低造价、缩短工期起到积极的作用。

3.5.1　筑坝材料

面板堆石坝坝身主要为堆石结构，上游面为薄层面板，面板可以为刚性钢筋混凝土或柔性沥青混凝土，如图 3.36 所示。料场规划一般应根据工程规模，坝区和料场的地形、地质条件及导流方式、施工分期和填筑强度，按照坝料综合平衡的原则，规划料场掌子面、开采顺序、运输道路的布置、转运堆存场地、弃料场地和加工系统的布置。

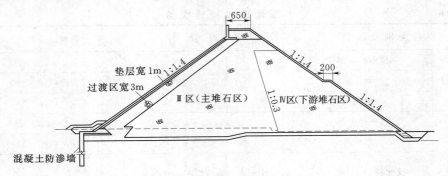

图 3.36　岑港水库混凝土面板堆石坝剖面（尺寸单位：cm）

1. 堆石材料质量要求

堆石料宜采用深孔梯段微差爆破法或挤压爆破方法开采。一些工程采用大孔径深孔不耦合装药爆破、中小孔径耦合装药爆破取得比较满意的效果。在地形、地质及施工安全允许的情况下，也可采用洞室爆破法（分层台阶开采）。一般质量要求为：

（1）为保证堆石体的坚固、稳定，主要部位石料的抗压强度不应低于 $7800 \times 10^4 \mathrm{Pa}$。

（2）石料硬度不应低于莫氏硬度表中的第三级，其韧性不应低于 $2 \mathrm{kg \cdot m/cm^2}$。

（3）石料的天然容重不应低于 $2.2 \mathrm{t/m^3}$，石料的容重越大，堆石体的稳定性越好。

（4）石料应具有抗风化能力，其软化系数水上不低于 0.8，水下不应低于 0.85。

（5）堆石体碾压后应有较大的密实度和内摩擦角，且具有一定渗透能力。

堆石体的边坡取决于填筑石料的特性与荷载大小，对于优质石料，坝坡一般在 1：1.3 左右。工程中料场可开采量及可利用开挖料数量与坝体填筑量的比值堆石料宜为 1.2～1.5；砂砾石料水上宜为 1.5～2.0；水下宜为 2.0～2.5。

2. 坝体分区

施工中堆石材料的分区已定型化。坝体部位不同，受力状况不同，对填筑材料的要求也不同。

（1）垫层区。垫层区的填筑材料一般采用加工料，利用初期的混凝土骨料生产系统生产。填筑一开始就需供应。要求压实后具有低压缩性、高抗剪强度、内部渗透稳定及具有良好施工特性的材料。主要作用是为面板提供平整、密实的基础，将面板承受的水压力均匀传递给主堆石体。一般级配要求为最大粒径 80～100mm，粒径小于 5mm 的含量宜为 30%～55%，小于 0.1mm 的含量不大于 5%，垫层宽度为 1～3m。

（2）过渡区。过渡区位于垫层区和堆石区之间。过渡料一般采用洞渣料或经挑选的料场料、专门爆破的开挖料。其主要作用是保护垫层在高水头作用下不产生破坏。其料径、级配要求符合垫层与主堆石料间的反滤要求，其宽度 3～5m，最大粒径 200～300mm。

（3）主堆石区。主堆石区的料源一般为工程开挖料及料场开采料。料场采石一般采用梯段爆破，梯段爆破采用多排孔微差挤压爆破技术，可以较好地控制爆破料的粒径。主堆石区是坝体维持稳定的主体，要求石质坚硬、级配良好，最大粒径 800mm，压实后的平均孔隙率小于 25%。

（4）下游堆石区。一般采用主堆石的超径料或质量稍差的硬岩料。该区起保护主堆石体及下游边坡稳定作用。要求采用较大石料填筑，平均孔隙率小于 28%。下游坝坡面用干砌石护面。

3.5.2　趾板施工

趾板在体形上分平趾板及斜趾板两类。已建工程多采用平趾板（图 3.37）。趾板基础开挖一般在两岸清基时开始，趾板的混凝土浇筑，在垫层料、过渡料开始填筑前完成。

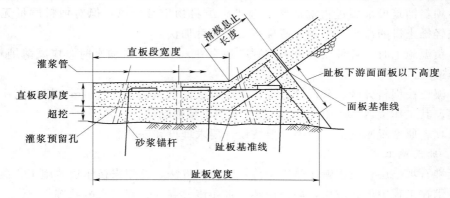

图 3.37　趾板体形及分部名称

1. 基础开挖

趾板基础一般要求为弱风化岩石。基础开挖一般采用光面爆破或预裂爆破，以防止爆破对基础的损伤。光面爆破技术只应用于坑壁。预裂爆破技术则能避免基础的爆破漏斗，减小超挖及爆破对基础的损伤。

2. 地质缺陷处理

断层、蚀变带及软弱夹层一般采用混凝土置换处理。

节理密集带的细小夹层可用反滤料作覆盖处理，以防止夹泥的管涌。

出露于趾板基础的勘探孔，作扫孔、洗孔、灌浆及封孔处理。

因地质原因超挖过大的地基，预先可用混凝土回填到建基面再浇筑趾板，一般的超挖可不作回填混凝土处理，与趾板混凝土整体浇筑。

3. 趾板混凝土浇筑

趾板绑扎钢筋前，按设计要求设置锚筋（杆），绑扎钢筋时同时按要求预埋灌浆管、止水片等。混凝土浇筑在基础面清洗干净、排干积水后进行，要及时振捣密实，注意和避免止水片（带）的变形和变位。工程中混凝土可用罐车运输，溜槽输送入仓。

趾板的预留灌浆管先进行固结灌浆，后作帷幕灌浆。

3.5.3　坝体填筑

3.5.3.1　填筑规划

坝体施工有三道主要工序：

（1）趾板与堆石地基处理及趾板浇筑和基础灌浆。一般通过趾板的预留灌浆管先进行固结灌浆，后作帷幕灌浆，分区进行，独立施工。

（2）堆石填筑。

（3）面板浇筑。

坝体填筑一般在坝基、两岸岸坡处理验收及相应部位的趾板混凝土浇筑完成后进行。堆石填筑前，应进行坝料碾压试验。垫层料、过渡料和相邻的部分堆石料应平起填筑，可在堆石区内的任意高程、部位设置运输坝料用的临时坡道。不合格坝料严禁上坝。

施工控制时应注意以下几点：

（1）主堆石区与岸坡、混凝土建筑物接触带，要回填1～2m宽的过渡料。

（2）坝料铺筑可采用进占法卸料。施工中虽料物稍有分离，但对坝料质量无明显影响，可减轻推土机的摊平工作量，使堆石填筑速度加快。

（3）负温施工时，各种坝料内不应有冻块存在。填筑不能加水时，应减薄铺料厚度，增加碾压遍数。

（4）碾压按坝料分区、分段进行，各碾压段之间的搭接不小于1m。坝料碾压可采用振动平碾，其工作重量不小于10t，高坝应采用重型振动碾。

（5）坝料原型观测仪器、设施，要按设计要求埋设和安装。

3.5.3.2　坡面施工

面板堆石坝垫层料坡面碾压是工程传统的施工方法，近年来挤压边墙施工、翻模固坡施工等技术在工程中得到应用，如公伯峡、水布垭、寺坪、双沟水电站等。

1. 垫层料坡面碾压

垫层料宜每填筑升高10～15m，进行垫层坡面削坡修整和碾压。斜坡碾压可用振动碾或振动平板。根据国内常用削坡机械工作性能与坝体上游坝坡，削坡控制范围以每次填筑为3.0～4.5m；用振动碾作斜坡碾压时，宜先静压2～4遍，再振压6～8遍，振压时向上方向振动，向下方向不振，一上一下为一遍。有的工程经试验，采用上下全振的施工方法，也取得了良好的效果。

完成垫层坡面压实后，尽快进行坡面保护。常用保护形式有：

（1）碾压水泥砂浆。水泥砂浆由人工或机械摊铺，砂浆初凝前应碾压完毕，终凝后洒水养护。有的工程在垫层上游削坡后，先用振动碾压2～4遍，铺砂浆后再压4遍，使砂浆与垫层坡面结合良好。

斜坡碾压与水泥砂浆固坡的优点是施工工艺和施工机械设备简单，垫层上游面坚固稳定的表面可满足临时挡水防渗要求，对克服面板混凝土的塑性收缩和裂缝发生有积极的作用。

（2）阳离子乳化沥青。喷涂前先清除坡面浮尘。阴雨、浓雾天气不应喷涂，喷涂间隔时间不小于24h。沥青乳剂喷涂后随即均匀撒砂。

（3）喷混凝土。宜用半湿喷法施工。喷护混凝土表面要平整、厚度均匀、密实，在终凝后洒水养护。有的工程也采用喷水泥砂浆保护。

2. 挤压边墙施工

（1）技术原理。在面板堆石坝的每一层垫层料填筑前，沿设计断面利用边墙挤压机制作出一个低强度、低弹模、半透水、连续的混凝土小墙，待混凝土达到一定强度（2～

5h）后，在小墙内侧按设计要求铺填垫层料，碾压合格后重复以上工序。那兰面板堆石坝挤压边墙断面如图 3.38 所示。

边墙挤压机（图 3.39）的行进速度为 40～60m/h，挤压边墙施工原理如图 3.40 所示。

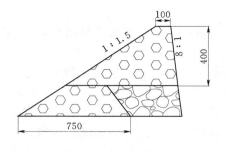

图 3.38　那兰面板堆石坝挤压边墙断面
（单位：mm）

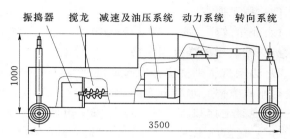

图 3.39　边墙挤压机结构示意图

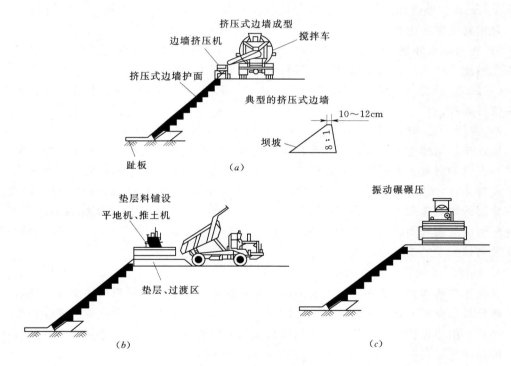

图 3.40　挤压边墙施工原理示意
（a）阶段Ⅰ；（b）阶段Ⅱ；（c）阶段Ⅲ

（2）配合比设计。挤压边墙混凝土的配合比设计遵循以下原则：

1）工作性。坍落度为零，按一级配干硬性混凝土设计。

2）低强度和早强要求。混凝土 28d 抗压强度应不超过 5MPa，且 2～4h 的抗压强度指标应以挤压成型的边墙在垫层料振动碾压时不出现坍塌为控制原则。

3）低弹性模量。混凝土的弹性模量指标宜控制在 5000～7000MPa，最好低于 5000MPa。

4）高密度和半透水。混凝土的密度指标宜控制在 $2\sim2.25t/m^3$，尽可能接近垫层料的压实密度值；渗透系数宜控制在 $10^{-3}\sim10^{-4}cm/s$，尽可能与垫层料的渗透系数一致，为半透水体。

（3）施工要点。

1）测量放样。先对垫层高程进行复核，再对挤压边墙边线控制点进行测量放样，施工人员根据测量放样点划出挤压机的行走方向线。

2）边墙挤压机就位。用起重机械将边墙挤压机吊运至施工起点位置，利用水准尺对其进行垂直方向、水准方向的调节。

3）混凝土拌和及运输。按照挤压边墙施工配合比在拌和楼拌制混凝土，由搅拌车（如 $6m^3$）运至施工现场；在卸料同时，用设置在边墙挤压机上的外加剂罐向进料口混凝土拌和物均匀地添加速凝剂溶液。

4）混凝土挤压施工。挤压时由专人控制挤压机的行走方向，挤压机水平行走精度控制在 $\pm5cm$；边墙挤压机的行走速度与搅拌车保持一致，搅拌车卸料到挤压机料斗应均匀，且出料速度适中。

5）边墙端头处理与施工。在挤压边墙与两岸岸坡趾板接头处的起始端和终止端采用人工立模浇筑边墙，其使用的混凝土材料与边墙混凝土相同。

6）缺陷处理。对边墙挤压施工出现的错台、起包、倒塌等现象，及时凿除、人工抹平和修补处理。

7）混凝土边墙挤压作业完毕 $2\sim5h$ 后，可进行垫层料碾压施工。

综观挤压边墙施工过程，其主要优点表现在：①在垫层区上游形成一个规则、坚实的坡面，不仅为混凝土面板提供理想的支承面，而且为坝体施工采用临时断面挡水渡汛方案创造良好条件；②边墙在坡缘的限制作用，使得垫层料不需要超填，施工安全性提高；③在垫层区填筑施工中，水平碾压取代传统的斜坡碾压，有利于提高垫层料的压实密度，且使垫层区上游坡面的施工进度加快；④施工设备简化，减少传统工艺所需的坡面平整、碾压及防护施工的工具设备等。

3. 翻模固坡施工

翻模固坡技术原理为在大坝上游坡面支立带楔板的模板，在模板内填筑垫层料，振动碾初碾后拔出楔板，在模板与垫层料之间形成一定厚度的间隙，向此间隙内灌注砂浆，再进行终碾，由于模板的约束作用，使垫层料及其上游坡面防护层砂浆达到密实并且表面平整。模板随垫层料的填筑而翻升。翻模结构如图 3.41 所示。

翻模固坡施工程序一般为：模板支立──→垫层料填筑──→垫层料初碾──→拔出楔板──→灌注砂浆──→垫层料终碾──→下层模板翻升至最上层。

翻模固坡技术已在双沟水电站面板堆石坝、蒲石河抽水蓄能电站上水库面板堆石坝等工程中成功应用。

3.5.4　面板施工

钢筋混凝土面板是堆石坝的主要防渗结构，厚度薄、面积大，在满足抗渗性和耐久性条件下，要求具有一定柔性，以适应堆石体的变形。有关工程的质量控制及沥青混凝土面

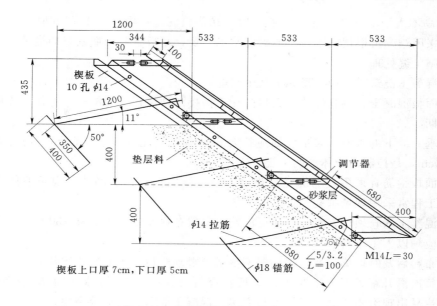

图 3.41 翻模结构示意（单位：mm）

板施工可参阅有关规范。

1. 面板分块

面板纵缝的间距决定了面板的宽度。由于面板通常采用滑模连续浇筑，面板的宽度决定了混凝土浇筑能力，也决定了钢模的尺寸及其提升设备的能力。面板通常有宽、窄块之分。据国内外统计，通常宽块纵缝间距 12~14m，窄块 6~7m。

2. 混凝土面板浇筑

目前，面板的混凝土浇筑多采用无轨滑模施工（图 3.42）。主要施工设备有无轨滑模、侧模、溜槽、料斗、洒水管、运输台车、卷扬机、混凝土搅拌车、汽车吊、养护台车等。

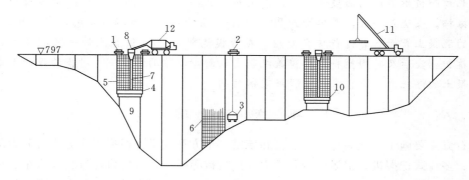

图 3.42 混凝土面板施工布置示意

1—JM 卷扬机；2—5t 快速双筒卷扬机；3—运料台车；4—滑模；5—侧模；6—钢筋网；7—溜槽；
8—集料斗；9—混凝土面板；10—碾压好的坝面；11—汽车吊；12—混凝土搅拌车

在坝高不大于 70m 时，面板混凝土宜一次浇筑完成；坝高大于 70m 时，因坝坡较长给施工带来困难，可根据施工安排或提前蓄水需要，面板宜分二期或三期浇筑。分期浇筑接缝要按施工缝处理。

面板混凝土浇筑时，应注意如下几个问题：

(1) 面板混凝土宜跳仓浇筑。其目的在于保持滑动模板平衡滑升，并使相邻的已浇块有一定龄期。

(2) 垂直缝下的水泥砂浆垫坡面应符合设计线，其允许偏差 ±5mm。垂直缝砂浆条一般宽 50cm，是控制面板体形的关键。

(3) 面板钢筋宜采用现场绑扎或焊接，也可采用预制钢筋网片、现场整体拼装的方法。国内工程常采用现场绑扎、焊接的方法。

(4) 混凝土入仓须均匀布料，薄层浇筑，每层布料厚度可为 250～300mm。止水片周围混凝土应辅以人工布料。

(5) 布料后及时振捣密实，振捣器不得触及滑动模板、钢筋、止水片。

(6) 每次滑升距离不大于 300mm，面板浇筑滑升平均速度控制在 1.5～2.5m/h。滑升速度过快易出现滑模抬动、振捣不易密实、混凝土面呈波浪形等现象。

3. 面板养护

养护是避免面板发生裂缝的重要措施。包括保温、保湿两项内容。一般采用草袋保温，喷水养护，并要求连续养护到水库蓄水。

通过对面板混凝土自身抗裂性方面的研究与实践，一般认为在原材料中合理掺入外加剂、粉煤灰、有机纤维和钢纤维等，是获得高性能混凝土的重要途径。施工中因温度及干缩产生的水平裂缝较难避免，但对面板耐久性有影响的裂缝须认真处理。一般大于 0.25mm 的裂缝都须处理，尤其是处于受拉区的裂缝。处理方法一般采用环氧树脂灌浆或涂刷等处理，可参阅有关书籍。

【工程实例】 西北口面板堆石坝施工。

西北口面板堆石坝的面板浇筑时，采用两台 ZX-50 型、两台 ZPZ-30 型软轴插入式振动器振捣。每浇筑一次，滑模滑升 20～30cm。滑模由坝顶卷扬机牵引，在滑升过程中，对出模的混凝土表面随时进行抹光处理。在滑模尾部约 10m 位置拖带一根水管，随时进行洒水养护。浇后及时用塑料薄膜覆盖混凝土表面，以防雨水冲刷。滑模的设计重量主要克服混凝土的浮托力，滑模采用空腹板梁钢结构。

本 章 小 结

土石方主要施工过程为开挖、运输和填筑。土方开挖机械根据工作方式可分为单斗式挖掘机、多斗式挖掘机、铲运机械和水力开挖机械等类型，运输机械有自卸汽车、有轨斗车和装载机、带式运输机等。压实参数的选择常通过现场碾压试验来确定，影响因素主要有铺土厚度、压实功（压实遍数）和含水量。对于非黏性土，不存在最优含水量问题。

碾压土石坝施工主要有坝基与岸坡处理、坝料开采与运输、坝面填筑、质量检查与控制等。坝面施工程序包括铺土、平土、洒水、压实、刨毛（用平碾压实时）、质检等工序，宜采用流水作业施工。坝壳料填筑时宜采用进占法卸料，运输方式大部分是汽车直接上坝。

面板堆石坝坝身主要为堆石结构，上游面板可以为刚性钢筋混凝土或柔性沥青混凝土。坝体分垫层区、过渡区、主堆石区、下游堆石区。通常宽块纵缝间距 12～14m，窄块 6～7m。面板的混凝土浇筑常采用无轨滑模施工。

职　业　训　练

土石坝施工质量控制

（1）资料要求：工程资料和相关图纸。

（2）分组要求：3～5 人为 1 组。

（3）学习要求：①熟悉工程图纸和资料；②制定坝料开采与运输方案；③编写坝面填筑质量控制点。

思　考　题

1. 土石方开挖与运输机械有哪些？各有何特点？

2. 土料压实有何特性？如何确定其压实参数？

3. 压实机械有哪些？振动碾有何特点？

4. 土石坝料场规划应注意哪些问题？

5. 坝面填筑工序有哪些？雨季施工如何控制？

6. 面板堆石坝施工有何特点？

7. 垫层料坡面碾压与挤压边墙施工有何不同？

第4章 混凝土结构工程

学习要点

【知 识 点】 掌握钢筋加工与配料；了解模板种类和使用特点；掌握混凝土骨料加工、拌和、运输、浇筑等施工工艺与质量控制；了解水电站厂房的施工程序和特点；掌握碾压混凝土、水下混凝土等施工特点。

【技 能 点】 能进行混凝土施工与质量控制。

【应用背景】 混凝土工程施工在水利工程建设中占有非常重要的地位，其工程量大，消耗水泥、钢材多，施工进度对工期的影响大。如重力坝、拱坝、渡槽、隧洞衬砌工程等。特别近年来，碾压混凝土施工技术、水下混凝土浇筑、新型混凝土养护技术、泵送混凝土施工等在工程中得到广泛应用。

4.1 钢 筋 工 程

工程中常用的钢筋有热轧钢筋、冷拉钢筋、冷轧带肋钢筋和热处理钢筋。按其外形分为光面钢筋和变形钢筋。按施工规范要求，钢筋应根据不同等级、批号、规格及生产厂家分批分类堆放，进行抽样做拉力、冷弯和焊接试验。

钢筋一般在加工厂内加工，然后运至现场安装绑扎。一般包括冷加工（冷拉与冷拔）、调直、除锈、剪切、弯曲、绑扎、焊接等工序。

4.1.1 钢筋冷加工

钢筋冷加工是指在常温下通过对钢筋的加工来达到提高钢筋的强度等性能的方法。主要有冷拉与冷拔两种。

4.1.1.1 钢筋冷拉

钢筋冷拉是在常温下以超过屈服度而小于极限强度的拉应力拉伸钢筋，使其产生塑性变形并形成新的高得多的屈服强度，以达到节约钢材的目的（图4.1）。

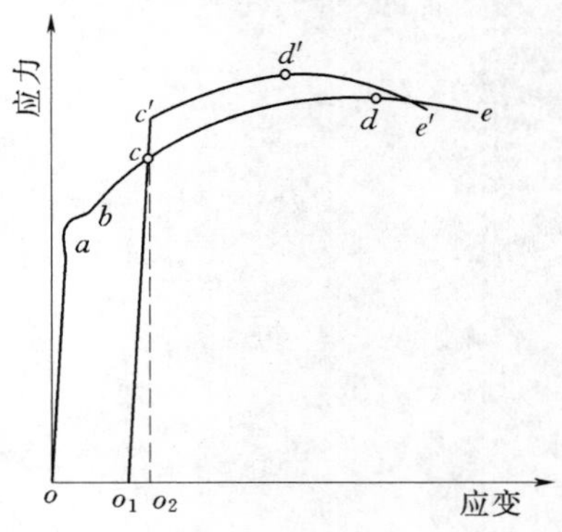

冷拉钢筋一般不用作受压钢筋。冷拉Ⅰ级钢筋用于钢筋混凝土结构中的受拉钢筋，冷拉Ⅱ～Ⅴ级钢筋用作预应力混凝土结构中的预应力筋。在承受冲击荷载的设备基础、在负温条件下及水工结构的非预应力混凝土中，不得采用冷拉钢筋。

图 4.1 钢筋冷拉原理

1. 冷拉控制

钢筋冷拉时，弹塑性变形的总伸长值与钢筋原长的百分比，如图 4.1 中 c 点的横坐标 oo_2，称为钢筋的冷拉率。在一定限度内，钢筋的冷拉应力与冷拉率越大，则强度提高和塑性降低越多。但钢筋冷拉后，仍应保留一定的塑性，使结构在破坏前能有较明显的塑性变形，即有适当的强度储备和软钢特性。

冷拉控制时，应注意以下几点：

（1）钢筋冷拉可用冷拉应力、冷拉率进行控制，但应尽可能采用冷拉应力控制（表 4.1）。

（2）钢筋冷拉以冷拉率控制时，其控制值由试验确定（表 4.2）。测定同炉批钢筋冷拉率的试件，不宜少于四个。

表 4.1　　钢筋冷拉控制应力和冷拉率

钢筋级别	钢筋直径（mm）	冷拉控制应力（MPa）	最大冷拉率（%）
I	≤12	280	10.0
II	≤25	450	5.5
	28～40	430	
III	8～40	500	5.0
IV	10～28	700	4.0

表 4.2　　测定冷拉率时钢筋冷拉应力

钢筋级别	钢筋直径（mm）	冷拉应力（MPa）
I	≤12	310
II	≤25	480
	28～40	460
III	8～40	530
IV	10～28	730

（3）不同炉批的钢筋及不能分清炉批的钢筋，不宜用控制冷拉率的方法进行冷拉。冷拉多根连接的钢筋，其控制应力和每根钢筋的冷拉率均应符合表 4.1 规定。

（4）为使钢筋变形充分发展，冷拉速度不宜过快，一般以 0.5～1m/min 为宜。

（5）预应力筋必须采用双控（控制冷拉应力和冷拉率）冷拉以保证钢筋质量。

2. 冷拉设备

冷拉设备由拉力装置、承力结构、钢筋夹具和测量设备组成，如图 4.2 所示。

拉力装置一般由卷扬机、冷拉小车及滑车组等组成。也可使用长程液压千斤顶作为拉力装置，但生产率较低，且千斤顶易磨损。

承力结构可用钢筋混凝土压杆（组成冷拉槽，能防止冷拉断筋时弹出伤人）或地锚（往往加防护墙）。

冷拉长度测量可用标尺，测力计采用电子秤、附有油压表的液压千斤顶或弹簧测力计。

冷拉后钢筋表面不得有裂纹和局部颈缩，并按施工规范要求进行拉力试验和冷弯试验。钢筋冷弯后不得有裂纹或起层等现象，其机械性能应符合有关规范的要求。

4.1.1.2　钢筋冷拔

冷拔是将直径 6～8mm 的 I 级钢筋通过特制的钨合金拔丝模孔强力拉拔成为较小直径钢丝的过程（图 4.3）。拔成的钢丝称为冷拔低碳钢丝。冷拔低碳钢丝分为甲、乙两

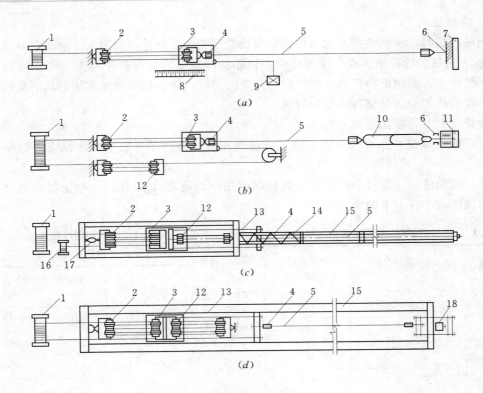

图 4.2　冷拉设备布置

1—卷扬机；2—滑轮组；3—冷拉小车；4—钢筋夹具；5—钢筋；6—地锚；7—防护壁；
8—标尺；9—回程荷架；10—连接杆；11—弹簧测力器；12—回程滑车组；13—传力架；
14—钢压柱；15—槽式台座；16—回程卷扬机；17—电子秤；18—液压千斤顶

级。甲级的钢丝主要用作预应力筋，乙级的钢丝用于焊接网、焊接骨架、箍筋和构造钢筋。

　　与冷拉受纯拉伸应力比，冷拔时钢筋同时受纵向拉伸与横向压缩的立体应力，抗拉强度提高较多，且抗压强度亦有所提高。

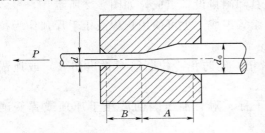

图 4.3　拔丝模示意图

A—工作区段；B—定径区段

　　钢筋冷拔的工艺过程是轧头、剥皮、润滑和拔丝。一般钢筋表面多有一层硬渣壳，易损坏拔丝模，并使钢丝表面产生沟纹，易被拔断，故冷拔前应进行剥壳。影响冷拔低碳钢丝质量的主要因素是原材料的质量和冷拔总压缩率。直径 5mm 的钢丝往往由 $\phi 8$ 钢筋拔制，直径 $3.5 \sim 4mm$ 的钢丝往往由 $\phi 6.5$ 的钢筋拔制。

　　拔丝机有立式和卧式两种，目前多使用卧式。其鼓筒直径一般为 500mm，冷拔速度一般为 $0.2 \sim 0.3m/s$。卧式双筒冷拔机如图 4.4 所示。

4.1.2 钢筋连接

工程中钢筋的连接方法有焊接、机械连接和绑扎搭接。

4.1.2.1 钢筋焊接

钢筋常用的焊接方法有闪光对焊、电弧焊、电阻点焊、埋弧压力焊、接触电渣焊、气压焊等。钢筋的连接常采用焊接，可节约钢材，改善结构受力性能，提高工效，降低成本。对于轴心受拉和小偏心受拉构件中的钢筋必须采用焊接连接。

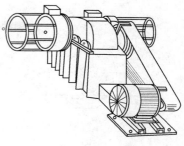

图 4.4　卧式双筒冷拔机

1. 闪光对焊

闪光对焊用于钢筋的接长及预应力筋与螺丝端杆的焊接。它是利用对焊机将两段钢筋对头接触，通以低压强电流，待钢筋端部加热闪光至变软后，轴向加压顶锻形成对焊接头（图 4.5）。其成本较低，热轧钢筋的接长宜优先采用闪光对焊。只在无对焊设备或容量不足时，或在施工现场无法进行对焊时，才采用电弧焊或其他焊接方法。

钢筋对焊根据钢筋品种、直径、端面平整度及对焊机的容量不同，可采用连续闪光焊、预热→闪光焊和闪光→预热→闪光焊以及焊后通电热处理等工艺。

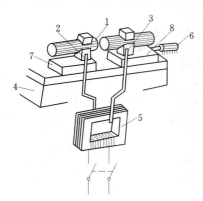 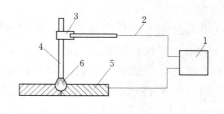

图 4.5　钢筋闪光对焊原理

1—焊接的钢筋；2—固定电极；3—可动电极；
4—机座；5—变压器；6—平动顶压机构；
7—固定支座；8—滑动支座

图 4.6　电弧焊原理图

1—电源；2—导线；3—焊钳；
4—焊条；5—焊件；6—电弧

2. 电弧焊

电弧焊是利用弧焊机使焊条与焊件之间产生高温电弧，熔化焊条和焊件形成焊缝（图 4.6）。它宜用于焊接直径 10～40mm 的Ⅰ～Ⅲ级钢筋与 5 号钢钢筋，也广泛用于钢筋与钢板及各种钢结构的焊接。

钢筋电弧焊的接头形式如图 4.7 所示。弧焊机有直流弧焊机、交流弧焊机和整流弧焊机三种。工地常用交流弧焊机。电弧焊所用焊条应按设计选定。重要结构的钢筋接头应选用低氢型碱性焊条。

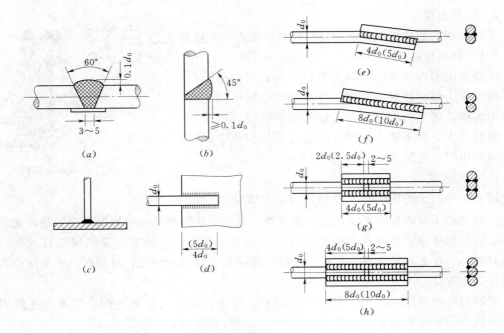

图 4.7　钢筋电弧焊接头形式

（a）平焊的坡口焊接头；（b）立焊的坡口焊接头；（c）钢筋与钢板对接；（d）钢筋与钢板搭接；
（e）双面搭接焊接头；（f）单面搭接焊接头；（g）双面帮条焊接头；（h）单面帮条焊接头

3. 电阻点焊

电阻点焊用于连接交叉钢筋，焊制钢筋网片及钢筋骨架，质量远优于绑扎连接。钢筋网或骨架用点焊代替绑扎，可提高工效，钢筋定位准确，成品刚性好，便于运输，钢筋在混凝土中能更好的锚固，可提高构件的抗裂性。

电阻点焊是将钢筋的交叉处放在点焊机的两个电极之间，由于是点接触，通电后，接触处的电流密度和电阻很大，金属迅速熔化，稍加压即可焊合，如图 4.8 所示。

点焊机有单点点焊机、多头点焊机、悬挂式点焊机（可焊钢筋骨架及钢筋网）。施工现场还可采用手提式点焊机。

4. 埋弧压力焊

埋弧压力焊是钢筋与钢板作丁字形接头焊接的先进技术。埋弧焊机由焊接变压器与工作机构组成（图 4.9）。焊接时，先将钢筋和钢板分别固定在可动电极和固定电极上，并用普通

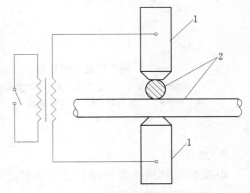

图 4.8　点焊机工作示意图
1—电极；2—钢丝

431 型自动焊焊剂将施焊接头处埋没，然后通电，借助手轮使钢筋提起 2～4mm 引弧，随之使钢筋缓缓下降，保持燃烧熔化，待钢板形成熔池后，迅速加压顶锻、断电，便形成丁

字接头。

　　埋弧压力焊接利用电弧熔化金属，不需焊条，接头抗拉强度高，钢板变形小，工效比电弧焊高。

　　5. 接触电渣焊（电渣压力焊）

　　接触电渣焊是利用电流通过渣池产生的电阻热将钢筋端部熔化后加压顶锻而成。焊接前，须将钢筋端部约 100mm 范围内的铁锈除尽。

　　接触电渣焊多用于施工现场竖向钢筋的对接。与电弧焊比，它节约钢筋，不使用焊条，工效高，成本低。适于焊接Ⅰ～Ⅲ级钢筋。但由于焊接用药盒有一定的尺度，竖向钢筋过密时尚难使用。如图 4.10 所示。

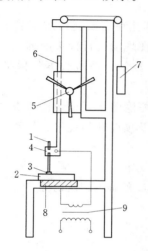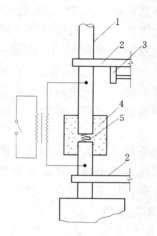

　　图 4.9　埋弧压力焊示意图　　　　图 4.10　电渣压力焊示意图

1—钢筋；2—钢板；3—焊剂；4—钢筋　　　　1—钢筋；2—夹钳；3—凸轮；

卡具（可动电极）；5—手轮；6—齿条；　　　　4—焊剂；5—铁丝

7—平衡重；8—固定电极；　　　　团球或导电焊剂

9—变压器

　　6. 气压焊接

　　气压焊接设备由供气瓶、加热器、加压器、卡具等四部分组成。它是将两根需要连接的钢筋端面接触，通过氧炔焰加热，使接头处塑化，表面金属分子激活，引起结晶重新组合，同时进行加压顶锻，形成扁圆形的镦粗接头。

　　钢筋气压焊接工艺设备简单，质量可靠，焊接速度快，节省钢材和电能。适于施工现场各种方向钢筋的连接。

4.1.2.2　钢筋机械连接

　　钢筋机械连接是通过连接件的机械咬合作用或钢筋端面的承压作用，将一根钢筋中的力传递至另一根钢筋的连接方法（图 4.11）。具有施工简便、工艺性能良好、接头质量可靠、不受钢筋焊接性的制约、节约钢材和能源等优点。

　　常用机械连接有套筒挤压连接和锥螺纹套筒连接。

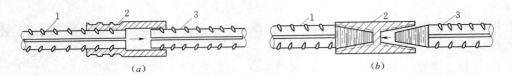

图 4.11   机械连接示意图

(*a*) 套筒挤压连接

1—已挤压的钢筋；2—钢套筒；3—未挤压的钢筋

(*b*) 锥螺纹钢筋连接

1—已连接的钢筋；2—锥螺纹套筒；3—未连接的钢筋

4.1.2.3   绑扎

绑扎是用钢筋钩把 20～22 号铁丝或镀锌铁丝绑扎在需要连接的钢筋上。一般钢筋可全部在现场进行绑扎，或预制成骨架（网片）后，在现场进行接头的绑扎。绑扎的基本要求是：钢筋位置准确，绑扎牢固，钢筋接头位置、数量、搭接长度、保护层厚度等满足要求。

钢筋绑扎安装完毕后应进行检查验收，并应做好隐蔽工程记录。检查内容有：

（1）钢筋的级别、直径、根数、间距、位置以及预埋件的规格、位置、数量是否与设计相符。

（2）钢筋接头位置、数量、搭接长度是否符合规定。

（3）钢筋绑扎是否牢固、钢筋表面是否清洁，有无油污、铁锈等。

（4）混凝土保护层是否符合要求等。

4.1.3   钢筋加工与配料

4.1.3.1   钢筋加工

钢筋加工除连接外，还包括调直、除锈、剪切和弯曲成形等工作。

钢筋剪切和弯曲成型前应调直，无局部弯折。钢筋的调直可采用冷拉的方法。粗钢筋可在工作台上用钢筋扳和锤配合的方法调直。直径 4～14mm 的光面钢筋可用调直机调直。

钢筋使用前应将表面油渍、漆污、锈皮等清除干净。钢筋不严重的锈已被证实对钢筋与混凝土的黏结不仅无害处，反而会提高钢筋与混凝土的握裹力，故一般的锈已不再清除。经冷拉或机械调直的钢筋，锈会自行脱落。人工除锈可用钢丝刷、机动钢丝刷（轮）、在砂堆中往复拖拉或用喷砂枪喷砂等进行，特殊情况、要求较高的还可在稀硫酸或稀盐酸池中酸洗除锈。

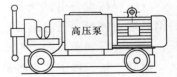

图 4.12   GJY57-32 电动
液压切断机

钢筋切断（图 4.12）可用电动钢筋切断机、电动液压切断机和手动剪切器进行。切断机可切断直径小于 40mm 的钢筋。手动剪切器只适用于直径 12mm 以下的钢筋。特粗钢筋还可用氧炔焰或电弧切割。

钢筋应按图纸要求弯曲成形。钢筋弯曲一般采用钢筋弯曲机（图 4.13），可弯曲直径 6～40mm 的钢筋。无此设备时，还可在工作台上用手工工具弯制。

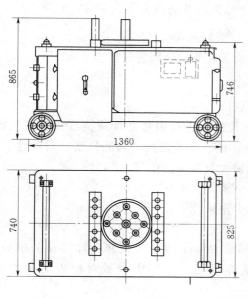

图 4.13 GJ7-40 型钢筋弯曲机

4.1.3.2 钢筋配料

钢筋加工前应根据设计图纸按不同构件和钢筋编号编制配料单。配料要做到合理使用钢筋，尽量减少废料。

1. 下料长度计算

钢筋弯曲后中线长度不改变，所以钢筋的下料长度应按中线计算。但设计图中钢筋的标注尺寸是按直线或折线的外包线尺寸标注的。钢筋的外包线长度与中线长度存在一个差值。转弯处外切线的长度与圆弧段钢筋中心线长度的差值，是由尺寸标注方法引起的几何误差，称为"量度差值"，又称为"弯曲调整值"。计算下料长度时，必须从外包尺寸中扣除该差值。

弯曲调整值的大小与弯转角度、钢筋直径及弯转时心轴的直径有关。对于 I 级圆钢弯曲角度为 $30°$、$45°$、$60°$、$90°$、$135°$ 时其弯曲调整值分别为 $0.35d$、$0.5d$、$0.85d$、$2d$、$2.5d$。

钢筋端部弯钩的长度与弯钩的形式及弯制方法有关。人工弯制时，端部须留 $3d$ 左右的平直段；机械弯制时，该平直段可缩短或取消。人工弯制时，该加长值，半圆弯钩为 $6.25d$，斜弯钩为 $4.9d$（取 $5d$），直角弯钩为 $3.5d$。圆钢筋制成的箍筋，其弯钩的加长值应符合规定。如图 4.14 所示。

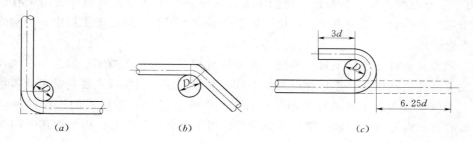

图 4.14 钢筋弯钩及弯曲计算图

(a) 弯曲 $90°$；(b) $180°$弯钩；(c) 弯曲 $45°$

常用钢筋的下料长度计算公式为：

直钢筋　　　　　　　　下料长度＝外包线长度＋弯钩加长值

弯起钢筋（包括箍筋）　　下料长度＝外包线总长度＋弯钩加长值－弯曲调整值

2. 钢筋代换

施工中缺少设计图中要求的钢筋品种或规格时，可按下述原则进行代换：

（1）当结构构件是按强度控制时，可按强度等同原则代换。如设计图中所用钢筋强度

为 f_{y1}，钢筋总面积为 A_{s1}，代换后钢筋强度为 f_{y2}，钢筋总面积为 A_{s2}，则应使

$$f_{y2} A_{s2} \geqslant f_{y1} A_{s1} \tag{4.1}$$

（2）当构件按最小配筋率控制时，可按钢筋面积相等的原则进行代换。即

$$A_{s2} = A_{s1} \tag{4.2}$$

（3）对于受弯构件还应校核构件截面的抗弯强度。

当结构构件按裂缝宽度或挠度控制时，钢筋代换需进行裂缝宽度或挠度验算。代换后，还应满足构造方面的要求如钢筋间距、最小直径、最少根数、锚固长度、对称性等，有时还应满足设计中提出的一些特殊要求如冲击韧性及抗腐蚀性等。

4.2 模 板 工 程

模板系统包括模板和支撑两部分，前者是形成混凝土构件形状和设计尺寸的模板，后者是保证模板形状、尺寸及其空间位置的支撑系统。工程中一般对模板的基本要求有：

（1）保证混凝土浇筑物结构的形状、尺寸与相互位置符合设计要求。

（2）模板应具有足够的强度、刚度和稳定性，能承受设计要求的各项施工荷载。

（3）模板表面光洁平整、拼缝密合、不漏浆，以保证混凝土表面质量。

（4）尽量做到标准化、系列化，装拆方便，周转次数多。

（5）有利于混凝土工程机械化施工。

4.2.1 模板的分类

模板按制作材料分，有木模、胶合板模、钢模、钢木组合模、胎模、混凝土模、钢筋（预应力钢筋）混凝土模及塑料板、树脂板等。木模多用于"异型模板"或用于有保温要求的冬季施工中；胶合板模重量轻，使用周期较普通木模长，多用于工程中、小构件或与木模板配合使用。

组合钢模是一种先进的工具式模板，施工质量较高，周转次数多，缺点是一次性投资较大。主要部件由钢模板、连接件以及支撑件三部分组成。钢模板主要包括平面模板、转角模板、梁腋模板等。平面模板可用于各种结构的平面结构。钢模板的连接件主要有 U 形卡、L 形销、钩头螺栓、紧固螺栓及扣件等，用于模板之间以及模板与钢楞之间的连接（图 4.15）。

模板按使用完成后是否拆除可分为永久性模板和临时性模板。工程中大多为临时性模板，永久性模板多用于形状复杂或尺寸较小而不易拆除的部位。永久性模板多采用混凝土模或钢筋（预应力钢筋）混凝土模板。

按使用方式分，模板可分为固定式、翻转式、拆移式、移动式和滑动式五类，其中以拆移式应用最广，翻转式仅用于预制构件。

1. 固定式模板

固定式模板是指在预制构件厂或现场按构件形状、尺寸制作的位置固定的模板。预制构件厂生产大批量形状尺寸固定的构件（如平板），可多次重复使用固定式模板。现场预

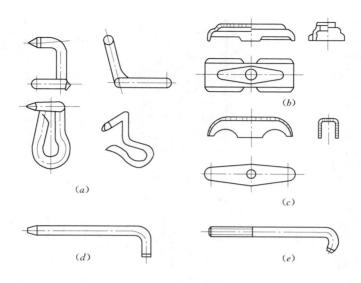

图 4.15　钢模板的主要连接件

(a) U 形卡；(b) 蝶形扣件；(c) 3 形扣件；
(d) L 形插销；(e) 钩头螺栓

制数目较少、形状不规则的构件一般为一次性使用。又如预制重力式素混凝土模板及厚仅 8～10cm 的钢筋混凝土模板，其外表面与结构外表形状一致，安装于建筑物的表面或廊道、竖井等处或大跨度承重结构的底部，浇筑混凝土后不再拆除。固定式模板可节约大量木材、支架，减少现场施工干扰和立模困难，加快施工进度。

2. 拆移式模板

拆移式模板在水利工程中应用较广。拆移式模板是模板在一处拼装，待混凝土达到适当强度后拆除，可以移至他处继续使用的模板。一般由事先制好的钢、木或钢木组合定型模板和相应的支撑及紧固件组成。如基础侧面模板、坝体高空侧面模板、墩墙模板、桥梁承重模板等。

目前，拆移式模板多为组合钢模拼装而成。组合钢模既可以组拼成各种尺寸和形状的平面模板，也可以组拼成折线形模板，以适应建筑物的板、梁、柱、墙及大块体结构、构件的需要。如对于混凝土重力坝上下游的坝体高空侧面模板多采用此种类型的模板（图 4.16）。

坝体高空侧面模板按受力条件又分为简支式和悬臂式两类。前者仓面拉条多且不能回收，既妨碍机械化浇筑、平仓又浪费钢材，已逐步为悬臂式所取代。高度较大的侧面模板的支架常用桁架梁。受力大的或重要部位的桁架梁，多由型钢焊接而成。坝体高空侧面模板往往采用倒链、吊车或其他起重机械在坝面上进行吊装。

3. 移动式模板

移动式模板适用于断面尺寸较大且形状沿移动方向不变的水平长度很大的直线形混凝土建筑物，如隧洞、涵洞、管道及渠道等的现浇衬砌施工，较之用拆移式模板，可加快施工进度和降低工程造价。

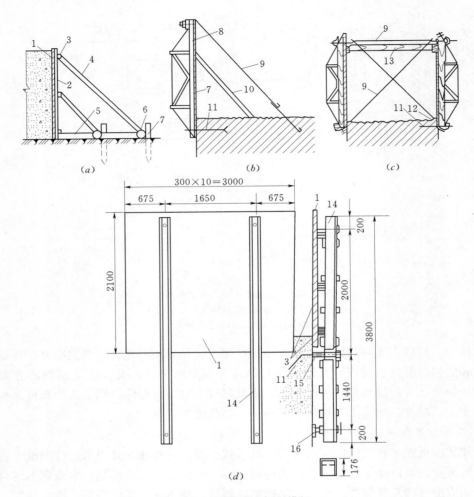

图 4.16　拆移式侧面模板

(a) 土基上斜撑式侧模；(b) 高空桁架式侧模；(c) 墩墙桁架式模板；(d) 悬臂钢模板
1—面板；2—竖围令；3—横围令；4—斜撑；5—水平撑；6—地龙；7—木桩；8—桁架；
9—拉条；10—预制混凝土撑杆；11—预埋紧固螺栓或 U 形环；12—预埋钢筋环；
13—顶撑；14—支承柱；15—紧固螺母；16—千斤顶螺栓

移动式模板一般由轨道、承重结构（或钢模台车）及模板等组成。模板可用钢材、钢木混合结构制成。如图 4.17 所示。

4. 滑动式模板

滑动式模板（滑模）施工是现浇混凝土工程的一种连续成型施工工艺。该工艺方法是在混凝土浇筑过程中，利用液压提升设备，模板系统随浇筑而滑移（滑升、拉升或水平滑移），直至需要浇筑的高度为止（图 4.18）。

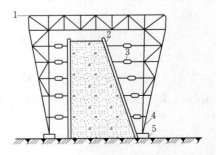

图 4.17　移动式模板浇筑混凝土墙
1—支承钢架；2—钢模板；3—花兰螺丝；
4—行驶轮；5—轨道

滑模施工机械化程度高，可以节约模板和支撑材料，加快施工进度，保证结构整体性，提高混凝土表面质量。缺点是滑模系统一次性投资大，耗钢量大，对结构立面造型有一定的限制，结构设计上也必须根据滑模施工的特点予以配合，且保温条件差，不适于低温季节使用。

滑模施工最适于断面形状尺寸沿高度基本不变的高耸建筑物，如竖井、墩墙、烟囱、水塔、筒仓、框架结构等的现场浇筑，近年来，也常用于大坝溢流面、双曲线冷却塔及水平长条形规则结构、构件的施工。

滑升模板由模板系统、操作平台系统和液压支承系统三部分组成。模板系统包括模板、围圈和提升架等。模板多用钢模或钢木混合模板，其高度取决于滑升速度、结构形状和混凝土达到出模强度所需的时间。一般高 0.5～1.2m。

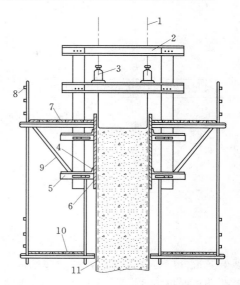

图 4.18　滑升模板
1—支承杆；2—提升架；3—液压千斤顶；4—围圈；5—围圈支托；6—模板；7—操作平台；8—栏杆；9—外挑三脚架；10—吊脚手；11—墙体

操作平台系统包括操作平台、内外吊脚手，是承放液压控制台、临时堆存钢筋、混凝土及修饰刚刚出模的混凝土面的施工操作场所，一般为木结构或钢木混合结构。

液压支承系统包括支承杆、穿心式液压千斤顶、输油管路和液压控制台等，是使模板向上滑升的动力和支承装置。支承杆的接长可采用焊接、榫接或丝扣连接。

千斤顶按卡具形式不同有钢珠式和卡块式两类，按额定起重量来分有 30kN、60kN、75kN、90kN、100kN 等。目前应用较多的是 HQ-30 千斤顶（图 4.19）。

滑模装置的组装程序如图 4.20 所示。

4.2.2　模板设计

模板设计包括选型、选材、荷载计算、结构计算、绘制模板设计图等内容。模板的材料宜选用钢材、胶合板、塑料等，模板支架的材料可选用钢材等，尽量少用木材。工程中对于重要结构的模板、承重模板、移动式、滑动式及永久性模板均须进行设计。

模板设计须满足建筑物的体型、构造及混

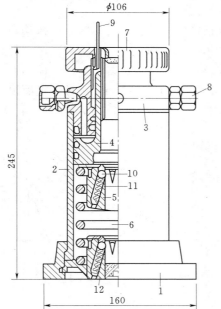

图 4.19　HQ-30 液压千斤顶构造示意图
1—底座；2—缸体；3—缸盖；4—活塞；5—上卡头；6—排油弹簧；7—行程调整帽；8—油嘴；9—行程指示杆；10—钢珠；11—卡头小弹簧；12—下卡头

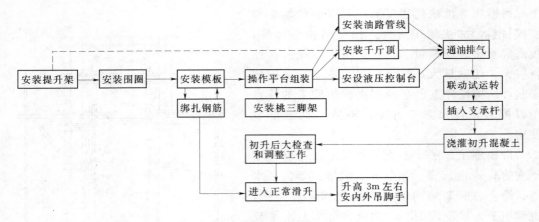

图 4.20   滑模装置的组装顺序图

凝土浇筑分层分块等要求，一般应掌握下列资料：混凝土浇筑强度；混凝土入仓方式；混凝土平仓与振捣方式；混凝土容重、坍落度、初凝及终凝时间、浇筑温度；模板承受荷载等。

1. 基本荷载

（1）模板自重标准值，应据模板设计图纸确定。

（2）新浇混凝土自重标准值，对普通混凝土可采用 $24kN/m^3$ 计算，对其他混凝土可根据实际表观密度确定。

（3）钢筋自重标准值，根据设计图纸确定。对一般梁板结构，每立方米钢筋混凝土的钢筋自重标准值，梁按 $1.5kN$ 计算，楼板按 $1.1kN$ 计算。

（4）施工人员及设备荷载标准值，计算模板及直接支承模板的楞木时，可按均布荷载 $2.5kN/m^2$ 计及集中荷载 $2.5kN$ 验算。计算支撑楞木的构件时，可按 $1.5kN/m^2$，计算支架立柱时，按 $1.0kN/m^2$ 计。

（5）振捣混凝土时产生的荷载标准值，对水平模板采用 $2.0kN/m^2$；对垂直面模板可采用 $4.0kN/m^2$。

（6）新浇混凝土对模板侧面的压力标准值与混凝土浇筑速度、浇筑温度、坍落度、入仓方式、振捣方法等因素有关。重要部位的模板承受新浇混凝土的侧压力应通过实测确定。大体积混凝土侧压力分布如图 4.21 所示。

根据混凝土施工条件，有效压头高度可表示为

$$h_m = \frac{P_m}{\gamma_c} \qquad (4.3)$$

式中 h_m——有效压头，m；

P_m——最大侧压力，kN/m^2；

γ_c——混凝土表观密度，kN/m^3。

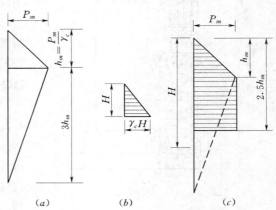

图 4.21   侧压力分布及计算图

(a) 侧压力分布；(b) $H \leqslant h_m$ 计算图；

(c) $H > h_m$ 计算图

有效压头系指新浇混凝土表面到侧压力最大值处的深度。实测资料证明，侧压力分布是一个三角形。如浇块高度 H 小于或等于有效压头，计算图形取图的三角形分布；如浇块高度 H 大于有效压头时，计算图形可偏于安全地近似取梯形分布。

（7）倾倒混凝土时对模板产生的冲击荷载。无实测资料时可参考表 4.3。

（8）风荷载，按有关规定确定。

（9）特殊荷载，上列八项荷载以外的其他荷载，可按实际情况计算。

2. 模板荷载分项系数

计算模板时的荷载设计值，应采用荷载标准值乘以相应的荷载分项系数求得，见表 4.4。在计算模板的强度和刚度时，应根据模板种类及施工具体情况，进行荷载组合分析，可参考水利水电工程模板施工规范。

表 4.3 倾倒混凝土时产生的水平荷载标准值

向模板内供料方法	水平荷载 （kN/m^2）
溜槽、串筒或导管	2
容量为小于 $1m^3$ 的运输器具	6
容量为 $1\sim3m^3$ 的运输器具	8
容量为大于 $3m^3$ 的运输器具	10

表 4.4 荷载分项系数

荷 载 类 型	荷载分项系数
模板自重 新浇混凝土自重 钢筋自重	1.2
施工人员及设备荷载 振捣混凝土时产生的荷载	1.4
新浇混凝土对模板侧面的压力	1.2
倾倒混凝土时产生的荷载	1.4

【DK 模板施工技术】

1. 模板构造

DK 模板由面板、支撑系统、连接件及锚固件组成。

面板按形状分 DK 平面模板（图 4.22）、DK 键槽模板（图 4.23）、DK 曲面模板等。

支撑系统主要由工作平台支架、竖围令、轴杆、连接构件、支架组成。

连接件包括 U 形卡、钩头螺栓、S 调节件和 L 调节件。U 形卡用于模板间连接。

锚固件主要由锚锥、B7 螺栓和锚筋、塑料杯套组成。承担模板所受混凝土的侧压力。锚固系统如图 4.24 所示。

2. 主要特点

近年来，DK 模板在大坝、电站厂房、船闸及围堰等大体积混凝土施工中得到推广应用。主要特点有：

（1）钢面板刚度大，强度高，本身不需横围令，可直接与支架组合使用。支撑系统装拆方便，系统配有工作平台，能整体吊装。

（2）操作技术易掌握，能减轻劳动强度，提高工效。

（3）混凝土浇筑质量好，表面拼缝痕迹少，无外露钢筋头，外观平整美观。

（4）模板周转快，能满足快速施工要求。

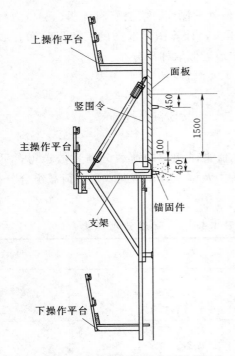

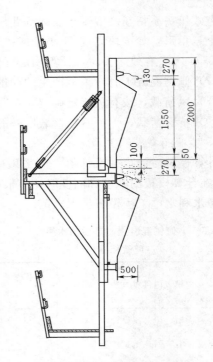

图 4.22　DK 平面模板构造示意（单位：mm）　　图 4.23　DK 键槽模板构造示意（单位：mm）

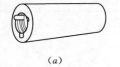　　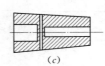　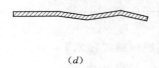

(a)　　　　　　　(b)　　　　　　　(c)　　　　　　　(d)

图 4.24　DK 模板锚固系统示意

(a) 定位锥外形；(b) B7 螺栓；(c) 定位锥剖面；(d) 蛇形筋

4.3　混 凝 土 工 程

混凝土工程的施工方法有现浇和预制装配两种。其中混凝土的制备、运输和浇筑是施工的主体，模板、钢筋工程是主要的辅助。混凝土施工包括骨料开采与加工，混凝土拌和、运输、浇筑、养护等内容，施工工艺流程见图 4.25。

4.3.1　骨料加工

砂石骨料对混凝土的物理力学性能和单位成本有重大影响。水工混凝土骨料多采用天然砂、卵石料，经过筛分、冲洗即可。在缺少天然骨料时，可采用碎石和人工砂。施工中常天然骨料、人工骨料互相补充。

4.3.1.1　破碎机械

石料的破碎采用碎石机进行。工程中常用的碎石机如图 4.26 所示。

（1）颚式碎石机 借活动颚板对固定颚板的相对运动轧碎石块。工作时，活动颚板被

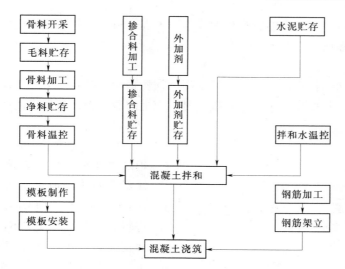

图 4.25　混凝土施工工艺流程图

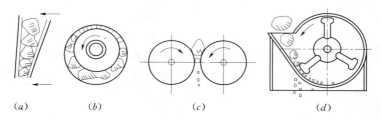

图 4.26　各种碎石机工作示意图

（a）颚式碎石机；（b）锥式碎石机；（c）滚式碎石机；（d）锤式碎石机

推向固定颚板，投入两颚板间的石块即被轧碎，而从下口漏出。

（2）锥式碎石机。由活动的内锥体与固定的锥形机壳构成破碎室，借上口大的外锥与下口大且偏心的内锥的相对运动轧碎石块。工作时，内锥体在绕外锥竖轴的旋转过程中依次靠近外锥面的不同位置，对投入两锥间的石块形成强力挤压。如图 4.27 所示。

（3）滚式碎石机。借两个水平滚轴的相对回转轧碎石块，如图 4.26（c）所示。

（4）锤式碎石机。带有锤子的圆盘在回转时锤碎石块，如图 4.26（b）所示。

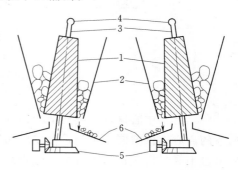

图 4.27　锥式碎石机工作原理图

1—内锥体；2—破碎室机壳；3—偏心主轴；
4—球形铰；5—伞齿及传动装置；
6—出料滑板

4.3.1.2　筛洗机械

骨料的机械筛分和冲洗常结合进行，常用的筛洗机械有以下几种。

1. 格筛

格筛筛面倾斜 28°～30°，石料在其上滚动筛分。格筛一般由钢轨、工字钢或各种断面的钢栅棒，按规定水平间距顺坡排列而成，用于混合料进入其他筛分机之前或待碎石块进入破碎机之前剔除超径石。

2. 振动筛

振动筛按振动的特点可分为偏心振动筛、惯性振动筛及自定中心振动筛等几种。它们的共同特点是振动频率高，振幅小，振动时筛面上的砂石料迅速发生离析颤跳现象，可获得较高的筛分效率和生产率。

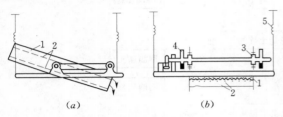

图 4.28　偏心振动筛示意图
(a) 侧视图；(b) 横剖面图
1—筛架；2—筛网；3—偏心部位；4—平衡重；
5—消振弹簧

（1）偏心振动筛为主轴旋转时，筛箱随之作环形运动而形成振动，骨料顺倾斜筛面跳动前进，通过筛孔实现筛分（图 4.28）。偏心筛的特点是：振幅不随进料的变化而变化，不会发生因进料多而使振幅减小，从而引起筛孔堵塞的现象。它的筛网一般为 2～3 层，适于筛分粗、中粒骨料。筛分中，常用它担任第一道筛分。

（2）惯性振动筛与偏心振动筛的主要区别是筛箱通过两侧的支承钣簧固定在筛架上，筛箱主轴上装有偏心块，主轴旋转时即产生振动（图 4.29）。其特点是振幅受负荷变化的影响较大。给料多时，振幅减小，容易发生堵孔现象。适于筛分较细骨料，常用于骨料的第二道筛分。

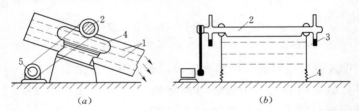

图 4.29　惯性振动筛结构示意图
(a) 侧视图；(b) 横剖面图
1—筛网；2—单轴振动器；3—配重盘；4—消振弹簧；5—电动机

（3）自定中心振动筛其构造与惯性筛相似，但有带缓冲弹簧的吊架。其特点是向上、向下的离心力保持同心平衡，使皮带轮中心位置基本不变。运转时传给支座的振动较小，皮带也不易打滑。适于筛分中、细骨料。

3. 沉砂箱

主要用于清洗砂中的污泥和排除废砂（直径在 0.15mm 以下）。由于不同粒径的砂粒和其他杂物在水中沉降速度不同，只要控制沉砂箱中水的上溢速度，便可随水流除去污泥与废砂，使大于 0.15mm 的砂粒在其中沉降下来，并进入螺旋洗砂机进一步洗涤。

4. 螺旋洗砂机

在一个上开口倾角 18°～20°的钢板半圆槽中，装有 1～2 个螺旋输送器。来自沉砂箱的砂子自较低的一端进入，被螺旋输送器旋向较高端，同时从较高端放入水，水与砂子相向运动并充分接触完成冲洗，污水自较低端溢出（图 4.30）。可用来清洗在沉砂箱中处理不干净的砂料。

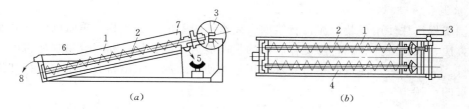

图 4.30　螺旋式洗砂机示意图

(*a*) 侧视图；(*b*) 平面图

1—洗砂槽；2—螺旋轴；3—驱动机构；4—叶片；5—皮带机；

6—加料口；7—清水注入口；8—浑水溢出口

筛分中的主要质量问题是超径和逊径。当骨料受筛时间过短或筛网网眼偏小，使应过筛的下一级骨料由筛分面分入大一级颗粒中称为逊径；反之，若筛网孔眼变形偏大，大一级骨料漏入小一级骨料中称为超径。

4.3.2　混凝土制备

混凝土的制备应满足施工对和易性和匀质性的要求，保证其硬化后能达到设计要求的强度等级。有时，还应满足混凝土的耐腐蚀、防水、抗冻、速凝、缓凝等的要求。

4.3.2.1　配料

1. 骨料

小型工地常用手推车和磅秤配料，但耗费人力多，劳动强度大。中型工地可采用轻轨斗车、机动翻斗车或带式运输机与磅秤或电动杠杆秤联动的配料装置（图 4.31）。此类配料装置生产率较高。

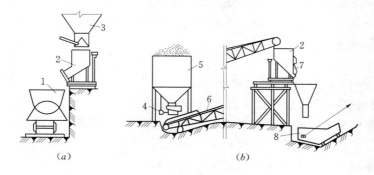

图 4.31　简易配料装置

(*a*) 斗车配料；(*b*) 带式运输机配料

1—斗车；2—称料斗；3—贮料斗；4—电磁振动喂料器；5—贮料罐；

6—带式运输机；7—牵引磁铁；8—搅拌机进料斗

大型工地拌和站（楼）中，采用自动化配料系统，配料准确且效率高。

2. 水及外加剂

工程中，符合国家标准的饮用水均可拌和与养护混凝土。外加剂一般根据剂量比例配成较稀的溶液与水一同使用。常用外加剂有普通减水剂、高效减水剂、缓凝高效减水剂、高温缓凝剂、抗冻剂等。根据特殊需要，经过论证也可加入其他性质的外加剂。

3. 水泥和掺合料

小型工程往往使用袋装水泥，直接以一袋水泥为基准，加入相应重量的骨料和水。这种配料方法，或欠量拌和，将降低拌和机的生产能力；或超量拌和，容易损坏机械，影响搅拌质量。采用散装水泥可调整每盘水泥用量，使每盘混凝土出料容量不超过拌和机额定出料容量的±10%。

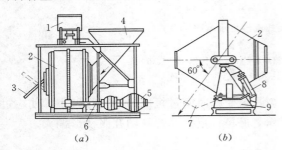

图 4.32　自落式混凝土搅拌机
(a) 鼓筒式搅拌机；(b) 双锥式搅拌机
1—配水器；2—搅拌筒；3—卸料槽；4—装料斗；
5—电动机；6—传动轴；7—搅拌筒卸料
时倾转位置；8—气顶；9—机座

大中型工程应首选散装水泥，可采用磅秤、电动杠杆秤、电子秤等进行称量。掺合料可根据设计要求选择粉煤灰、凝灰岩粉、矿渣微粉、硅粉、粒化电炉磷渣、氧化镁等。

4.3.2.2　拌和

为保证质量和供料强度，工程一般采用机械拌和。混凝土搅拌机按其搅拌原理分为自落式和强制式两类。

1. 自落式搅拌机

自落式搅拌机根据构造不同分为鼓筒式和双锥式两类，如图 4.32 所示。适用于搅拌一般骨料的塑性混凝土，不适于搅拌轻骨料、干硬性以及高强度混凝土。

鼓筒式搅拌机的特点是：搅拌时间长，出料慢，低流态混凝土难于拌匀，但由于构造简单，维修方便，常在中、小型及分散工程使用。

双锥式搅拌机按出料方式不同，分为反转出料式和倾翻出料式两种。对于倾翻出料式搅拌机，进出料为同一个口。搅拌时筒轴线具有约 15° 仰角，出料时下旋至 50°～60° 俯角。可拌和大级配混凝土。

2. 强制式搅拌机

强制式搅拌机大多是立轴水平旋转的（图 4.33）。立轴强制式搅拌机通过盘底部旋转开放的卸料口卸料，卸料迅速，但关闭时难于密封，水泥浆易损失，所以不宜用于搅拌塑性混凝土。主要用于混凝土构件预制厂、大中型水利工程混凝土拌和站或城市商品混凝土拌和厂。

卧式双轴强制式搅拌机采用水平布置的螺旋形叶片，相对旋转，可用于生产各种坍落度的中、小骨料混凝土。

强制式搅拌机的搅拌作用比自落式强，拌和质量好，时间短，宜于拌制较小骨料的干硬性、高强度和轻骨料混凝土。但它的转速较自落式的高 2～3

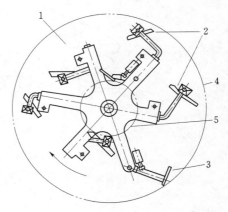

图 4.33　强制式搅拌机
1—搅拌盘；2—拌和铲；3—刮刀；
4—外筒壁；5—内筒壁

倍，动力消耗大 3～4 倍，叶片衬板磨损严重，维护费用高。

3. 投料顺序

投料顺序可分为一次投料和二次投料。一次投料一般按石子—水泥—砂的顺序投入料斗，翻斗投料入机的同时，加入全部拌和水进行搅拌。其特点是水泥夹在石子和砂中间，上料时不致飞扬，同时水泥及砂又不致粘住斗底，搅拌时水泥及砂先在筒内形成水泥砂浆，缩短了包裹石子的过程，提高了搅拌机生产率，缺点是水易向石子表面积聚，形成一层水膜，从而降低混凝土的强度。为避免此现象，可采用二次投料，即先投入砂、水泥加入拌和水搅拌成水泥砂浆后，再投入石子等其他拌和料搅拌至均匀。

4. 拌和时间与质量控制

混凝土拌和时间应通过试验确定，其最少拌和时间可参考表 4.5。

表 4.5　　　　　　　　　　　混凝土最少拌和时间

拌和机容量 Q（m³）	最大骨料粒径（mm）	最少拌和时间（s）	
		自落式拌和机	强制式拌和机
0.8≤Q≤1	80	90	60
1<Q≤3	150	120	75
Q>3	150	150	90

注　1. 入机拌和量应在拌和机额定容量的 110% 以内。
　　2. 加冰混凝土的拌和时间应延长 30s（强制式 15s），出机的混凝土拌和物中不应有冰块。

在混凝土拌和生产中，应对各种原材料的配料称量进行检查记录，每 8h 不应少于 2 次；混凝土的拌和时间每 4h 检查一次；混凝土组成材料的偏差按 DL/T 5144—2001《水工混凝土施工规范》有关规定；混凝土的坍落度每 4h 检测 1～2 次，偏差应符合规范规定；引气混凝土的含气量，每 4h 检测一次，含气量偏差允许范围为 ±1.0%；混凝土拌和物的温度、气温和原材料温度每 4h 检测一次。

5. 拌和站（楼）

混凝土用量大的工地常建立拌和站（楼），集中拌制混凝土。拌和站（楼）根据其组成部分在竖向的布置方式不同，分为单阶式和双阶式两类（图 4.34）。单阶式是原料一次提升到顶后，经储料斗靠自重下落进入称量和搅拌工序，最后将熟料卸入底部的运输工具中。由于称量与拌和等系统在一个楼状建筑物中，故称为拌和楼。其优点是生产效率高，占地少，自动化程度高，缺点是结构复杂，投资大。一般大型拌和楼均采用单阶式布置（图 4.35）；双阶式布置（拌和站），材料需要提升两次，搅拌机多为单列布置。优点是建筑高度小，运输设备简单，投产快，但效率和自动化程度较低，占地面积大，中、小型工程多采用双阶式。

当破堤（坝）建闸，在深基坑内浇筑建筑物或有其他斜坡可以利用的工地，可采用顺坡布置的"斜坡式"搅拌站（图 4.36）。

布置时，拌和站（楼）应尽可能靠近浇筑地点，并满足爆破安全距离的要求；妥善利用地形来减少工程量，主要建筑物应建在稳定、坚实、承载力足够的地基上；要统筹兼顾前后期的施工要求，尽量避免中途搬迁。

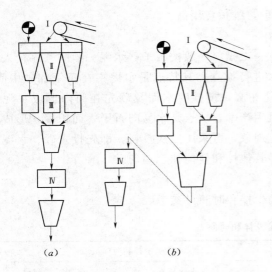

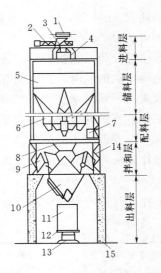

图 4.34　拌和站工艺流程

（a）单阶式；（b）双阶式

Ⅰ—运输设备；Ⅱ料斗设备；Ⅲ—称
量设备；Ⅳ—搅拌设备

图 4.35　单阶式混凝土拌和楼

1—进料皮带；2—水泥螺旋输送机；3—旋转料斗；
4—分料器；5—储料斗；6—配料斗；7—量水器；
8—集料斗；9—拌和机；10—混凝土料斗；
11—混凝土罐；12—平台车；13—出料
轨道；14—钢架；15—混凝土柱

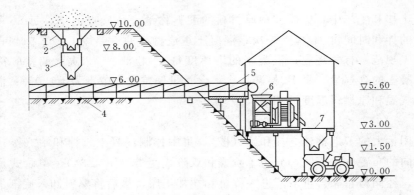

图 4.36　斜坡式拌和站布置示意图

1—储料斗；2—电子秤传感器；3—配料斗；4—带式运输机廊道；
5—配料皮带机；6—集料斗；7—分料斗

4.3.3　混凝土运输

　　混凝土运输设备及运输能力，要与拌和、浇筑能力、仓面具体情况相适应。施工运输时要求混凝土不发生离析，运抵仓面后混凝土还应有足够的有效浇筑时间。

　　由于运输中的振动，极易引起粗骨料下沉而砂浆上浮的分离现象；混凝土自由下落高度过大，会使粗骨料互相击碎，并造成砂浆与粗骨料分离；风吹日晒会损失水分降低和易性；暴露在低温中会使混凝土受冻破坏。故施工中运输时间应尽量短（表 4.6），运输工具行驶要平稳，不漏浆，应防晒、防雨、防风、防冻，转运次数要少，自落高度要小（混凝土的自由下落高度不应超过 1.5m），落差大时，要设置溜槽、溜管等缓降装置（图 4.37）。

运输工具和机械可根据运输量、运距及设备条件合理选用。水平运输可选用手推车、混凝土搅拌运输车（图 4.38）、皮带机（图 4.39）、机动翻斗车、自卸汽车、轻轨斗车、标准轨平台车等；垂直运输工具可选用门、塔机、井架（钢架摇臂拔杆）、各类起重机、缆机及混凝土泵等。

表 4.6　　　　　混凝土运输时间

运输时段的平均气温（℃）	混凝土运输时间（min）
20～30	45
10～20	60
5～10	90

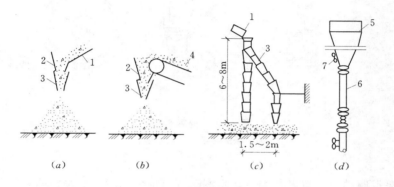

图 4.37　防止混凝土离析的措施

（a）溜槽运输；（b）皮带运输；（c）串筒；（d）振动串筒

1—溜槽；2—挡板；3—串筒；4—皮带机；5—漏斗；6—节管；7—振动器

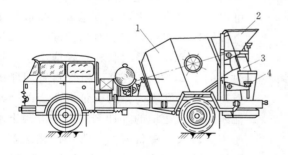

图 4.38　混凝土搅拌运输车

1—拌筒；2—进料斗；3—卸料斗；4—卸料溜槽

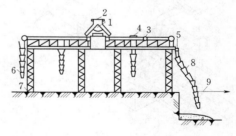

图 4.39　皮带运输机浇筑方案

1—进料皮带；2—分料小车；3—横向分料皮带机；
4—卸料括板；5—挡板；6—卸料溜筒；
7—钢筋骨架柱；8—溜管；9—拉绳

混凝土运输搅拌车是远距离运送混凝土的有效工具。运输途中，锥形搅拌机缓慢旋转拌和混凝土，可防止离析。运至浇筑地点后反转出料。搅拌机的容量有 2m³、3m³、6m³、10m³ 等数种。天热路远时，一般在混凝土中加入缓凝剂，防止路途初凝。这种运输方式必须有中心拌和站，适于距离远但交通方便的分散零星工程。

工程使用的混凝土料斗如图 4.40 所示。

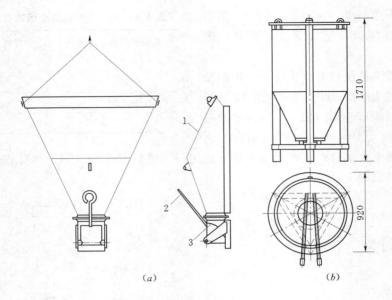

图 4.40 混凝土料斗

(a) 卧式料斗；(b) 立式料斗

1—混凝土入口；2—手柄；3—扇形门

混凝土泵按驱动方式有多种类型。水利工程目前使用较多的是活塞泵，活塞泵又分为机械活塞泵和液压柱塞泵两类（图 4.41），水平运距可达 300m。它是一种有效的短距离连续运输工具，生产效率高，可以一次完成水平和垂直运输，将混凝土直接输送到浇筑地点。泵送混凝土要求坍落度 8～18cm，最大骨料粒径应小于管道内径的 1/3，以免堵塞，粗骨料宜用卵砾石，以减少摩阻力，为保证混凝土的和易性还可加入适量的外加剂。泵送混凝土水泥用量较大，单价较高。常用的输送管为无缝钢管、铝合金管、硬塑料管及橡胶、钢材绕制或塑料制的软管，内径 75～200mm。

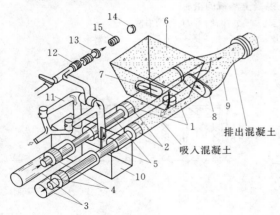

图 4.41 液压柱塞泵工作原理图

1—混凝土缸；2—混凝土活塞；3—液压缸；4 液压活塞；5—活塞杆；6—料斗；7—吸入端水平片阀；8—排出端竖直片阀；9—Y 形输送管；10—水箱；11—水洗装置换向阀；12—水洗用高压软管；13—水洗用法兰；14—海绵球；15—清洗活塞

在浇筑块体积较小且较分散的工程中（如多层框架、墩、墙、柱及灌注桩、地下连续墙等），混凝土泵与混凝土运输车配合使用可取得较好的效果。它是将小型的液压柱塞泵装在汽车底盘上，车上装有可以伸缩和屈折的"布料杆"，其末端配有金属软管，可将混凝土直接送至浇筑位置。泵送结束时，要及时清洗泵体和管道。

4.3.4　混凝土浇筑

混凝土浇筑主要有仓面准备、入仓铺料、平仓与振捣等工序。在建筑物地基处理符合设计要求后，可进行混凝土浇筑仓面准备工作。

4.3.4.1　浇筑仓面准备

1. 地基表面处理

对于水闸、船闸等建筑物，在土基上常先浇筑素混凝土垫层。施工时应加强基坑明排水及井点排水，确保基底以下 50cm 内土层干燥，并在临近浇筑前挖去表层 5cm 左右预留的保护土层。如为非黏性土壤地基，若湿度不够，应至少浸湿 15cm 深，使其湿度与最优强度时的湿度一样。

岩基在浇筑前应清除岩石的松动、软弱、尖棱等部分，同时以高压水、气冲净岩石面的油渍、污泥和杂物，以利混凝土与岩石结合牢固。如岩石有渗水，应设法封堵、拦截。如有压或量大，难于堵截，可沿周边打排水孔导走，也可竖向埋管抽水或待管内水位升至一定高度后自行平衡渗压，在新浇混凝土凝固后灌水泥砂浆封孔。

对于黏土岩等风化极快的地基，如不能在风化前迅速浇混凝土覆盖，应用湿草袋覆盖或预留保护层，至浇筑前临时挖去或暴露后即喷涂 2～3cm 厚水泥砂浆等。

2. 施工缝处理

混凝土构筑物体积较大时，因散热要求、立模受限制而不得不沿垂直或水平方向分次浇筑，形成中断一定时间再浇的水平分隔面，称为施工缝。施工缝上老混凝土的表面往往有一薄层灰白色的软弱乳皮，在续浇上部混凝土时，必须事先将其清除干净，形成石子半露而不松动的清洁糙面，以利新老混凝土结实牢固。

基岩面和施工缝面在浇筑第一层混凝土之前，可铺水泥砂浆、小级配混凝土或同等强度等级的富砂浆混凝土，保证新混凝土与岩基或老混凝土施工缝面的结合良好。

施工缝的处理主要有凿毛、刷毛、风砂枪喷毛、高压水冲毛、喷洒处理剂等。

（1）凿毛。待混凝土凝固后，用人工锤或风镐凿去乳皮。这种方法处理的缝面质量好，但效率低，劳动强度大。多用于工程的狭窄部位及钢筋密集部位。

（2）刷毛。用钢丝刷刷去乳皮。一般应在初凝后适当时间，即人不致踩坏混凝土面而又能刷动乳皮时进行。刷毛质量好，损失混凝土少，但钢丝刷消耗多，且适合刷毛的时间短，较难掌握。大中型工程往往采用刷毛机，工效大为提高。

（3）高压水冲毛。采用 25～50MPa 的高压水冲击混凝土面乳皮。此法效率高，施工方便。也可采用低压水，但采用低压水时间不易掌握，过早冲掉的混凝土多，损耗大，过晚冲不动，影响缝面结合。

（4）喷毛。用风砂枪进行，风压一般在 0.4～0.6MPa。筛选粗砂由风力挟带并与水混合，经喷枪喷至混凝土表面。质量好且工效较高，但劳动条件差。

开始浇筑混凝土前，还应对模板、钢筋、预埋件的数量、位置以及安设质量进行检查，与浇筑有关的运输道路、机具设备、施工人员、风、水、电供应及照明等均应就绪，以保证浇筑工作正常进行。

4.3.4.2　入仓铺料

浇筑混凝土时为避免发生离析现象，混凝土自高处倾落的自由高度不应过大。混凝土是采取分层铺料、分层振捣方式浇筑的。这样便于组织有规律的施工，铺料厚度均匀，易于保证振捣质量。在压力钢管、竖井、孔道、廊道等的周边及顶板浇筑混凝土时，混凝土应对称均匀上升。

入仓后的铺料常采用两种方式，即平层铺料（平浇）法（图 4.42）和台阶铺料（浇筑）法（图 4.43）。工程中结合仓面资源配置情况，应优先采用平层铺料法。

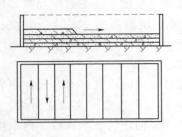

图 4.42 平浇法示意图

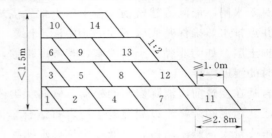

图 4.43 台阶浇筑法

平层铺料法，每一层都是从仓面的同一端一直铺到另一端，周而复始，水平上升。混凝土浇筑坯层厚度（每层混凝土的铺料厚度）要根据振捣器可振深度、混凝土供料强度、浇筑速度、气温等因素确定，通常层厚 30～50cm。平层法应用最广，但要求供料强度较大。

混凝土铺料应保证每一浇筑层在初凝之前就能被覆盖上一层混凝土，并振实为整体。否则超过初凝时间的混凝土表面将产生乳皮，振捣也难于消除，使层间成为薄弱的结合面，抗剪、抗拉、抗渗能力均大为降低。浇筑中因超过初凝时间而出现的这种薄弱结合面称为冷缝，施工中应严加防止。保证浇筑中不出现冷缝的供料（浇筑）强度公式为

$$Q \geqslant \frac{Fh}{KT} = \frac{Fh}{K(t_1 - t_2)} \tag{4.4}$$

式中 Q——需要的混凝土供料强度，m^3/h；

F——混凝土铺筑面面积，m^2；

h——铺层厚度，m；

T——混凝土的有效浇筑时间，即入仓铺料完成至初凝的时间间隔，h；

t_1——混凝土初凝时间，h；

t_2——混凝土运输时间，即从拌和机出料至入仓铺料完成的时间，h；

K——混凝土运输延误系数，取 0.8～0.9。

当采用大仓面薄块浇筑时，若供料强度不足以防止冷缝，就应考虑采用台阶法进行浇筑。台阶铺料法是将铺层形成几个台阶水平前进，阶梯宽度不宜小于 2m，浇筑块高度一般不超过 1.5～2.0m。台阶铺料法的优点是混凝土铺料暴露面积较小，受外界环境影响小，但其在平仓振捣时，易引起砂浆顺坡向下流动。为减少其不利影响，应采用流动性较低的混凝土。

施工中，尚需注意以下几点：

（1）检验浇筑中混凝土是否超过初凝时间，工地常进行现场重塑试验。重塑标准：用振捣器振捣 30s，周围 10cm 内能泛浆且不留孔洞；如果重塑则仍可浇筑上层混凝土；若

已经超过了初凝时间必须停浇按施工缝处理。

（2）出现因故供料强度突然降低或气温骤升使初凝时间缩短的现象，应立即采取措施。如减薄铺层厚度、改变铺料方法、已浇混凝土表面铺砂浆并振捣或在已浇混凝土表面掺加缓凝剂延长初凝时间等。

4.3.4.3　平仓振捣

1. 平仓

将卸入仓内的成堆混凝土按要求厚度摊平的过程称为平仓。入仓混凝土应及时平仓，不得堆积。仓内如有粗骨料堆叠时，应均匀的分散至砂浆较多处，但不得以水泥砂浆覆盖，以免造成蜂窝。对于坍落度较小的混凝土、仓面较大且无模板拉条干扰时，可吊入小型履带式推土机平仓，一般还可在机后安装振捣器组，平仓、振捣两用，效率较高。有条件时应采用平仓机平仓。

2. 振捣

振捣是影响混凝土浇筑质量的关键工序。振捣的作用在于借助振捣器产生的高频小振幅振动力强迫混凝土振动，使混凝土拌和物颗粒间的摩擦力和黏结力大大减少，比重大的骨料下沉，互相挤密，密度小的空气和多余水分被排出表面，从而使混凝土密实。

振动机械按其工作方式分为：内部振动器、表面振动器、外部振动器和振动台（图4.44）。前两类广泛用于各类现浇混凝土工程中，后两类主要用于构件预制厂。

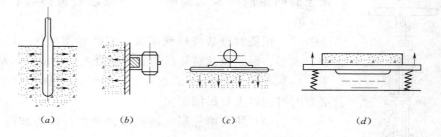

图 4.44　振动机械示意图
(a) 内部振动器；(b) 外部振动器；(c) 表面振动器；(d) 振动台

内部振动器又称为插入式振捣器（图 4.45），使用最广。插入式振捣器有电动软轴式、电动硬轴式（图 4.46）和风动式三种。硬轴式和风动式的工作棒直径较大，振动力和振捣范围大，主要用于大、中型工程的大体积少筋混凝土结构；电动软轴式的重量轻，功率小、灵活方便，常用于狭窄部位或钢筋密集部位。

表面振动器又称平板振动器，它是由带偏心块的电动机和平板（钢板或木板）组成，在混凝土表面进行振捣，适用于薄板结构。

外部振捣器又称附着式振捣器，这种振捣器是固定在模板外侧的横挡和竖挡上，偏心块转动时所产生的振动力通过模板传给混凝土，使之密实。适用于钢筋密集或预埋件多，断面尺寸小的构件。使用此种振捣器对模板及其支撑件的强度、刚度、稳定性要求较高。

振动台是一个支撑在弹性支座上的工作平台，在平台下面装有振动机构，当振动机构转动时，即带动工作台强迫振动，从而使工作台上的构件混凝土得到密实。振动台一般用于预制构件厂及实验室。

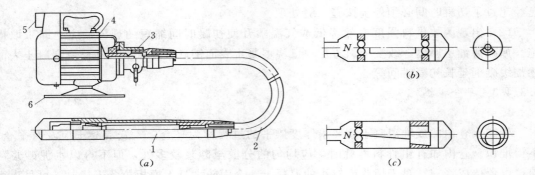

图 4.45　内部振动器及其激振原理示意图

(a) 软轴插入式内部振动器总体图；(b) 偏心轴式；(c) 行星滚锥式

1—振动棒；2—软轴；3—防逆装置；4—电动机；5—电器开关；6—支座

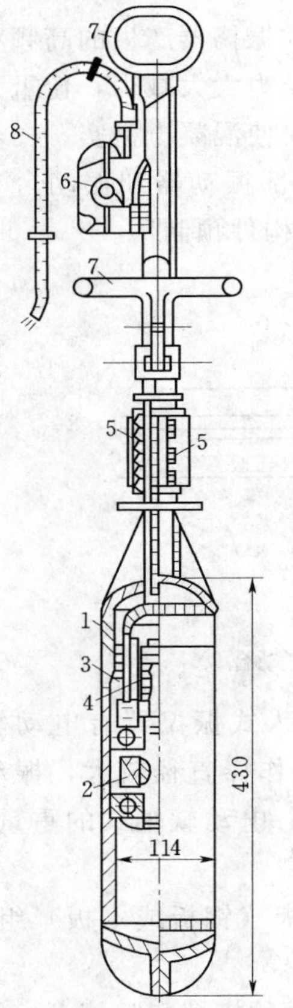

混凝土浇筑振捣应注意以下要求：

(1) 混凝土浇筑应先平仓后振捣，严禁以振捣代替平仓。

(2) 振捣器（棒）振捣混凝土应按一定的顺序和间距插点，均匀地进行，防止漏振和重振。振捣器（棒）应垂直插入，快插慢拔，插入下层混凝土 5cm 左右，以加强层间结合；插入混凝土的间距应根据试验确定并不应超过振捣器有效半径的 1.5 倍。

(3) 振捣时严禁碰触到模板、钢筋和预埋件，以免引起位移、变形、漏浆以及破坏已初凝的混凝土与钢筋的黏结。

(4) 在预埋件特别是止水片、止浆片周围，应细心振捣，必要时可辅以人工捣固密实。

(5) 浇筑块的第一层、卸料接触带和台阶边坡的混凝土应加强振捣。

(6) 混凝土振捣应严格掌握时间，防止振捣不足和过振。混凝土振捣完全的标志有：混凝土表面不再明显的下沉；无明显气泡生成；混凝土表面出现浮浆；混凝土有均匀的外形，并充满模板的边角。每点上的振动时间以 15～25s 为宜。

4.3.4.4　养护

混凝土浇筑后应在一定的时间内保持适当的温度和湿度。其浇筑完毕后，应及时洒水养护。防止水分蒸发过快而造成表层混凝土因缺水而停止水化硬结，出现片状、粉状剥落，并产生干缩裂缝，影响结构的整体性、耐久性。

保持表面湿润的养护方法主要是水养护和喷洒养护剂两类。养护剂可阻止混凝土中水分蒸发，保证混凝土水化凝结作用的正常进行。在上层混凝土浇筑前可用水冲掉。

水平面的水养护多用草帘、锯末、砂等覆盖，经常洒水保

图 4.46　电动硬轴插入式振捣器（单位：mm）

1—振动棒外壳；2—偏心块；3—电动机定子；4—电动机转子；5—橡皮弹性连接器；6—电动机开关；7—把手；8—外接电缆

持湿润。垂直面可用喷头自流或人工用胶管喷水养护。

养护开始时间与外界环境的温度、湿度有关。一般塑性混凝土浇筑后 6～18h 开始，对于低塑性混凝土宜在浇筑完毕后立即喷雾养护。混凝土应连续养护，由专人负责，并做好养护记录。养护期内应始终保持混凝土表面湿润，养护持续时间不宜少于 28d，有特殊要求的部位可适当延长养护时间。

4.3.5　坝体分块浇筑

大体积混凝土如混凝土坝体浇筑前，由于立模等各种条件的限制，且为防止产生影响坝体整体性的、难于处理的不规则裂缝，需要将坝体分成许多浇筑块分别浇筑。相关工序及要求见 4.3.4。

混凝土坝的分缝分块，应首先根据建筑物的布置沿坝轴线方向，将坝分为若干坝段，每坝段长为 15～20m。坝段之间的缝垂直于坝轴线故称为横缝。横缝应尽量与建筑物的永久缝（伸缩缝、沉陷缝等）相结合，否则，必须进行接缝灌浆。然后每个坝段再用若干平行于坝轴线的缝即纵缝分为若干个坝块，分别进行施工。也可不设纵缝而通仓浇筑。在实际施工中多采用竖缝分块和通仓浇筑两种形式。

坝体分缝考虑的主要原则有：

（1）分缝的位置应该首先考虑结构布置要求和地质条件。

（2）纵缝的布置应符合坝体断面应力要求，并尽量做到分块匀称和便于并仓浇筑。

（3）在满足坝体温度应力要求并具备相应的降温措施条件下，尽量少分纵缝或在可能条件下，采用通仓浇筑而不分缝。

（4）分块尺寸的大小应与浇筑设备能力相适应。

（5）分缝多少和分块大小，应在保证质量和满足工期要求的前提下，通过技术经济比较确定。

混凝土坝段的分块主要有竖缝分块、斜缝分块、错缝分块三种类型，如图 4.47 所示。

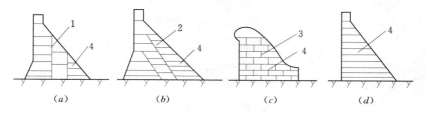

图 4.47　纵缝分块形式与通仓浇筑
（a）竖缝分块；（b）斜缝分块；（c）错缝分块；（d）通仓浇筑
1—竖缝；2—斜缝；3—错缝；4—水平施工缝

1. 竖缝分块

竖缝分块就是用平行于坝轴线的铅直缝或宽槽把坝段分为若干个柱状体的坝块，如图 4.47（a）所示。宽槽的宽度一般为 1m 左右，两侧的柱状体可分别进行施工，互不影响。但宽槽需进行回填，由于宽度较小，施工缝的处理及混凝土的浇筑都比较困难。现多不使用宽槽而采用竖缝接缝灌浆的方法，但灌浆形成的接缝面的抗剪强度较低，往往设置键槽以增加其抗剪能力。键槽的形式有两种，即不等边直角三角形和不等边梯形。

三角形的键槽模板需安装在先浇块铅直模板的内侧，既便于安装又不致形成易受损的尖角。为使键槽受力较好，若上游块先浇，则键槽面的短边在上，否则下游块先浇长边在上，如图4.48所示。不同于宽槽，若键槽面两侧浇筑块的高差过大，就会由于两浇筑块的变形不同步造成键槽面的挤压，而造成接缝灌浆的浆路不通甚至键槽被挤坏，如图4.49所示。所以需适当控制相邻浇筑块的高差。若上游块先浇高差一般控制在10～12m，若下游块先浇，由于键槽的长边在上坡度较缓，不利于挤压，一般控制在6m以内。

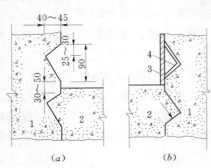

图 4.48　键槽模板

(a) 上游块先浇；(b) 下游块先浇

1—先浇块；2—后浇块；3—模板；

4—键槽模板

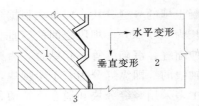

图 4.49　键槽面的挤压

1—先浇块；2—后浇块；

3—键槽挤压面

由于立模的限制，浇筑块一次浇筑的高度一般不超过3m。为保证灌浆效果，一般每一浇筑层均设水平止浆片，布置灌浆盒，形成独立的灌浆回路。灌浆盒的工作原理如图4.50所示。

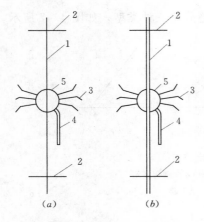

图 4.50　灌浆盒工作原理

(a) 浇注完成后；(b) 坝体变形施工缝拉开后

1—施工缝；2—水平止浆片；

3—钢筋头；4—灌浆管；

5—灌浆盒

2. 斜缝分块

为使斜缝上的剪应力最小，斜缝的布置往往倾向上游或倾向下游［图4.47 (b)］。倾向上游时不能通到坝的上游面，以免造成渗漏通道。并且为避免由于应力集中造成斜缝的进一步发展，需在上游斜缝的终止处布置骑缝钢筋或设置廊道。由于斜缝上的剪应力很小，故斜缝一般无需灌浆。斜缝的缺点是坝块的浇筑顺序不如竖缝灵活，若斜缝倾向上游，必须先浇上游再浇下游，若倾向下游，则必须先浇下游再浇上游。

3. 错缝分块

错缝分块就是用错开的竖缝将坝体分成若干个叠置错缝的浇筑块［图4.47 (c)］。竖缝不贯通无需灌浆。由于浇筑块的体积较小，对供料强度的要求也较小，且小体积的浇筑块散热较快，故温控措施比较简单。错缝分块的缺点是施工时各浇筑块的相互干扰较大，模板工程量大，且由于浇筑块之间温度变形的不同步往往造成较大的相互约束，从而造成温度裂缝，甚至造成竖缝贯通影响坝体的整体性。目前错缝分块已经很少使用。

由于设纵缝会增加模板的工程量、纵向灌浆系统以及为达到灌浆温度而设置的坝体冷却系统，并且由于相邻坝块的相互影响会造成施工速度的下降，目前，混凝土坝体施工倾向于不设纵缝而通仓浇筑。但由于通仓浇筑浇筑块体积较大，为避免冷缝对供料强度的要求较高，且为加强坝体散热，温控措施较复杂。

4.3.6　混凝土质量检查与控制

为了保证混凝土工程的质量，必须对混凝土生产的各个环节进行检查、控制，消除质量隐患。混凝土的质量检查、控制主要包括混凝土在施工中的检查、混凝土的强度检验及混凝土建筑物的质量监测。

1. 混凝土施工中的检查

检查内容包括：水泥品种、生产日期及标号，砂、石的质量及含泥量，混凝土配合比、配料精度、搅拌时间、坍落度、运输振捣过程中有无分层离析，混凝土的振捣、养护等环节。规范对上述各环节的检查频率、方法、控制标准都作了详细的规定。检查频率一般要求在每一工作班至少两次。

2. 混凝土的强度检验

混凝土养护后，应对其抗压强度通过留置试块做强度试验判定。强度检验以抗压强度为主，当混凝土试块强度不符合有关规范规定时，可以从结构中直接钻取混凝土试样或采用非破损检验方法等其他检验方法作为辅助手段进行强度检验。

3. 混凝土强度的其他检验方法

（1）钻芯检验法。当需要对混凝土结构的强度进行复检，或由于其他原因需要重新核对结构的承载能力时，可以在混凝土结构物上直接钻取芯样，做抗压强度试验，以确定混凝土的强度等级。由于芯样是在结构物上直接钻取，因此所得的结果能较真实地反映结构物的强度。

钻取混凝土芯样是采用内径 100mm 或 150mm 的金刚石或人造金刚石薄壁钻头钻取芯样，钻取芯样的数量视实际需要而定。取样部位应该避开主筋、预埋件的位置，并应在结构或构件受力较小的部位，对于大体积混凝土取芯可按每万立方米混凝土钻孔 2～10m。钻取芯样法不适用于薄壁结构。

钻芯检验法往往与压水试验相配合。用钻机钻取芯样后，对钻孔进行压水试验，通过测试单位吸水率，判定混凝土的密实度及裂隙的情况。钻芯检验法往往用于大体积混凝土建筑物。对于小构件应以非破损检验法为主，只有在必要时才采用钻芯检验法。

（2）非破损检验法。

1）回弹法。回弹法是利用回弹仪根据事先预测好的硬度—强度曲线来测定结构的抗压强度。但回弹仪测出的是构筑物表层混凝土的强度，与构筑物的整体抗压强度有一定的误差。

2）超声法。超声法是利用超声波在密实度不同的混凝土中的行进速度不同的原理，将超声波穿过混凝土后在接收器中记录下来，按事先建立的强度与速度的关系曲线换算成混凝土强度的一种测试方法。超声法的测试结果受到的影响因素较多，误差较大，但它可以准确地检测出混凝土缺陷的位置、大小和性质。

3）超声回弹综合法。超声回弹综合法是建立在超声波传播速度和回弹值同混凝土抗压强度之间相互联系的基础上的，以声速和回弹值综合反映混凝土的抗压强度，所以可以较好地反映混凝土的整体质量。超声回弹综合法与超声或回弹单一法相比可以抵消一些影响因素的干扰，互相弥补各自的不足，因此精度高、适应范围广，使用日益广泛。

对于混凝土建筑物除了进行强度检验外，还应采用物理监测、原型观测等方法对建筑物进行质量监测。

4. 混凝土建筑物的质量监测方法

（1）物理监测。物理监测就是采用超声波、γ 射线、红外线等仪表监测裂缝、孔洞和混凝土的弹性模量。如面表仪能监测混凝土构筑物表面以下 3m 深的混凝土质量，并能够计算求取动弹性模量及剪切模量。

（2）原型观测。原型观测指的是在混凝土浇筑时埋设电阻温度计来监测运行期混凝土内部的温度变化；埋设裂缝计（测缝计）监测裂缝的发展情况；埋设渗压计监测坝基扬压力和坝体渗透压力的大小；埋设应力应变计监测坝体等建筑物的应力应变变化情况；埋设钢筋计监测结构内部钢筋的工作情况。同时，还可对坝体或其他建筑物进行位移、沉降等外部观测。

4.3.7 混凝土缺陷及修补

当混凝土拆模后，如发现有缺陷，应及时分析原因，采取适当措施加以修补。水利工程中混凝土的常见缺陷有如下几种。

1. 麻面

造成混凝土麻面的主要原因是模板吸水、模板没有刷"脱模剂"、振捣不够（尤其邻近模板的混凝土）。修补的方法一般是先用钢丝刷或压力水清除麻面松软的表面，再用高标号的水泥砂浆或环氧树脂砂浆填满抹平，并加强养护。

2. 蜂窝

蜂窝主要是由于材料配比不当、混凝土混合物均匀性差（搅拌不均或分层离析）、模板漏浆或振捣不密实造成的。处理方法是首先去掉附近不密实的混凝土及突出的和松动的骨料颗粒并冲洗干净，然后抹高标号水泥砂浆结合层，再用比原强度等级高一级的细石混凝土填塞，并用钢筋人工捣实，并加强养护。

3. 孔洞

孔洞往往是由于钢筋非常密集架空混凝土或漏振造成的。处理方法是首先清除孔洞表面不密实的混凝土及突出的和松动的骨料颗粒并冲洗干净，架设模板（必要时加设钢筋）浇筑同标号或高一级标号的混凝土，并振捣密实，加强养护。当孔洞较隐蔽时可用压力灌浆法进行修补。

4. 裂缝

混凝土发生裂缝的原因较复杂，裂缝的类别主要有表面干缩裂缝和温度裂缝，应根据裂缝的种类分析原因。当裂缝较细、较浅且所在的部位不重要时，可将裂缝加以冲洗用水泥砂浆或环氧树脂砂浆抹补；当裂缝较宽、较深且所在的部位重要（如过高速水流的部位）时，应沿裂缝凿去薄弱部分然后采用水泥或化学灌浆。

4.3.8　混凝土冬季施工

混凝土冬季施工时，若不采取保温防冻措施，其结构会遭到破坏，如强度、抗裂、抗渗、抗冻性均低于正常值。新浇混凝土受冻越早、水灰比越大，强度损失会越大。

新浇混凝土如经预先养护达到一定强度后再遭冻结，其后期强度损失将会减小。一般把遭受冻结，其后期抗压强度损失在 5% 以内所需的预养强度值称为"混凝土受冻临界强度"。该值在大体积混凝土应不低于 7.0MPa（或成熟度不低于 1800℃·h）；非大体积混凝土不低于设计强度的 85%。为防止新浇混凝土受冻，DL/T 5144—2001《水工混凝土施工规范》规定，日平均气温连续 5d 稳定在 5℃ 以下或最低气温连续 5d 稳定在 −3℃ 以下时按低温季节施工，应采取相应的施工措施，除工程特殊需要，日平均气温在 −20℃ 以下时不宜施工。

混凝土冬季施工措施归纳起来有三类，即蓄热法、外部加热法和掺外加剂法。

1. 蓄热法

利用水泥的水化热和加热原材料的热能，在混凝土浇筑后用适当的保温材料覆盖，防止热量过快散失，从而延缓混凝土的冷却速度，使其在正温下硬化超过受冻临界强度，达到防冻的目的。

原材料加热，应首先加热水，但拌制时水温不得超过 60℃，以免水泥假凝。如水温已达 60℃，热量尚嫌不足时，或日平均气温稳定在 −5℃ 时应加热骨料。骨料的加热方法宜采用蒸汽排管法，粗骨料可以用蒸汽直接加热，但不得影响混凝土的水胶（灰）比。水泥不得加热，运输时尽可能减少转运次数。

防止热量过快散失可选择保温的模板（如木模板等），还可对混凝土构筑物覆以保温材料。保温材料的品种很多，应以导热差、廉价易得者为宜。常用的有草帘、草袋、锯末、炉渣、干松土、矿棉、泡沫塑料、蛭石粉、岩棉、膨胀珍珠岩等。对于地下结构可采用回填土的方法保温。

蓄热法施工简便、经济，它一般适用于不太寒冷（室外日平均气温在 −10℃ 以上）的环境及厚大结构和地下结构等。混凝土冬季施工时，应首先考虑采用蓄热法。

2. 外部加热法

外部加热法主要有蒸汽加热法、电加热法、暖棚加热法、远红外加热法和空气加热法等。

（1）蒸汽加热法就是通过向预先在模板与混凝土之间预设的套膜或混凝土中预留的孔道内通入蒸汽进行养护。这种方法需要锅炉、管道等，耗能较高，费用高，一般只用于预制构件厂。

（2）电加热法可在混凝土中每隔一定间距插入电极（$\phi 6 \sim \phi 12$ 短钢筋）接通电流，利用新浇混凝土本身的电阻变电能为热能进行加热；还可通过加热电热器或电热模板对混凝土进行加热养护；还可通过交变电磁场使铁质的钢筋及模板产生感应电动势及涡流电流，电流再变为热能加热混凝土。电热法设备简单，施工方便，但耗电量大，费用高，应慎重选择并注意安全。

（3）暖棚法是在混凝土浇筑地点，用保温材料搭设暖棚，使暖棚内温度提高。

（4）远红外线法是利用 $5.6 \sim 1000\mu$ 的远红外线对新浇混凝土或模板进行辐射加热。

（5）空气加热法是通过火炉或热风机对新浇混凝土进行加热。空气加热法往往与暖棚相结合，这种方法设备简单、施工方便、费用低廉。

3. 掺外加剂法

在混凝土中掺入外加剂使其在负温条件下继续硬化而不受冻害的方法称为掺外加剂法。掺外加剂的作用是使之产生抗冻、早强、催化、减水等效用，使水泥在一定负温范围内还能继续水化，从而使混凝土的强度逐步发展。

冬季施工中常用的外加剂有氯化钠、氯化钙、硫酸钠、亚硝酸钠、三乙醇胺、木质素磺酸钙、甲醇、乙醇、尿素等，多数情况由几种材料配成复合剂使用。其中氯盐因对钢筋有腐蚀作用，掺量和使用范围应有所限制。

混凝土冬季施工常常选择以上方法中的两种或多种方法结合使用，并且在混凝土的冬季施工整个过程中都应采取必要的措施，如拌和混凝土前用热水或蒸汽冲洗拌和机；浇筑混凝土前将老混凝土面或基岩加热至正温；仓面处理用热风枪或机械方法而不用水枪或风水枪；尽量缩短混凝土暴露在外界的时间并对运输工具加设保温措施等。

混凝土冬季施工应经过技术经济比较，选择最优的方案，并作出严密的施工组织设计。

4.3.9　混凝土夏季施工

夏季气温较高，混凝土运输中易早凝，有效浇筑时间短而易产生冷缝；大体积结构温度升高，内外温差及与基础的温差大，易因表面拉应力和基础约束应力而导致温度裂缝，破坏结构的整体性。

1. 温度裂缝

混凝土在凝结过程中，表面散热快内部散热慢，形成内外温差，内外体积变化各异，内胀外缩，从而使内外混凝土互相产生约束。特别是混凝土浇筑后外部温度骤降时，这种约束更强。由于这种约束的存在使混凝土的内部产生压应力，外部（表面）产生拉应力，当表面拉应力超过混凝土的抗拉强度时就会产生裂缝，即表面裂缝。

由基础（岩基或老的混凝土面）对新浇混凝土的温度变形产生的约束称为基础约束。此约束在混凝土温升膨胀时使建筑物与基础接触的部位的混凝土产生压应力，而在降温收缩时产生拉应力，当拉应力超过混凝土的抗拉强度时就会产生裂缝，称为基础约束裂缝。此种裂缝往往自基础面向上发展。对于混凝土重力坝来说，平行于坝轴线的裂缝若贯穿整个坝段则称为贯穿裂缝。当裂缝垂直于坝轴线时，切割深度可达 3～5m，常称为深层裂缝（图 4.51），此种裂缝破坏坝体的整体性，破坏坝体的防渗性，使坝基的扬压力恶化，危害非常大。

2. 夏季施工措施

为避免温度裂缝的产生，混凝土在夏季施工时可采取下列措施：

（1）材料方面。采用低热水泥（如大坝水泥）；掺塑化剂、减水剂、粉煤灰或采用大级配混凝土、低流态混凝土以减少水泥用量；采用水化速度慢的

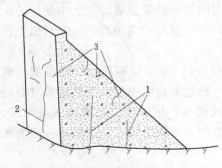

图 4.51　混凝土坝的温度裂缝
1—贯穿裂缝；2—深层裂缝；3—表面裂缝

水泥及掺缓凝剂以防止水化热的集中产生；预冷骨料、用井水或用冰屑拌和以降低入仓温度；选择施工配合比时，提高混凝土的早期抗裂能力；还可通过在大体积混凝土内部埋设块石、建筑物的不同部位采用不同标号的混凝土等方法降低混凝土的散热量。

（2）施工措施方面。可采取的措施有高堆骨料，廊道取料；缩短运输时间；运输中加盖防晒设施；在雨后或夜间浇筑；仓面喷雾降温；浇后覆盖保温材料防晒；合理选择浇筑块体积，开设散热槽；降低基础混凝土和老混凝土约束部位的浇筑层厚度（1～2m）并加大层间间歇时间（5～10d）；大体积混凝土预埋冷却水管及加强水养护等。

预埋冷却水管是将直径为 20～25mm 的钢管弯制成盘蛇形状按照水平、垂直间距 1.5～3m 预埋在混凝土中，待混凝土发热时同水冷却降温（图 4.52）。有的工程采用塑料拔管代替，即塑料管充气埋入混凝土中，待混凝土凝结、塑料管放气后拔出塑料管形成过水通道，通地下水或者人工冷却水降温（图 4.53）。

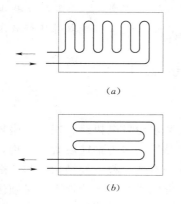

图 4.52　冷却水管的布置图
（a）纵向布置；（b）横向布置

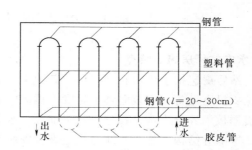

图 4.53　塑料拔管的布置

4.3.10　混凝土雨季施工

混凝土工程在雨季施工，首先，砂石料仓应排水通畅，并增加骨料含水率的测定次数，以便及时对拌和水用量作出调整；其次，运输工具应有防雨及防滑措施，浇筑仓面应有防雨措施，并备有不透水覆盖材料。在雨季，应及时了解天气预报，及早作出安排。

在小雨天气进行浇筑时，应加强仓内排水和防止周围雨水进入仓内；适当减少混凝土拌和水用量和出机口混凝土的坍落度，必要时应适当缩小混凝土的水胶（灰）比。

中雨以上的雨天不得新开混凝土浇筑仓面，有抗冲耐磨和有抹面要求的混凝土不得在雨天施工。在浇筑过程中，遇大雨、暴雨，应立即停止进料，已入仓的混凝土应振捣密实后立即进行遮盖。雨后必须首先排除仓内积水，对受雨水冲刷的部位应立即处理，若混凝土还能重塑，应加铺接缝混凝土后浇筑，否则按施工缝处理。

【新老混凝土结合施工技术】

工程中对发生病害的混凝土建筑物进行修复和加固，或对一些电站扩建、大坝后期加高工程等，常用方法是在老混凝土上铺筑新混凝土，即新老混凝土结合施工。主要影响因素有结合面打毛处理方式、结合面粗糙度、新混凝土种类和配比、界面剂种类等。

（1）结合面处理方法。通常分物理方法和化学方法。物理方法分喷射处理和机械处理，前述在施工缝处理中已提及。化学方法常用酸侵蚀法。实际工程中多采用高压水射法和人工凿毛法。高压水射法处理结合面的工作效率比人工凿毛法高，对结合面的破坏比人工凿毛法低。

（2）结合面粗糙度的测量方法。新老混凝土结合面施工，粗糙度是一个极为重要的参数。主要有触针式粗糙度测定仪法、灌砂法、硅粉堆落法、观察法及分数维法等。

（3）新混凝土种类的选择。主要从两个方面考虑，一是满足新老混凝土的黏结强度，二是满足减小新老混凝土结合面的拉应力。新混凝土的强度等级应比老混凝土提高一个等级，可考虑掺适当的粉煤灰，改善混凝土和易性，减少混凝土的干缩和温升。为提高混凝土耐久性、抗渗性和抗裂能力，可掺入具有减水、缓凝及引气效果的复合型高效外加剂。此外，新混凝土的热膨胀系数和弹性模量与老混凝土接近。

（4）结合面材料的选用。工程中结合面的材料常用水泥砂浆。近年来，一些工程根据大量试验和实践检验，采用接缝混凝土代替水泥砂浆，如三峡工程等取得良好效果。

4.4　水电站厂房施工

4.4.1　水电站厂房施工特点

水电站厂房包括主厂房和副厂房，其中主厂房安装水轮发电机组、蜗壳、座环、桥式吊车等主要机电设备。安装立轴水轮发电机组的水电站厂房多为钢筋混凝土结构，通常以发电机层楼板为界分为水上部分、水下部分。水上部分有梁、板、柱结构，与一般工业厂房相似。这部分结构的施工往往与机电设备安装平行交叉进行，干扰性大，必须注意施工安全；下部结构主要包括机墩、蜗壳、尾水管、基础板、上下游围墙等，多属大体积混凝土，与混凝土坝施工基本相同。但这部分结构形状复杂，钢筋密，孔洞及预埋件多，质量要求高，模板的制作和安装都比较困难。

大型厂房还要求严控混凝土温差。此外，下部结构因浇筑仓面狭窄，给混凝土运输浇筑工作带来一定的困难。

4.4.2　厂房混凝土施工

1. 厂房混凝土的分层分块

厂房下部结构混凝土是大体积混凝土，由于受到浇筑能力的限制及温度控制的要求，必须分层分块。分块形式主要有以下几种：

（1）通仓浇筑。整个厂房段不设纵缝，逐层浇筑。此法可加快施工进度，有利于结构的整体性。适用于厂房尺寸不大、混凝土浇筑可安排在低温季节或具有较高温度控制能力的情况。

（2）错缝分块。上、下层浇筑块互相错缝，相邻块均匀上升的施工方法。错缝分块长度一般为 15～30m，上、下层浇筑块的搭长度，大约为浇筑块厚度的 1/3～1/2。错缝搭接范围内的水平施工缝，在收仓时表面抹平不冲毛，以允许一定的变形，从而减少块体的温度应力。但此法对施工进度有一定的影响，适用于厂房尺寸大、混凝土温差控制严格的情况。

（3）灌浆缝。要求设置键槽、埋设止浆片及灌浆系统。一般设置于厂房局部部分。

（4）预留宽槽和封闭块。设于大型厂房某些易于开裂的关键部位，如在进口段与主机段之间预留宽度 1～1.5m，深度可达 10m 以上的宽槽；在尾水管上弯段、框架结构的顶板上预留宽度 1～1.5m、深度约 3m 的封闭块。预留的宽槽和封闭块暂时不浇，待周边混凝土充分收缩后，再在低温季节用微膨胀混凝土回填。这种施工方法对削减施工期温度应力有显著效果，预留宽槽还可减少进口段与主机段的施工干扰，加快厂房施工进度。大型厂房下部结构分层分块如图 4.54 所示。

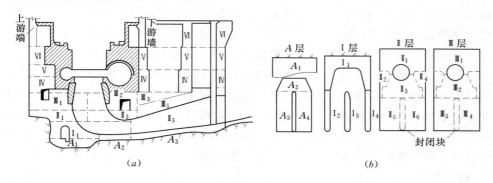

图 4.54　厂房下部结构的分层分块图
（a）机组中心线剖面图；（b）A 层及
Ⅰ、Ⅱ、Ⅲ层平面图

2. 厂房混凝土浇筑方案

大中型厂房工程多采用门机、塔机浇筑方案。其布置主要取决于厂区地形、厂房类型和尺寸、起重机械的性能和供应情况。

对于坝后式厂房与河床式厂房、门机和塔式常布置在厂房上游侧、下游侧、上下游两侧，并沿厂房纵向开行，也可以布置在厂房端部，以满足施工的需要。

为了提高起重机械的设备利用能力，完成厂房上部结构的浇筑和吊装任务，在施工的

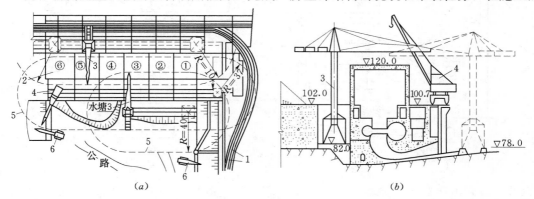

图 4.55　某坝后式厂房混凝土浇筑方案（单位：m）
（a）平面图；（b）立视图
1—铁路运输线；2—厂房；3—塔机；4—门机；5—门、塔机控制范围；6—履带式起重机

中期和后期，常将门机和塔机布置在已浇筑好的闸墩、尾水平台或坝体上。图4.55为某坝后式厂房混凝土浇筑方案。该厂房在上下游两侧各布置一台10t塔机，以完成厂房绝大部分混凝土浇筑，混凝土的水平运输，主要来自102m高程的铁路运输线。在施工后期，布置在厂坝之间82m高程处的塔机，将妨碍各坝块压力钢管的安装和混凝土浇筑，故将塔机从左向右逐步后退，直到拆除。此时还需在尾水平台100.70m高程布置一台门机。

对于引水式电站的厂房，一般都靠山布置，厂房上游侧场地比较狭窄，故一般都把起重机布置在厂房下游侧，主要料物也从下游运入。

需注意上述各种类型的大中型厂房工程，当门、塔机栈桥尚未形成时的基础部位浇筑或在门、塔机控制范围之外的厂房部位浇筑，都需要布置辅助机械和设备来完成混凝土浇筑任务。近年来，高架门机的广泛使用简化了起重机械布置，加快了厂房施工进度。

缺乏机械设备的小型厂房工程，常采用满堂脚手架方案，浇筑厂房下部结构混凝土。即在基坑中布满脚手架，上面铺设马道板，再用手推车、机动翻斗车、皮带机等运输混凝土，并辅以溜槽、溜管卸料。当厂区地形有利时，可将混凝土拌和站设在较高的地方，只用简单的排架配合溜槽、溜管运输混凝土。但是，厂房上部结构的混凝土浇筑和屋顶结构的吊装仍需设置起重机械，如履带式起重机、桅杆式起重机、金属井架等。

4.4.3　施工程序

主厂房混凝土施工的一般程序如图4.56和图4.57所示。其中，主机段蜗壳底板和侧墙浇筑后，即可组织土建施工和机电设备安装的平行交叉作业。

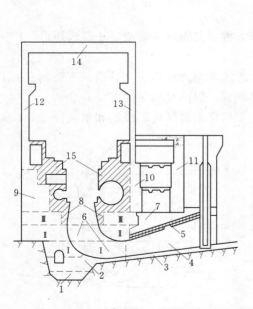

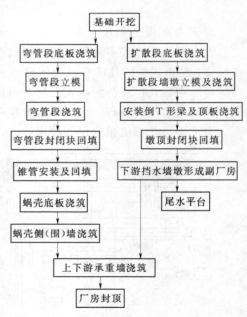

图4.56　主厂房混凝土施工程序图　　　　　图4.57　主厂房一期混凝土施工程序图

1—基础填筑；2—弯管段底板；3—扩散段底板；4—扩散段墩墙；
5—倒T形梁；6—弯管段；7—扩散段顶板；8—锥管段；
9—蜗壳上游侧墙；10—蜗壳下游侧墙；11—挡水墙墩；
12—上游墙；13—下游墙；14—屋顶；15—二期混凝土

一方面，浇筑厂房上下游承重墙、吊车梁、屋顶等结构，并完成厂房桥吊的安装；另一方面，安装蜗壳、座环、机井里衬等设备，并完成设备外围及有关部位的二期混凝土浇筑。在上述两方面工作都完成后，即可利用桥吊安装水轮机、发电机、调速设备等。

4.4.4　尾水管模板施工

水电站厂房多采用肘形尾水管，由圆锥段、弯管段、扩散段三部分组成。其中圆锥段是正圆锥形，由于流速较高，一般都采用钢板内衬，并结合二期混凝土施工。扩散段横截面为矩形，且宽度和高度都按直线变化，模板的施工相对较容易。弯管段形状最为复杂，其模板的施工是难点。

1. 弯管段模板制作

先绘出一系列水平截面与弯管段外形轮廓的交线图（单线图），主要根据厂家提供的正视图、平面图和基本尺寸进行绘制，可采用图解法或数解法。再选制作框架的木材，控制木材的含水率在 20% 左右。框架上弦、下弦等构件，先按设计图尺寸在铺设的放样台上按 1∶1 比例放出大样，并用杉木薄板按大样尺寸制成样板；校正无误后，最后按样板进行取料、划线、裁料和构件制作。

模板框架及其连接构件制作好后，必须进行整体试拼装。

试拼装的过程为：搭设整体拼装台及防雨棚；测量放线，测出平台高程和控制点线；逐层安装框架及连接件；选用经水浸泡过的小木条（宽 3～5cm、厚约 1cm）拼钉 2～4 层面板，并将板缝错开，模板表面刨光，直到合格为止；拼装合格后的模板，按各部位编号，拆散后运往现场安装。对于大型模板，只需拼装框架及连接件，不钉面板，以便分件运输。对于小型模板，可在加工厂整体或分节拼好，并钉上面板，直接运往现场。

2. 模板安装

先在基坑内按混凝土分层要求浇至底板高程，并在底板上游侧底 1m 左右，以便于模板支撑和固定。然后在已浇混凝土面上进行测量放样，放出机组中心线、尾水管中心线、高程点、控制点和外围检查点的坐标。安装时，将模板用起重机吊入，按控制点对位，应使模板上的中心线与基坑内的中心线重合，同时控制安装高程。定位后进行临时固定，并校正。最后用钢筋拉条和钢顶撑进行固定。

安装完毕后，按安装规范进行质量检查。

4.4.5　机组二期混凝土施工

在厂房的水下混凝土施工中，为了便于安装水轮发电机组及确保安装精度，通常将机电埋件周围的混凝土划分为二期混凝土，其施工紧密配合安装工作进行。

为满足安装要求并便于立模扎筋，二期混凝土也是分层浇筑，有些部位还需留待第三期浇筑。图 4.58 是一种大型机组二期混凝土分层图。共分五层进行浇筑。

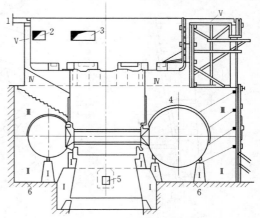

图 4.58　大型机组二期混凝土施工分层图
1—通风孔；2—发电机中性点电流互感器；3—发电机主引出线电流互感器孔；4—钢蜗壳弹性垫层；
5—尾水管进入孔；6——期混凝土

机组二期混凝土施工特点是：要求与机电埋件安装紧密配合，工作面狭小，相互干扰尤为突出；某些特殊部位，如钢蜗壳与座环相连的阴角处、机墩顶部以定子螺栓孔等部位回填的混凝土；承受的荷载大，质量要求高，但这些部位仓面小、钢筋密、进料和振捣都比较困难。现就主要部位的施工措施介绍如下。

1. 圆锥段里衬二期混凝土

尾水管圆锥段用钢板里衬作为二期混凝土内侧模板。根据混凝土侧压力的大小，校核里衬刚度是否满足要求。必要时可在里衬内侧布置桁架加强，或在仓内增设拉条、支撑加固。

圆锥段里衬底部与一期混凝土之间，一般留有 20cm 左右的垂直间隙，以保证里衬安装的精度。二期混凝土施工时，再用韧性材料作间隙部位的模板，使里衬与一期混凝土衔接平整。里衬二期混凝土回填，因仓位狭长，为避免产生不规则裂缝，在里衬安装完毕后，还需在其径向设置 2～4 条引缝片。引缝片采用 2～3mm 厚的薄钢板垂直布置，其高度约为浇筑层厚 h 的 1/3，两端焊结在里衬及一期混凝土壁埋件上。上、下浇筑层设置的引缝片，还应错开 5°左右，如图 4.59 所示。

2. 钢蜗壳下半部二期混凝土

该部分位于钢蜗壳中心线以下，其中施工难度最大的是蜗壳与座环相连处的阴角部位。该部位空间狭窄，进料困难，而且很难振捣密实。为了保证质量，施工时常采取以下专门措施。

(1) 在座环或蜗壳上开口进料。即在水轮机厂制造时，在座环或蜗壳上预留若干进料孔。当蜗壳下部混凝土浇筑时，先在蜗壳外边卸料，用铁铲向蜗壳底部送料，并振捣密实。混凝土上升到蜗壳底面后，就不能从底部向阴角部位进料，而只能在蜗壳或座环上预留的孔口进料，争取进人振捣。阴角上的尖角部分无法进人时，则用软轴振捣器插入孔中振捣，直到混凝土填满座环上的孔口。

图 4.60 为蜗壳阴角部位浇筑工艺布置图，预留孔口位置，选择在靠近座环底板的钢蜗壳侧面。

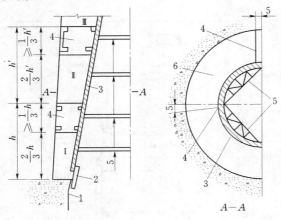

图 4.59   圆锥里衬二期混凝土与引缝片示意图
1—弯管段；2—韧性接头模板；3—钢板里衬；
4—引缝钢板；5—桁架；6—二期混凝土

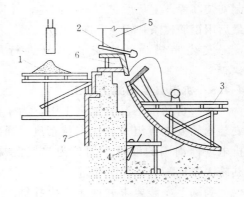

图 4.60   蜗壳阴角部位浇筑工艺布置图
1—转料平台；2—转料工具；3—操作平台；
4—操作跳板；5—导叶；6—座环底板；
7—钢板里衬

（2）预埋骨料或混凝土砌块灌浆施工法。即在阴角部位浇筑前，预先用骨料填塞或混凝土砌块砌筑，骨料或砌块可用钢筋托住，并在尖角部分安装回填灌浆管路。灌浆管可采用直径 25mm 左右的钢管，沿机组径向间隔 2m 布置一根，一端管口朝上并用水泥纸包裹，另一端管口比较集中地引至水轮机层楼面，编号保管。当机组二期混凝土全部浇完 15d 后，采用压力为 303.9kPa（即 3 个大气压）的水泥砂浆灌注，直到阴角空隙处灌满为止。

进浆管也可以直接预留在座环顶部，但会对座环板造成缺陷。

3. 钢蜗壳上半部二期混凝土

施工时应注意搞好钢蜗壳上半部弹性垫层的施工及水轮机井钢衬与钢蜗壳之间凹槽部位的浇筑。为了使钢蜗壳与上部混凝土分开，保证钢蜗壳不承受上部混凝土结构传来的荷载，常在蜗壳上半圆表面铺设 5～6cm 厚的弹性垫层。弹性垫层由两层油毛毡夹一层沥青软木构成。施工时，先在蜗壳上刷一层热沥青（温度不低于 140℃），趁热将预制的沥青软木块铺上，再铺二毡三油即成。预制的软木块可采用较小尺寸，以便吻合蜗壳弧度。此外，在浇混凝土时，还应防止水泥砂浆浸入垫层，而使垫层失去弹性作用。

机井钢衬与蜗壳之间的凹槽部位，由于钢筋较密，施工时应采用细石混凝土，并注意捣实。同时注意蜗壳内外侧混凝土的浇筑速度，应大致按相同高程上升，以免接头处产生陡坡或冷缝。

钢蜗壳外围混凝土浇筑，无论是上半部或下半部，还必须考虑蜗壳承受外压时的稳定性。一般在蜗壳内设置临时支架支撑，以抵抗混凝土侧压力。

4. 发电机机墩及风罩二期混凝土

机墩是发电机支承结构，多采用圆筒形。圆筒厚度在 1.5m 左右，圆筒顶部预留有通风槽和定子地脚螺栓孔，是二期混凝土施工中结构复杂、钢筋和预埋件较多的部位。

施工时，机墩内外侧模板采用一次或二次架立，并需要考虑模板的整体稳定性。通风槽模板由于底面积大，应考虑浇筑时的上浮力。定子地脚螺栓孔模板应严格控制安装位置，便于拆除和清渣。机墩内的钢筋网和预埋件宜适当增加焊固点，埋件露出面应牢固地固定在模板上。

混凝土浇筑时，宜采用溜管或溜槽入仓，进行薄层浇筑，并减小混凝土骨料粒径，加大坍落度。遇有凹腔部位模板时，模板四周要均匀卸料，以防模板向一侧倾斜。浇筑结束时，应严格控制墩顶浇筑高程。机墩顶部的定子地脚螺栓孔，立模、拆模、出渣和混凝土回填都比较困难。地脚螺栓安装后，由于孔口有定子基础板盖住，振捣器不能插入时，回填的混凝土可利用预先放入孔内的振动环振捣。振动环通过钢筋和孔口外的振动器相连接（图 4.61）。

为了方便施工，某大型电站预先用钢板做成铁盒子，代替定子地脚螺栓木模板，不需要拆模。但在浇筑前须用砂子临时将盒

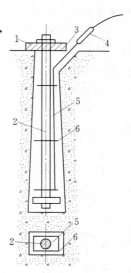

图 4.61　定子地脚螺栓孔振动环示意图

1—定子基础板；2—定子地脚螺栓；3—混凝土进料；4—振动器；5—钢筋；6—振动环

子填满，孔口也用钢板临时封闭，以防止浇筑时盒子变形和砂浆渗入盒内。地脚螺栓安装后，再用细石混凝土回填。机组经多年运转，未发现异常现象。

发电机风罩墙与机墩相连，墙厚仅 30～50cm，且有双层钢筋网，常用软轴插入式振捣器振捣。浇筑时应控制混凝土骨料级配、坍落度和整个风罩墙均匀上升速度，并可适当延长振捣时间，以保证振捣密实，其余施工方法与机墩施工相同。

4.4.6　厂房上部结构施工

水电站厂房上部结构与一般工业厂房相似，主要由屋顶、立柱、吊车梁、纵向联系梁、圈梁、柱间围墙等组成。构件多为钢筋混凝土结构，也有在特殊情况下采用钢结构的。厂房柱间围墙，如无防洪、承重等要求，则通常采用砖砌体。

钢筋混凝土构件的施工方法有现场浇筑和预制装配法两种。现场浇筑的构件刚度大，受力条件好，但施工比较困难，主要适用于重型结构；预制装配的构件施工方便，主要适用于轻型结构，并有相应的设备吊装能力。下面仅就现场浇筑法加以介绍。

1. 立柱现浇

厂房立柱布置在下部结构的一期混凝土上，并与基础固结。按照厂房施工程序安排，当立柱基础浇筑完成后，立柱应立即施工，以利于及早安装桥吊，使机组安装和厂房二期混凝土施工能快速进行。现场浇筑的厂房立柱，一般先安装钢筋，后安装模板。立柱模板主要解决垂直度、施工时的侧向稳定及抵抗混凝土侧压力等问题。模板安装时，按照边线先将柱底部分固定好位置，再将模板竖起来，用临时支撑固定，然后用锤球校正垂直度。检查无误后，即可将模板外侧的柱箍箍紧，再用支撑钉牢固定。相互柱模之间，还要用水平撑及剪刀撑相互撑牢。

立柱混凝土浇筑时，可搭设卸料平台，采用溜管下料、分层浇筑的方式。各层施工缝设在基础顶面，梁及牛腿下面，在浇筑过程中，应控制好混凝土料的级配、坍落度和上升速度（一般不超过 0.5m/h），并及时纠正模板变形。

2. 屋顶现浇

厂房重型结构的屋顶横梁，重量、厚度和跨度均较大，施工比较困难。屋顶横梁的现场浇筑程序如下。

（1）模板架立。一般考虑以下立模方法：

1）采用预应力钢筋混凝土梁，安装在上下游承重墙上，并作为屋顶横梁的一部分，在其上浇筑混凝土到设计厚度。此法不影响下面桥吊的运行。

2）利用屋顶横梁钢筋作成上承重构架，将模板悬挂其上，再浇筑混凝土。此法将增加 20%～40% 的钢材用量。

3）利用临时钢架支撑在牛腿或立柱预埋型钢上，作为下承重构架，以支撑模板，如图 4.62 所示，此法可回收大量钢材，但装拆较麻烦，且影响桥吊运行。

（2）钢筋安装。既可采用散装法，也可采用整装法。

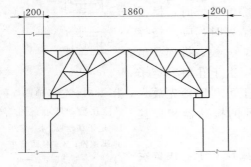

图 4.62　临时钢架布置（单位：cm）

（3）混凝土浇筑。应以上下游向中间，或由中间向上下游浇筑。当屋顶横梁为双层结构时，下层混凝土强度达到设计要求后，方可浇筑上层混凝土。

4.5　特殊混凝土施工

特殊混凝土一般是指水下混凝土、压浆混凝土、碾压混凝土、流态混凝土等的施工。

4.5.1　水下混凝土施工

现浇混凝土桩、防渗墙、水下建筑修补工程及其他临时性水下建筑物，常需进行水下混凝土浇筑。

水下混凝土浇筑，必须防止水掺混到混凝土中加大水胶（灰）比或冲失水泥浆，降低混凝土强度。水下浇筑很难振捣，主要靠混凝土自重和下落的冲击作用来挤密，因此要求混凝土有良好的流动性及抗泌水和抗分离的性能。为避免水泥被冲走，浇筑区域内的水应是静止的或流速很小的。

水下浇筑混凝土的方法有导管法、袋装迭置法、开底容器法、混凝土泵压法和预填骨料压浆法等。最基本的方法是导管法（图 4.63）。

导管法灌注混凝土桩的施工布置和步骤如下：先将导管沉至其下口离基面 5～10cm 处，并在储料斗下口安一布包的木球塞（或空心橡胶、塑料球），用铁丝吊住。然后向储料斗中注满混凝土，剪断铁丝，混凝土即挤压球塞沿导管迅速下落，稍提导管，球塞即自管口逸出，混凝土随之涌出挤升一定高度，并将管口埋没，此后，须连续浇筑混凝土并随孔中混凝土面的上升相应提升导管和卸去上段各管节（如图 4.64）。浇筑时导管下口应始终埋入混凝土 0.8～1.0m，且管内混凝土压力应始终高于管外混凝土及水柱或泥浆柱的压力，防止水或泥浆顺管壁挤入管中，这样只有最开始涌出在表面的

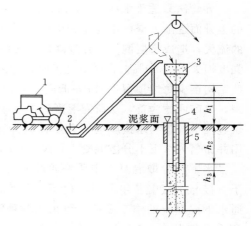

图 4.63　导管法水下浇筑混凝土
桩施工布置示意图
1—翻斗车；2—料斗；3—储料漏斗；
4—导管；5—护筒

混凝土与水或泥浆接触，保证了后浇混凝土的质量。如混凝土供应因故中断，应设法防止管内出空。如中断时间较长、导管拔空或泥浆挤入形成断柱，则应待已浇混凝土的强度达 2.5MPa 并清理混凝土表面软弱部分后，才允许继续浇筑。浇完后混凝土的顶面应高出设计标高约 20～50cm，硬结后再将超出的部分清除（因该部分一直与水或泥浆接触强度很低）。

当面积过大（如地下连续墙）时可用数根导管同时工作，浇筑时应保持各管浇筑的混凝土面均衡上升，如图 4.65 所示。

导管为直径 200～300mm、壁厚 2.5～3.5mm、每节长 1～3m 的普通钢管，用橡胶衬垫的法兰连接，不得漏水，导管上口必须高出柱孔内水面或泥浆面 2～3m。

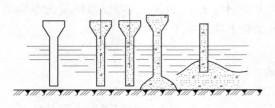

图 4.64　导管法浇注混凝土的步骤

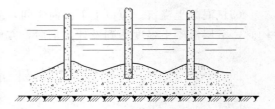

图 4.65　用数根导管同时浇筑水下混凝土

水下浇筑要求混凝土流动性好，坍落度应控制在 16～22cm，用掺木钙、糖蜜、加气剂等外加剂来改善和易性和延长初凝时间。水下混凝土宜选用颗粒细、泌水率小、收缩性小的水泥（如硅酸盐水泥、普通水泥），水泥用量一般达 350kg/m³ 以上，水胶（灰）比 0.55～0.66。细骨料宜选用石英含量高，颗粒浑圆，具有平滑筛分曲线的中砂，砂率宜为 40%～47%。粗骨料最好用卵石，当需要增加水泥砂浆与骨料的胶结力时，可掺入 20%～25% 的碎石，粗骨料最大粒径不宜大于管径的 1/5，且不宜超过 40mm。

导管法只适于水深 1.5m 以上而且导管口必须埋入混凝土一定的深度，导管随混凝土面的上升而逐渐上提，不能左右移动。而且与水接触部分混凝土亦因受水的冲洗而发生水泥浆的流失，造成表层混凝土强度降低，底层与基础黏结不牢。用导管法浇筑混凝土时，其表层强度损失可达 50%，在间歇施工时，常因此要清除掉 15～45cm 厚的表层水下混凝土或对某些结构至少每边预留 15cm 厚低质量与水直接接触的混凝土，造成浪费。20 世纪 70 年代以来，以前西德为首，从研究混凝土本身性能的改善来提高水下混凝土的质量，使其具有在浇筑过程中直接与水接触也不会使各组分材料分散的能力。1974 年前，西德率先在工程上使用并命名为水下不分散混凝土（Non Dispersible Concrete，简称为 NDC）。

水下不分散混凝土主要是通过加入一些拌和料或外加剂来改善水下混凝土的性能。由于直接与水接触各组分材料也不会分散，强度也不会降低，水下不分散混凝土的施工较普通水下混凝土的施工简单，可采用各种管道如挠性软管进行浇筑，并允许有一定的自由落差（一般为 30～50cm）。施工过程中，可由潜水员通过操纵软管控制浇筑位置，并且在混凝土表面沉实和自流平终止后进行混凝土表面的抹平等作业（图 4.66）。

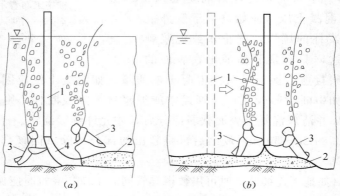

图 4.66　NDC 浇筑示例

（a）软管浇筑；（b）移动硬管连续浇筑

1—混凝土管（硬管）；2—已浇筑的混凝土；3—潜水员；4—挠性软管

4.5.2　预填骨料压浆混凝土施工

预填骨料压浆混凝土也称为压浆混凝土，是将级配后洗净的粗骨料填放在待浇体内，用配制好的砂浆通过输浆管压入粗骨料空隙，胶结硬化而成的混凝土。压浆混凝土适用于结构钢筋密布、预埋件复杂的部位；不便采用导管法的水下混凝土浇筑；修补加固混凝土和钢筋混凝土结构物以及其他不易浇筑和捣实的部位。

压浆混凝土对材料有一定的要求：所用的粗骨料，其最小粒径应不小于 2cm，以免空隙过小，影响砂浆压入；粗骨料应按设计级配填放密实，尽量减少空隙率以节省砂浆；所用细骨料，其粒径超过 2.5mm 者应予筛除，以免砂浆压入困难；砂浆中应掺混合材料及有关外加剂，使其具有良好的流动性，以期在较低压力下能压入粗骨料空隙中；砂浆中应掺入适量的膨胀剂，在初凝前略微膨胀，使混凝土更加密实。

压浆管一般竖向布置，距模板不宜小于 1.0m，以免对模板造成过大侧压力，管距一般为 1.5～2.0m，模板应接缝严密，防止漏浆。

砂浆用柱塞式或隔膜式砂浆泵压送，灌浆压力一般为 0.2～0.5MPa，压浆应自下而上，且不得间断，浆体上升速度应保持在每小时 50～100cm 范围内。压浆部位应埋设观测管、排气管，以检查压浆效果。

4.5.3　碾压混凝土施工

碾压混凝土施工技术是混凝土重力坝与碾压土石坝长期"竞争"的结果。碾压混凝土施工技术就是用土石坝的施工方法（分层铺填、碾压）施工一种特殊的混凝土——碾压混凝土（干贫混凝土）。近年来，碾压混凝土施工技术在工程中得到了广泛应用。

1. 碾压混凝土的拌和料特点

碾压混凝土单位水泥用量（30～150kg）和用水量较少，水胶（灰）比宜小于 0.70，掺合材料（粉煤灰、火山灰质材料等）掺量较大（掺合料的掺量宜取 30%～65%），碾压混凝土粗骨料的粒径不宜大于 80mm，并一般不采用间断级配，碾压混凝土的坍落度等于零。其特点主要表现在：

（1）由于坍落度为零，混凝土浆量又小，对振动碾压机械既有足够的承载力，又不至于像普通塑性混凝土那样受振液化而失去支持力。

（2）由于水泥用量少，水化热总量小，而且薄层（25～70cm）浇筑，有利散热，可有效地降低大体积混凝土的水化热温升，温控措施简单，节省大量投资。

采用碾压施工法可以大大地提高施工速度，特别适用于大体积结构特别是重力坝的施工。国内普遍采用一种坝型"金包银式碾压混凝土重力坝"。所谓的"金包银"就是在重力坝的上下游一定范围内和孔洞及其他重要结构的周围采用常态混凝土（普通混凝土），是为"金"，重力坝的内部采用碾压混凝土，是为"银"（图 4.67）。

振动压实指标（工作度或 V_c 值）是碾压混凝土的一个重要指标。它是通过改良型维勃实验，在规定频率的振动台上达到合乎标准的时间值，一般以秒（s）计。通过大量的试验实践证明：V_c 值小于 40s 时，碾压混凝土的强度随 V_c 的升高而增大，V_c 值大于 40s 时，碾压混凝土的强度随 V_c 的升高而降低。实际工程中，V_c 值多采用 5～35s。

2. 碾压混凝土的施工工艺

碾压混凝土通常用自卸汽车、皮带输送机等运输，在仓面可用薄层连续铺筑或间歇铺

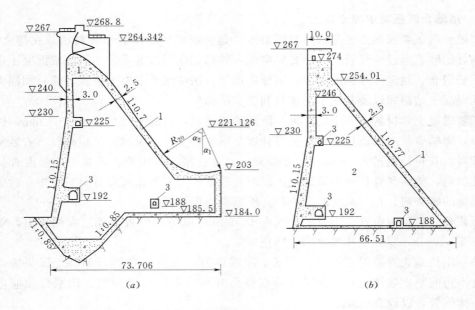

图 4.67 "金包银"断面形式（高程：m，尺寸：m）

（a）溢流坝；（b）挡水坝

1—常态混凝土；2—碾压混凝土；3—廊道

筑，铺筑方法宜采用平层通仓法。采用吊罐入仓时，卸料高度不宜大于 1.5m。平仓机或推土机应平行坝轴线平仓，也可用铲运机运输、铺料和平仓，平仓厚度应控制在 17～34cm。

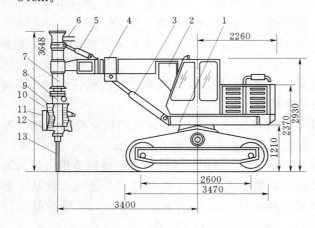

图 4.68 HZQ-65 型切缝机结构图（单位：mm）

1—底盘；2—动臂支架；3—动臂升降油缸；4—动臂；
5—倾斜油缸；6—液压管路系统；7—刀片升降机构；
8—回转机构；9—内外弹簧组；10—油马达组；
11—减振弹簧；12—振动器；13—刀片装置

振动压实机械往往采用振动平碾，碾压方式可采用"无振—有振—无振"的方法，振动碾的行进速度控制在 1.0～1.5km/h。坝体迎水面 3～5m 范围内，碾压方向应垂直于水流方向，其余部位也宜垂直于水流方向，碾压作业应采用搭接法，搭接宽度 10～20cm，端头搭接宽度 100cm。连续上升铺筑的碾压混凝土，层间允许间隔时间应控制在混凝土初凝之前，且混凝土拌和物从拌和到碾压完毕的时间不应大于 2h。碾压混凝土施工不设纵缝，横缝可采用切缝机切割（图 4.68）、设置诱导孔或隔板等方式形成。

目前，碾压混凝土的施工工艺有多种，应用最多的是以日本为代表的 RCC 施工方法（厚层碾压，层间间歇上升，切缝机切缝）和以美国为代表的 RCD 施工方法（薄层碾压，连续上升不切缝），这两种施工方法各有优缺点。我国一些工程如高坝洲、龙滩、戈兰滩、江垭等，选择采用了斜层碾压技术。

对于"金包银式碾压混凝土重力坝"，常态混凝土与碾压混凝土的结合部位应按图 4.69 所示的方法进行处理。两种混凝土应交叉浇筑，并应在两种混凝土初凝之前振捣或碾压完毕。

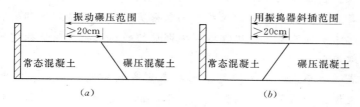

图 4.69　异种混凝土结合部位的处理
(a) 先浇常态混凝土后铺筑碾压混凝土；
(b) 先铺筑碾压混凝土后浇常态混凝土

干贫混凝土运输途中易泌水，卸料时容易发生粗细骨料分离。可控制砂浆中塑性粉料（粒径小于 0.15mm，以塑性指数不大于 25 为宜）的含量，以对骨料的孔隙作有效的填充，并增加混凝土的塑性；降低卸料高度，并在卸料口装设防分离的挡板；在一个浇筑层内，进行两次或多次铺料平仓，一次碾压。

3. 碾压层面结合施工

碾压混凝土层面一般有两种：一种是连续碾压的临时施工层面，一般不需要处理；另一种是正常的间歇面，层面处理采用刷毛或冲毛清除乳皮，露出无浆膜的骨料，铺设一层 10～15mm 厚的垫层。垫层材料可选择水泥砂浆、粉煤灰水泥砂浆或水泥净浆、水泥粉煤灰净浆等。

为改善碾压层面结合的状况，可采用下列措施：

(1) 铺筑面积确定情况下提高碾压混凝土的铺筑强度。

(2) 配料时采用高效缓凝减水剂，以延长碾压混凝土的初凝时间。

(3) 气温较高时，采用斜层摊铺法铺料，以缩短层间间隔时间。

(4) 提高碾压混凝土拌和料的抗分离性，防止骨料分离及混入软弱颗粒。

(5) 防止外来水流入层面，做好防雨工作。

(6) 冬季注意防冻，夏秋季注意防晒。

4. 碾压混凝土施工的质量控制

碾压混凝土施工时，主要有原材料、新拌碾压混凝土、现场质量检测与控制等。铺筑时 V_c 值检测每 2h 一次，现场 V_c 值允许偏差 5s。压实容重检测采用核子水分密度仪或压实密度计。具体可按水工碾压混凝土施工规范和要求进行质量控制。施工时须特别注意以下几点：

(1) 碾压混凝土含水量较少，在运输及碾压过程中，易失水（尤其表层）而产生表面裂缝或造成层间结合薄弱而形成层间渗漏。

（2）立模与不立模的选择技术。立模板容易保证建筑物的外形平整，但限制了施工速度；不立模不易控制建筑物的外形尺寸和表面质量。

（3）采用"金包银式碾压混凝土重力坝"坝型时，常态混凝土与碾压混凝土的结合部位，因不易施工而成为薄弱环节。

【变态混凝土施工技术】

（1）施工原理。在碾压混凝土拌和物摊铺层中铺洒水泥净浆或水泥粉煤灰净浆，使该处的碾压混凝土具有坍落度，再用插入式振捣器振实，拆模后得到内部密实、外观理想的混凝土结构物。此法不仅能有效解决靠近模板部位的碾压混凝土碾压操作不便的问题，而且具有良好防渗效果。

（2）施工特点。近年来，变态混凝土已越来越多地替代了原来采用常态混凝土的部位，应用范围从大坝上、下游模板内侧，上、下游止水材料埋设处，推广到电梯井和廊道周边、大坝岸坡基础等部位。其施工特点为：

1）在碾压混凝土坝施工过程中，可减少拌和楼变换所拌制混凝土的品种，提高生产效率。

2）避免原来碾压混凝土与常态混凝土施工所产生的时间间隔，有利于保证混凝土浇筑同步上升，较好解决异种混凝土结合处产生薄弱面的问题。

3）简化施工工艺和减少施工干扰，加快碾压混凝土施工进度。

（3）施工工艺。水泥浆一般采取集中拌制法，如在坝头设置制浆站等。用装载车或改装的运浆车运送到施工部位。加浆量应根据试验确定，一般为施工部位碾压混凝土体积的4%～10%。如江垭工程变态混凝土的加浆量为10%，三峡碾压混凝土横向围堰变态混凝土的加浆量为4.5%。

加浆方式主要有底部加浆和顶部加浆。工程多采用顶部加浆，即在摊铺好的碾压混凝土面上铺洒水泥浆，然后用插入式振捣器（或平仓振捣机）进行振捣，使浆液向下渗透。一些工程对加浆工艺进行改进，设计插孔器及加浆系统（图4.70），有效控制施工质量。

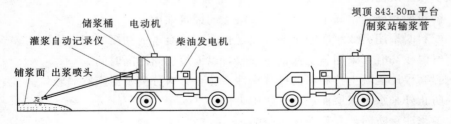

图4.70 索风营仓面加浆系统示意

在变态混凝土的注浆前，先将其相邻部位的碾压混凝土压实。变态混凝土振捣完成后，用大型振动碾将变态混凝土与碾压混凝土搭接部位碾平。碾压时可采用条带搭接法，条带长15～20m，条带端部搭接长度为100cm左右。

4.5.4 流态混凝土施工

流态混凝土是在坍落度低的普通（基态）混凝土中掺入适量的流化剂而成，其坍落度可大于18～20cm，具有明显的流动性。

　　流态混凝土的主要特点是：在水及水泥用量不变的情况下，掺入流化剂，坍落度将大幅度提高，可自流平仓；流态混凝土各龄期的强度较基态混凝土均稍有提高；流态混凝土与高坍落度的普通混凝土比，砂浆含量多，所以硬结过程中，收缩量较小，裂缝少；流化剂具有显著的减水作用，在保持水胶（灰）比不变，具有同样坍落度条件下，与普通混凝土比，可大量节省水泥；流态混凝土有很好的黏滞稳定性，不会分层离析，既适于自流平仓，又有利于泵送，而且密实性好，基本不用振捣，减少了施工噪音。由于流态混凝土施工方便，浇筑速率高，在各种建筑物中应用越来越广。

　　流化剂是流态混凝土的关键材料。如一种高效流化剂 UNF 是具有高聚合度的 β—萘磺酸钠醛缩合物。其主要特点是引气性低，无缓凝性，无毒，对钢筋无腐蚀，对水泥有高度分散作用，可降低水的表面张力，使混凝土拌和物在同样坍落度条件下，单位体积需水量显著减少。它很适于配制高流动性、高强度、高抗渗性混凝土，而且常用水泥品种均可适应，并能与早强剂、加气剂复合使用。

　　混凝土的坍落度随流化剂掺量的增加而增大。流化剂的掺量可为水泥用量的 0.3％～0.9％，而以 0.7％为最佳，掺量再多则坍落度的增长趋于平缓。如超过 1.0％，混凝土将出现树脂状聚合，反而会影响操作。

　　基态混凝土加流化剂可在搅拌混凝土时同时掺入，也可后掺入。流态混凝土的坍落度随掺入后时间的延长而降低，且相同历时时，后掺法的坍落度较大。况且，同时掺入法所获得的坍落度在混凝土运抵仓面时，已有所降低。可见，后渗法入仓时能获较大的坍落度，更为有利。但后掺法须增加在现场二次拌和的工序，增加了设备和费用。

　　流态混凝土的泌水量，当只掺流化剂时，与基态混凝土相近；如与加气剂复合掺用，流态混凝土的泌水量显著减少。流态混凝土的初凝时间与基态混凝土相同。流态混凝土对模板的侧压力较大，应增加模板的刚度和稳定性。流态混凝土的配比可直接采用基态混凝土的设计值，只需另按比例加入流化剂即可。

本　章　小　结

　　混凝土工程的施工方法有现浇和预制装配两种。其中混凝土的制备、运输和浇筑是施工的主体，钢筋、模板工程是主要的辅助。钢筋包括冷加工（冷拉与冷拔）、调直、除锈、剪切、弯曲等工序，连接方法有焊接、机械连接和绑扎搭接。模板按制作材料有木模、胶合板模、钢模、胎模、混凝土模、钢筋（预应力钢筋）混凝土模及塑料板、树脂板等。按使用方式可分为固定式、翻转式、拆移式、移动式和滑动式五类。

　　混凝土浇筑主要有仓面准备、入仓铺料、平仓与振捣等工序。运输工具和机械可根据运输量、运距及设备条件合理选用，水平运输可选用混凝土搅拌运输车、皮带机、自卸汽车等。垂直运输可选用门（塔）机、起重机、缆机及混凝土泵等。一般质量检查、控制主要包括混凝土在施工中的检查、混凝土的强度检验及混凝土建筑物的质量监测。针对混凝土坝体分块主要有竖缝分块、斜缝分块、错缝分块三种类型，接缝灌浆要求参见 6.4 节。

　　水电站厂房混凝土的分层分块主要有通仓浇筑、错缝分块、灌浆缝、预留宽槽和封闭块等。上部结构主要由屋顶、立柱、吊车梁、纵向联系梁、圈梁、柱间围墙等组成。

　　特殊混凝土一般指水下混凝土、压浆混凝土、碾压混凝土、流态混凝土等施工。其中水下浇筑混凝土最基本的方法是导管法；碾压混凝土是用土石坝的施工方法（分层铺填、碾压）施工一种特殊的混凝土，坍落度等于零；流态混凝土坍落度大于 18～20cm，具有明显的流动性。流化剂是流态混凝土的关键材料。

职　业　训　练

混凝土坝施工

（1）资料要求：工程资料和相关图纸。

（2）分组要求：3～5 人为 1 组。

（3）学习要求：①熟悉工程图纸和资料；②制定坝体运输与浇筑方案。

思　考　题

1. 钢筋冷拉的控制方法有哪些？

2. 钢筋的连接方法有哪些？各有何优缺点？

3. 按使用方式模板的分类有哪些？

4. 简述滑模施工的特点、施工工艺及技术要点。

5. 如何确定混凝土施工配合比？

6. 什么叫冷缝，怎样避免冷缝？

7. 混凝土出现裂缝时应如何处理？

8. 竖缝分块与通仓浇筑有何不同？各有何特点？

9. 水电站厂房施工有何特点？

10. 如何保证碾压混凝土的质量？

第5章 吊 装 工 程

学习要点

【知 识 点】 了解索具设备、起重机械主要性能参数；掌握缆机适用条件与布置要点；熟悉构件吊装工艺（工序）和装配式渡槽施工。

【技 能 点】 能进行起重机械选择、吊装安全控制。

【应用背景】 水利工程中为充分发挥装配化施工的优越性，加快施工进度和降低工程成本，对于尺寸小、重量不大及所处位置离地面高度较大的构件，为避免高空立模、减小干扰，常采用装配式结构，如渡槽、桥、水闸以及厂房的上部结构等。同时，作为混凝土垂直运输工具，如门机、塔机、缆机等，完成吊运浇筑已在工程中广泛应用。

5.1 索 具 设 备

工程中吊装用索具设备包括绳索、吊具、滑车、倒链、绞磨、卷扬机、千斤顶及地锚等，有的可作为完整起重机械的组成部分，有的可组成简单的起重系统。

5.1.1 绳索

工程吊装的绳索主要有白棕绳和钢丝绳。白棕绳一般用于起吊轻型构件和作为受力不大的缆风、溜绳等；钢丝绳具有强度高、弹性大、韧性好、耐磨、能承受冲击荷载等优点，在吊装作业中得到广泛应用。

1. 钢丝绳构造和分类

结构吊装中常用钢丝绳的构造如图 5.1 所示。按其构造和制造工艺的不同，钢丝绳有以下分类：

（1）按钢丝绳的绳股数及每一股中钢丝数区分，有 6 股 7 丝、7 股 7 丝、6 股 19 丝、6 股 37 丝和 6 股 61 丝等几种。常用钢丝绳一般为 $6 \times 19 + 1$、$6 \times 37 + 1$、$6 \times 61 + 1$（后边的 "1" 表示一根绳芯）三种。每绳含 6 股，每股含 19、37 和 61 根钢丝，其钢丝的抗拉强度为 1400MPa、1550MPa、1700MPa、1850MPa、2000MPa 五种。在绳直径相同的情况下，每股丝数少的钢丝较粗，耐磨性好，但弯曲性差；每股丝数多的钢丝较细、较柔软，但耐磨性差。

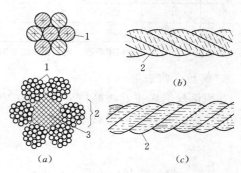

图 5.1 钢丝绳构造示意图

(a) 钢丝绳构造；(b) 交互捻钢丝绳；(c) 同向捻钢丝绳

1—钢丝；2—股；3—绳芯

不同型号的钢丝绳使用的范围有所不同。如 $6 \times 19 + 1$ 型,柔性较差,不易弯曲,但耐磨性好,如用作缆式起重机的承重索,桅杆、塔架的缆风索及各种拉索等;$6 \times 61 + 1$ 型,因其柔软,宜用作捆绑构件的吊索及重型起重机械的起重索;$6 \times 37 + 1$ 型,柔软及耐磨性适中,常用作穿绕一般滑车组的起重索及牵引索。

(2)钢丝绳按捻制方法不同又分为交互捻、同向捻及混合捻三种类型(图 5.1)。吊装作业中应避免使用同向捻钢丝绳,而多采用交互捻钢丝绳。其有利于构件平稳起吊和安装,使用方便。

(3)按钢丝绳表面处理的不同,可分为光面钢丝绳和镀锌钢丝绳。露天作业的起重机选用镀锌钢丝绳可以防绣。

2. 钢丝绳规格和标记

钢丝绳的规格繁多,其主要技术指标为结构形式、直径和抗拉强度。常用钢丝绳规格及荷重性能见表 5.1。例如 $6 \times 19 + 1 - 15.5 - 160$,结构形式为 6×19,绳的直径为 15.5mm,钢丝公称抗拉强度为 1600MPa。

表 5.1　　钢丝绳规格及荷重性能（钢丝 6×37 绳芯 1）

直径		全部钢丝的截面积（mm²）	参考重量（kg/hm）	钢丝强度极限（N/mm²）				
钢丝绳	钢丝			1400	1550	1700	1850	2000
(mm)				钢丝破断拉力总和（kN）				
8.7	0.4	27.88	26.21	39.00	43.20	47.30	51.50	55.70
11.0	0.5	43.57	40.96	60.90	67.50	74.00	80.60	87.10
13.0	0.6	62.74	58.98	87.80	97.20	106.50	116.00	125.00
⋮	⋮	⋮	⋮	⋮	⋮	⋮	⋮	⋮
21.5	1.0	174.27	163.80	243.50	270.00	296.00	322.00	348.50
24.0	1.1	210.87	198.20	295.00	326.00	358.00	390.00	421.50
⋮	⋮	⋮	⋮	⋮	⋮	⋮	⋮	⋮
60.50	2.8	1366.28	1284.30	1910.00	2115.00	2320.00	2525.00	
65.0	3.0	1568.43	1474.30	2195.00	2430.00	2665.00	2900.00	

注　本表为 1974 年颁布的国家标准,圆股钢丝绳 GB1102—74。

3. 钢丝绳的选用

选用钢丝绳应按其破断拉力和相应的安全系数,计算其允许拉力。

钢丝绳的允许拉力 S 按下式计算

$$S \leqslant \frac{\alpha R}{K} \text{（N）} \tag{5.1}$$

式中　R——钢丝破断拉力总和（可按表 5.1 取用）,N;

　　　α——换算系数（又称受力不均匀系数,按表 5.2 取用）;

　　　K——钢丝绳安全系数,见表 5.3。

对于起重滑轮组钢丝绳的选择应使钢丝绳可能承受的最大拉力不大于钢丝绳的允许拉力（S）。为减小钢丝绳的弯曲应力,不得使用过小的滑车。各类钢丝绳需用的滑轮的最小直径见表 5.3。

4. 钢丝绳的检查和报废

（1）钢丝绳的检查。在起重机作业过程中，钢丝绳由于反复地受到弯曲和挤压，疲劳造成钢丝绳断丝的逐渐发生和发展，加上磨损和锈蚀等因素的影响，加剧了断丝的发展，最终导致钢丝绳完全失效。因此，必须对钢丝绳定期检查，发现有断丝或磨损现象时，要根据其严重程度作出继续使用或报废的判断。对于使用初期出现的断丝现象要注意其发展情况，尽可能去除个别断丝毛刺，以免钢丝断茬伸出绳股之外而产生有害影响。

表 5.2　　钢丝绳破断拉力换算系数 α

钢丝绳结构	α
6×19　8×19	0.85
6×37　8×37	0.82
6×61	0.80

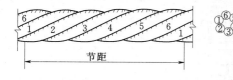

图 5.2　钢丝绳节距的量法

1～6—钢丝绳绳股的编号

表 5.3　　钢丝绳的安全系数及滑车直径

项次	钢丝绳的用途		安全系数 K	滑车直径
1	缆风绳及拖拉绳		3.5	≥12d
2	用于滑车时：手动的		4.5	≥16d
	机动的，轻级		5	≥16d
	中级		5.5	≥18d
	重级		6	≥20d
3	作吊索：无绕曲时		5～7	≥20d
	有绕曲时		6～8	
4	作地锚绳		5～6	
5	作捆绑绳		10	
6	用于载人升降机		14	≥14d

注　d—钢丝绳直径。

（2）钢丝绳的报废。钢丝绳经使用后，常有磨损、锈蚀、弯曲、变形、断丝等现象，钢丝绳的报废标准为在钢丝绳的一个节距内断丝数达到表 5.4 中规定的数量时，钢丝绳应予报废。一个节距是指每股钢丝绳缠绕一周的轴向距离，其量法如图 5.2 所示。

表 5.4　　　　　　　　　　钢丝绳报废标准（一个节距内的断丝数）

采用安全系数	钢　丝　绳　结　构					
	6×19+1		6×37+1		6×61+1	
	交互捻	同向捻	交互捻	同向捻	交互捻	同向捻
＜6	12	6	22	11	36	18
6～7	14	7	26	13	38	19
＞7	16	8	30	15	40	20

钢丝绳有锈蚀或磨损时，应将表 5.4 所列报废断丝根数按表 5.5 所列折减系数折减，并按折减后的断丝数确定能否报废。

表 5.5　　　　　　　　　钢丝绳表面锈蚀或磨损时报废标准的折减系数

钢丝绳表面磨损或锈量（%）	10	15	20	25	30～40	＞40
折减系数（%）	85	75	70	60	50	报废

5. 钢丝绳端头的固定

钢丝绳端头的固定有多种方法，起重机钢丝绳常用楔式固定法和夹头固定法。

（1）楔式固定法。将钢丝绳的末端绕在带有凹槽的楔块上，然后插入与楔块相适应的锥套内，经过拉紧后，利用楔块和锥套内槽的压力使钢丝绳固定在锥套内。这种固定法简单牢固，起重机的起升钢丝绳常用这种方法。

（2）夹头固定法。将钢丝绳的端头套装在心形环上，用特制的钢丝绳夹以固定。钢丝绳夹由夹绳盘、U形套箍和紧固螺母组成，不同直径的钢丝绳都可用适当规格的绳夹进行卡接。根据钢丝绳直径选用绳夹规格及用量见表5.6。钢丝绳绳夹的间距应不小于钢丝绳直径的6～8倍；钢丝绳末端距第一个绳夹至少要保持140～160mm的距离。采用夹头固定法拆装方便，牢固可靠。起重机的起重臂、平衡臂的拉绳和变幅绳都采用这种固定法。

表 5.6   钢丝绳绳夹规格及用量表   单位：mm

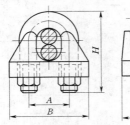

型　号	常用钢丝绳直径	A	B	C	d	H	数量
Y3-10	11	22	43	33	M10	55	2
Y4-12	13	28	53	40	M12	69	3
Y5-15	15，17.5	33	61	*48	M14	83	3
Y6-20	20	39	71	55.5	M16	96	3
Y7-22	21.5，23.5	44	80	63	M18	108	4
Y8-25	26	49	87	70.5	M20	122	4
Y9-28	28.5，31	55	97	78.5	M22	137	4
Y10-32	32.5，34.5	60	105	85.5	M24	149	5
Y11-40	37，39.5	67	112	94	M24	164	5
Y12-45	43.5，47.5	78	128	107	M27	188	5
Y13-50	52	88	143	119	M30	210	5

使用绳夹卡连接钢丝绳时应注意以下几点：

1）选用绳夹时，应使其U形环的内侧比钢丝绳直径稍大一点，太大了卡不紧，容易松脱。

2）上绳夹时一定要将螺栓拧紧直到钢丝绳的直径被压扁1/3时为止，并在钢丝绳受力后再将绳夹螺栓拧紧一次，以保证接头的牢固可靠。

3）绳夹要一顺排列，U形部分与绳头接触。如果U形部分与主绳接触，则主绳被压扁后，受力时容易断丝。

6. 钢丝绳使用要点

（1）钢丝绳通常为成卷（盘）供应，使用时应在整盘钢丝绳中找出绳头并拉出一部分重新卷成盘，松绳的引出方向和重新绕成盘的绕向应保持一致。

（2）钢丝绳由盘上直接往起升卷筒缠绕时，应把整卷钢丝绳架设在转动的托架上。松卷时转动方向应同起升卷筒上绕绳的方向一致。卷筒上的绳槽的走向应同钢丝绳捻向相适应。如起升卷筒绳槽的走向由左向右，则右捻钢丝绳应从卷筒上方引入卷绕，左捻钢丝绳应从卷筒下方引入卷绕；如卷筒绳槽的走向由右向左，则右捻钢丝绳应从卷筒下方引入卷绕，左捻钢丝绳应从卷筒上方引入卷绕。

（3）切断钢丝绳时，应先在切口两侧用钢丝绑扎，其宽度不得小于钢丝绳的直径。切断处两道绑扎带的间距不得小于钢丝绳直径的 3 倍。绑扎铁丝的绕向必须和钢丝绳的绕向相反，并要用专业工具绑扎紧固。除特粗钢丝绳用乙炔切割外，一般均可用锋利的刀具切断。

（4）钢丝绳应保持绳面清洁，并有一层保护油膜，一般不超过四个月涂一次保护油，以保证绳芯储有足够的润滑脂。

（5）不应使钢丝绳扭结，也不应穿过破损的滑轮；运动中防止碰擦其他物体和拖地使用。

（6）钢丝绳在缠绕过程中应尽量减少弯折次数，避免反向弯折，以免加剧疲劳，缩短使用寿命。

（7）钢丝绳通过的滑轮和卷筒的直径不能太小，一般应不小于钢丝绳直径的 20 倍；轮槽半径要合理，一般应为钢丝绳直径的 0.54～0.6（小直径取大值，大直径取小值）倍。

（8）使用新钢丝绳时产生的走油现象是正常的，若旧钢丝绳发现有走油现象，要检查原因。

（9）钢丝绳的伸缩性较小，使用中应使钢丝绳缓慢受力，避免急剧改变升降运行的方向和速度，起动和制动均须缓慢，防止冲击力过大而发生崩断事故。

7. 钢丝绳的保管和润滑

（1）钢丝绳应储存在有混凝土地面的仓库里，成盘的钢丝绳应竖立存放。长期存放的钢丝绳，要保持良好的润滑状态。

（2）进行钢丝绳润滑之前，应先将钢丝绳表面的积垢和铁锈清除干净，最好使用镀锌铁丝刷将钢丝绳表面刷净，以便润滑油能渗透到钢丝绳内部中去。

（3）钢丝绳润滑的方法有刷涂法和浸涂法两种。刷涂法是人工使用专用刷子把加热到60℃左右的润滑脂刷在钢丝绳表面上。操作时要缓慢而有力，使尽可能多的润滑脂能渗进钢丝绳内部。浸涂法是先将润滑脂放入铁制容器内加热到 60℃ 左右，然后使钢丝绳通过一组导辊装置，使之缓慢地在容器里的融溶润滑脂中通过，使润滑脂能渗透到钢丝绳的绳芯中。

（4）良好的钢丝绳润滑脂应不含酸、碱及其他有害的物质。应采用黑色的钙基石墨润滑脂，其牌号为 ZG - S。

5.1.2　吊具

吊装作业中常用撬杠、吊钩、卡环、绳卡、吊索、横吊梁等各种不同的吊具，最常用的为吊钩和卡环，如图 5.3 所示。

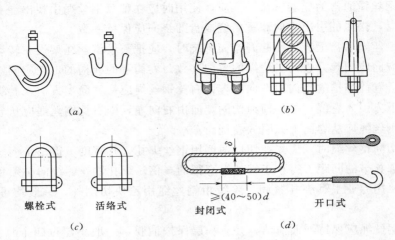

图 5.3　吊钩、绳卡、卡环与吊索示意图
(a) 吊钩；(b) 绳卡；(c) 卡环；(d) 吊索

1. 撬杠

撬杠是用于构件就位及校正位置。撬杠是用圆钢或六角形钢（20 号钢或 45 号钢）锻制成的。它的一头做成尖锥形，另一头制成鸭嘴形或虎牙形，并弯折 40°～45°，长度通常为 0.6～1.0m。

2. 吊钩

吊钩可分为单钩、双钩和吊环三种。在结构吊装中主要用单钩。起重机装用的吊钩是和多个动滑轮组合在一起使用。单钩应用最广，使用简单方便，双钩多用于桥式或塔式起重机上。双钩受力条件较好，吊索不会脱出和工作安全。如图 5.3 (a) 所示。

一般吊钩由具有韧性的钢板锻制而成，其表面应光滑无裂纹和刻痕。使用时应注意以下几点：

(1) 每个吊钩上都有生产厂的铭牌说明其载重量，不得超载使用。

(2) 经常使用的吊钩须每年检查一次。

(3) 吊钩吊重时要将吊索挂到钩底。

(4) 直接钩在物件吊环中时，不能使吊钩歪扭，以免吊钩产生变形或破坏。

工程使用过程中，吊钩出现以下情况之一者应予报废：

(1) 钩的危险断面高度磨损超过 10%。

(2) 载荷试验产生永久变形。

(3) 经探伤发现内部有隐患。

(4) 钩的上端和螺纹部分有变形或裂纹。

(5) 钩的上端有螺纹部分和无螺纹部分之间的过渡圆角处有疲劳裂纹。

(6) 肉眼或放大镜观测表面有裂纹或破口。

3. 卡环（卸甲）

卡环用于吊索之间或吊索与构件吊环之间的连接。它由弯环与销子两部分组成，按销子和弯环的连接形式分有螺栓式和活络式两种，如图 5.3（c）所示。

螺栓式卡环是由销子和弯环由螺纹连接，固定牢靠，是起重作业中常用的连接吊具，但高空解脱不便。螺栓式卡环许用荷载见表 5.7。

活络式卡环的销子与弯环孔间无螺纹，可直接抽出。为构件吊装在高空脱钩的方便，可将活络式卡环改装为半自动卡环，它是由马蹄形环、横杆、止动销、导向管、弹簧、导向管盖及拉绳等组成。活络式卡环多用于吊装柱子等。

表 5.7　　　　常用卡环许用荷载

卡环号码	钢丝绳直径（mm）	许用荷载（kg）	理论质量（kg）
0.5	8.5	500	0.162
0.9	9.5	930	0.304
1.4	13.0	1450	0.661
2.1	15.0	2100	1.145
2.7	17.5	2700	1.560
3.3	19.5	3300	2.210
4.1	22.0	4100	3.115
4.9	26.0	4900	4.050
6.8	28.0	6800	6.270
9.0	31.0	9000	9.280
10.7	34.0	10700	12.400

4. 绳卡

绳卡有多种形式，主要用于固定钢丝绳端部。常用的是握紧力较大的骑马式绳卡［图 5.3（b）］。选用绳卡时，必须使 U 形环的内侧净距恰好等于钢丝绳的直径。

5. 吊索（千斤绳）

吊索为用于捆绑构件或将构件挂到吊钩上去的钢丝绳。根据其形式不同，吊索分为环形吊索和开口吊索两类［图 5.3（d）］。

吊索所受的拉力取决于所吊构件的重量、吊索的根数及吊索与水平面的夹角大小。作业要求吊索质地柔软和易于弯曲。吊索最好是竖直方向，如需有夹角，一般宜用 45°～60°。

6. 横吊梁（铁扁担）

横吊梁如图 5.4 所示。工程中常用形式有钢板横吊梁和钢管横吊梁。常用于水平长度大而高度较小的构件如排架、拱圈等。与直接用吊索起吊比，横吊梁能承受倾斜吊索产生

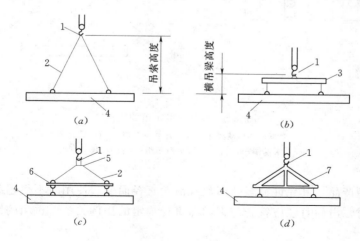

图 5.4　横吊梁

（a）采用吊索时的情况；（b）采用横吊梁时的情况；

（c）管式横吊梁；（d）桁架式横吊梁

1—吊钩；2—吊索；3—槽钢；4—构件；5—卡环；6—无缝钢管；7—钢桁架

的水平分力，可缩短吊索的高度。根据构件的重量和长度，横吊梁可选用不同形式如梁式或桁架式等。

5.1.3 滑车和滑车组

1. 滑车

滑车的类型按轴承分有滑动轴承和滚动轴承；按连接件的不同分有吊钩形、链环形、吊环形和吊梁形；按使用方式分有动滑车和定滑车，其中定滑车主要用于改变钢丝绳受力方向，但不能改变速度和省力。定滑车按所起作用不同又分为普通定滑车、导向滑车和平衡滑车（图 5.5）。吊装作业过程中，使用滑车既省力，也可改变用力方向，它是起重机和其他起重设备的重要组成部件。

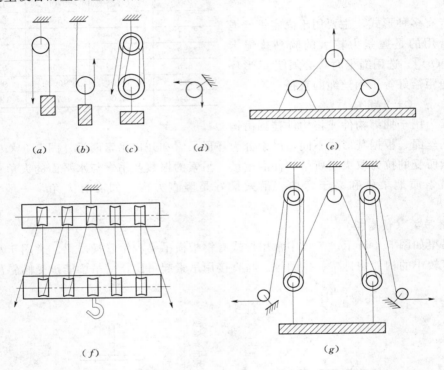

图 5.5　滑车及滑车组的类组

（*a*）定滑车；（*b*）动滑车；（*c*）普通滑车组；（*d*）导向滑车；
（*e*）平衡滑车；（*f*）双跑头滑车组；（*g*）双联滑车组

滑车有定型产品，其允许荷载随门数及滑轮直径而变，使用时不得超载，可由有关资料查取。选用时，滑轮直径应符合与钢丝绳直径规定的比例关系，过粗的钢丝绳易损坏滑轮槽。

滑轮有铸造和焊接两种，铸造滑轮又有铸铁和铸钢两种。轻型起重机常用铸铁滑轮，中、重型则用铸钢滑轮。大直径滑轮多采用焊接滑轮，其重量轻，易加工。滑轮直径一般选用钢丝绳直径的 20 倍左右。常用滑轮允许荷载见表 5.8。

表 5.8　　　　　　　　　　常 用 滑 轮 允 许 荷 载

滑轮直径 (mm)	允 许 荷 载 （kN）								使用钢丝绳直径 (mm)	
	单轮	双轮	三轮	四轮	五轮	六轮	七轮	八轮	适用	最大
70	5	10	—	—	—	—	—	—	5.7	7.7
85	10	20	30	—	—	—	—	—	7.7	11
115	20	30	50	80	—	—	—	—	11	14
135	30	50	80	100	—	—	—	—	12.5	15.5
165	50	80	100	160	200	—	—	—	15.5	18.5
185	—	100	160	200	—	320	—	—	17	20
210	80	—	200	—	320	—	—	—	20	23.5
245	100	160	—	320	—	500	—	—	23.5	25
280	—	200	—	—	500	—	800	—	26.5	28
320	160	—	—	500	—	800	—	1000	30.5	32.5
360	200	—	—	—	800	1000	—	1400	32.5	35

2. 滑车组

滑车上钢丝绳的引出端称为"跑头"，固定在夹板上的一端称为"死头"；跑头可自定滑车或自动滑车引出，死头可以固定在定滑车或动滑车上。滑车组可根据绳索绕过定滑轮、动滑轮的个数和工作绳根数命名，称为"××走×"，如"三二走五"，表示绳索绕过3个定滑轮、2个动滑轮、工作绳为5根的滑车组。"走数"是指滑车组上支持动滑车的工作绳数。滑车及滑车组的类组如图5.5所示。

滑车组常用三种类型：

（1）普通滑车组。指整个滑车组系统只有一个跑头的滑车组，如图5.5（c）所示。普通滑车组在吊装工程中应用最广。门数较多时，靠近跑头一端的钢丝绳收得较紧，易引起自锁而绳索拉不动的现象。

（2）双跑头滑车组。将门数较多的单门数滑车组的定滑车中间滑轮作为平衡滑轮使用，跑头自两端的定滑轮引出，如图5.5（f）所示。其优点是吊钩升降快，可加快吊装速度；各滑轮受力较均匀，可减小总摩阻力，避免滑车组发生自锁现象；可利用两台较小卷扬机起吊重型构件。

（3）双联滑车组。如图5.5（g）所示。有两个跑头，可用两台卷扬机同时牵引。起吊水平长构件时，宜采用双联滑车组。两端跑头分别经导向滑轮引向两个卷扬机。其优点是即使两个跑头不同步，通过平衡滑轮作用，也可保证构件平稳升降，有利于重长构件就位安装，同时可以利用两套较小吨位的普通滑车组和卷扬机起吊重型构件，且速度加快一倍。

5.1.4　卷扬机

工程施工时，需用牵引设备拖拽钢丝绳起吊或移动重物，常用牵引设备有卷扬机、绞磨等。卷扬机是起重机垂直运输机械的主要组成部分，因其结构简单，对作业环境适应性强等特点，配合井（门）架、滑轮等辅助设备，可用来提升物料、安装设备等作业。

1. 卷扬机的分类

卷扬机按钢丝绳牵引速度分快速、慢速、调速三种；按卷筒数量分有单筒、双筒、三筒等；按传动方式有手动、电动、液压、气动等多种。

建筑卷扬机单卷筒式如 JK、JM，双卷筒式如 2JK、2JM 等。JK 系列属单筒快速卷扬机，主要由电动机、减速器、制动器、卷筒和机架等组成，其作业时工作平稳可靠，劳动强度低；JM 系列属单筒慢速卷扬机，其绳速为 8～10m/min，牵引力为 30～200kN，常用于设备安装或张拉钢筋（图 5.6）。

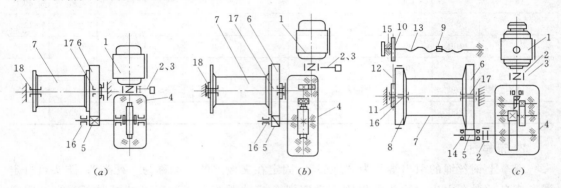

图 5.6　JM 系列各型卷扬机传动示意图

(a) JM3、5、8、12 型；(b) JM10 型；(c) JM20 型

1—电动机；2—联轴器；3—电磁制动器；4—减速器；5、6—开式齿轮；7—卷筒；
8—紧急制动装置；9—排绳器；10、11—链轮；12—链条；
13—丝杠；14～18—滑动轴承

2. 卷扬机的使用

卷扬机的主参数是以最大牵引力来表示，可根据作业中需要的最大牵引力及牵引速度、卷筒容绳量等，选择能满足施工中起重和牵引作业要求的机型。

施工时对于提升距离短，准确性要求较高时，一般应选用慢速卷扬机；对于长距离的提升或牵引物体，为提高生产率，减少电能消耗，应选用快速卷扬机；尽可能选用电动卷扬机，若无电源则根据实际情况选用手摇卷扬机或内燃卷扬机。

起重安装作业中常用慢速卷扬机，有利于准备就位，安全可靠。吊运材料、构件常用快速卷扬机，可提高工效。卷扬机必须设地锚或压重固定，以防工作时滑动或倾翻，如图5.7所示。

安装卷扬机时应注意以下几点：

（1）卷扬机应安装在吊装区域以外视野开阔处，搭设简易机棚，操作者能顺利监视卷扬机的作业过程。

（2）钢丝绳应成水平状态从卷筒下面卷入，并和卷筒轴线垂直，以便钢丝绳圈排列整齐，不致斜绕和互相错叠挤压。作业时可在卷扬机正前方设置导向滑轮。

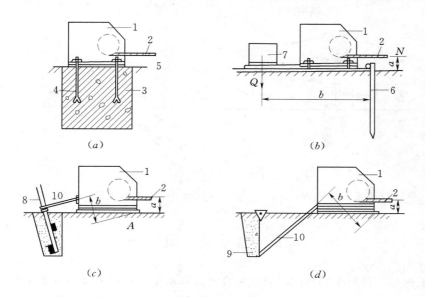

图 5.7　卷扬机的固定方法示意图

(*a*) 固定基础法；(*b*) 压重法；(*c*) 立式地锚法；(*d*) 卧式地锚法

1—卷扬机；2—钢丝绳；3—混凝土基础；4—地脚螺栓；5—木排；6—木桩；

7—压重；8—立式地锚；9—卧式地锚；10—固定卷扬机的钢丝绳

（3）钢丝绳应和卷筒及吊笼连接牢固，不得和机架或地面摩擦。

（4）卷扬机必须有良好的接地装置，接地电阻应不大于 10Ω。

5.1.5　地锚

地锚是用于将缆风绳、卷扬机、起重滑车组的定滑轮、导向滑轮及简易缆式起重机的承重绳固定到地基上的设备。地锚是起重系统的根基。大型永久性地锚多采用钢筋混凝土结构，吊装作业中的临时地锚多用圆木或型钢制成。

地锚的类型很多，常用的有埋桩地锚、炮眼地锚、捆龙地锚和混凝土地锚等。捆龙地锚是将一根或几根圆木或型钢捆在一起横卧在挖好的锚坑底，用钢丝绳或钢筋环系于捆龙的一点或两点，从坑前壁挖成的斜槽中引出，并用土石将锚坑回填夯实而成。捆龙地锚的承载力较大，一般由几吨至几十吨，大型的可达数百吨。各类地锚的规格和允许荷载可查有关施工及吊装手册。

当地下水位较高、基坑深或开挖有困难时，可采用混凝土地锚。它适于拉力较大的情况，但材料不能回收，造价较高。

当岩石地区不易挖坑和打桩时，可选用炮眼地锚，即在岩石上钻眼，插入粗钢筋、钢钎或型钢，灌注水泥砂浆固定，如图 5.8 所示。

若无条件设置地锚或使用时间很短，也可利用推土机、起重机或钢板上堆重物或已有混凝土桩、基础等作锚碇。

此外，环链手拉滑车（倒链）、千斤顶等在工程中也得到应用。如千斤顶将构件或重物顶升或降落不大的高度，校正构件的安装偏差和构件的变形。吊装中使用的主要是螺旋千斤顶和液压千斤顶。使用时应严格按照有关规范规定。

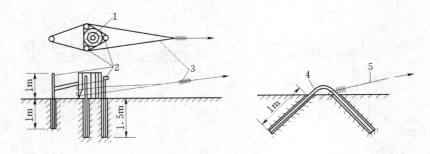

图 5.8　炮眼地锚

1—圆木（$\phi 25 \sim 30 cm$）；2—钢杆；3—钢丝绳；4—$\phi 28 \sim 35$ 钢筋；5—钢丝绳

5.2　起　重　机　械

起重机械是一种对重物能同时完成垂直升降和水平移动的机械。主要性能参数有起重量、工作幅度、起重力矩、起升高度及工作速度等。现代水利施工的高要求使得起重机械发挥着极其重要的作用。如混凝土的垂直运输、构件和材料运输中的装卸及构件（如金属结构及机电设备等）吊装就位安装等。

5.2.1　起重机械

5.2.1.1　缆机

缆机是数根高强度光面钢绞线组成的承重索为基础的一种特殊起重机械，其利用悬挂于承重索上的起重滑车组进行作业。常用于架设桥梁、安装渡槽、厂房、吊运材料、设备及混凝土等。尤其适合于高山峡谷地形，跨距较大（图 5.9）。实际工程如乌江渡、安康、龙羊峡、万家寨等均采用缆机。采用缆机方案时浇筑混凝土控制范围大，生产效率高，不受导

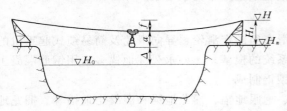

图 5.9　缆机控制高程计算图

流、度汛等影响。但初期投资较大，塔架和设备的土建安装工程量大，设备的设计制造周期长。

缆机由主塔架、索道系统、主机房等组成。在索道系统中，承载索是支承索道上的荷载，并将其荷载作用力传递到两岸的塔架。吊荷移动通过操作牵引索使起重小车沿承载索运动。起重量一般为 $10 \sim 20 t$。塔架支于建筑物吊装轴线两端较高处。

目前，国产缆机小车的运行速度为 $360 \sim 420 m/min$，吊钩升降速度为 $90 \sim 120 m/min$。国外高速缆机运行速度为小车 $500 \sim 600 m/min$，最高达 $690 m/min$，吊钩 $125 \sim 290 m/min$。塔架移动速度，国内外相差不多，一般多为 $6 \sim 8 m/min$。

1. 塔架高度与塔顶控制高程

工程中缆机跨度和塔架高度应根据建筑物的外形尺寸和其所在位置的地形设计而定。

由图 5.9 知，塔架高度 H_t 为

$$H_t = H - H_n \tag{5.2}$$

塔顶控制高程 H 为

$$H = H_0 + \Delta + a + f \tag{5.3}$$

以上式中　H_0——缆机浇筑部位最大高程，m；

　　　　　Δ——吊物最低安全裕度，m，一般不小于 1m；

　　　　　a——吊罐底至承重索的最小距离，可取 6~10m；

　　　　　f——满载时承重索的垂度，一般可取跨度的 5%；

　　　　　H_n——轨道顶面高程，m。

2. 缆机类型与布置

缆机的具体形式应根据两岸地形、坝型及工程布置、浇筑强度、设备布置及其获得条件等进行比较后确定。缆机布置设计时尽量缩小缆机的跨度和塔架高度，控制范围尽量大。此外，因承载索端点在主副塔上的高程不同，应进行包络线的计算（空载、重载及不同工况），以确定其工作区和对平台的要求。

缆机布置有辐射式、平移式、固定式等，有时需布置多台缆机来满足施工要求。对于高坝、高大建筑物，垂直运输占主导地位，应以缆机方案和门式起重机、塔式起重机栈桥方案作为主要比较方案。

(1) 平移式缆机。平移式缆机使用条件和布置要点见表 5.9。平移式缆机适用于各种坝型，工程中平移式缆机对峡谷中的重力坝利用率较高。平移式缆机有首尾两个可移动的钢塔架。在首尾塔架顶部凌空架设承重缆索（图 5.10）。布置时几台缆机在同一轨道上，为满足两台缆机同时浇筑一个仓位，可用以下两种方案：

表 5.9　　　　　　　　　　常用缆机适用条件与布置要点

类别	适 用 条 件	钢架支承结构	布 置 要 点
平移式	(1) 控制面积为矩形，适用于高山峡谷高坝枢纽，尤其是在直线形重力坝，坝后厂房枢纽。 (2) 地形基本对称，有比较平缓的地形或阶地。 (3) 枢纽混凝土量较大，工期较长	(1) 塔架式。 (2) 拉索式。	(1) 缆机两岸轨道平行。 (2) 使用多台时，应划分每台工作区段，可以形成平面轨道分段、前后错轨式或高低平台穿越式，但必须互不干扰。 (3) 混凝土供料线常布置在主塔一侧
辐射式	(1) 控制面积为扇形，适用于峡谷区高拱坝枢纽。 (2) 两岸地形不对称，地形复杂。 (3) 枢纽工程量大，工期长	(1) 固定及行走塔架。 (2) 固定桅杆和行走塔架	(1) 一岸为固定塔（如地形地质许可时，也可用锚桩），另一岸为弧形轨道移动塔。 (2) 台数多时，可采用集中或分散的固定塔布置。 (3) 水平供料线常布置在固定塔一侧
固定式	(1) 控制面积为条带，灵活性较小，适用于峡谷区，断面宽度较小的高坝。 (2) 两岸地形陡峻。 (3) 宜用于辅助工作。 (4) 混凝土工程量较小	固定塔架 （主塔及副塔）	两岸为固定塔或锚桩

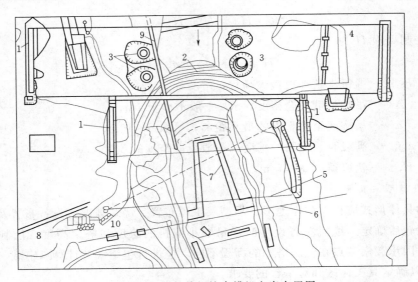

图 5.10 鲍尔德坝综合缆机方案布置图

1—平移式缆机轨道；2—重力拱坝；3—进水塔；4—溢流堰；5—辐射式缆机；6—固定
式缆机；7—水电站厂房；8—水泥仓库；9—供料栈桥；10—混凝土拌和楼

1）同高程塔架错开布置。错开的位置按塔架具体尺寸决定。为了安全操作，一般主索之间的距离不宜小于 7～10m。

2）高低平台错开布置。在不同高程的平台上错开布置塔架。有的工程为了使高、低平台的缆机能互为备用，布置成穿越式。要注意上层缆机满载时的吊罐底部与下层缆机的牵引索之间，应有一定的安全距离。

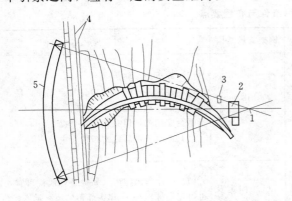

图 5.11 东风拱坝辐射式缆机布置图

1—岩壁锚固；2—机房；3—操作房；
4—运料轨道；5—缆机轨道

（2）辐射式缆机。尾塔固定，首塔沿弧形轨道移动者，称为辐射式缆机（图 5.11）。其布置见表 5.9。辐射式缆机适用于各种坝型，但更适用于拱坝施工。当两台缆机共用一个固定塔架时，移动塔可布置在同一高程，也可布置在不同高程。

根据工程具体情况，可采用平移与辐射式混合布置，两者也可形成穿越式。

（3）固定式缆机。缆机两端固定（表 5.9），控制面积为条带，灵活性较小，适用于峡谷区，断面宽度较小的高坝。

需指出，施工总体布置时应尽可能将混凝土拌和站（楼）靠近缆机，以缩短吊运循环时间。可考虑料罐不脱钩，直接从拌和站（楼）接料。若拌和站（楼）不在缆机控制范围之内，可用特制运料小车，向不脱钩的料罐供料（图 5.12）。

5.2.1.2 履带式起重机

履带起重机由机身（包括动力装置、卷扬机及操作机构）、回转机构、行走机构（履带及支架）、变幅机构及起重机构（滑轮组及起重臂）等组成。

履带起重机与汽车式、轮胎式起重机相比，履带对地面的平均压力小，可在松软、泥泞的恶劣地面上作业。其特点是操作灵活、使用方便，爬坡能力强，可以载荷行驶和工作，在高度较低的建筑物，包括低坝、厂房、水闸、船闸、护坦及各种导墙、吊装高度不大的渡槽、桥梁等工程中应用广泛。但起重机自身质量大，行驶速度慢，履带会破坏路面。

1. 履带起重机分类

按其传动方式不同，履带起重机可分为机械式、液压式、电动式三种。机械式履带起重机与液压式履带起重机的构造基本相同，主要区别在于机械传动和液压传动。由于液压传动结构简单，作业效率高，已逐步代替机械传动起重机。如 QUY50 型液压履带式起重机外形结构如图 5.13 所示。

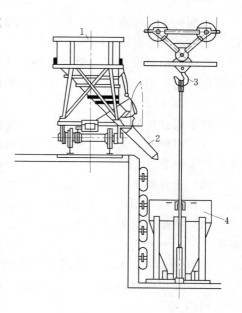

图 5.12　东风电站卸料小车布置图

1—运料小车；2—卸料滑槽；
3—起重钩；4—装料料罐

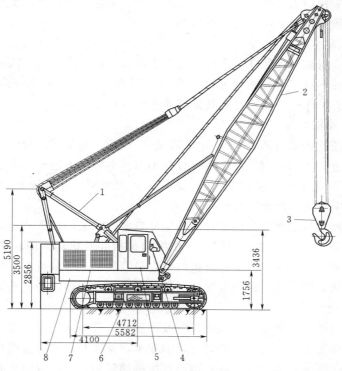

图 5.13　QUY50 型液压履带式起重机外形结构图

1—双足支架；2—起重臂；3—吊钩及滑轮组；4—操纵台；5—驾驶室；
6—履带台车；7—机棚总成；8—上部机构总成

除部分小型起重机采用和汽车式起重机相同的箱形伸缩起重臂外，均采用桁架式起重臂。如 QUY 型起重机的基本臂为 13m，加节后可达 52m。

变幅机构是由变幅卷筒收放变幅钢丝绳，通过固定在双足支架上的复式滑轮组将一端固定在滑轮组上，另一端固定在起重臂顶端滑轮轴上的拉臂绳使起重臂升降。

2. 履带起重机使用和维护

履带起重机使用时，应注意以下几点：

（1）对新购、大修或重新装配的起重机，应按规定进行技术试验，以测定整机技术性能和安全可靠性。

（2）作业前试运转检查各机构工作是否正常，特别在雨雪后作业，应进行起重试吊。

（3）作业范围内不得有影响作业的障碍物。严禁起重机载运人员。

（4）按规定的起重性能作业，不得超载和起吊不明质量的物体，严禁用起重钩斜位、斜吊。

（5）遇大风、大雪、大雨或大雾时，应停止作业，并将起重臂转至顺风方向。

（6）使用两台起重机合力抬吊重大物件时，重物质量不得超过两台起重机所允许起重量总和的 75%。

（7）对操作人员和负责起重作业的指挥人员进行专业培训，熟悉所操作或指挥起重机的技术和起重性能。

（8）履带起重机的维护按日常养护、月度维护、年度维护进行，实行定检维护制。常见履带起重机故障及排除方法见有关参考书。

5.2.1.3　汽车式起重机

起重机的工作机构都安装在载重汽车底盘上的起重机，称为汽车式起重机。其优点是机动灵活，可快速转移，对路面破坏小，但起吊时对工作场地要求较高。适用于流动性大，经常变换地点的作业。其不足之处是安装作业时稳定性差。

1. 汽车式起重机分类

汽车起重机按其传动装置不同可分为机械式（Q）、电动式（QD）和液压式（QY）三种类型。按起重量不同，汽车起重机可分为小型、中型、大型和特大型四类。其中起重量在 120kN 以下者为小型；起重量 160~500kN 者为中型；起重量 650~1250kN 者为大型；起重量 1250kN 以上者为特大型。

目前，汽车起重机的生产厂较多，产品型号更多，以采用液压式起重机较广泛。部分厂家产品见表 5.10。其结构基本相同，工作机构包括起升机构、回转机构、起重臂伸缩机构、变幅机构和支腿机构。其中起升机构由定量液压马达、减速器、离合器、制动器及主、副卷筒等组成；回转机构由定量液压马达、减速器及回转滚动支承等组成。

2. 汽车式起重机使用和维护

汽车式起重机其技术含量、自动化程度及购置费用等高于一般起重机械，须正确使用和维护，延长使用寿命。有关使用管理方面的要求，基本和塔式起重机相似。

实际工作时，影响其稳定性的因素如起重机的倾斜和回转造成的离心力、起升惯性力等。对于新购、大修或重新装配的起重机，应按规定进行空载试验、额定载荷试验和超载试验等。

表 5.10   汽车式起重机主要技术性能

型号		QY12T	QY20R	QY50A	QY16K	QY40	QY25	QY75
最大起重量（t）		120	200	500	160	400	250	750
最大 起升 高度	基本臂	9.11	9.6	12.5	10	11.0	9.8	13.4
	伸缩臂（m）	17	23.3	34	24.4	32.47	24.4	40.6
	副臂	23.04	30.8	48	32.3	46.8	32.4	55.6
最大 起升 幅度	基本臂	7	8	9	8.7	9.53	8	11
	伸缩臂（m）	14	22	29	21.3	28.58	21	35
	副臂	20.5	27	32.5	28.0	41.57	26	40
工作 速度	起升（m/min）	12	10	9.2	100	118	10.8	55.4
	回转（r/min）	2.4	2	2.2	2.1	2	2	1.5
行驶 性能	最大行驶性能(km/h)	75	65	65	69	68	66	30
	最大爬坡能力（%）	20	33	28	32	37		15
	最小回转半径（m）	9.2	9.5	9.5	10.5	12		
整机质量（t）		15.2	26.5	38.5	21.54	37.51	25.8	67.85
生 产 厂		北京起重机厂			徐州起重机厂		长江起重机厂	

在汽车式起重机作业和日常维护中，应注意以下几点：

（1）新购或大修的起重机使用初期，机构零件处于磨合状态，最大起重量不应超过额定最大起重量的75%，不得在无负荷时高速空转发动机和急剧起步、加速及紧急制动等。

（2）作业前将载荷、作业区障碍物、地基等情况调查清楚。遇松软地基或起伏不平地面，要采取垫平措施。

（3）检查各制动器及安全装置是否可靠，各关键部位零件是否紧固以及吊具、索具的牢固程度，确认正常后方可作业。

（4）作业时起重臂下严禁站人，底盘车驾驶室内不得有人。

（5）起吊重物达到额定起重量的90%以上时，不得同时进行两种及以上的操作动作。

（6）注意对液压系统的维护。若其受污染，危害极大，如液压油污染和空气污染。不同品种、不同牌号的液压油不得混合使用，也不得随意代用。

需指出，除汽车式起重机外，轮胎式起重机在工程中也得到应用。其与汽车式起重机一样，是将工作机构安装在自行式充气轮胎底盘上的起重机。在结构、性能用途等方面与汽车式起重机有许多相同之处。其中全液压越野式轮胎式起重机进一步提高了越野式和机动性。

液压式轮胎起重机兼备有轮胎起重机和汽车起重机的优点。行走部分一般采用专用的轮式底盘。其稳定性较好，行驶速度快，对路面破坏性小（图5.14）。

5.2.1.4 塔式起重机

塔式起重机是将起重臂置于型钢格构式塔身上部的一种起重机。作业时有效范围广，是大坝、大型水闸、混凝土预制构件厂及高陡建筑物施工中常用的起重机械。结合工程布置和应用，塔式起重机具有其他起重机械难以相比的优点，主要表现在：

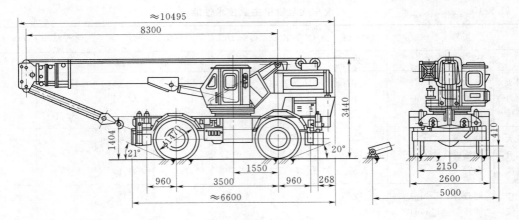

图 5.14 QLY25 型起重机外形结构

（1）起重臂装于塔身顶部，塔身高及有效起升高度大。

（2）起重臂长，有效作业面广。

（3）能同时进行起升、回转、行走、变幅等动作，生产效率高。

（4）与其他起重机相比，结构较为简单，电力操纵动作平稳和安全可靠。

塔式起重机按行走机构分有固定式和自行式，按变幅方式分有动臂变幅式和小车变幅式，按回转方式分有上回转式和下回转式，按升高方式分有外部附着式和内部爬升式。其中自行式起重机可在轨道上负载行走，能同时完成垂直和水平运输，并可接近建筑物，灵活机动，使用方便，但需铺设轨道，装拆较为费时；固定式没有行走装置，塔身固定在混凝土基础上，随着建筑物的升高，塔身可以相应接高，能提高起重机的承载能力。

塔式起重机外形结构及起重特性如图 5.15 和图 5.16 所示。

塔式起重机的部件主要包括：

（1）塔式起重机的钢结构。塔式起重机的钢结构是起重机的骨架，由塔身、起重臂、平衡臂、底架等主要部分组成。塔身是起重机的主体，支承着起重机本体和吊载的重量。塔身结构有固定高度、可变高度之分，大多采用角钢焊接而成。

（2）塔式起重机的工作机构。塔式起重机设有起升、回转、行走、变幅等工作机构。起升机构由电动机、减速器、卷筒和制动器等组成。

（3）塔式起重机的电气设备。每个工作机构都采用独立驱动，即一台电动机通过传动、制动和一整套操纵、控制和保护装置进行驱动，如电动机、中央集电环、操纵、控制电器，保护电器如自动空气开关、熔断器、限位开关等。此外，还有控制、切换用的各种开关、按钮及照明、音响等辅助电器。

（4）塔式起重机的安全装置。为确保安全作业，防止误操作并避免由于误操作而造成的意外事故，构造上配置了各种安全装置，如限位装置、超载保险器等。有些还装设有风速报警装置，及时提醒机组人员采取防范措施。

选择塔式起重机时，可根据施工对起重机的要求如起重量、起升高度、工作幅度及其他技术要求等，查阅塔式起重机技术性能表，通过全面分析加以确定。

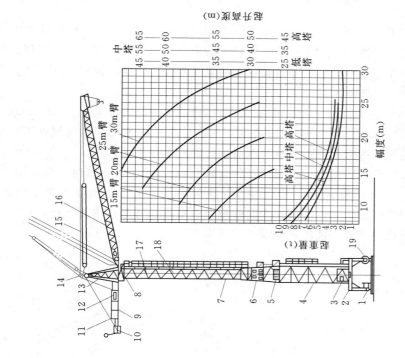

图 5.16　TQ60/80 型塔式起重机外形结构及起重特性

1—电缆卷筒；2—门架；3—中心压重；4—塔身基础节；5—起升机构；6—驾驶室；7—塔身上部节；8—回转机构；9—平衡臂；10—平衡重箱；11—平衡臂拉索；12—变幅机构；13—塔尖节；14—塔帽；15—变幅滑轮组；16—起重臂；17—起升钢丝绳；18—护栏；19—行走机构及台车

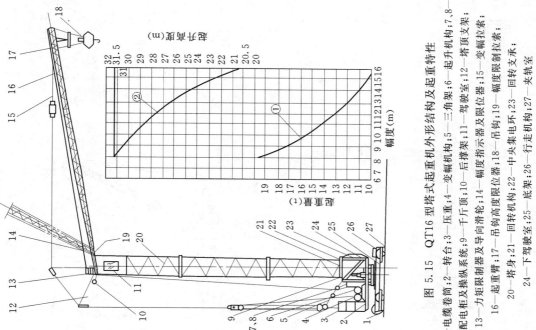

图 5.15　QT16 型塔式起重机外形结构及起重特性

1—电缆卷筒；2—转台；3—压重；4—变幅机构；5—三角架；6—起升机构；7,8—配电柜及操纵系统；9—千斤顶；10—后爬顶；11—驾驶室；12—塔顶支架；13—力矩限制器及导向滑轮；14—幅度指示器及限位器；15—变幅拉索；16—起重臂；17—起重钩高度限位器；18—吊钩；19—幅度限制拉索；20—塔身；21—吊钩高度限位；22—中央集电环；23—回转支承；24—下驾驶室；25—底架；26—行走机构；27—夹轨室

5.2.1.5　门式起重机

门式起重机（门机）的机身下部有一门架，可供运输车辆通行。其起重臂可上扬收拢，特别是混凝土浇筑时便于在较拥挤狭窄的工作面上与相邻门机共浇一仓，可提高浇筑速度。要求起吊设备能控制整个仓面和各高程上的浇筑部位。作业时操作方便，可起吊物料作径向、环向移动，工作效率高。

工程中常用的有 100/200kN、100/300kN、200/600kN 等门式起重机。100/200kN 门式起重机最大起重幅度 40/20m，轨上起重高度 30m。后两种起重机可在高坝施工，减少栈桥层次和高度，也用于中低坝降低或取消起重机行驶的工作栈桥。

国产主要门机、塔机如图 5.17 所示。特别指出，在混凝土工程浇筑时，常采用塔机、门机运输浇筑方案。设立栈桥（图 5.18）时可扩大起重机的工作范围，增加浇筑高度，为起重、运输机械提供行驶线路，以利安全高效施工；对于一些中低水头工程，也可不设栈桥，使得塔机、门机尽早投入使用，但设备搬迁次数增多，如图 5.19 所示。

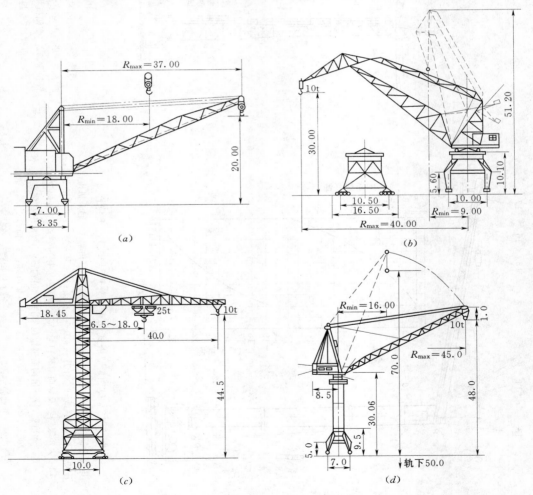

图 5.17 （一）　国产主要门机、塔机（单位：m）

(a) 丰满门机；(b) 四连杆门机；(c) 塔机；(d) MQ540/30 高架门机

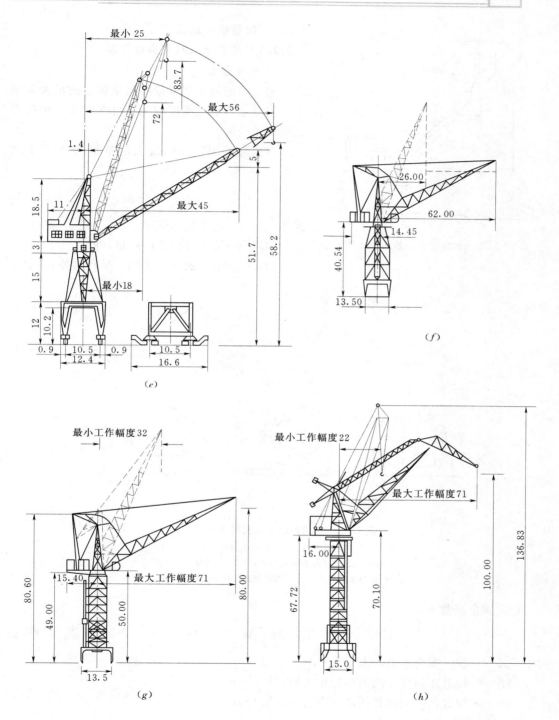

图 5.17（二）　国产主要门机、塔机（单位：m）

（e）SDMQ1260/60 高架门机；（f）SDTQ1800/60 高架门机；

（g）MQ2000 单臂架高架门机；（h）MQ2000 四连杆高架门机

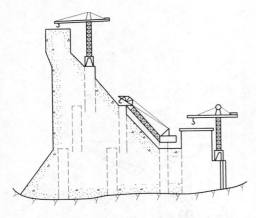

图 5.18 多线多高程栈桥布置图

5.2.2 起重机械选择

5.2.2.1 起重量及起重高度计算

1. 起重量 Q

起重机的最大起重量随起重幅度的增大而减少。起重量与起重幅度的关系可在起重机的技术说明书中查阅。

对应起重幅度下的最大起重量 Q 可按下式确定

$$Q > Q_1 + Q_2 \qquad (5.4)$$

式中 Q——起重机起重量，kN；

      Q_1——货物或设备的质量，kN；

      Q_2——吊具质量（吊钩、吊环除外），kN。

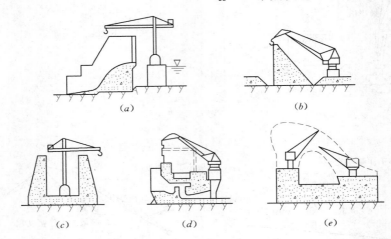

图 5.19 无栈桥门、塔机施工布置图

（a）塔机放在上游围堰顶上；（b）门机放在基坑内的地面上；
（c）塔机放在已浇好的船闸底板上；（d）门机放在已浇好的
厂房尾水平台上；（e）门机放在待加高的坝块上

稳定安全系数 K 为

$$K = M_s / M_t \qquad (5.5)$$

式中 K——稳定安全系数，大于 1.0；

      M_s——位置在倾翻线内侧的稳定力矩，kN·m；

      M_t——位置在倾翻线外侧的倾翻力矩，kN·m。

2. 起重高度 H

起重机的起重高度 H 是指起重吊钩到停机面的垂直距离，其最大值与起重幅度有关。可按下式计算

$$H \geqslant h_1 + h_2 + h_3 + h_4 \qquad (5.6)$$

式中　H——起重高度，m；

　　　h_1——货物、设备高度，m；

　　　h_2——索具高度（包括千斤顶、铁扁担、卸扣等高度），m；

　　　h_3——转运车辆的高度，m；

　　　h_4——起吊后，货物、设备离转运车辆之间的必要间隙，m。

5.2.2.2　金属结构及机电设备吊装

针对金属结构及机电设备吊装，起重设备选择一般应遵守下列原则：

（1）结合构件的外形尺寸、重心位置及单件重量、安装位置的孔洞和通道尺寸确定吊装方法。

（2）宜选用调度灵活、使用效率高的起重设备。

（3）要充分利用施工现场已有的起重设备及吊装能力；使用专用起吊设备时，其安装制作时间要满足安装工期的要求。

（4）电站机组吊装应采用永久起重设备。如水电站厂房桥式起重机等。

（5）附属设备在场内的起重、运输可利用主机设备的起重、运输设备，不宜另行设置。

工程中金属结构吊装机械的种类和适用范围参见表 5.11。

表 5.11　　　　　　　　　　金属结构吊装机械的种类和适用范围

设 备 名 称	适 用 范 围
门座式起重机	起重量为 10～60t，起吊高度 30～100m，活动范围大，行走速度快，适用于加工制造厂、洞口及坝区使用
龙门式起重机	起重量为 5～50t，起吊高度 5～24m，只能在门架范围内起吊，常用于钢管厂、闸门拼装场
履带式起重机	由单斗挖掘机改装而成，最大起重量为 10～50t，行走速度慢，常用于洞口、坝区临时转运
移动式缆索起重机	起重量为 10～20t，活动范围大，但造价高，只能在坝区和土建施工联合使用
汽车起重机	起重量为 5～16t，机动性能好，适合在现场作小型构件的装卸作业
轮胎式起重机	起重量为 16～125t，在用固定支腿作业时，可作大型构件吊装，并可在额定荷载 75％时带负荷行走。机动性能较好，适合在现场作大型构件吊装
简易缆索起重机	在跨越山谷吊运钢管或闸门时使用，起重量根据需要自行设计

注　其他独腿吊杆、人字吊杆等参阅有关规范。

5.3　构件吊装工艺

水利工程施工中，一些构件如装配式结构常需经过绑扎→起吊→就位→固定等多道工序来完成。由于施工现场工种多，干扰大，对构件的吊装工艺与安全技术提出了较高的要求。

5.3.1　吊装工艺

5.3.1.1　绑扎

1. 绑扎吊索的原则

吊装构件的绑扎要求牢固可靠、易于解脱。特别构件在运输、装卸和堆放中的支承点要适当，以免构件发生扭曲和断裂。各吊点吊索作用力的合力作用点称为绑扎中心。要掌握好这个中心与构件重心的相对位置，当这个中心在重心之上，并同在一条铅直线时，则构件可平稳上升；当这个中心在构件重心轴的一侧时，则构件可朝另一侧翻身转动。要注意空间力系的平衡，平稳起吊离地。

2. 不同构件的绑扎法

（1）对长细排架、柱杆、拱梁等构件绑扎，宜用多吊点法，以使其受力均匀，吊装平顺。图 5.20 所示为排架和拱梁的多吊点法，并用示意图介绍其走丝。

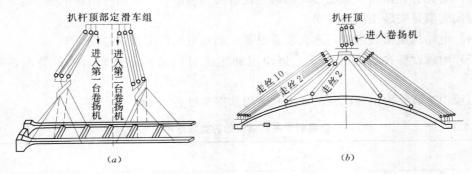

图 5.20　多吊点法和走丝示意图

(a) 排架多吊点法；(b) 拱梁多吊点法

一般排架采用两台卷扬机起吊，起重索走丝分两部分；拱梁用一台卷扬机，起重索不分部分。当吊点、绳索水平夹角已定时，走丝能调整力的大小。

（2）吊装大型钢筋混凝土构件时，常采用专用的吊架。图 5.21 所示为几种常用的吊装形式。其中图 5.21（a）为横吊梁吊装大跨度预应力桁架，它能降低吊索高度，并能有

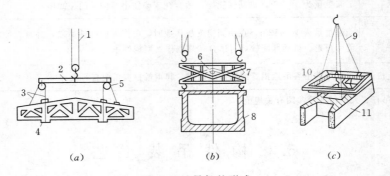

图 5.21　吊架的形式

(a) 横吊梁；(b) 蝴蝶铰吊梁；(c) 吊框

1—起重滑车组；2—横吊梁；3—千斤绳；4—预制桁架；5—平衡滑车；6—转轴；
7—蝴蝶铰；8—预制渡槽槽身；9—吊索；10—吊框；11—构件

效地减少吊装中产生的水平挤压力。吊梁两端装有平衡滑车，可使多个吊点受力均匀。图5.21 (b) 为蝴蝶铰吊梁。当使用两套起重滑车组抬吊构件时，它能消除因滑车上升速度不同而引起的构件倾斜和受力不均现象。图5.21 (c) 为吊框，可根据构件大小用硬木或型钢制成。吊框为吊索，这样可使吊框承受吊索引起的水平挤压力。

对于槽形薄壳的吊装，应特别注意防止水平挤压力，除上述措施外，还应在槽内设置木撑加固。

(3) 拱形构件一般是受压为主的压弯构件，在起吊运输中，应防止其变形开裂。对于短而轻的拱肋，可采用两个吊点，位置应靠近两端 $(0.18 \sim 0.19) L$（L 为构件长）处，吊点的连线应在拱肋弯曲平面重心轴以上，以保持起吊时平衡。拱段较长而高度较小的拱肋常采用四吊点，并在每两个吊点间设平衡滑车，改善受力情况，采取各种临时加固措施，如托架、拉撑杆、拉绳等，如图5.22 所示。

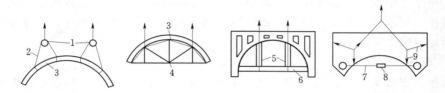

图 5.22　拱形构件的绑扎

1—平衡滑车；2—千斤绳；3—拱肋；4—托架；5—吊杆；6—撑杆；

7—临时加固拉杆；8—花篮螺丝；9—绑扎的钢索

(4) 对于厂房建筑物的梁、大板和屋架的绑扎，吊索应绑扎在屋架节点上或靠近节点，吊索的水平夹角，翻身不宜小于 60°，起吊不宜小于 45°。绑扎中心必须在屋架重心之上。

5.3.1.2　起吊

1. 升起

当吊装的构件不需水平移动或水平移动很小，而只需升起就地安装时，可采用吊升和顶升的方法。可用拔杆、起重机吊升，用千斤顶顶升升起高度不大的笨重物体。

2. 翻转

有些混凝土构件，如 U 形薄壳渡槽、拱肋和桁架等，在预制时往往是倒置或平放的，吊装前必须翻转 90° 或 180°。构件翻转的方法较多，一般有地面翻转和吊空翻转两种。

以渡槽槽身为例（施工方法见后），地面翻转方法是在两端端肋的一侧各绑一个木杆，木杆上端用钢丝绳并通过平衡滑轮与布置在两侧的绞车相连。绞车一松一紧，就可使槽身翻转 90°，然后将木杆重新绑在两端端肋顶面，再翻转 90° 即成。此法可使槽身受力均匀和不致受扭。空中翻转（图5.23）可采用两根拔杆抬吊，也可采用缆式起重机。槽身翻转时，可采用双吊点或四吊点。拴绳一边长一边短，短绳提升，长绳下降，槽身就翻向拴长绳的一边。翻转可以一次完成，也可分两次完成。

3. 转起

对于长细杆件，如柱、杆可采用旋转法或滑行法起吊，详见5.4.1.2。

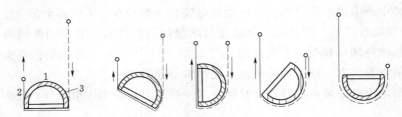

图 5.23　吊空翻转渡槽槽身过程

1—槽身；2—短绳；3—长绳

5.3.1.3　就位与临时固定

就位前用测量工具在构件安装位置处放出定位轴线、高程控制线及平面坐标，然后起重设备起吊构件对正位置缓缓降落。

柱、排架、桁架、拱肋等构件就位后，应立即临时固定，以使起重机尽快脱钩。工程中常用钢楔、硬木楔、顶撑、拉杆、钢丝绳及钢筋拉条等临时固定构件，应保证构件校正方便及固定过程中不倾倒。

5.3.1.4　校正

全面校正安装构件的标高、垂直度、平面坐标等，使符合设计和施工验收规范的要求。可以通过撬动撬杆，松、紧楔子，千斤顶推及调整顶撑、拉杆、拉条等进行，并加垫钢片或焊接，以控制标高和垂直度。

5.3.1.5　最后固定

构件校正后，应立即按设计要求的连接方法，进行最后固定。如柱与杯口、拱脚与拱座、拱肋接头的间隙，应用高强度微湿砂浆、环氧砂浆或环氧混凝土等填实封堵。

对于预制混凝土结构构件及大型钢、木构件吊装，其记录填写式样见表 5.12。

表 5.12　　　　　　　　　　构件吊装记录　　　　　　　编号：_____

序　号	构件名称及编号	安装位置	安装检查				备注
			搁置与搭接尺寸	接头（点）处理	固定方法	标高检查	
工程名称							
使用部位			吊装日期				

结论：

施工单位				
专业技术负责人		专业质检员		记录人

5.3.2　吊装安全技术

吊装作业时，须严格遵守相关的操作规程。同时，还应特别注意以下几点：

（1）参加吊装作业的人员必须经过体格检查。在开始吊装前，应进行有关吊装施工方法、施工组织设计、安全技术规程等方面的交底和训练。

（2）吊装工作开始前，应检查起重、运输设备、吊装设备及夹具、索具是否有损坏或松动的现象。

（3）吊装工作开始前，应有详细施工组织设计，并派专职技术人员，直接参加吊装工作的进行。

（4）在带电的电线下进行吊装工作时，工作的安全条件应事先取得机电安装部门的同意。不要使吊杆、吊钩、钢丝绳等碰到电线上，其相隔距离不得小于 2m。

（5）起吊构件时，提升或下降要平稳，不准有急动和冲击现象。

（6）吊装工作区域，应禁止非工作人员入内，并且要标出临时围栏。起重机在进行工作时，臂杆下不得停留人员。

（7）起重机在停工时间，起动装置应关闭加锁，吊钩必须升到高处，以免摇动碰人。

（8）在强风（6 级风以上）情况下，禁止进行吊装工作。

（9）电焊工在工作时应戴带有护目镜的面罩。

（10）在潮湿地点工作时，电焊工应当穿胶靴。

（11）进行安装工作时，应设专人负责指挥起重机司机进行工作，司机必须按指挥人的各种信号进行操作。信号应事先统一规定。

5.4 渡 槽 施 工

渡槽是一种跨越性的输水建筑物，有预制装配式施工、现浇混凝土施工及浆砌石施工法。近年来为解决现浇大型 U 形渡槽的抗裂、抗弯问题，应用了现浇后张无黏结预应力技术。

5.4.1 装配式渡槽施工

装配式渡槽施工包括预制和吊装两个施工过程。与现浇式渡槽相比，它有简化施工、缩短工期、提高质量、减轻劳动强度、节约钢木材、降低工程造价等优点。吊装机械设备的选择见 5.1 节和 5.2 节。

5.4.1.1 构件的预制

1. 排架的预制

排架是渡槽的支承构件，为便于吊装，一般在就近槽址的场地预制。可采用地面立模和砖土胎模施工。

（1）地面立模。在平坦夯实的地面上，按排架形状放样定位，用配比为 1：3：8 的水泥黏土砂浆抹面厚约 0.5～1cm，压抹光滑作为底模。立上侧模后，涂刷隔离剂，再安放好事先绑扎好的钢筋骨架，即可浇筑混凝土。拆模后，当强度达到 70% 时，即可移出存放，以便重复利用场地。

（2）砖土胎膜。其底模和侧模采用砌砖或夯实土做成，与构件的接触面用水泥黏土砂浆抹面，并涂上脱模剂，即可绑扎钢筋浇制构件。用夯土制作的土模，必须先用木胎作母模夯筑成型。

2. 槽身预制

为便于预制后直接吊装，整体槽身预制宜在两排架之间或排架一侧进行。槽身的方向可以垂直或平行于渡槽的纵向轴线，根据吊装设备和方法而定。要避免因预制位置选择不当，而在起吊时发生摆动或冲击现象。

U形薄壳梁式槽身的预制有正置和反置两种浇筑方式。正置浇筑是槽口向上，其优点是内模拆除方便，吊装时不必翻身，但底部混凝土不易捣实，适用于大型渡槽或槽身不便翻身的情况。反置浇筑是槽口向下，其优点是易捣实，混凝土质量易保证，缺点是增加了翻身工序。常用木内模有折合式、活动支撑式等。对于中小型工程，槽身预制还可采用砖模、土模等（图5.24）。

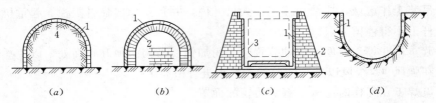

图 5.24　砖土材料内外模
(a) 反置土内模；(b) 反置砖内模；(c) 正置砖外模；(d) 正置土外模
1—1：4水泥砂浆层，厚3～5mm；2—砖砌体；3—槽身；4—填土

5.4.1.2　渡槽吊装

1. 排架吊装

吊装方法通常有滑行法和旋转法两种。

(1) 滑行法。由吊装机械将排架一端吊起，另端沿地面滑行，竖直后吊离地面，再插入基础杯口中。校正位置后，可按设计要求做好排架与基础的接头。

(2) 旋转法。排架预制时使架脚靠近基础杯口。吊装时，以起重机吊钩拉吊构件顶部使排架绕架脚旋转，直立后吊起插入基础杯口，再校正、固结。如在杯口一侧留出供架脚滑入的缺口，并于基础和排架适当位置预埋铰圈，则排架脚可在吊装中不离地面而滑入杯口。

2. 槽身吊装

槽身吊装按起重设备架立的位置不同，有以下几种：

(1) 起重设备在渡槽两侧地面。起重设备在地面组装、拆卸、转移都较方便，且稳固安全。但要求起重设备高度大，易受地形限制，特别是跨越河床水面时，起重设备的架立、移动都比较困难。此法适用于起吊高度不大、地势较平坦的渡槽吊装。

吊装方式可选用独脚扒杆、悬臂扒杆、桅杆式起重机或履带式、汽车式起重机等。

(2) 起重设备立在排架或槽身上。此法不受地形限制，起重设备的高度不大，但设备的装拆和移动须在高空进行。有些吊装方法会使已架立的排架承受较大的偏心荷载，必须对排架结构进行加强。

吊装方法如槽身上设置双人字悬臂扒杆吊装、排架顶上设置龙门架吊装槽身等。

(3) 起重设备立在两岸高地。利用两岸高地架设固定式简易缆索式起重机，如图5.25所示。当渡槽横跨峡谷、两岸地形陡峻，构件无法在河谷内预制时，可采用缆机吊装。

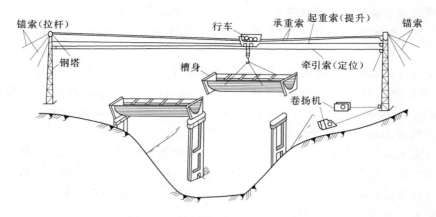

图 5.25　简易缆索起重机吊装槽身

5.4.2　现浇预应力钢筋混凝土槽身施工

对于大型 U 形渡槽的现浇施工，主要需解决抗裂抗渗问题。若采用预应力钢筋混凝土结构不仅能提高混凝土的抗裂性、抗渗性与耐久性，减轻构件自重，并可节约钢筋 20%～40%。制造预应力钢筋混凝土构件的方法基本上可分为先张法和后张法两大类。

1. 先张法

在浇筑混凝土之前，先将钢筋拉张固定，然后立模浇筑混凝土。待混凝土完全硬化后，去掉拉张设备或剪断钢筋。利用钢筋弹性收缩的作用，通过钢筋与混凝土间的黏结力把压力传给混凝土，使混凝土产生预应力。先张法施工设备如图 5.26 所示，它包括台座、承力架、加拉螺杆和螺母、夹具等。

台座是先张法的基本设备有槽式台座和墩式台座两种。槽式台座加盖后可以进行蒸汽养护以加速周转，并能承受较大荷载。

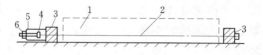

图 5.26　先张法施工

1—待浇混凝土；2—预加应力钢筋；3—台座；
4—夹具；5—承力架；6—加拉螺帽

承力架承受张拉力，并传给台座。张拉力是由螺杆螺母的相对运动而产生的，螺杆的拉力通过螺母作用在承力架上。夹具主要用来固定钢筋。

2. 后张法

后张法就是在混凝土浇好以后再张拉钢筋。这种方法是在设计配置预应力钢筋的部位预先留出孔道，等到混凝土达到设计强度后，再穿入钢筋进行张拉。张拉锚固后，让混凝土获得压应力，并在孔道内灌浆，也有不灌浆的无黏结预应力钢筋混凝土施工法，最后卸去锚固外面的张拉设备。

后张法不用台座，它直接利用构件当台座，因此它适用于大型构件。施工工序比较复杂（较先张法多留孔、穿筋、灌浆等工序），但预应力钢筋可按曲线布置，能做大型构件分块制作的拼装等。

【工程实例】　东江—深圳供水改造工程

东江—深圳供水改造工程的建设任务是建设专用输水系统，以保证供水水质，并适当增加供水能力以解决深圳市和东莞市沿线地区用水的要求。工程全长 51.7km（包括沙湾隧洞工程），主要建筑物包括 3 座供水泵站、4 座渡槽、7 条隧洞、5 条混凝土倒虹吸管等。

渡槽是东江—深圳供水改造工程主要的跨越性输水建筑物，其 U 形薄壳渡槽，具有"高、大、重、薄"四大特点，断面宽×高为 8m×6.9m；跨度有 12m 和 24m 两种，壳槽壁厚 300mm，最大墩高为 20m。由于体形和重量大，考虑装配式施工难度很大，采用了现浇预应力钢筋混凝土施工方案。纵向 12m 跨度的槽身采用普通钢筋混凝土结构，24m 跨度的槽身采用后张有黏结预应力混凝土结构。预应力筋采用 7ϕ5 高强低松弛钢绞线。预应力筋孔道预埋波纹管，单端张拉预应力筋，张拉端锚具为 HVM 圆锚，锚固端为挤压型 P 锚。张拉锚固完成后，纵向预应力筋孔道用含 10%UEA 微膨胀剂和 2‰SP406 高效减水剂的水泥砂浆进行真空灌浆封堵。

本　章　小　结

工程中吊装用索具设备包括绳索、吊具、滑车、倒链、绞磨、卷扬机、千斤顶及地锚等，其中常用钢丝绳一般为 6×19+1、6×37+1、6×61+1 三种，按捻制方法分为交互捻、同向捻及混合捻三种类型。

起重机械（如塔式、门式起重机等）广泛应用于混凝土的垂直运输、构件和材料运输中的装卸及构件吊装就位安装等，主要性能参数有起重量、工作幅度、起重力矩、起升高度及工作速度等，是一种对重物能同时完成垂直升降和水平移动的机械。其中缆机由主塔架、索道系统、主机房等组成，有辐射式、平移式、固定式等布置，常用于架设桥梁、安装渡槽、厂房、吊运材料、设备及混凝土等，尤其适合于高山峡谷地形，跨距较大的情况。

构件吊装一般需经过绑扎→起吊→就位→固定等多道工序，吊装时须严格遵守相关的操作规程，做好安全技术控制。对于装配式渡槽施工，包括预制和吊装两个施工过程。制造预应力钢筋混凝土构件的方法基本上可分为先张法和后张法两大类。

职　业　训　练

起重机械选择与安全控制

（1）资料要求：工程资料和图纸。

（2）分组要求：3～6 人为 1 组。

（3）学习要求：①熟悉常用起重机械的主要特点和适用范围；②进行起重机械的选择（起重量、起重高度、数量等）；③编制吊装安全技术措施。

思　考　题

1. 吊装工程中常用索具设备有哪些？简述其使用特点。

2. 工程中常用钢丝绳有哪几种？性能有何不同？

3. 安装卷扬机时应注意哪些问题？

4. 简述缆机的布置特点。

5. 履带起重机与塔式起重机有何不同？试加以简述。

6. 简述门式起重机与塔式起重机的使用特点。

7. 构件的吊装需经过哪些工序？

8. 渡槽槽身预制的方法有哪些？

9. 何谓先张法和后张法？试比较它们的不同点。

第6章 灌 浆 工 程

学习要点

【知 识 点】 掌握岩基灌浆、砂砾石灌浆施工工艺；掌握混凝土坝接缝灌浆工艺流程；了解土坝劈裂灌浆、化学灌浆施工。

【技 能 点】 能进行灌浆施工、灌浆作业质量控制。

【应用背景】 水利工程建设中，"稳固基础"应具备可靠防渗性、耐压性和均质性，而天然地基一般很难满足这些要求。除了浅层开挖处理外，灌浆技术应用越来越广泛，特别是处理复杂的地质条件和建筑物缺陷的项目越来越多，如坝基和坝体接缝、砂砾石地基、隧洞及围堰防渗、病险水库加固等。就水工建筑物灌浆目的和要求而言，主要有岩基灌浆、砂砾石地基灌浆、混凝土坝接缝灌浆、岸坡接触灌浆、土坝劈裂灌浆等。

6.1 灌 浆 基 本 知 识

6.1.1 灌浆种类

灌浆是利用灌浆机或浆液自重施加一定的压力，将具有胶凝性和流动性的浆液按规定的浆材配比，通过预先设置的钻孔和灌浆管（预埋管路），灌入岩石地基、土或建筑物中，使其充填胶结成坚固、密实而不透水的整体。

按灌浆目的和要求，灌浆工程主要有以下几种。

1. 固结灌浆

固结灌浆是用浆液灌入岩体裂隙或破碎带，以提高岩体的整体性、均匀性和抗变形的能力。其作用主要表现在：

（1）提高基岩的弹性模量，增强其整体性，提高基岩的承载力。

（2）增加坝基岩石的密实度，降低岩体的渗透性。

（3）帷幕上游面的固结灌浆孔，可起辅助帷幕的作用。

坝基灌浆时，其灌浆范围和孔深，主要根据坝型、坝基地质条件、岩石破碎情况和岩石应力等因素而定。在坝基岩石较差且坝体较高时，多进行全面的固结灌浆。对于断面较大重力坝，在基岩条件较好及坝基应力不大时，可只对上下游应力大的部位进行灌浆。对其他地质情况如断层、破碎夹层等，应针对具体情况专门布孔。

固结灌浆一般在岩石表面钻孔灌浆，深度较浅，呈"面状"分布。如在坝基岩面多采用梅花形或方格形布孔。钻孔间距由节理裂隙的密度、产状和渗透性等情况而定。一般孔距为 2～4m，局部地区视情况加密。固结灌浆要求较高时，可进行灌浆试验；固结灌浆的孔深一般为 5～8m，个别工程有的达到 15～30m。一般采用群孔冲洗和群孔灌浆。

钻孔一般为直孔。对于已知产状的断层破碎带及大裂隙，可采用斜孔。

2. 帷幕灌浆

帷幕灌浆是用浆液灌入岩体或土层的裂隙、孔隙，形成阻水幕，以减小渗流量或降低扬压力的灌浆。通常在坝体迎水面下的基础内，形成一道连续而垂直或向上游倾斜的幕墙。设计和施工中多采用单孔灌浆，孔较深且灌浆压力较大，如图 6.1 所示。

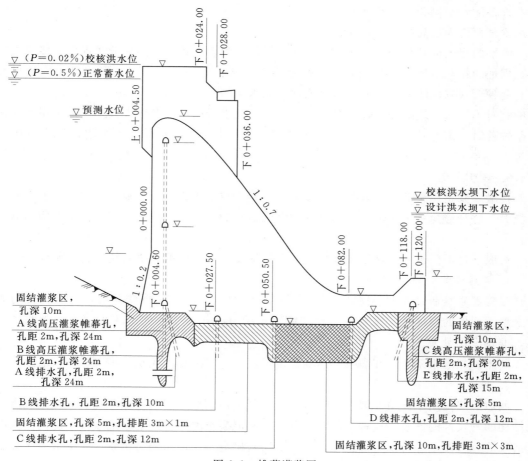

图 6.1　帷幕灌浆图

帷幕灌浆钻孔较深，由 1 排或 2～3 排组成，呈 "线形" 分布。其设计包括平面布置、帷幕伸入两岸的长度、幕深、幕厚（排数）。同时设计中确定灌浆的孔距、排距、压力、浆材、施工方法及工艺等，一般可通过灌浆试验取得。

帷幕灌浆设计的基本资料有：

（1）建筑物地基的地质条件。查明影响渗透稳定的地质缺陷和水文地质条件，如裂隙、节理、断层破碎带、软弱夹层及溶洞等的发育程度、分布特征、产状、充填物情况和地下水的动态，了解岩石的渗透性、相对不透水层深度等。

（2）灌浆试验资料。选择有代表性的地段，进行灌浆试验，获得所需设计参数。如孔距、排距、灌浆压力、灌浆材料、浆液配比、钻灌方法与施工工艺、材料消耗等。

灌浆帷幕一般设在大坝上游坝踵附近的压应力区，在专设的廊道内施工。灌浆廊道一般布置在距上游坝面 0.07～0.1 倍坝面水头处，并不小于 3m。有时为增加坝体的稳定性或把某些大的断裂置在帷幕之后便于处理，将帷幕前移，设在坝前水平铺盖的前沿。

实际工程中，为降低坝基扬压力，多数在坝体内同时布置帷幕和排水。排水孔一般布置在帷幕的背水侧，其深度可取帷幕深的 1/2～2/3。我国一些大坝在一般地质条件时，常用帷幕深度为坝高的 0.3～0.7 倍。

帷幕的形式依其是否接到相对不透水岩层而分为接地式帷幕和悬挂式帷幕。接地式帷幕是坝址的相对不透水层埋藏较浅，帷幕能深入到相对不透水岩层，形成封闭式的阻水幕。此种形式帷幕防渗效果最好。一般深入隔水层的深度要求为 3～5m；悬挂式帷幕是坝址的相对不透水层埋藏较深，帷幕不接到相对不透水岩层，防渗效果较差。当采用悬挂式灌浆帷幕时，需与其他的防渗措施配合使用，如在上游设置铺盖，下游增设排水减压措施等。

3. 接触灌浆

接触灌浆是用浆液灌入混凝土与基岩或混凝土与钢板之间的缝隙，以增强接触面的结合能力，这种缝隙是由于混凝土的凝固收缩而造成的。在固结灌浆的部位，结合固结灌浆进行。

一般通过混凝土钻孔压浆或在接触面埋设灌浆盒及相应的管道系统进行灌浆。

4. 接缝灌浆

接缝灌浆是通过埋设管路或其他方式将浆液灌入混凝土坝体的接缝，以改善传力条件，增强坝体的整体性。其特点是预埋灌浆系统复杂，各工序间干扰大，施工制约条件多，准备工作量大。

利用预埋灌浆系统，在灌浆区达到稳定温度时，对混凝土建筑物施工缝进行灌浆。

5. 回填灌浆

回填灌浆是用浆液填充混凝土与围岩或混凝土与钢板之间的空隙和孔洞，以增强围岩或结构的密实性的灌浆，这种空隙和孔洞是由于混凝土浇筑施工的缺陷或技术能力的限制所造成的，如图 6.2 所示。如隧洞顶拱岩面与衬砌混凝土面、压力钢管与底部混凝土接触面等。

6.1.2   灌浆材料

灌浆材料分为两类：一是固体颗粒材料，如水泥、黏土、粉煤灰等制成的浆液（悬浮液）；二是化学灌浆材料，如环氧树脂、甲凝等制成的浆液（真溶液）。灌浆材料应根据灌浆目的和环境水的侵蚀作用等由设计确定。实际工程中，如水泥灌浆、水泥黏土灌浆、黏土灌浆、沥青灌浆和化学灌浆等。现主要介绍水泥灌浆、黏土灌浆和化学灌浆。

6.1.2.1   水泥灌浆

水泥灌浆一般采用纯水泥浆液，其要求颗粒细、稳定性好、胶结性强、耐久性好。水泥标号越高，颗粒越细，就越能填塞细小裂隙。一般情况下，可采用硅酸盐水泥或普通硅酸盐水泥。当有抗侵蚀或其他要求时，应使用特种水泥。

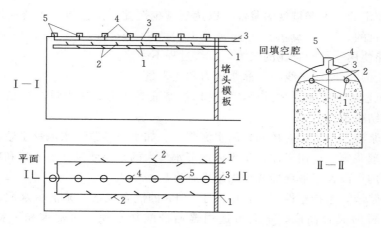

图 6.2　隧洞（预埋管路式）回填灌浆系统示意图
1—进回浆主管；2—出浆支管；3—排气主管；4—排气支管；5—风钻孔

1. 基本要求

（1）使用矿渣硅酸盐水泥或火山灰质硅酸盐水泥灌浆时，因其早期强度低、稳定性差等，浆液水灰比不宜稀于 1。

（2）回填灌浆、固结灌浆和帷幕灌浆所用水泥的强度等级须为 32.5 或以上。

（3）坝体接缝灌浆所用水泥的强度等级须为 42.5 或以上。

（4）水泥细度对灌浆效果有重要影响，帷幕灌浆和坝体接缝灌浆所用水泥的细度宜为通过 $80\mu m$ 方孔筛的筛余量不大于 5%。

（5）钢衬接触灌浆和岸坡接触灌浆所用水泥的强度等级和细度，可参考坝体接缝灌浆的要求。

纯水泥浆液一般不再进行室内试验。其他类型浆液应根据工程需要，有选择地进行相关性能试验，如掺合料的细度和颗分曲线、浆液的流动性或流变参数、浆液的沉降稳定性、浆液的凝结时间及结石的容重、强度、弹性模量和渗透性等。

2. 其他类型浆液

近年来，一些特殊浆液应用于灌浆工程中，减少了水泥用量，节省了投资，并简化灌浆工艺。在特殊地质条件下或有特殊要求时，根据现场灌浆试验论证，可选用下列类型的浆液。

（1）稳定浆液。系指掺有稳定剂，2h 析水率不大于 5% 的水泥浆液。如对于遇水性能易恶化的岩石或注入量较大的洞穴等，稳定浆液灌浆得到推广应用，如灌浆过程的控制采用 GIN（灌浆强度值）等方法。江垭大坝、小浪底、三峡水电站等工程就采用此法，取得良好效果。

下面对 GIN 法进行简单介绍。

GIN（灌浆强度值）法即对任意孔段的灌浆，都是一定能量的消耗，此能量消耗的数值，近似等于该孔段最终灌浆压力 P 和灌入浆液体积 V 的乘积，$GIN = PV$。由于灌浆过程 GIN 为常数，在压力～注入量坐标系上，GIN 曲线是一条双曲线，再加上对最大灌浆压力和最大注入量的限制，组成了一条对灌浆过程控制的包络线。其技术要点如下：

1）应用稳定的、中等稠度的浆液，以达到减少沉淀，防止阻塞渗透通道和获得紧密的浆液结石的目的。

2）尽可能使用一种配合比的浆液，灌浆过程不变浆。

3）用选定的 GIN 包络线控制灌浆压力和注入量。

4）计算机监测和控制灌浆过程，实时地控制灌浆压力、注入量，绘制 $P \sim V$ 过程曲线，掌握灌浆结束条件。

（2）混合浆液。系指掺有掺和料的水泥浆液。如水泥砂浆、水泥黏土浆、水泥粉煤灰浆、水泥水玻璃浆等。适用于注入量大或地下水流大的地层灌浆。加入掺和料是为了降低浆液造价，有的可改善浆液性能或增加结石强度。

（3）膏状浆液。系指塑性屈服强度大于 20Pa 的混合浆液。浆液由水泥、黏土、粉煤灰、减水剂等材料混合而成。水泥可选用普通硅酸盐水泥。通常水和干料的质量比为 $1:1.8 \sim 1:2.4$。

与普通浆液相比，具有较高的屈服强度、较大的塑性黏度及良好的触变性能，在大孔隙地层的扩散范围具有良好的可控性。适用于大孔隙（如岩石宽大裂隙、溶洞等）、堆石体的灌浆。如小湾水电站围堰防渗帷幕应用，效果良好。

（4）细水泥浆液。适用于微细裂隙岩石和张开度小于 0.5mm 的坝体接缝灌浆。可采用干磨细水泥浆液、超细水泥浆液和湿磨细水泥浆液。干磨细水泥是将普通水泥通过振动研磨法进一步磨细，最大粒径 D_{max} 在 $35\mu m$ 以下，平均粒径 D_{50} 在 $6 \sim 10\mu m$；超细水泥是用特殊方法磨细的水泥，最大粒径 D_{max} 在 $12\mu m$ 以下，D_{50} 在 $3 \sim 6\mu m$；湿磨细水泥是将水泥浆液通过湿磨机在施工现场磨细，边磨边灌。其细度与机型、研磨时间及研磨遍数有关。

3. 常用外加剂

根据灌浆工程的需要，在水泥浆液中，可加入下列外加剂：

（1）速凝剂，水玻璃、氯化钙等。

（2）减水剂，萘系高效减水剂、木质素磺酸盐类减水剂等。

（3）稳定剂，膨润土及其他高塑性黏土等。

为节省水泥，在吸浆量大的地方可加砂、黏土、石粉、粉煤灰（如Ⅰ、Ⅱ或Ⅲ级粉煤灰）等掺和料。帷幕灌浆时，为提高帷幕密实性，改善浆液性能，可掺适量黏土和塑化剂，一般黏土量不超过水泥重量的 5%。固结灌浆采用纯水泥浆或水泥砂浆，不能掺加黏土。接触灌浆不加掺和料，只用较高标号的水泥浆。

6.1.2.2　黏土灌浆

一般土层或砂砾石地基灌浆，采用黏土浆液作为灌浆材料。浆液是将土料经过浸泡、搅拌、筛滤净化拌制而成。对于土坝或砂砾石地基灌浆而言，其土料有不同的要求。如砂砾石地基灌浆，多选用粘粒含量不少于 $40\% \sim 50\%$、粉粒含量不超过 $45\% \sim 50\%$、砂粒含量不大于 5%、塑性指数为 $10 \sim 20$ 的亚黏土或黏土。

帷幕灌浆多采用水泥黏土浆，以改善浆液的胶结性能和提高结石强度，加速固结，在水下能继续凝固。一般水泥与土料的比例为 $1:1 \sim 1:4$，浆液稠度水和干料的比例一般在 $1:1 \sim 6:1$。水泥黏土浆成本低，但结石强度不高，仅用于对强度要求不高的岩基灌浆中。

6.1.2.3 化学灌浆

化学灌浆是将有机高分子材料所配制的浆液，灌入到需要处理的部位如地基或建筑物裂隙中，经胶结固化后，达到防渗堵漏、补强加固的目的。在灌浆区或岩石缝隙很小，地下水流速又较大，颗粒材料难以灌入或防渗加固的要求较高，使水泥灌浆较困难且不能满足设计和施工要求时，可采用化学灌浆材料。

化学灌浆抗渗性好，强度较高，但工程费用较昂贵。工程中常用的化学灌浆材料及施工方法见后叙述。

工程施工中，无论采用哪一种灌浆材料，灌浆结束后应注意妥善处理废弃浆液，特别对化学灌浆材料要经过特殊处理而不须直接排入河道，防止污染环境。

6.1.3 灌浆施工前期工作

根据工程应用，灌浆工程施工前应取得下列设计文件或相应的资料：

（1）施工详图和设计说明书。如混凝土坝接缝灌浆要有坝体结构、灌浆分区和灌浆设计说明书等。

（2）灌浆区工程地质和水文地质资料。

（3）灌浆施工组织设计。

（4）灌浆试验报告。现场灌浆试验如基岩帷幕灌浆、固结灌浆等。

（5）灌浆施工技术要求。

（6）灌浆质量标准和检查方法。

同时，必须做好如下准备工作：

（1）风、水、电供应可靠，必要时宜设置专用管路和线路。

（2）制定妥善的环保和劳动安全措施，如钻渣、污水和废浆不得随意排放，廊道、井洞内作业应有良好的照明和通风条件等。

（3）灌浆工程中的各个钻孔要统一分类和编号。

（4）重要工程的帷幕灌浆和高压固结灌浆，应使用灌浆自动记录仪。

6.2 岩 基 灌 浆

岩基一般需要进行固结灌浆、帷幕灌浆和接触灌浆，以提高和改善岩基的强度、整体性和抗渗性。按灌注材料不同，分水泥灌浆、水泥黏土灌浆和化学灌浆等。现结合水泥灌浆，介绍岩基灌浆施工工序：

$$钻孔 \longrightarrow 裂隙冲洗 \longrightarrow 压水试验 \longrightarrow 灌浆 \longrightarrow 封孔$$

6.2.1 钻孔

钻孔前，应用测量仪器正确放出灌浆孔的位置，帷幕灌浆还需测出各孔高程。

1. 钻孔设备

固结灌浆、帷幕灌浆孔多采用回转式钻机，如 XU-100 型、SGZ-1A 型、SGZ-ⅢA 型等，也可采用冲击式或冲击回转式钻机，如手持 01-30、气腿 YT-28 手风钻、DQ-100B 潜孔钻等，常用主要钻机名称、型号、性能可参考有关手册。钻孔常用管材见表 6.1。

表 6.1   回转式取芯钻机常用钻具专用管材表

名　　称		规　　格			备　注
		外径（mm）	壁厚（mm）	重量（kg/m）	
钻杆		42	5	4.5	
		50	5.5	6.0	
岩芯管		54.5	4～4.5	5.0	配 56mm 金刚石钻头
		57.5	4～4.5	5.3	配 60mm 金刚石钻头
		73.0	4.5	7.7	配 76mm 钻头
		89.0	4	8.4	配 91mm 钻头
		108.0	4.25	10.9	配 110mm 钻头
		127.0	4.5	13.6	配 130mm 钻头
		146.0	4.5	15.7	配 150mm 钻头
钻头外/内径	金刚石	56/40			配 56.5mm 扩孔器
		66/50			配 66.5mm 扩孔器
		76/60			配 76.5mm 扩孔器
	钢粒	91/73	9	18.2	
		110/90	10	24.7	
		130/110	10	29.6	
		150/130	10	34.5	

2. 钻孔方法

使用回转式取芯地质钻机时，可采用金刚石钻头或钢粒钻头。目前，多采用金刚石钻头，因其钻进岩粉少，钻进效率和岩芯采取率较高，孔径较均匀，钻头直径小而携带使用方便。常用金刚石钻头有 46mm、56（60）mm、66mm、76mm 等。根据需要也可制成 91mm、100mm、110mm、130mm、150mm 等规格。在钻孔过程中，需连续不断地向孔内供水（冲洗液），其作用为冷却钻头，排除孔底岩粉、减轻钻杆与孔壁的磨擦，保护孔壁，提高转速。一旦供水中断，不仅烧毁钻头，而且还会造成孔内事故。一般孔深 100m 以内的钻孔，供水量约 50L/min，水压不低于 0.3～0.5MPa。非灌浆的钻孔，当孔深、孔径较大或地层较复杂时，可在冲洗液中加入润滑剂或改用泥浆做冲洗液。

使用冲击回转式钻机时，可采用硬质合金钻头。孔深不超过 5m 的固结灌浆浅孔多采用手风钻，5m 以上的深孔固结宜采用潜孔钻。

钻孔深度小于 10m 时，也可采用移动方便的风钻或架钻。孔径一般为 75～91mm，检查孔径为 110～130mm。

3. 钻孔技术要求

灌浆的质量和效果与钻孔的质量密切相关。施工中要求孔深、孔向、孔位符合设计要求，孔径上下均一且孔壁平顺，使灌浆栓塞能卡紧卡牢，灌浆时不致产生返浆。钻进施工中若产生过多的岩粉细屑，易堵塞孔壁的缝隙，直接影响灌浆质量。可见，选用合适的钻具，严格遵守钻孔工艺要求，是保证钻孔质量的重要措施。

（1）孔径。规范明确帷幕灌浆孔宜采用回转式钻机和金刚石或硬质合金钻头，孔径不得小于 46mm；固结灌浆孔可采用各种适宜的方法钻进，孔径不宜小于 38mm。

对于帷幕灌浆先导孔、检查孔，宜选定较大的孔径，以提高岩芯采取率和提取较完整的芯样。

（2）孔位和孔深。钻孔方向和钻孔深度是保证帷幕灌浆质量的关键。帷幕钻孔方向原则上应较多地穿过裂隙和岩层层面。若钻孔方向和设计发生偏斜，钻孔深度达不到设计要求，各钻孔灌注的浆液则不能连成一个整体，易形成漏水通道。

帷幕灌浆孔位与设计孔位的偏差值不得大于 10cm，并应进行孔斜测量。垂直或顶角小于 5°的帷幕灌浆孔，孔底允许偏差见表 6.2 所示。顶角大于 5°的斜孔，孔底最大允许偏差值可根据实际情况按表 6.2 的规定适当放宽。

表 6.2　　　　　　　　　帷幕灌浆孔孔底允许偏差　　　　　　　　单位：m

孔深		20	30	40	50	60
允许偏差	单排孔	0.25	0.45	0.70	1.00	1.30
	二排孔或三排孔	0.25	0.50	0.80	1.15	1.50

施工中若钻孔遇有洞穴、塌孔或掉块难以钻进时，可考虑进行灌浆处理，再行钻进。若发现漏水或涌水，应及时查明情况和分析原因，经处理后再行钻进。钻进结束后，要进行钻孔冲洗，孔底沉渣厚度不得超过 20cm。同时，对孔口要加以保护，防止流进污水、落入异物等。

灌浆孔距一般是通过现场灌浆试验来确定。最佳的灌浆孔方向应是吃浆量最大的方向。应根据工程水文地质资料，特别是浆液运移途径等资料，结合灌浆试验确定。

4. 钻孔记录

在施工现场认真记录（参考表 6.3），如实填写相关内容如工程项目、部位、钻孔编号、机械型号、施工日期、机高等。专人审核，不允许事后补记，更不得随意编造。各种资料要及时整理，它是分析评价灌浆工程质量的重要依据。

表 6.3　　　　　　　　　钻孔记录表（钻探工程班报表）

钻孔编号：　　　年　月　日　班（自　时至　时）　交班孔深　m：　本班进尺（m）：

工时利用情况				钻头	钻具长度（m）	钻杆		机上余尺(m)		钻具磨损	进尺（m）	孔深（m）
开始（时：分）	终止（时：分）	间隔（min）	工作内容			长度（m）	根数	下钻	起钻			

	材料消耗			岩芯			岩石名称	级别	出勤情况			
请详细记录混凝土厚度、涌水、失水、外漏、塌孔、掉块、卡钻、岩性变化、地质缺陷等情况	名称	单位	消耗量	编号	长度（m）	采取率（%）	累计			姓名	职别	出勤	缺勤

机长：　　　交班长：　　　　接班长：　　　　记录员：

计算公式如下

$$总长＝钻杆总长＋粗径钻具总长$$
$$粗径钻具总长＝钻头长度＋扩孔器长度＋岩芯管长度＋变径接头长度$$
$$孔深＝上钻孔深＋本钻次进尺$$

6.2.2 冲洗

钻孔冲洗是灌浆前一项非常重要的工作，直接影响着灌浆的质量。钻孔结束以后，要将残存在孔底和黏滞在孔壁的岩粉、铁砂末冲洗出孔外，并将岩层裂隙和孔洞中的充填物冲洗干净，以保证浆液与基岩的良好胶结。

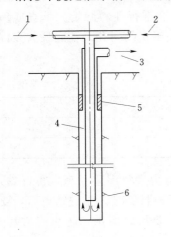

图 6.3　钻孔冲洗孔口装置示意图
1—压力水进口；2—压缩空气进口；3—压力水压缩空气出口；4—灌浆孔；5—阻塞器；6—缝隙

冲洗的基本方法是将冲洗管插入钻孔内，用阻塞器把孔口堵塞，用压力水或压力水和压缩空气轮换冲洗或压力水和压缩空气混合冲洗，如图 6.3 所示。冲洗压力一般不宜大于同段设计灌浆压力的 80%，并不大于 1MPa，防止裂缝扩张和岩层松动、变形。工程中一般根据岩层地质条件、灌浆种类而选用。通常有单孔冲洗和群孔冲洗。

1. 单孔冲洗

单孔冲洗时，裂隙中的充填物被压力水挤至灌浆范围以外或仅能冲掉钻孔本身及其周围小范围裂隙中的充填物。一般适用于岩石比较完整和裂隙较少的情况。单孔冲洗有三种方法。

（1）高压水冲洗。工程中冲洗时，整个冲洗过程在高压下进行，其冲洗压力取同段灌浆压力的 70%～80%。冲洗结束的标准，通过冲洗试验来确定。一般认为当回水洁净，延续 10～20min 即可结束。有的工程根据冲洗试验的升压降压过程和流量之关系，来判别岩层裂隙冲洗后透水性增值情况。

（2）高压脉冲冲洗。采用高压低压水反复冲洗。冲洗压力取灌浆压力的 80%，经 5～10min 以后，将孔口压力在极短时间如几秒钟内，突然降到零，形成反向脉冲水流，将裂隙中的碎屑带出，此时回水多呈浑浊。当回水由浊变清后，再升高到原来的压力，维持几分钟，又突然下降到零。如此一升一降，反复冲洗，直到回水洁净，再延续 10～20min 后就结束。此法冲洗时，压力差越大，冲洗效果越好。如新安江、古田溪等工程，采用该法取得良好效果。

（3）扬水冲洗。对于地下水位较高和地下水补给条件良好的钻孔，可采用扬水冲洗。冲洗时，先将冲洗管下到钻孔底部，上端接风管，通入压缩空气。孔中水气混合后，由于重量减轻，孔侧地下水压力作用及压缩空气的释压膨胀与返流作用，挟带着孔内碎屑杂物喷出孔外。连续地通气喷水，直到将钻孔洗净为止。如果孔内水位恢复较慢，可向孔内加水，提高扬水冲洗效果。

2. 群孔冲洗

群孔冲洗适用于岩层破碎，节理裂隙比较发育且钻孔间互相串通的地层中。一般将两个或两个以上的钻孔组成一个孔组，轮换地向一个孔或几个孔压进压力水或压力水混合压缩空气，从另外的孔排出污水，如此反复交替冲洗，直到各孔出水洁净为止。

群孔冲洗时，注意沿孔深方向冲洗段的划分不宜过长，以免分散冲洗压力和冲洗水量。有时部分裂隙冲通后，水量将相对集中在这几条裂隙中流动，使其他裂隙得不到有效的冲洗，影响冲洗的质量和效果。在采用高压水或高压水气冲洗时，要防止冲洗范围岩层的抬动和变形。为提高冲洗效果，也可在冲洗液中加入适量化学剂（如 Na_2CO_3、$NaOH$、$NaHCO_3$ 等），通过试验确定加入化学剂的品种和掺量。

采用群孔冲洗的钻孔，可不分序同时灌浆。

对岩溶、断层、大型破碎带、软弱夹层等地质条件复杂地段，以及设计有专门要求的地段，裂隙冲洗应按设计要求进行，或通过现场试验确定。

6.2.3　压水试验

压水试验是利用水泵或水柱自重，将清水压入钻孔试验段，根据一定时间内压入的水量和施加压力大小的关系，计算岩体相对透水性和了解裂隙发育程度的试验。灌浆前进行压水试验，可为岩基灌浆设计和施工提供依据，是科学进行工程地基处理的重要环节。一般在钻孔冲洗结束后进行。

试验设备主要有供水设备（如水泵）、止水栓塞（如水压式或气压式）、量测设备（如压力表、压力传感器、流量计、水位计等）。

根据压水试验精度的不同，可分为压水试验和简易压水。

1. 压水试验

帷幕灌浆的试验孔、先导孔和基岩灌浆的检查孔要求进行压水试验，采用一级压力的单点法或三级压力五个阶段的五点法。固结灌浆孔灌浆前的压水试验应在裂隙冲洗后进行，试验孔数不宜少于总孔数的 5%，试验采用单点法。

压水试验采用的压力，可根据工程具体情况和地质条件参照表 6.4 选用适当的压力值。检查孔各孔段压水试验的压力应不大于灌浆施工时该孔段所使用的最大灌浆压力的 80%。

表 6.4　　　　　　　　　　　　　　　压水试验压力值选用表

灌浆工程类别	钻孔类型	坝高 (m)	灌浆压力 (MPa)	压水试验压力		备 注
				单点法	五点法	
帷幕灌浆	先导孔	—	≥1	1（MPa）	0.3、0.6、1.0、0.6、0.3（MPa）	H_0、H 为坝前水头，以正常蓄水位为准，分别从河床基岩面和帷幕所在部位基岩面高程算起；$1.5H$ 大于 2MPa 时，采用 2MPa
		—	<1	0.3（MPa）	0.1、0.2、0.3、0.2、0.1（MPa）	
		—	<0.3	灌浆压力	—	
	检查孔	<70	—	H_0 或 $1.5H_0$ (m)	单点法实验压力的 0.3、0.6、1.0、0.6、0.3 倍	
		70~100	—	1（MPa）		
		>100	—	1（MPa）或 $1.5H$（m）		

续表

灌浆工程类别	钻孔类型	坝高(m)	灌浆压力(MPa)	压水试验压力		备　注
				单点法	五点法	
坝基及隧洞固结灌浆	灌浆孔和检查孔	—	1.3	1（MPa）		灌浆压力大于 3 MPa 时，压水实验压力由设计按地质条件和工程需要确定
			≤1	灌浆压力的 80%		

注　先导孔即最先施工的、用于核对或补充灌浆地区地质资料的少数灌浆孔。

（1）试验方法与试段长度。压水试验应自上而下分段进行（用单栓塞分段隔离）。同一试段不宜跨越透水性相差悬殊的两种地层，使获得的试验资料更具有代表性。岩石完整、孔壁稳定的孔段，或有必要单独进行试验的孔段，可采用双栓塞分段进行。

试段长度宜为 5m。对地质条件复杂地段，应根据具体情况确定试段的长度。若地层比较单一完整，透水性又较小时，试段长度可适当延长，但不宜超过 10m。

（2）试验钻孔与用水。压水试验钻孔的直径宜为 59～150mm。宜采用金刚石或合金钻进，不应使用泥浆等护壁材料钻进。试验用水应保持清洁，泥沙含量较多时，应采取沉淀措施。

（3）试验成果整理。压入流量的稳定标准为预定压力之下，每 3～5min 测读一次压入流量，连续 4 次读数中最大值与最小值之差小于最终值的 10%，或最大值与最小值之差小于 1L/min 时，本阶段试验即可结束。压水试验的成果以透水率 q 表示，单位为吕荣（Lu）。在 1MPa 压力下，每米试段长度每分钟内注入的水量为 1L 时，$q=1Lu$。

以单点法为例，其压水试验的成果按式（6.1）计算

$$q = \frac{Q}{LP} \tag{6.1}$$

式中　q——试段透水率，Lu；

　　　Q——压入流量，L/min；

　　　P——作用于试段内的全压力，MPa；

　　　L——试段长度，m。

五点法压水试验的成果以压水试验第三阶段的压力值（P_3）和流量值（Q_3）计算试段透水率。根据五个阶段的压水资料绘制 $P\sim Q$ 曲线，以曲线形状判断压入的水流状态和裂隙扩张或填充状况。钻孔压水试验记录表（表 6.5）、钻孔压水试验成果表（表 6.6）等格式可参阅 SL 31—2003《水利水电工程钻孔压水试验规程》。

2. 简易压水

简单、容易的压水试验简称"简易压水"。技术要求稍松，实测数据精度较低，稳定流量标准放宽，只做一个压力点，可结合裂隙冲水进行。如采用自上而下分段循环式灌浆法、孔口封闭灌浆法进行帷幕灌浆时，各灌浆段在灌浆前，宜进行简易压水等。

在岩溶泥质充填物和遇水后性能易恶化的岩层中进行灌浆时，可不进行裂隙冲洗和简易压水，以免恶化岩体性能，影响灌浆质量。

表 6.5 　　　　　　　　　　号钻孔压水试验记录表

试段编号　自　　m 至　　m　段长　　m　水柱压力　　MPa

压力阶段	时　间			压力（MPa）			流量（L/min）	
	时	分	间隔时间（min）	压力表压力	压力损失	总压力	水表读数	流量

水位观测记录表

时　间		测点至水位深度（m）	测点高出地面（m）	地面至水位深度（m）	备　注
时	分				
					下塞前
					下塞后

表 6.6 　　　　　　　　　　钻孔压水试验成果表

试验日期	试　验　段						$P{\sim}Q$ 曲线类型	试段透水率 q（Lu）
	编号	深度（m）		试段长度（m）	高程（m）			
		起	止		起	止		

试验情况综合说明：

地质值班员：　　　　　　　　　　技术负责人：

　　需要指出，岩体渗透性大小主要是由裂隙的渗透性大小来决定的。设计中应对其不连续面特别是裂隙的渗透性进行调查，而它们的渗透性大小又与不连续面产状、迹长、间距、密度、张开宽度以及空间的几何组成形态特征有关。由于各岩体类型都有各自水径的特殊性和不同的岩体强度，要对压水试验资料进行整理，结合试段的地质条件进行综合评价。

6.2.4　灌浆方法和灌浆方式

1. 灌浆设备

　　选用灌浆设备须满足灌浆设计压力的要求，机械额定工作压力应大于最大灌浆压力的 1.5 倍，压力波动范围宜小于灌浆压力的 20%；设备的排浆量应满足基岩的最大注入率要求。

　　常用灌浆设备如 SGB6-10 型、TTB100/10、BW250-50、BW200-40、MSO150/50 泥浆泵等，可用于高压帷幕灌浆、固结灌浆、回填及接缝灌浆；搅拌机如 JJB150×2、

ZJ-200/400、XL-150/600 等。具体性能可参阅相关说明。

对于高压灌浆（灌浆压力大于 3～4MPa）施工，应采取下列设备和机具：

(1) 高压灌浆泵。

(2) 耐蚀灌浆阀门。

(3) 钢丝编织胶管。

(4) 大量程压力表，其最大标值宜为最大灌浆压力的 2.0～2.5 倍。

(5) 孔口封闭器或高压灌浆塞。

2. 钻孔灌浆次序

钻孔灌浆的次序应遵循分序加密的原则进行。通过浆液逐渐挤压密实，可促进灌浆区域的连续性；逐序提高灌浆压力，有利浆液的扩散和提高浆液的密实性。同时可分析先灌序孔的灌浆质量和效果。

地基灌浆一般按照先固结、后帷幕的顺序。

单排帷幕孔的施工次序如图 6.4 所示。通常是先钻灌第 I 序孔，然后依次钻灌第 II、第 III 序孔，如有必要再钻灌第 IV 序孔。孔距视岩层完好程度而定，一般第 I 序孔采用 8～12m。

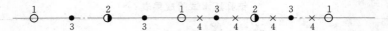

图 6.4　单排帷幕孔的钻灌次序

1—第 I 序孔；2—第 II 序孔；3—第 III 序孔；4—第 IV 序孔

双排和多排帷幕孔，在同一排内或排与排间均应按逐渐加密的次序进行钻灌作业。如为双排，则应先灌下游排，后灌上游排；如为三排，则先灌下游排，后灌上游排，最后灌中间排，以免浆液过多地流失到灌区范围以外。

固结灌浆宜在有混凝土覆盖压重的情况下进行，防止地表抬动和地面冒浆。一般覆盖混凝土达到 50％设计强度后，才能进行灌浆。对于孔深 5m 左右的浅孔固结灌浆，在地质条件较好，岩层较完整时可以采用两序孔进行钻灌作业，如图 6.5 (a)、(b)、(c) 所示。孔深 10m 以上的中深孔固结灌浆，以采用三序孔为宜，如图 6.5 (d)、(e) 所示。

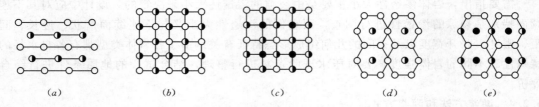

|(a)|(b)|(c)|(d)|(e)|

图 6.5　固结灌浆的布孔方式和钻灌次序

(a)、(d)、(e) 梅花形布孔；(b)、(c) 棋盘形布孔

○—第 I 序孔；◑—第 II 序孔；●—第 III 序孔

3. 灌浆方法

根据不同的地质条件和工程要求，基岩灌浆方法可选用全孔一次灌浆法、自上而下分段灌浆法、自下而上分段灌浆法、综合灌浆法或孔口封闭灌浆法。

（1）全孔一次灌浆法。将钻孔一次钻到设计深度，阻塞器卡塞在孔口，全孔为一个灌浆段进行灌浆。此法施工简单，多用于孔深不超过 8m，地质条件较好，岩层较完整的情况。如潘家口、桃林口坝基固结灌浆入岩 5m 的孔采用此法。

（2）自上而下分段灌浆法。分段钻孔，分段进行压水试验，有利于分析灌浆效果，估计灌浆材料用量。在钻灌一段后，待凝一定时间，再钻下一段，钻孔和灌浆交替进行（图 6.6）。特点是随着孔深的增加，可逐渐增加灌浆压力，上部岩层因灌浆而形成结石，避免冒浆现象，以保证灌浆质量。在工程地基处理中，多采用此种方法。但因机械设备搬迁频繁，对施工进度有影响。适用于地质条件较差、岩石破碎地区。

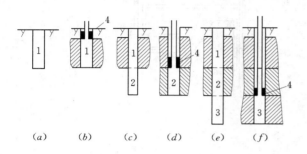 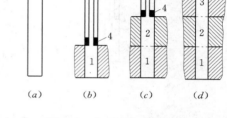

图 6.6　自上而下分段灌浆　　　　　图 6.7　自下而上分段灌浆
（a）第一段钻孔；（b）第一段灌浆；（c）第二段钻孔；　　（a）钻孔；（b）第一段灌浆；（c）第二段
（d）第二段灌浆；（e）第三段钻孔；（f）第三段灌浆　　　　灌浆；（d）第三段灌浆
1、2、3—钻孔、灌浆先后顺序的段号；4—阻塞器　　　1、2、3—灌浆先后顺序的段号；4—阻塞器

（3）自下而上分段灌浆法。一次将孔钻到设计深度，然后自下而上分段灌浆（图 6.7）。多用于岩层比较完整或基岩上部已有足够压重不致引起地面抬动的情况。其优点是钻孔和灌浆不干扰，进度快，成本低。不足之处在于后灌段的灌浆压力不能适当加大。采用自下而上分段灌浆时，灌浆段的长度因故超过 10m，对该段宜采取补救措施。

（4）综合灌浆法。工程中常遇到接近地表的岩层较破碎，越往下岩层越完整的情况。考虑深孔灌浆时，可采用综合灌浆法。对于上部的孔段，采用自上而下先灌，下部的孔段，采用自下而上后灌，有利提高灌浆效果。

（5）孔口封闭灌浆法。在钻孔的孔口安装孔口管（如埋入钢管作为孔口管），自上而下分段钻孔和灌浆，各段灌浆时都在孔口安装孔口封闭器进行灌浆。该法是一种将封闭器设置在孔口，不用下入阻塞器的灌浆方法。其特点为不需待凝，钻进连续作业，进度快，工艺简便（孔径小），多次复灌有利提高浆液质量，但埋入钢管不易回收，耗用钢材。一般适用于高压水泥灌浆工程，小于 3MPa 的灌浆工程可参照应用。

分段灌浆时，孔段长度的划分对灌浆质量有一定影响。一般应由岩层裂隙分布的情况来考虑。要使每一孔段的裂隙分布大致均匀，以便于施工操作和提高灌浆质量。灌浆孔段的长度一般在 5～6m，地质条件较好时也不宜超过 10m。

帷幕灌浆时，坝体混凝土和基岩接触部位的灌浆段应先行单独灌注并待凝。

固结灌浆时，若钻孔中岩石灌浆段的长度不大于 6m，可一次灌浆；大于 6m 时，宜分段灌注。

4. 灌浆方式

工程中常用浆液灌注方式有纯压式灌浆和循环式灌浆。

(1) 纯压式灌浆。这是浆液注入到孔段内和岩体裂隙中,不再返回的灌浆方式。灌注时浆液单向从灌浆机向钻孔流动,灌入孔段内的浆液扩散到岩层缝隙中。此法操作方便,设备简单。因浆液流动速度较小,易沉淀和堵塞岩层缝隙和管路。一般用于有裂隙存在,吸浆量大和孔深不超过 12~15m 的情况,如图 6.8 (a) 所示。

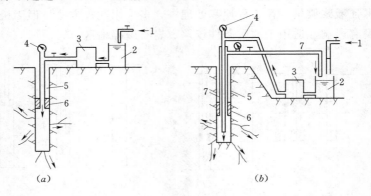

(a)   (b)

图 6.8   纯压式灌浆和循环式灌浆示意图
(a) 纯压式灌浆;(b) 循环式灌浆
1—水;2—拌浆筒;3—灌浆泵;4—压力表;5—灌浆管;6—灌浆塞;7—回浆管

(2) 循环式灌浆。灌入孔段内的浆液一部分被压入岩层缝隙中,另一部分通过回浆管路返回,保持孔段内的浆液呈循环流动状态。此法可减少水泥沉淀,有利于提高灌浆效果;同时可根据进浆、回浆浆液比重之差,判断岩层吸收水泥的情况,如图 6.8 (b) 所示。因其灌浆质量有保证,工程中多优先采用。

帷幕灌浆方式宜采用循环式灌浆,也可采用纯压式灌浆。当采用循环式灌浆时,射浆管距孔底不得大于 50cm。浅孔固结灌浆可采用纯压式灌浆。

固结灌浆孔相互串浆时,可采用串孔并联灌注,但并灌孔不宜多于 3 个,并应控制灌浆压力,防止上部混凝土或岩体抬动。

灌浆过程中发现冒浆、漏浆时,应据具体情况采用嵌缝、表面封堵、低压、浓浆、限流、限量、间歇和待凝等方法处理。若发生串浆时,可用下述方法处理:

1) 被串孔正在钻进,则应立即停钻。

2) 串浆量不大,可在灌浆的同时,在被串孔内通入水流,使水泥浆不致充填孔内。

3) 串浆量大时,若条件许可,可与被串孔同时灌浆,但应防止岩层抬动。

4) 串浆量大且无条件同时灌浆时,可用灌浆塞塞于被串孔串浆部位上方如 1~2m 处,对灌浆孔继续进行灌浆。灌浆结束后,立即将被串孔内的灌浆塞取出,并扫孔洗净待后再灌。

6.2.5   灌浆压力和浆液变换

1. 灌浆压力选定

灌浆压力是指作用在灌浆段中部的压力,是控制灌浆质量和效果的重要因素。正确选定灌浆压力是较困难的，工程设计阶段一般是根据工程和地质情况进行分析计算并结合工程类比拟定，即参考类似工程的灌浆资料，然后通过现场灌浆试验论证，或通过经验计算公式，再通过现场灌浆试验论证或灌浆施工中加以验证、修改。一般在不破坏岩层稳定和坝体安全前提下，尽可能采用较高的压力，以增大浆液扩散半径。

灌浆压力可由下式确定

$$P = P_1 + P_2 \pm P_f \tag{6.2}$$

式中　P——灌浆压力，MPa；

P_1——灌浆管路中压力表的压力，MPa；

P_2——考虑地下水位影响后的浆液自重压力，取最大浆液比重计算，MPa；

P_f——压力表处至灌浆段间管路摩擦压力损失，MPa。

计算 P_f 时，当压力表安设在孔口进浆管上时，按浆液在孔内进浆管中流动时的压力损失计算，P_f 在公式中取"一"号；当压力表安设在孔口回浆管上时，按浆液在孔内环形截面回浆管中流动时的压力损失计算，P_f 在公式中取"＋"号。采用循环式灌浆时，压力表应装设在孔口回浆管路上。采用纯压式灌浆时，压力表应装设在孔口进浆管路上。

灌浆压力大小与孔深、灌浆要求、地质条件及有无压重等因素有关。工程中也常采用下式计算

$$P = P_0 + mD + K\gamma gh \tag{6.3}$$

式中　P——灌浆压力，MPa；

P_0——基岩表层的允许压力，MPa，可参考表 6.7；

m——灌浆段以上岩层每增加 1m 所能增加的灌浆压力，MPa，可参考表 6.7；

D——灌浆段以上岩层的厚度，m；

K——系数，可选用 1～3，在压重层松散时取低值；

γ——压重的容重，kg/m³；

g——重力加速度，m/s²；

h——灌浆孔以上压重的厚度，m。

表 6.7　　　　　　　　　　P_0 和 m 值选用表

岩石分类	岩　　性	m（MPa）	P_0（MPa）	常用压力（MPa）
Ⅰ	具有陡倾斜裂隙、透水性低的坚固大块结晶岩、岩浆岩	0.2～0.5	0.3～0.5	4～10
Ⅱ	风化的中等坚固的块状结晶岩、变质岩或大块体弱裂隙的沉积岩	0.1～0.2	0.2～0.3	1.5～4
Ⅲ	坚固的半岩性岩石、砂岩、黏土页岩、凝灰岩、强或中等裂隙的成层的岩浆岩	0.05～0.1	0.15～0.2	0.5～1.5
Ⅳ	坚固性差的半岩性岩石、软质石灰岩、胶结弱的砂岩及泥灰岩、裂隙发育的较坚固的岩石	0.025～0.05	0.05～0.15	0.25～0.5
Ⅴ	松软的未胶结的泥沙土壤、砾石、砂、砂质黏土	0.015～0.025	0	0.05～0.25

注　1. 采用自下而上分段灌浆时，m 应选用较小值。

2. Ⅴ类岩石在外加压重情况下，才能有效地灌浆。

需要指出，由式（6.3）或经验确定的灌浆压力，仅作为压力估算的一种依据。实际施工时的灌浆压力，常通过试验来确定。

2. 灌浆压力控制

工程中灌浆压力的控制有一次升压法和分级升压法。

一次升压法即灌浆开始时，一次将压力升高到预定的压力，并在此压力下灌注由稀到浓的浆液。适用于透水性不大，裂隙不甚发育，岩层较坚硬完整和灌浆压力不高的地层中。

分级升压法是将整个灌浆压力分为几个阶段，逐级升压直到预定的压力。根据工程中的应用，分级不宜过多，一般以三级为限，如分为 0.4P、0.7P 及 P 三级，逐级升压。一般用于岩层破碎、透水性较大或有渗透途径与外界连通的孔段。

如果遇到大的孔洞或裂隙，应注意按特殊情况处理。一般为低压浓浆，间歇停灌。

对于混凝土面板堆石坝趾板基岩灌浆，因趾板单薄易造成抬动变形，灌浆压力须严格控制。

工程中若采用高压灌浆，应以不引起岩面抬动或抬动值不超过允许的范围为准，须进行灌浆试验，并加以科学分析和论证。

3. 浆液变换和控制

灌浆时需合理控制灌浆压力、浆液稠度的变换及注入率等参数。在灌浆过程中，要根据注入率的变化，适时调整浆液稠度。

结合工程情况，一般可采用以灌浆压力或以注入率为主的控制方法。以灌浆压力为主进行控制时，应将注入率和浆液稠度一起考虑。若注入率较小时应灌稀浆，尽快升到规定的最大灌浆压力。当注入率较大时应灌浓浆，并考虑逐渐升压；以注入率为主进行控制时，若注入率大于规定值，应降低压力，以控制注入率不超过规定值。同时改变浆液稠度，等到注入率逐渐小于规定值，再逐渐升压。当岩层结构破碎、透水性较大或使用较高的灌浆压力时，宜采用注入率为主的控制方法。

岩基灌浆中的浆液稠度，即水灰比有 8:1、5:1、3:1、2:1、1.5:1、1:1、0.8:1、0.6:1、0.5:1 等 9 个比级。灌浆浆液应由稀至浓逐级变换，即先灌稀浆，使细的裂隙优先灌满，逐步变浓，使其他较宽的裂隙也逐步得到充填，直到结束标准。

帷幕灌浆浆液水灰比可采用 5:1、3:1、2:1、1:1、0.8:1、0.6:1（或 0.5:1）等 6 个比级。固结灌浆浆液水灰比可采用 3:1、2:1、1:1、0.6:1（或 0.5:1），也可采用 2:1、1:1、0.8:1、0.6:1（或 0.5:1）等 4 个比级。灌注细水泥浆液时，水灰比可采用 2:1、1:1、0.6:1 或 1:1、0.8:1、0.6:1 等 3 个比级。

根据规范要求，浆液变换原则为：

（1）当灌浆压力保持不变，注入率持续减少时，或注入率不变而压力持续升高时，不得改变水灰比。

（2）当级浆液注入量已达 300L 以上，或灌浆时间已达 30min，而灌浆压力和注入率均无改变或改变不显著时，应改浓一级水灰比。

（3）当注入率大于 30L/min 时，可根据具体情况越级变浓。

浆液浓度的变换，工程中多采用限量法。它是根据每一级稠度的浆液灌入量（如采用 400L）来控制，或根据工程的地质条件，规定具体的标准。灌浆过程中，灌浆压力或注入率突然改变较大时，应立即查明原因，采取相应的措施处理。

灌浆过程中要定时测记浆液密度，必要时应测记浆液温度。

有的工程采用灌浆强度值（*GIN*）等方法进行灌浆过程的控制，可阅有关参考书。

6.2.6　灌浆结束和封孔

1. 结束标准

（1）帷幕灌浆各灌浆段结束条件。

1）采用自上而下分段灌浆法时，灌浆段在最大设计压力下，注入率不大于 1L/min 后，继续灌注 60min，可结束灌浆。

2）采用自下而上分段灌浆法时，在该灌浆段最大设计压力下，注入率不大于 1L/min 后，继续灌注 30min，可结束灌浆。

（2）固结灌浆各灌浆段结束条件。在该灌浆段最大设计压力下，当注入率不大于 1L/min 后，继续灌注 30min，可结束灌浆。

2. 封孔

封孔是施工中一项重要工作。灌浆孔若封堵不严，孔内就会有水渗出，对灌入到岩石缝隙中的浆液结石体起到冲刷溶蚀破坏作用。

帷幕灌浆采用自上而下分段灌浆法时，灌浆孔封孔应采用"分段灌浆封孔法"或"全孔灌浆封孔法"；采用自下而上分段灌浆法时，应采用"全孔灌浆封孔法"。

固结灌浆孔封孔应采用"导管注浆封孔法"或"全孔灌浆封孔法"。

（1）导管注浆封孔法。全孔灌浆完毕后，将导管（胶管、铁管或钻杆）下入到钻孔底部，用灌浆泵向导管内泵入水灰比为 0.5 的水泥浆。水泥浆自孔底逐渐上升，将孔内余浆或积水顶出孔外。同时，随着浆液上升，导管也徐徐上提并使导管底口始终保持在浆面以下。工程有特殊要求时，也可注入砂浆。

（2）全孔灌浆封孔法。全孔灌浆完毕后，先采用导管注浆法将孔内余浆置换成为水灰比 0.5 的浓浆，而后将灌浆塞塞在孔口，继续使用这种浆液进行纯压式灌浆封孔。封孔灌浆的压力可根据工程情况确定，一般不宜小于 1MPa，当采用孔口封闭法灌浆时，可使用最大灌浆压力，灌浆持续时间不应小于 1h。若采用自下而上灌浆法，一孔灌浆结束后，可直接在孔口段进行封孔灌浆。

（3）分段灌浆封孔法。全孔灌浆完毕后，自下而上分段进行纯压式灌浆封孔。分段长度一般 20～30m，使用浆液水灰比 0.5，灌浆压力为相应深度的最大灌浆压力，持续时间一般为 30min，孔口段为 60min。适用于采用自上而下分段灌浆、孔深较大和封孔较为困难的情况。

采用上述方法封孔，待孔内水泥浆液凝固后，灌浆孔上部空余部分，大于 3m 时，应继续采用导管注浆法封孔；小于 3m 时，可用干硬性水泥砂浆人工封填捣实。

6.2.7　灌浆记录与资料整理

灌浆施工资料主要包括施工原始记录和按一定要求整理出来的统计资料及绘制的图表。原始记录是按照有关规范、设计文件等要求，现场真实记录的数据，要求准确、详细、清楚，不得随意删除或涂改。随着现代技术的应用，灌浆自动记录仪已广泛应用到灌浆施工中，如帷幕灌浆和高压固结灌浆等。

基岩灌浆原始记录包括:

(1) 施工原始记录。如钻孔记录、裂隙冲洗记录、压水试验记录、灌浆记录、封孔记录、变形观测记录等。

(2) 质检原始记录。如孔位、孔深、钻孔测斜记录及灌浆材料、浆液密度、灌浆压力、结束条件、封孔质量检查等记录。

灌浆资料整理的图表一般有灌浆成果一览表、灌浆分序统计表、灌浆成果综合统计表、灌浆成果综合剖面图。相关表格可参考有关规范要求,其中"灌浆施工记录表"可参考表 6.8。

表 6.8　　　　　　　　　　　　　　灌 浆 施 工 记 录 表

孔号___桩号___段次___段长自___m 至___m 计___m 孔底沉淀___cm 射浆管距孔底___cm

排序　　次序　　孔口高程　　　　m　　　　　　　　　　　　　年　月　日　班

时间			浆液配比		浆材用量		加浆量 (L)	槽内浆量 (L)	注入量 (L)	注入率 (L/min)	灌浆压力 (MPa)	备注
时	分	计 (min)	水	水泥	水 (kg)	水泥 (kg)						

合计注入浆量:　　　L　　注入水泥:　　　kg　废弃水泥:　　　kg

机(班)长___　　记录___　　质检___　　监理___

6.2.8　灌浆质量检查

施工过程(工序)质量是保证灌浆工程质量的基础。特别基础灌浆是隐蔽性工程,必须严格灌浆施工工艺。岩基灌浆的质量应以分析压水试验成果,灌浆前后物探成果,灌浆施工有关资料为主,结合钻孔取芯(岩芯编号、钻孔柱状图),大口径钻孔观测,孔内摄影,孔内电视资料等综合评定。

工程中灌浆质量检查常采用下述方法。

1. 钻设检查孔

由压水试验和注入率检查灌浆效果,并通过检查孔钻取岩芯,了解浆液结石情况,观察孔壁的灌浆质量。如帷幕灌浆的质量以检查孔压水试验成果为主,检查孔的数量一般为灌浆孔总数的 10% 左右,可在该部位灌浆结束 14d 后进行。检查孔压水试验结束后,应按设计要求进行灌浆和封孔。

一般帷幕灌浆检查孔应按下列原则布置:

(1) 布置在帷幕中心线上。应结合具体情况如 20m 左右范围布设检查孔。

(2) 岩石破碎,有断层、洞穴及耗灰量大的部位。

(3) 钻孔偏斜过大,灌浆不正常和灌浆过程中出现过事故等经资料分析认为对帷幕质量有影响的部位。

2. 开挖平洞、竖井或大口径钻孔

工程中采用此法,可直接检查和进行抗剪强度、弹模等原位试验。

3. 物探技术

（1）弹性波速测试。在灌浆前、后采用超声波仪器进行超声波测井或跨孔测试或采用大功率声波仪、地震仪进行跨孔测试。超声波测井点距为 0.2m。跨孔测试可采用同步测试或 CT 扫描，点距为 0.2～0.5m。

（2）钻孔弹模测试。采用钻孔弹模仪测试。仪器的最大荷载在岩体中应大于 20MPa，在土及弱介质中应大于 10MPa。钻孔孔径为 60～90mm，需根据测试探头直径确定，但孔径误差在＋3mm 以内。

固结灌浆质量的检查多用此法。检测时间一般分别在灌浆结束 14d 和 28d 以后进行。固结灌浆质量的检查也可采用钻孔压水试验法，检查孔的数量应为灌浆孔总数的 5％左右，检查时间在灌浆结束 3d 或 7d 以后。

【湿磨细水泥灌浆技术简介】

该技术是指在施工现场将预拌的普通水泥浆，经湿磨机（GSM 系列）进一步磨制成细水泥浆后再进行灌浆的技术，不仅能有效解决水利工程中坝基细微裂缝灌浆问题，而且能解决混凝土坝接缝灌浆施工中由于缝面张开度小导致的灌浆困难的问题。在五强溪、隔河岩及三峡工程应用取得良好的效果。其特点表现为细度大为提高，浆液黏度有所增大，浆结石的抗渗性能优于湿磨前，浆液的凝结时间和水灰比有关。

单机灌浆时湿磨细水泥的制浆工艺流程见图 6.9 所示。

图 6.9 单机灌浆时湿磨细水泥的制浆工艺流程

【工程实例】 GIN 法灌浆在小浪底工程的应用。

（1）稳定浆液研制。小浪底工程 GIN 灌浆的浆液配合比及性能指标见表 6.9。

表 6.9 小浪底工程 GIN 灌浆的浆液配合比及性能指标

编号	水灰比	膨润土掺量（％）	减水剂名称	减水剂掺量（％）	马氏黏度（s）	密度	黏聚力（N/m²）	2h 析水率（％）
1	0.7	2.0	RC－M	0.6	32	1.63	3.1	1.23
2	0.75	0.8	UNM－5	0.8	33	1.64	0.51	2.00

（2）GIN 值确定。结合小浪底工程具体情况，并参照在勘测阶段的灌浆试验结果，针对不同孔深选用 3 种不同的强度值包络线（图 6.10）。

（3）结束标准确定。GIN 灌浆的全过程在计算机监控下进行，实际灌浆过程按下列控制：

1）当灌浆压力达到最大压力 P_{max} 或 GIN 值，且每 5m 段长注入率小于 1L/min 或 2L/min 时，延续灌 10min 或 30min 结束。

2）当灌浆量达到 V_{max}，但小于灌浆强度值时，间歇 30min 后恢复灌浆，如果达到 GIN 曲线与 P_{max} 相交，则按结束标准结束，否则应再间歇 30min 后重复灌浆，直至达到

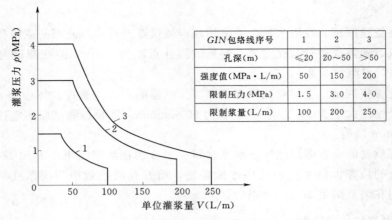

图 6.10　小浪底工程选用的 GIN 包络线

GIN包络线序号	1	2	3
孔深(m)	≤20	20~50	>50
强度值(MPa·L/m)	50	150	200
限制压力(MPa)	1.5	3.0	4.0
限制浆量(L/m)	100	200	250

结束标准。

3）当灌浆过程线与 P_{max} 或 GIN 相交时，5m 段长注入率超过 2L/min 或 1L/min，可允许沿 GIN 曲线降压下滑，达到小于 2L/min 或 1L/min。

4）灌浆结束后原则不待凝，但对个别低压力、大耗浆量的孔段视情况待凝 8~24h 后再进行以下孔段的钻进。

（4）GIN 灌浆法与常规灌浆法比较。小浪底工程经过 GIN 灌浆试验，试验性生产到推广应用，采用 GIN 灌浆法与常规灌浆法相比能节约水泥 1/3~1/2，同时提高了工效，经济效益显著（表 6.10）。

表 6.10　　　　　　　GIN 灌浆法与常规灌浆法对比

部　位	方　法	纯灌时间	平均单位注入量（kg/m）	常规灌浆部位
左岸垭口	GIN	16.18（min/m）	91.5	地质条件基本相同的左岸
	常规	25.94（min/m）	137.5	山梁常规灌浆试验
2 号灌浆洞	GIN	1.54（h/孔洞）	149.34	同部位
	常规	2.12（h/孔洞）	274.48	
4 号灌浆洞	GIN	0.86（h/孔洞）	49.7	同部位
	常规	1.14（h/孔洞）	158.8	
6 子标段	GIN	—	460.5	6 子标和副坝相邻地段
	常规	—	832.0	各取 20 个孔

6.3　砂砾石地基灌浆

砂砾石地基与岩基不同，灌浆时由于地层结构的差异，如空隙率较大，渗透性强等，成孔较困难，有一些特殊要求和施工工艺。其可灌性如何取决于地基的颗粒级配、灌浆材料和浆液稠度、灌浆压力及施工工艺等，工程中一般通过灌浆试验来确定。

6.3.1　灌浆材料

针对灌浆工程的不同要求，前述已介绍常用的灌浆材料。工程中砂砾石地基灌浆一般对于浆液结石强度要求不高，多用于修筑防渗帷幕，即对帷幕的密实性有一定的要求，帷幕体的渗透系数在 $10^{-4} \sim 10^{-5}$ cm/s 以下，故水泥黏土浆多用于砂砾石地基灌浆。

浆液的配比视帷幕的设计要求来定。水泥与黏土的比例一般为 1：1～1：4（重量比），水和干料的比例一般为 1：1～3：1（重量比）。工程中为改善浆液的性能，掺入少量的膨润土或其他外加剂。

一般要求配制水泥黏土浆的黏土遇水后，能迅速崩解分散，吸水膨胀和具有一定的稳定性和黏结力。试验表明，水泥黏土浆的稳定性和可灌性均好于水泥浆，但其析水能力低，排水固结时间长，浆液结石强度不高，黏结力较低等。

6.3.2　钻灌方法

近年来，砂砾石地基灌浆方法有打管灌浆、套管灌浆、循环灌浆和预埋花管灌浆等。

1. 打管灌浆

灌浆管由厚壁无缝钢管、灌浆花管和锥形管尖组成。其施工时用振动沉管或吊锤，直接将灌浆管打入到砂砾石受灌地层中并达到设计深度（图 6.11）。灌浆前，用压力水将管内冲洗干净，然后采用压力灌浆（灌浆泵）或利用浆液自重自流灌浆，自下而上，分段拔管分段灌浆，即拔一段灌一段，直至结束。

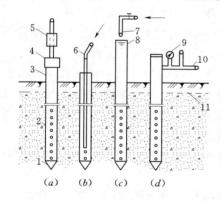

图 6.11　打管灌浆法施工程序

（a）打管；（b）冲洗；（c）自流灌浆；
（d）压力灌浆

1—管锥；2—花管；3—钢管；4—管帽；5—打
管锤；6—冲洗用水管；7—注浆管；8—浆
液面；9—压力表；10—进浆管；
11—盖重层

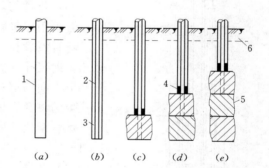

图 6.12　套管灌浆法施工程序

（a）钻孔下护壁套管；（b）下灌浆管；（c）起拔
套管，第一段灌浆；（d）起拔套管，第二段
灌浆；（e）起拔套管，第三段灌浆

1—护壁套管；2—灌浆管；3—花管；
4—止浆塞；5—灌浆段；6—盖重层

此法设备简单，操作方便，适用于砂砾石层较浅、结构松散、空隙率较大，无大孤石的场合。多用于临时性工程如围堰或对防渗性能要求不高的帷幕。

2. 套管灌浆

施工中边钻孔、边下护壁套管或边打入护壁套管，边冲掏管内的砂砾石，直至套管达到下到设计深度。然后将钻孔冲洗干净，下入灌浆管，再起拔套管至第一灌浆段顶部，安好阻塞器，对第一段注浆。如此自下而上逐段提升灌浆管和套管，逐段灌浆，直至结束（图 6.12）。

此法特点为有套管护壁，不会产生塌孔埋钻等事故。但灌浆时浆液易沿套管外壁向上流动，甚至产生地表冒浆。若灌浆时间较长，造成套管起拔困难。

3. 循环灌浆

循环灌浆是一种自上而下，钻一段灌一段，无需待凝，钻孔与灌浆循环进行的施工方法。钻孔时用黏土浆或最稀一级水泥黏土浆固壁。钻灌段的长度，要视孔壁稳定情况和砂砾石层渗漏程度而定，一般为 1～2m。

此法灌浆无阻塞器，在孔口管顶端安设封闭器阻浆。灌浆起始段安装孔口管主要防止孔口坍塌及地表冒浆，同时兼起钻孔导向作用，控制施工和提高灌浆质量。

4. 预埋花管灌浆

施工程序为先在钻孔内下入带有射浆孔的灌浆花管，管外与孔壁的环形空间注入填料，然后在灌浆管内用双层阻塞器进行分段灌浆。主要有钻孔、清孔、下花管与填料、开环和灌浆等。此法灌浆质量有保证，不易发生串浆、冒浆，必要时可重复灌浆，但工艺复杂，花管不能起拔回收和成本较高。现简要分述如下。

（1）钻孔。使用回转式或冲击式钻机钻至设计深度，然后下套管护壁或用泥浆固壁。

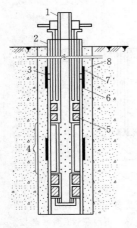

图 6.13　预埋花管孔内
装置示意图

1—灌浆管；2—花管；3—射浆孔；4—灌浆段；5—双栓灌浆塞；6—铅丝防滑环；7—橡皮圈；8—填料

（2）清孔。主要工作是清除孔底残留的石渣。

（3）花管与填料。采用套管护壁时，先下花管后下填料；若采用泥浆固壁时，先下填料后下花管。

花管沿管长每隔 0.3～0.5m 环向钻一排孔径 10mm 的射浆孔，射浆孔外面用橡皮圈箍紧。用泵灌注花管与套管或孔壁环形空间的填料，边下填料边拔起套管，连续灌注，直至全孔填满将套管拔出为止。

填料配比一般为水泥：黏土＝1：2～1：3；水：干料＝1：1～3：1。

（4）开环。在孔壁填料待凝一段时间（如 5～15d）且达到一定强度后，可进行开环（图 6.13）。

在花管中下入双层阻塞器，灌浆管的出浆孔要与花管上准备灌浆的射浆孔对准，用清水或稀浆逐渐升压，压开花管上的橡皮圈，压裂填料，形成通路（开环）。

（5）灌浆。开环后用清水或稀浆继续灌注 5～10min，即可开始灌浆。灌完一段，可移动阻塞器使其出浆孔对准另一排射浆孔，继续进行另一灌浆段的开环和灌浆。

6.3.3　高压喷射灌浆

高喷技术最初仅用于粉细砂层和含粒径小于 20cm 的砂卵（砾）石层。随着技术水平提高、设备条件改进和工艺方法不断完善，目前已广泛应用于覆盖层地基和全、强风化基岩的防渗及加固处理。

6.3.3.1　高喷灌浆材料

工程中选用高喷材料应根据工程特点和高喷目的及要求而定。

　　高喷多采用水泥浆，为增加浆液的稳定性或对凝结体性能有特殊要求时，可加入适量的膨润土或其他掺合料。影响凝结体抗压强度的主要因素是地层的成分、颗粒强度和级配。水泥浆液的水灰比应结合工程要求而定，一般为 1:1～1.5:1，通常使用水灰比1:1的浓浆。

　　灌浆机理为借助高压喷射，通过冲击、切割和强烈扰动，即在喷射、挤压、余压渗透及浆气升串综合作用下，使浆液在射流作用范围内扩散、充填周围地层，并与土石颗粒掺混搅和，硬化后形成凝结体，达到防渗或提高承载力的目的。渗透凝结层厚度依地层性状和颗粒级配而异，在渗透性较强的砂卵（砾）石层可达 10～15cm 厚。

6.3.3.2　高喷灌浆施工

　　高压喷射灌浆主要施工程序：造孔→下喷射管→喷射提升（如旋喷和摆喷）→成桩或墙，即钻机就位后，钻孔（泥浆固壁或跟管钻进）至设计深度，然后进行高压喷射。一边喷射，一边旋转、提升，直至设计改良范围高压喷射完毕。高压喷射灌浆可采用单管法、双管法、三管法和多管法等。

　　1. 单管法

　　采用高压灌浆泵（20MPa 左右）将浆液从喷嘴喷出，冲击、切割周围地层，并充填和渗入地层空隙，与强烈搅动地层中的土石颗粒、碎屑掺混搅和，硬化后形成凝结体。

　　桩径一般为 0.5～0.9m，板状体单侧长度可达 1.0～2.0m。其施工简易，有效范围较小，防渗工程中较少采用。

　　2. 双管法

　　并列安装浆、气两管，直接用浆（浆液喷射压力 10～25MPa）、气（高压气流压力 0.7～0.8MPa）喷射入地层（图6.14），对地层内细小颗粒的升扬置换作用明显，喷出浆液不易被水稀释相应地凝结体内水泥含量多，强度高。与单管法相比，同等条件下，其形成的凝结体的直径和长度可增加 1 倍左右。此法工效高，质量优，效果好。适用于处理地下水丰富、含大粒径块石、孔隙率大的地层。有条件时宜优先选用。

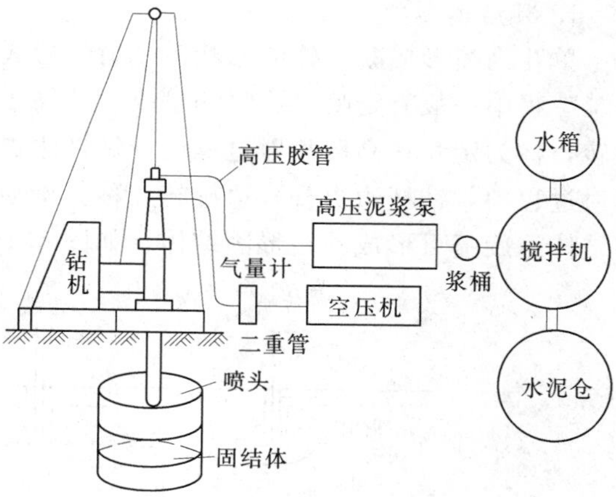

图 6.14　双管法注浆示意图

　　二滩水电站上、下游围堰防渗使用双管法，注浆压力 45MPa，各项施工设备先进，效率高，防渗效果好。小浪底工程上游围堰左岸一小区段也使用双管法，采用高喷技术防渗，布置为单排孔旋喷套接形式，浆液配合比为水:水泥:膨润土=1.89:1:0.05，析水率2h 小于 7%，密度 1.3～1.4g/cm³。

　　3. 三管法

　　用水管、气管、浆管（如三管并列）组成喷射杆，杆底部设置有喷嘴，气、水喷嘴在上，浆液喷嘴在下。高喷时，随着喷射杆的旋转和提升，先是高压水和气的射流冲击扰动地层土体，随后以低压注入浓浆掺混搅拌，硬化后形成凝结体（图 6.15）。目前我国高喷

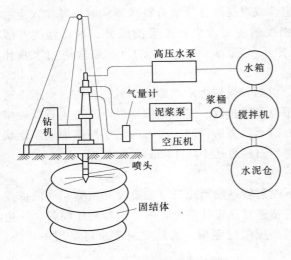

图 6.15　三管法注浆示意图

施工多采用此法，施工设备价廉易购，质量一般可满足设计要求。

有的工程采用高压水和气冲击切割地层土体，然后再用高压浆对地层土体进行二次切割和喷入（新三管法）。不仅增大喷射半径，使浆液均匀注入被喷射地层，而且使实际灌入量增多，有利提高凝结体的结石率和强度。适用于含较多密实性充填物的大粒径地层，常用工艺参数为水压 40MPa，气压 1.0MPa，浆压 20～30MPa。

三峡二期上游围堰左岸接头防渗有一小区段采用高喷施工，进行了生产性高喷试验。采用双管法施工，浆液配合比为水：干料（水泥＋膨润土）＝0.9：1～1：1，膨润土掺入量为水泥重量的 35％；采用新三管法施工，选用了三种浆液，其配合比分别为水：干料＝0.8：1，膨润土掺入量 55％；水：干料＝0.9：1，膨润土掺入量35％；水：干料＝0.9：1，膨润土掺入量 20％。

6.3.3.3　高喷凝结体结构布置

1. 凝结体形状与性能

单孔高喷形成凝结体的形状和喷射的形式有关。

工程中一般有定喷、旋喷和摆喷。若高压喷射过程中，钻杆只进行提升运动，钻杆不旋转，称为定喷；高压喷射过程中，钻杆边提升，边左右旋转某一角度，称为摆喷；高压喷射过程中，钻杆边提升，边旋转，称为旋喷。定喷可形成片状固结体，摆喷可形成扇形固结体，旋喷可形成圆柱形固结体，如图 6.16 所示。

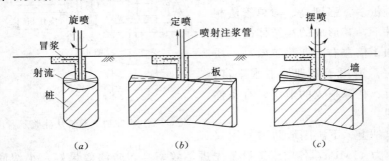

图 6.16　旋喷、定喷和摆喷示意图

（a）旋喷形成圆柱形固结物；（b）定喷形成片状固结物；（c）摆喷形成扇形固结物

凝结体的防渗性能取决于地层组成成分和颗粒级配、施工方法、施工工艺及浆液材料等。在一般砂砾石层中使用水泥基质浆液进行高喷如水工建筑物地基防渗，要求凝结体具有良好的防渗性能和渗流稳定性，单排孔凝结体的渗透系数在 10^{-5}～10^{-7} cm/s 范围内，而对抗压强度要求不高；高喷施工若以加固和提高力学性能为主要目的，则取决于地层中所含砾石材料的坚硬强度和浆材，用纯水泥浆形成的凝结体，抗压强度可达 5～15MPa。

2. 高喷凝结体结构布置

设计中要求慎重考虑和选用结构布置形式和孔距。孔距一般应根据地质条件、防渗要求、施工方法和工艺、结构布置形式、孔深等因素确定。

常用结构布置形式有：

(1) 定喷折线结构，如图 6.17 (a) 所示。

(2) 摆喷折线结构，如图 6.17 (b) 所示。

(3) 摆喷对接结构，如图 6.17 (c) 所示。

(4) 柱定结构，如图 6.17 (d) 所示。

(5) 柱摆结构，如图 6.17 (e) 所示。

(6) 旋喷套接结构，如图 6.17 (f) 所示。

以上几种布置形式以图 6.17 (e)、(f) 所示防渗效果为好。

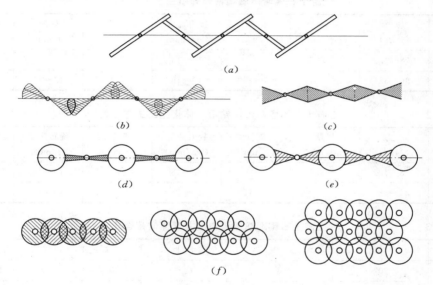

图 6.17　高喷凝结体的结构布置形式

6.3.3.4　高喷灌浆质量检查

1. 钻孔检查

在高喷凝结体达到一定强度后，可钻取岩芯，观测浆液注入和胶结情况，测试岩芯密度、抗压强度、抗折强度、弹性模量及渗透系数、渗压比降等防渗性能；通过注水或压水试验，实测凝结体的渗透系数等。

2. 围井检查

一般在防渗板墙一侧加喷几个孔，与原板墙形成三角形或四边形围井，底部用高喷或其他方法封闭。在井内进行注水或压水试验，或开挖直观防渗板墙构筑情况，做注水或抽水试验，实测防渗板墙渗透系数。

此外，还可结合施工情况，进行整体效果检查及利用物探手段进行检测。

【工程实例】　三峡三期土石围堰防渗墙施工。

1. 设计要求

三峡水利枢纽工程采用"三期导流，明渠通航"的施工导流方案。三期上游土石围堰为Ⅳ级临时建筑物，围堰轴线呈直线布置，设计要求防渗体采用单排高压旋喷灌浆，上接土工合成材料心墙，下接水泥灌浆帷幕；三期下游土石围堰为Ⅲ级临时建筑物，围堰轴线呈折线布置，设计要求防渗体采用双排高压旋喷灌浆，上接土工合成材料心墙，下接水泥灌浆帷幕。

2. 施工工艺选择

施工单位对以高喷灌浆为主的多种防渗墙施工工艺进行调研、论证，结合工程实际，选择了振孔高喷、常规钻孔高喷、钻喷一体化及自凝灰浆等 4 种施工工艺，其工艺参数见表 6.11～表 6.14。

表 6.11　　　　　　　　　上游土石围堰防渗墙常规高喷施工工艺参数

项　目	压力(MPa)	风量(m³/min)	流量(L/min)	提升速度(cm/min)	浆液密度(g/cm³)	旋转速度(r/min)	喷嘴直径(mm)
压缩气	0.8～1.2	1～3.5	—	10～15	—	10～15	—
浆液	36～38	—	85～150	10～15	1.4～1.45	10～15	2.0

表 6.12　　　　　　　　　上游土石围堰防渗墙钻喷一体化施工工艺参数

项　目	压力(MPa)	风量(m³/min)	流量(L/min)	提升速度(cm/min)	浆液密度(g/cm³)	旋转速度(r/min)	喷嘴直径(mm)
压缩气	0.8～1.2	1～3.5	—	10～13	—	10～13	—
浆液	35～38	—	85～150	10～13	1.4～1.45	10～13	2.3

表 6.13　　　　　　　　　上游土石围堰防渗墙自凝灰浆原浆配合比

编　号	水	水　泥	膨润土	缓凝剂	分散剂
Z-2	907	236	45	0.7～0.9	1.8
Z-3	900	254	45	0.7～0.9	1.8

表 6.14　　　　　　　　　下游土石围堰防渗墙振孔高喷施工工艺参数

项　目	压力(MPa)	风量(m³/min)	流量(L/min)	提升速度(cm/min)	浆液密度(g/cm³)	旋转速度(r/min)	喷嘴直径(mm)
压缩气	0.7～1.2	1.5～3	—	10～30	—	15～25	—
浆液	35～37	—	>140	10～30	1.4～1.45	15～25	1.9～2.9

3. 质量分析

通过对防渗墙钻孔检查和墙体注水试验，钻孔取芯的芯样获得率达 91.4%，注水试验测得最大渗透系数为 1.16×10^{-6} cm，满足设计要求。

三期土石围堰防渗工程完工后，经抽水检验，围堰的最大渗漏量为 350L/h，满足设计要求，证明墙体质量良好。

6.4　混凝土坝接缝灌浆

　　混凝土坝属大体积建筑物，考虑温控和施工要求，通常将坝体划分成许多浇筑块进行浇筑。在坝段间一般设置垂直于坝轴线的横缝，在坝段中设置平行于坝轴线的纵缝。

　　纵缝是一种临时性的浇筑缝。对坝体的应力分布及稳定性不利，必须进行灌浆封填。

　　重力坝的横缝一般与伸缩沉陷缝结合而不需要接缝灌浆，拱坝和其他坝型有整体要求的横缝、纵缝需进行接缝灌浆。

　　根据规范要求，横缝间距一般为15～20m，纵缝间距为15～30m。实际工程中，接缝灌浆不是等所有的坝块浇筑结束后才进行，而是由于施工导流和提前发电等要求，坝块混凝土一边浇筑上升，一边对下部的接缝进行灌浆，如坝体提前挡水等。

　　一般混凝土坝接缝灌浆工艺流程如图6.18所示，主要程序为：

　　灌浆系统布置→灌浆系统加工与安装→灌浆系统检查与维护→灌前准备→灌浆→工程质量检查

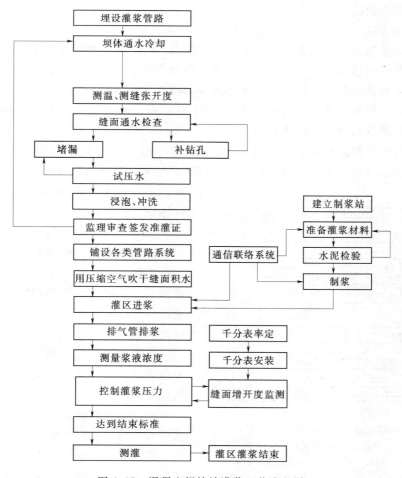

图 6.18　混凝土坝接缝灌浆工艺流程图

6.4.1　灌浆系统布置

6.4.1.1　接缝灌浆分区原则

（1）坝体接缝应用止浆片分隔成若干灌区进行灌注，每个灌区的高度以 9～12m 为宜，面积以 200～300m² 为宜。

（2）每个灌区应布置一套完整的灌浆系统，包括进浆管、回浆管、升浆和出浆设施、排气设施及止浆片等。

6.4.1.2　灌浆系统的布置原则

（1）浆液能自下而上均匀地灌注到整个灌区缝面。

（2）灌浆管路和出浆设施与缝面连通顺畅。

（3）灌浆管路顺直、弯头少。

（4）同一灌区的进浆管、回浆管和排气管管口集中，以便灌浆施工。

6.4.1.3　灌浆系统选用

选用灌浆系统时，升浆和出浆设施的形成，可采用塑料拔管方式、预埋管和出浆盒方式，也可采用出浆槽方式。排气设施可采用埋设排气槽、排气管或塑料拔管方式。结合工程应用，主要介绍以下几种。

1. 预埋灌浆系统

预埋灌浆系统由进、回浆干管和支管、出浆盒、排气槽及排污槽组成，周围用止浆片封闭而形成独立的灌区。为了排除空气和灌注浆液自下上升，干管的进出口应布置在每一灌区的下部，各灌区的进出口干管集中布置在廊道或孔洞内。一般支管平行于键槽，干管垂直于支管。一般采用两种（38mm 和 19mm）或三种（38mm、32mm 和 19mm）管径的铁管埋设。外露管口段的长度不宜小于 15cm。

管路系统有双回路布置、单回路布置。工程中多用双回路布置（图 6.19），其在灌区两侧均布置进、回浆干管，优点为进、回浆管不易堵塞，若遇事故易处理，灌浆质量有保证。也有的工程将两侧进、回浆干管布置在坝块外部。

止浆片的作用是阻止接缝通水和灌浆时水、浆液漏逸，横缝上下游止浆片同时起止水作用。为使止浆片外侧的混凝土振捣密实，止浆片应距离坝块表面或分块浇筑高程 30cm 为宜。止浆片可用镀锌铁皮或塑料止浆片。

出浆盒和支管相通，呈梅花形布置在先浇块键槽面易于张开的一面。每盒负担的灌浆面积 5m² 左右。

排气槽设在灌区顶部，排污槽设在灌区底部，通过排污管与外面连通。

特别指出，施工中有时需在高于接缝灌浆温度下进行灌浆或其他原因造成接缝

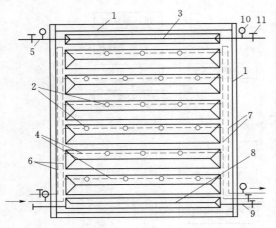

图 6.19　盒式灌浆管路系统布置

1—止浆片；2—出浆盒；3—排气槽；4—支管；5—排气管；6—进、回浆干管；7—事故备用进、回浆干管；8—排污槽；9—排污管；10—压力表；11—阀门

灌浆质量达不到设计要求，须事先考虑重复灌浆系统。该系统与一次灌浆系统比较管路系统基本一样，其主要区别在于出浆盒（如外套橡皮的出浆盒）的构造。灌浆后用压力水冲洗，以不将橡皮套顶开为度。若已灌的接缝重新张开时，可再次灌浆。

一次灌浆系统无法进行重复灌浆。若灌浆失败，须沿缝面钻孔另在外部安设管路系统进行灌浆。

2. 拔管灌浆系统

拔管灌浆系统进浆支管和排气管均由充气塑料拔管形成。灌浆系统的预埋件随坝块浇筑先后分两次埋没。先浇块的预埋件有止浆片、垂直与水平的半圆木条等。先浇块拆模后，拆除半圆木条就形成了垂直与水平的半圆槽。后浇块的预埋件有连通管、接头、塑料软管及短管等。浇筑时给塑料软管充气，浇筑一定时间如后浇块混凝土终凝后放气，拔出塑料软管，形成骑缝孔道。进、回浆干管装置在外部，通过插管与骑缝孔道相连。

采用塑料拔管系统时，升浆管的间距宜为 1.5m，升浆管顶部宜终止在排气槽以下 0.5～1.0m 处。该系统简化了施工，省工、省料，整个灌区接缝可同时自下而上进浆，管路不易堵塞。

国内如东江水电站等灌浆实践，灌区合格率较高。二滩水电站拱坝横缝灌浆如图 6.20 所示。

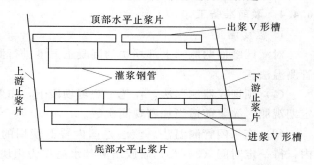

图 6.20　二滩大坝接缝灌浆系统典型布置示意图

6.4.2　灌浆系统加工与安装

灌浆管路和部件的加工要按设计图纸进行。止浆片、出浆盒及其盖板、排气槽及其盖板的材质、规格、加工、安装要符合设计要求。

1. 预埋灌浆系统

采用预埋管和出浆盒方式时，应注意以下要求：

（1）灌浆管路、出浆盒、排气槽、止浆片等安装，应在先浇块模板立好后进行，混凝土浇筑前完成。出浆盒和排气槽的周边要与模板紧贴，安装牢固。

（2）出浆盒盖板、排气槽盖板应在后浇块浇筑前安设。盒盖与盒、槽盖与盖要吻合。

2. 拔管灌浆系统

升浆管路采用塑料拔管方式施工时，应使用软质塑料管，经充气 24h 无漏气时方可使用，并应注意以下要求：

（1）灌浆管路应全部埋设在后浇块中。在同一个灌区内，浇筑块的先后次序不得改变。

（2）先浇块缝面模板上预设的竖向半圆模具，要在上下浇筑层间保持连续，在同一直线上。

（3）后浇块浇筑前安设的塑料软管应顺直地稳固在先浇块的半圆槽内，充气后与进浆管三通或升浆孔洞连接紧密。

灌浆管路连接完毕后应进行固定，防止浇筑过程中管路移位、变形或损坏。

在混凝土坝体内应根据接缝灌浆的需要埋设一定数量的测温计和测缝计。

6.4.3　灌浆系统检查与维护

在每层混凝土浇筑前后要对灌浆系统进行检查。整个灌区形成后，应对灌浆系统通水进行整体检查并做好记录，外露管口和拔管孔口盖封严密，妥善保护。

在混凝土浇筑过程中，应对灌浆系统做好如下维护工作：

（1）维护仓面内灌浆系统不受损害，严禁任何人员攀爬、摇晃或改动管路，严防吊罐等重物碰撞管路。

（2）确保止浆片四周混凝土振捣密实，严防大骨料集中于止浆片附近，禁止入仓混凝土直接倒向止浆片。

（3）防止混凝土振捣时，出浆盒产生错位，或水泥砂浆流入，将出浆盒堵塞。

（4）维护先浇块缝面洁净，防止浇筑过程中污水流入接缝内。

6.4.4　灌前准备工作

1. 温度测定

对灌区缝面两侧和上部坝块的混凝土温度进行测定。常用有预埋仪器测温法、充水闷管测温法。

（1）预埋仪器测温法。在选定观测坝段上，布置埋入式铜电阻温度计。混凝土冷却中定期观测，灌浆前适当加密观测次数。

（2）充水闷管测温法。该法是国内普遍使用的方法，将水充进坝块预埋的冷却水管内，待一定时间（3～7d）后放出测其水温作为坝块混凝土的温度。使用此法应注意：

1）充入冷却水管内的水温不宜低于5℃。

2）坝块中应有多少层冷却水管的闷管测温资料，视灌区高度、冷却水管埋设情况而定，通常一个灌区可选2～4层的充水闷温资料（取平均值）。

3）闷温水的放出和测温要迅速准确，尽量减少外界气温的影响。

2. 接缝张开度测量

接缝张开度即纵缝或横缝接触面间缝隙的大小是衡量接缝可灌性的主要指标，受相邻块高差、新老混凝土温差、键槽坡度等因素的影响。要求接缝张开度大于0.5mm，以1～3mm为宜。灌区内部的缝面张开度可使用测缝计量测，表层的缝面张开度可以使用孔探仪等量测。

3. 通水检查

通水检查主要目的是查明灌浆管路及缝面的通畅情况，以及灌区是否外漏和上下灌区串层，从而为灌浆前的事故处理方法提供依据。

（1）单开式通水检查。单开式通水检查是目前普遍采用的一种方法。分别从两进浆管进水，随即将其他管口关闭，依次有一次管口开放，在进水管口达到设计压力的情况下，测定各个管口的单开出水率，通常标准为单开出水率大于50L/min。若管口出水率小于50L/min，则应从该管口进水，测定其余管口出水量和关闭压力，以便查清管道和缝面情况。

（2）封闭式通水检查。从一通畅进浆管口进水，其他管口关闭，待排水管口达到设计压力（或设计压力的80%），测定各项漏水量，并观察外漏部位，灌区封闭标准为稳定漏水量宜小于 15L/min。

（3）缝面充水浸泡冲洗。每一接缝灌浆前应对缝面充水浸泡 24h，然后放净或通入洁净的压缩空气排除缝内积水，方可开始灌浆。

（4）灌浆前预灌性压水检查。采用灌浆压力压水检查，选择与缝面排气管较为通畅的进浆管与回浆管循环线路，核实接缝容积、各管口单开出水率与压力，以及漏水量等数值，同时检查灌浆机运行可靠性。

当灌浆管路发生堵塞时，应采用压力水冲洗或风水联合冲洗等措施疏通。若无效，可采用钻孔、掏孔、重新接管等方法修复管路系统；两个灌区相互串通时，应待互串区均具备灌浆条件后同时灌浆。

综上所述，为确保接缝灌浆工程质量，要求满足和符合下列条件：

（1）灌区两侧坝块混凝土的温度必须达到设计规定值（接缝灌浆温度）。

（2）灌区两侧坝块混凝土的龄期宜大于 6 个月，在采取了有效冷却措施情况下，也不宜少于 4 个月。

（3）除顶层外，灌区上部混凝土（压重）厚度不宜少于 6m，其温度应达到接缝灌浆温度。

（4）接缝的张开度不宜小于 0.5mm。一般小于 0.5mm 的作细缝处理，可采用湿磨细水泥灌浆或化学灌浆。

（5）灌区止浆封闭良好，管路和缝面畅通。

此外，接缝灌浆时间，一般应安排在低温季节进行。纵缝在水库蓄水前灌注，未完灌区的接缝灌浆在库水位低于灌区底部高程时进行。

6.4.5　灌浆施工

1. 接缝灌浆次序

在选择和控制灌浆次序时，要注意以下几方面：

（1）同一灌区，应自基础灌区开始，逐层向上灌注。上层灌区的灌浆，应待下层和下层相邻灌区灌好后才能进行。

（2）为了避免各坝块沿一个方向灌注形成累加变形，影响后灌接缝的张开度，横缝灌浆一般从大坝中部向两岸或两岸向中部会合，纵缝灌浆自下游向上游推进。

（3）同一坝段、同一高程的纵缝，或相邻坝段同一高程的横缝应尽可能同时灌浆。

（4）同一坝段或同一坝块有横缝灌浆、纵缝灌浆及接触灌浆时，一般应先接触灌浆，可提高坝块稳定性。

（5）对陡峭岩坡的接触灌浆，宜安排在相邻纵缝或横缝灌浆后进行，以利于接触灌浆时坝块的稳定性。

（6）横缝及纵缝灌浆的先后顺序，一般为先横缝后纵缝。但有的工程也采用先纵缝后横缝。

（7）靠近基础的接触灌区，如基础中有中、高压帷幕灌浆，一般接缝灌浆安排在帷幕灌浆前进行。

（8）同一坝缝的下一层灌区灌浆结束 10d 后，上一层灌区方可开始灌浆。若上、下层灌区均已具备灌浆条件，可采用连续灌浆方式，但上层灌区灌浆应在下层灌区灌浆结束后

4h 以内进行，否则仍应间隔 10d 后再进行灌浆。

2. 灌浆压力控制

灌浆压力是影响灌浆质量的重要因素之一，合适的灌浆压力可使浆液流动顺畅，充分充填接缝间隙，获得良好的水泥结石。多数工程采用类比法结合具体情况确定设计灌浆压力，接缝灌浆压力主要以控制灌区层顶缝面压力为主。一般取 0.2～0.3MPa。在灌浆压力作用下，缝面的增开度允许值，纵缝不大于 0.5mm，横缝不大于 0.3mm。

施工中应注意：若灌浆压力尚未达到设计要求，而缝面增开度已达到设计规定值时，应以缝面增开度为准限制灌浆压力。

3. 浆液稠度变换

规范要求，坝体接缝灌浆所用水泥的强度等级须为 42.5 或以上，原则上由稀到浓逐级变换。浆液水灰比可采用 2∶1、1∶1、0.6∶1（或 0.5∶1）三个比级。一般情况下，开始可灌注水灰比为 2∶1 的浆液，待排气管出浆后，浆液水灰比可改为 1∶1（起过渡作用）。当排气管出浆水灰比接近 1∶1，或水灰比为 1∶1 的浆液灌入量约等于灌区容积时，改用水灰比 0.6∶1（或 0.5∶1）的浆液灌注，直至结束。

当缝面的张开度较大，管路畅通，两个排气管单开出水量均大于 30L/min 时，开始就可灌注水灰比为 1∶1 或 0.6∶1 的浆液。

为尽快使浓浆充填缝面，开灌时排气管应全部打开放浆，其他管应间断打开放浆。测量放出浆液的密度和放浆量，以计算缝内实际注入的水泥量。

4. 结束标准

当排气管排浆达到或接近最浓比级浆液，且管口压力或缝面增开度达到规定设计值，注入率不大于 0.4L/min 时，持续 20min，灌浆即可结束。

若排气管出浆不畅或被堵塞时，应在缝面增开度限值内提高进浆压力，力争达到上述条件。若无效，应在顺灌结束后立即从两个排气管中进行倒灌。倒灌应使用最浓比级浆液，在设计规定压力下，缝面停止吸浆，持续 10min 即可结束。

灌浆结束时，应先关闭各管口阀门后再停机，闭浆时间不宜少于 8h。所谓闭浆是指为防止孔段内的浆液返流溢出，继续保持孔段封闭状态，即浆液在受压状态下凝固，以确保灌浆质量。

需指出，灌浆过程中应做好灌浆记录，及时对资料整理和汇总，以便进行灌浆质量的评定。其中接缝灌浆单区灌浆成果参考表 6.15，其他表格见规范要求。

5. 特殊情况处理

（1）灌前发现管路堵塞，首选"冲"，即采取灌浆机送水或现场施工供水管分别向各管内通水（加压、浸泡）冲洗。必要时辅以掏（如管口附近）、凿（凿后疏通）、钻（钻孔疏通）等处理措施。

（2）灌前接缝张开度过小（小于 0.5mm）时，可采取如下处理措施：

1）采用细水泥浆（干磨、湿磨和超细水泥制成的浆液）。

2）在增开度限值内提高灌浆压力。

3）采用化学灌浆。

4）取消或延缓灌浆（需计算验证）。

表 6.15 （ ）混凝土坝接缝单区灌浆成果一览表

部位：　　　缝别：　　　灌区编号：　　　灌区起止高程：自　　m 至　　m　灌区面积：　　m²　灌浆日期：　　年　　月　　日

灌浆条件	坝块龄期	前（左）块（月）	后（右）块（月）							所用水泥	强度等级	品种	4 900 孔/cm²筛余量（%）	外加剂	备注
	坝块温度	前（左）块（℃）	后（右）块（℃）	压重块温度	前（左）块（℃）	后（右）块（℃）	底部	中部	顶部	缝面开度（mm）					

通水检查情况：管道名称（进浆管、备用进浆管、回浆管、备用回浆管、近排气管）　单开出水量（L/min）　通水压力（MPa）　串漏情况和漏水量（L/min）　实测缝容（L）　浸泡时间（h）　预灌性压力检查

灌浆施工情况：灌浆时间（时 分 时隔 min）　施工简要说明（结束标准）　管口压力（MPa）：进浆管、回浆管、近排气管、远排气管　密度（g/cm³）　倒灌　缝面增开度（mm）：顶部、中部、底部　水灰比　管口压力　通水缝：缝号、管口高程、管口压力（MPa）、管口名称、压力（MPa）　平压缝：缝号　管口排列示意图

总注入量：浆液（L）　水泥（kg）　单位面积注入水泥量（kg/m²）

放浆量：浆液（L）　水泥（kg）

弃浆量：浆液（L）　水泥（kg）

浆液耗用情况：总耗量　浆液（L）　水泥（kg）　排气管至顶部排气槽间的垂直距离

技术负责人　　　　校对　　　　制表　　　　制表日期　　年　　月　　日

（3）灌浆时发现浆液外漏，要从外部进行堵漏。若无效可用加浓浆液、降低压力等措施进行处理。

（4）灌浆过程中发现串浆现象，在串浆灌区已具备灌浆条件时，应同时灌浆。

（5）进浆管和备用进浆管发生堵塞，应先打开所有管口放浆，然后在缝面增开度限值内尽量提高进浆压力，疏通进浆管路。若无效可再用回浆管进行灌注等措施。

（6）灌浆因故中断，立即用清水冲洗管路和灌区，保持灌浆系统通畅。

6.4.6　工程质量检查

灌区的接缝灌浆质量，要以分析灌浆施工记录和成果资料为主，结合钻孔取芯、槽检等测试资料，选取有代表性的灌区进行综合评定。评定和检查项目有：

（1）灌浆时坝块混凝土的温度。

（2）灌浆管路通畅、缝面通畅及灌区密封情况。

（3）灌浆材料、接缝张开度变化和缝面注入量。

（4）灌浆过程中是否有中断、串浆、漏浆等。

（5）钻孔取芯、压水试验、槽检等成果资料。

6.5　土坝劈裂灌浆

土坝劈裂灌浆技术是沿土坝轴线小主应力面布设灌浆孔，通过施加较高的灌浆压力人为地劈开坝体，灌注泥浆，利用浆坝互压，泥浆析水固结和坝体湿陷密实等作用，使所有与浆脉连通的裂缝、洞穴、砂层等隐患得到充填且挤压密实，形成竖直连续的浆体防渗墙。劈裂灌浆的浆脉分布如图 6.21 所示。

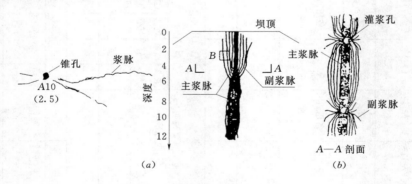

图 6.21　浆脉分布图（单位：m）
（a）平面分布；（b）剖面

工程实践表明，劈裂灌浆技术应用于土坝及堤防工程的除险加固，具有机理明确、效果好、工艺简单和造价低等优点，是解决土坝渗漏隐患的有效方法之一。

6.5.1　劈裂灌浆适用范围

20 世纪 80 年代中期以来，劈裂灌浆不仅在病险水库的安全加固中得到应用，而且在窄心墙坝体、堤坝地基、湿陷性黄土宽顶坝、砂坝及软土地基加固等方面取得新的进展。

结合工程实践，主要应用于以下几方面：

（1）坝体铺土过厚，分层分段施工，碾压不实，土质疏松，存在架空现象。

（2）坝体浸润线较高，坝后坡存在大面积湿润，或有管涌、流土破坏现象。

（3）坝体出现不均匀沉陷的横向裂缝、软弱带、透水砂层或较多的蚁穴兽洞等隐患。

6.5.2　劈裂灌浆施工

劈裂灌浆设计时，一般采用"坝体分段，区别对待，单排布孔，分序钻灌，孔底注浆，全孔灌注，综合控制，少灌多复"的原则，结合土坝隐患的性质、部位、施工技术等提出灌浆施工所需的文件和图纸。

灌浆前要做好灌浆机具、料物、劳力、场地等准备工作。

施工过程主要为：造孔→制浆→灌浆→封孔。

6.5.2.1　布孔与钻孔

1. 布孔

孔位要根据坝体质量、小主应力分布情况、裂缝及洞穴位置、地形等区别对待，一般分为河床段、岸坡段、弯曲段及其他特殊的坝段。如裂缝集中、洞穴和塌陷、施工结合部位等。

河床段一般沿坝轴线或偏上游直线单排布孔，对于坝体普遍碾压不实、土料混杂、夹有风化块石、存在架空隐患等可双排或三排布置。

岸坡段或弯曲段应根据其弧度方向采用小孔距布孔，或采用多排梅花形布孔，或由灌浆试验确定。

终孔距离应根据坝型、填坝土料、孔深及灌浆次数等因素，在保证劈裂灌浆连续和厚度均匀的条件下，应适当放大孔距，降低工程造价。重要工程须通过现场灌浆试验确定。对中小型工程，在河槽段孔深 30～40m 时，可采用 10m 左右的终孔距离；孔深小于 15m 时，可采用 3～5m；岸坡段宜选用 1.5～3m 的孔距。

2. 钻孔

为使灌入的浆液均匀地分布于坝体，常把一排孔分成几序钻孔灌浆。一般按由疏到密的原则布孔。第一序孔间距的确定与坝高、坝体质量、土质性质、灌浆压力、钻孔深度等有关，如土坝高、质量差、黏性低，可采用较大的间距。第 Ⅰ 序孔距一般采用坝高的 2/3 或孔深的 2/3。先钻灌 Ⅰ 序孔，再在 Ⅰ 序孔间等分插钻 Ⅱ 序孔。一般最多不宜超过 Ⅲ 序孔。

孔深一般达到隐患以下 1～2m。对于坝体碾压质量较差且渗流严重时，钻孔可深至坝底。孔径一般采用 5～10cm 为宜。钻孔采用干钻，若钻进困难时可少量注水湿钻。

造孔前，在坝顶沿灌浆轴线开挖深约 1m，宽约 0.5m 的沟槽，回填黏土夯实，构成阻浆盖，防止孔口过早出现裂缝或冒浆现象。

6.5.2.2　灌浆控制压力

灌浆压力是指注浆管上端孔口的压值，是灌浆时限制的最大压力，也是劈裂灌浆设计的一个重要控制指标。灌浆压力设计是否合理，对坝体的压密和回弹、浆脉的固结和密实度、泥浆的充填和补充坝体小主应力的不足及保证泥浆帷幕的防渗效果等有非常重要的作用。

灌浆压力的选择与坝型、坝高、坝体质量、灌浆部位、浆液浓度及灌浆泵量的大小等因素有关。同一序孔灌浆时，前几次灌浆压力较低，随着复灌次数的增加，坝体在浆坝互压作用下，逐步得到压实，孔口灌浆压力逐渐升高。

重要工程灌浆压力的选择须通过试验确定。

6.5.2.3 制浆

由于坝型不同，填筑土料的差异，对浆料的要求也不同。选择灌浆土料要从被灌土体的状况、灌浆方式、施工条件等综合考虑。灌浆前，须做灌浆试验，以获得制成各种浆液的物理力学性能，选取合适的浆液。

原则上灌入的浆液土料与坝体土料的物理力学性能相接近，或以偏黏为宜。一般要求黏粒含量不能太少，水化性好，浆液易流动，有一定的稳定性。

工程中采用搅拌机湿法制浆，测定泥浆密度，使其满足设计要求。一般密度为 1.2～1.7g/cm³。开始用稀浆灌注，坝体被劈开后改用浓浆，密度可达到 1.5～1.6g/cm³，封孔时大于 1.7g/cm³。

6.5.2.4 灌浆与灌浆历时

劈裂灌浆属于纯压式灌浆。灌浆时要求稀浆开路，浓浆灌注，分序施灌，先疏后密，少灌多复，控制浆量。

施工时将注浆管下到离钻孔底部 0.5～1m，在射浆管上部或孔口设置一道或多道止浆设施，泥浆通过灌浆泵由射浆管喷出。孔底灌浆、全孔灌注是劈裂灌浆保证坝体安全、提高灌浆质量的重要环节。灌 1～2 次后，可提升注浆管 1～2m。

灌浆历时主要受灌浆设备效率、一次允许灌浆量、灌浆工程量及劈裂缝内泥浆的固结速率等影响。灌浆历时过短，不能充分发挥泥浆压缩坝体的作用，坝内裂缝、洞穴等隐患不能充填密实影响灌浆质量；若灌浆历时过长，对坝体的稳定不利，并拖延工期和增加工程投资。一般选在水库水位较低时进行灌浆，结束灌浆应在大汛期到来前一个月结束为宜。

泥浆灌入坝体后，未固结前为一薄弱带，需严格控制劈裂宽度和固结时间。为保证灌浆期坝坡的稳定，防止坝体局部或整体滑动，设计时应按最不利情况验算，即坝体沿轴线全线劈开，且泥浆尚未固结时坝体的稳定性。

6.5.2.5 变形观测与劈裂宽度控制

进行劈裂灌浆时，要同时进行坝体变形观测工作。主要了解土坝灌浆及引起的回弹情况，灌浆期坝面塌坑、浸润线、渗流量、孔隙水压力、孔口压力变化等，确保灌浆质量和坝体安全。如坝体位移和沉陷变化，一般在坝顶、上下游坡适当位置埋设数排固定位移、沉降标点，或利用坝体原有观测点，灌浆期间定期或根据设计要求进行实测。

灌浆施工时，不允许坝顶产生较大裂缝，要求达到"内劈外不劈"原则，即在坝体内部沿坝轴线劈裂，而坝顶表面看不到劈裂缝。坝顶劈裂长度控制在一序孔间距以内，宽度控制在 1～3cm 以内，以每次停灌 12h 后回弹闭合为宜。

6.5.2.6 复灌与终灌

复灌次数以泥浆对坝体的压缩效果、一次注浆允许增加的厚度及浆体帷幕厚度等条件确定。一般第Ⅰ序孔吸浆量占总灌浆量的 60% 以上，灌浆次数相应多些，如 8～10 次；第Ⅱ、第Ⅲ序孔主要起均匀帷幕厚度的作用，一般为 5～6 次。

1. 间隔时间

复灌间隔时间主要以灌入坝体裂缝中的浆体固结状态来确定，应待前次灌入的泥浆基本固结后，再进行复灌。根据工程经验，一般浆体厚度为 3cm、6cm、12cm、24cm、36cm 时，间隔时间可大致分别为 5d、10d、20d、40d、50d。

结合工程实践，单孔灌浆的控制要求为：

（1）达到一次控制灌浆量即可停灌。

（2）虽未达到控制的灌浆量，但达到控制灌浆压力时，待其稳定半小时或超过灌浆压力即停灌。

（3）虽然未达到上述指标，但坝肩位移、坝顶裂缝长度和宽度均达规定值时，也要停灌。

2. 终灌标准

一般终灌结束标准为：

（1）连续复灌三次不再吃浆。

（2）坝顶连续三次冒浆，或连续三次超过控制压力、位移和裂缝宽度。

（3）每孔灌浆次数和灌浆量达到或超过设计数量。

（4）对具有水平砂层的坝体或砂坝的结束灌浆标准，还应有足够的帷幕厚度，满足防渗要求。

3. 封孔

一般用泥球或稠浆封孔。终灌后，将孔内清水抽出，倒入泥球或稠浆，表面用土夯实。

6.5.2.7 特殊情况处理

（1）对坝顶面原来就有的纵向或横向裂缝，灌浆前顺缝开挖并回填黏性土，形成阻浆盖后，再进行灌浆；若缝较深，则需灌浆充填裂缝。

（2）灌浆时出现冒浆，如坝坡、坝顶、孔口等处，应及时处理。如坝坡冒浆时，视具体情况选用填砂砾石为反滤盖重、浓浆灌注（间歇性灌浆）、回填黏性土夯实等方法。

（3）灌浆期间出现塌坑，一般将塌坑内的水排出，待坑内的泥浆凝固后，再回填适宜黏性土料，分层夯实。

（4）坝坡局部隆起时，应停止灌浆，将隆起部分夯实和施加滤料盖重后再灌浆。

6.5.3 劈裂灌浆质量检查

检查项目主要有：

（1）坝体外部质量检查。如坝顶、坝坡裂缝，坝后浸润线和渗流量变化等。

（2）坝体内部质量检查。钻孔取样，开挖深井、土工试验等。

（3）灌浆资料的整理和分析，检查各项指标是否符合设计要求。

灌浆过程中许多因素相互影响，互相制约。各观测项目要配合进行，随时发现问题，及时采取有效措施予以解决。

6.6 化 学 灌 浆

前述已提及，对某些不良地质条件，如断层、破碎带、泥化夹层、岩石细微裂缝等，水泥灌浆有时难以见效，而化学灌浆显示出其优越性和特点，特别在解决水工建筑物复杂地基的防渗、堵漏及补强加固等方面，取得显著的效果。如葛洲坝、丹江口水利枢纽帷幕丙凝灌浆、龙羊峡水电站 G4 劈理带帷幕组合化学灌浆等。

6.6.1　化学浆液特性

根据工程应用，化学浆液特性主要有：

（1）化学浆液的黏度低，有利于灌入细微裂缝，可灌性好。

（2）化学浆液的胶凝时间，可较准确地加以控制，对灌浆施工有利。

（3）化学浆液聚合体的渗透系数一般可达 $10^{-6} \sim 10^{-8}$ cm/s，抗渗性强，防渗效果好。

（4）化学浆液聚合体的稳定性和耐久性均较好。

（5）有机高分子化学浆液即使经过改性后，仍常具有毒性，施工中需做好防护工作，并防止污染环境。

6.6.2　化学灌浆材料

化学灌浆材料品种较多，应结合工程要求加以选择。

工程中常采用的化学浆液有：

（1）水玻璃类。水玻璃即硅酸钠的水溶液，用水玻璃溶液和相应胶凝剂配制成的浆液，灌入地层，能起到防渗和固结作用。用于帷幕灌浆，具有良好的抗渗稳定性。水玻璃类具有材料来源丰富，价格低廉和毒性较低的优点。

（2）丙烯酰胺类。浆液以丙烯酰胺为主剂，溶于水后配以其他附加有机化学材料制成。浆液黏度小，可灌性好。适用于细微裂隙和孔隙的地层进行防渗堵漏处理。只适用于地下水位以下的工程部位，对动水条件下堵漏有较好的效果。如防渗帷幕灌浆处理，软基细砂层固结处理。

（3）聚氨酯类。聚氨酯类有油溶性、水溶性聚氨酯灌浆材料。前者灌入地层中不会被水稀释或冲走，聚合体强度高，主要用于岩基防渗帷幕和有特殊要求地段的固结灌浆及细砂层的防渗和固结、建筑物堵漏等；后者有良好的亲水性和遇水膨胀的特性，用于地基帷幕防渗、变形缝防渗堵漏、岩基和细砂层防渗堵漏加固等。

（4）环氧类。应用时具有强度高、黏结力强、化学稳定性好，并在常温下固化的特点。通常由主剂、固化剂、促进剂和稀释剂等材料配制而成。常用于岩基固结灌浆、加固地基和处理混凝土裂缝等。

（5）甲基丙烯酸酯类。该类浆液具有黏度低，可灌性好，聚合体强度高等特点，不足为浆液配比较复杂，主要用于混凝土微细裂缝的补强及接缝灌浆。可灌入 0.05～0.1mm 的细微裂缝，浆液灌浆前须吹（烤）干缝面。

6.6.3　化学灌浆施工

化学灌浆可基本沿用水泥灌浆的工艺，但由于化学灌浆的特点和材料性质的不同，各类化学灌浆的工艺也有差异。浆液胶凝时间较水泥要短，各工序施工和技术要求高。

化学灌浆遵循分序加密的原则钻孔灌浆，一般采用小孔径钻具钻孔。

施工中使用专用的化学灌浆设备如灌浆泵等，采用纯压式灌浆。

1. 化学灌浆方法

按浆液的混合方式来区分，有单液法灌浆和双液法灌浆两种。为施工简便，多采用单液法灌浆。

（1）单液法灌浆。单液法灌浆是指一次配制成的浆液或两种浆液分别在灌浆泵灌注前先混合好，再进行灌注的灌浆方法。工程中此法设备及操作工艺较简单，按已配制好的浆液进行灌浆，但灌浆时若要调整浆液的比例，必须重新配制浆液。一般适用于胶凝时间较长的浆液。

（2）双液法灌浆。双液法灌浆是指两种浆液组分别在灌浆泵送至灌浆孔口或孔内后，再混合进行灌浆的方法。灌浆时可根据施工情况，随时调整两浆液用量的比例，适应性强。适用于短胶凝时间的浆液。

2．灌前准备

一般应注意以下几点：

（1）查看工程现场，搜集有关设计和地质资料，做好现场施工布置、检修钻灌设备等准备工作。

（2）材料仓库应布置在干燥、凉爽和通风条件良好的地方；配浆房距灌浆地点不应过远，以便运送浆液。

（3）根据施工地点和化学灌浆材料，设置有效的通风设施。当大坝廊道、隧洞及井下作业时，应保证能将有毒气体排除现场，引进新鲜空气。

（4）施工现场配备足够的消防设施，以防材料燃烧或爆炸。

（5）做好培训技工工作，培训内容主要包括化学灌浆基本知识、作业方法、安全防护及施工注意事项等。

（6）灌浆前应先行试压，检查各种设备仪表及安装是否符合要求；管路是否畅通、止浆塞隔离效果是否良好、有无渗漏现象等。整个灌浆系统畅通无漏时，才可开始化学灌浆。

3．灌浆开始条件

目前，灌浆开始条件有两种：

（1）以灌前压水试验透水率值为准，大于某值如 3Lu 或 5Lu 时，灌注水泥浆，小于某值则化学灌浆。

（2）以设计灌浆压力下求得孔段的注入率值为准，大于某值如 3L/min 或 5L/min 时，灌注水泥浆，小于此值时进行化学灌浆。工程中常采用此法。

4．化学灌浆结束标准

注入率小于 0.1L/min 或基本不吸浆时结束。

为防止灌浆时间过长，有的工程还规定当灌浆时间达到若干小时后也可结束灌浆。

6.6.4　特殊情况处理

（1）运输中出现盛器破损，立即更换包装、封好，液体药品用塑料盛器为宜，粉状药物和易溶药品分开包装。

（2）出现溶液药品黏度增大，应首先使用，不宜再继续存放。

（3）当玻璃仪器破损、致人体受伤，应立即进行消毒包扎。

（4）试验设备仪器发生故障，应立即停止运转，进行修复处理。

（5）灌浆时注意孔口附近有无返浆、跑浆、串漏等现象，若有应采取措施处理。

【工程实例】　故县水库坝基 F_5 断层处理。

F_5 断层是故县水库坝基范围内最大的一条断层，位于左岸，其走向平行于岸坡，严重影响坝肩的安全稳定。断层部位为动态的饱水地层，孔口有地下水渗出。处理方案考虑 445m 以下采用帷幕灌浆。钻孔时缩孔、坍孔现象严重，难于成孔。断层部位先期采用三排孔水泥灌浆，效果不理想，改用化学灌浆处理。浆液选用 EAA（环氧类）浆材。

1. 灌浆孔布设

断层部位布置 9 个灌浆孔，后补 2 个灌浆孔，共 11 个孔。孔深钻到断层以下 5m，分三序施工。对所有以前水泥灌浆孔的空孔部位均进行压力灌浆封堵，水灰比 0.6：1，压力 1MPa。表层 5m 以内采用化学灌浆封闭，防止浆液冒、串到地表。

2. 化学灌浆工艺

（1）采用单液法。针对每一孔段情况，采用优选组合配方，多功能相结合的处理方法。

（2）选用能逐渐升压、稳压、长时间注浆的化学灌浆泵、输浆管路和灌浆栓塞。

（3）断层部位处理采用定位注浆法。

（4）钻进中遇坍孔，立即停钻，进行化学灌浆处理。

（5）断层段化学灌浆压力以水泥灌浆时使用的压力为准，灌浆时间 36～42h。灌浆量依灌浆压力和时间而定。

经过上述处理后，固壁效果显著。钻孔取芯，破碎岩石与糜棱岩胶结紧密，室内测试糜棱岩岩芯抗压强度为 10.5～13.9MPa，静弹模为 $(5.3～7)×10^3$ MPa，满足设计要求。从检查孔取芯验证，浆液扩散半径大于 0.7m，浆液具有良好的渗透性。

本 章 小 结

灌浆工程属隐蔽性工程，灌浆效果需在施工过程中逐步了解。灌浆材料的选用应结合灌浆目的和地质条件合理确定。如水泥灌浆、水泥黏土灌浆、黏土灌浆和化学灌浆等。在特殊地质条件下或有特殊要求时，可选用稳定浆液、混合浆液、膏状浆液、细水泥浆液。为改善浆液性能，可加入适量外加剂。

岩基灌浆工序为：钻孔 → 裂隙冲洗 → 压水试验 → 灌浆 → 封孔。冲洗通常有单孔冲洗和群孔冲洗。钻孔灌浆的次序按分序加密的原则进行。灌浆方法可选用全孔一次灌浆法、自上而下分段灌浆法、自下而上分段灌浆法、综合灌浆法或孔口封闭灌浆法。

砂砾石地基灌浆多采用水泥黏土浆。灌浆方法有打管灌浆、套管灌浆、循环灌浆和预埋花管灌浆等。高压喷射灌浆已广泛应用于覆盖层地基和全、强风化基岩的防渗及加固处理，施工程序为：造孔→下喷射管→喷射提升（如旋喷和摆喷）→成桩或墙。多采用水泥浆，可用单管法、双管法、三管法等。凝结体的形状有定喷、旋喷和摆喷。

混凝土坝接缝灌浆主要程序为：灌浆系统布置→灌浆系统加工与安装→灌浆系统检查与维护→灌前准备→灌浆→工程质量检查。灌浆系统可选用预埋灌浆系统、拔管灌浆系统等。注意掌握各工序特点和要求。

土坝劈裂灌浆过程主要为：造孔→制浆→灌浆→封孔。灌浆施工时，严格控制灌浆压力，不允许坝顶产生较大裂缝，要求达到"内劈外不劈"原则。

化学灌浆材料应结合工程要求加以选择。按浆液的混合方式有单液法灌浆和双液法灌浆两种。

职　业　训　练

灌浆作业质量控制

（1）资料要求：工程资料和相关图纸。

（2）分组要求：3～5 人为 1 组。

（3）学习要求：①熟悉工程图纸；②编写灌浆施工方案和质量控制要点。

思　考　题

1. 岩基灌浆主要施工工序有哪些？

2. 何谓灌浆压力？施工中如何控制灌浆压力？

3. 何谓单孔冲洗和群孔冲洗？

4. 简述砂砾石地基灌浆方法。

5. 高压喷射灌浆有何特点？试举例加以说明。

6. 接缝灌浆系统的布置应遵守哪些原则？

7. 选择接缝灌浆次序时，应注意哪些问题？

8. 劈裂灌浆有何特点？试举例加以说明。

9. 化学灌浆方法有哪些？灌前准备应注意哪些问题？

第7章 土石建筑物施工

学习要点

【知 识 点】 掌握堤基施工、堤身填筑及防护工程施工要点；掌握丁坝、顺坝施工要点；掌握防渗墙施工、预制桩和灌注桩施工。

【技 能 点】 能进行堤防工程施工、河道整治工程施工，能进行隐蔽工程质量控制。

【应用背景】 水利工程建设随着科学的进步正在向生态水利、生态工程发展，构建与生态友好的水利工程技术体系。为满足防洪和水资源利用等多种需求，土石建筑物如堤防、河道整治等工程成为防洪体系中主要组成部分，其中堤防是抵御洪、潮危害的重要工程措施。对于河道堤岸受风浪、潮汐作用易发生冲刷破坏的堤段，应采用工程措施和生物措施相结合的防护方法。

7.1 堤防工程施工

7.1.1 堤防分类

1. 按抵抗水体性质分

按抵抗水体性质的不同，堤防分为河堤、湖堤、水库堤和海堤。

2. 按筑堤材料分

按筑堤材料不同，堤防分为土堤、石堤、土石混合堤及混凝土、浆砌石、钢筋混凝土防洪墙。

一般将土堤、石堤、土石混合堤称为防洪堤；由于混凝土、浆砌石混凝土或钢筋混凝土的堤体较薄，习惯上称为防洪墙。

3. 按堤身断面分

按堤身断面形式不同，堤防分为斜坡式堤、直墙式堤或直斜复合式堤。

4. 按防渗体分

按防渗体不同，堤防分为均质土堤、斜墙式土堤、心墙式土堤、混凝土防渗墙式土堤。

堤防工程的型式应根据因地制宜、就地取材的原则，结合堤段所在的地理位置、重要程度、堤址地质、筑堤材料、水流及风浪特性、施工条件、运行和管理要求、环境景观、工程造价等技术经济比较来综合确定。如土石堤与混凝土堤相比，边坡较缓，占用面积空间大，防渗防冲及抗御超额洪水与漫顶的能力弱，需合理和科学设计。混凝土堤则坚固耐冲，但对软基适应性差，造价高。

我国堤防根据所处的地理位置和堤内地形切割情况，堤基水文地质结构特征如图7.1所示。堤防施工主要包括堤料选择、堤基（清理）施工、堤身填筑（防渗）等内容。

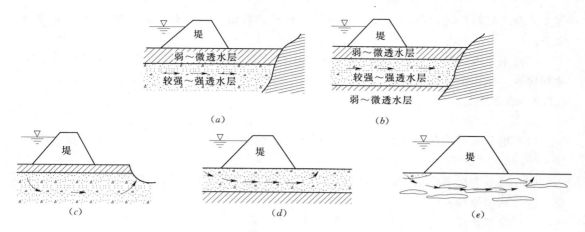

图 7.1 堤基水文地质结构类型

（a）透水层堤后封闭模式；（b）下封闭模式；（c）透水层堤后被切割模式；
（d）上部透水的渗漏模式；（e）多层渗漏模式

7.1.2 筑堤材料

1. 堤料选择

根据设计要求，结合土（石）质、天然含水量、运距、开采条件等因素合理选择取料区。一般应注意以下几点：

（1）淤泥土、杂质土、冻土块、膨胀土、分散性黏土等特殊土料，一般不宜用作填筑堤身，若必须采用时，应有技术论证和制定专门的施工工艺。

（2）土石混合堤、砌石堤（墙）、混凝土堤（墙）所采用的石料、砂砾石料及拌制混凝土和水泥砂浆的水泥、水、外加剂等，应符合相关规范要求。

（3）土料多用于堤身填筑和防渗、压浸，石料用于护坡，砂砾石料用于排水、反滤及混凝土骨料，天然砂砾石缺乏时可用人工碎石料代替。

（4）选用的反滤料（含土工织物），应满足设计提出的保土、透水、防堵等要求。

2. 堤料采集与选购

（1）陆上料区开挖前须将其表层的杂质和耕作土、植物根系等清除，水下料区开挖前须将表层稀软淤土清除，确保取料区的位置和取料深度符合设计要求。

（2）土料的开采应综合考虑料场、施工条件等因素，并符合下列要求：

1）料场建设。料场周围应布置截水沟，料场排水措施安排得当；遇雨时，对坑口坡道宜用防水编织布进行覆盖保护。

2）土料开采方式。当筑堤材料天然含水量接近施工控制下限值时，宜采用立面开挖；当含水量偏大以及在层状筑堤材料中有必须剔除的不合格料层时，宜采用平面开挖；当层状筑堤材料允许掺混或冬季开采筑堤材料时，宜用立面开挖。开采时取料坑壁应稳定，立面开挖时严禁掏底施工。

（3）不同粒径组的反滤料，应根据设计要求筛选加工或选购，并需按不同粒径组分别堆放；用非织造土工织物代替时，其选用规格应符合设计要求。

（4）堤基及堤身结构采用的土工织物、加筋材料、土工防渗膜、塑料排水板及止水带等土工合成材料，应根据设计要求的型号、规格、数量选购，有产品合格证和质量检测报告。

（5）采集或选购的石料，除应满足岩性、强度等性能指标外，砌筑用石料的形状、尺寸和块重，也需符合设计要求。

7.1.3　堤基施工

1. 堤基清理

（1）堤基基面清理范围包括堤身、铺盖、压载的基面，其边界应在设计基面边线外30～50cm。

（2）堤基表层不合格土、杂物等必须清除，堤基范围内坑、槽、沟等，应按堤身填筑要求进行回填处理。

（3）堤基开挖、清除的弃土、杂物、废渣等，均应运到指定的场地堆放。

（4）基面清理平整后，应及时报验并抓紧施工。若不能立即施工时，应做好基面保护，复工前应再检验，必要时须重新清理。

2. 软弱堤基处理

（1）浅埋的薄层采用挖除软弱层换填砂、土时，应按设计要求用中粗砂或砂砾，铺填后及时予以压实。厚度较大难以挖除或挖除不经济时，可采用铺垫透水材料加速排水和扩散应力、在堤脚外设置压载、打排水井或塑料排水带、放缓堤坡、控制加荷速率等方法处理。

（2）流塑态淤质软黏土地基上采用堤身自重挤淤法施工时，应放缓堤坡、减慢堤身填筑速度、分期加高，直至堤基流塑变形与堤身沉降平衡、稳定。

（3）软塑态淤质软黏土地基上在堤身两侧坡脚外设置压载体处理时，压载体应与堤身同步、分级、分期加载，保持施工中的堤基与堤身受力平衡。

（4）抛石挤淤应使用块径不小于30cm的坚硬石块，当抛石露出土面或水面时，改用较小石块填平压实，再在上面铺设反滤层并填筑堤身。

（5）修筑重要堤防时，可采用振冲法或搅拌桩等方法加固堤基。

3. 透水堤基处理

（1）浅层透水堤基宜采用黏性土截水槽或其他垂直防渗措施截渗。黏性土截水槽施工时，宜采用明沟排水或井点抽排，回填黏性土应在无水基底上，并按设计要求施工。

（2）深厚透水堤基上的重要堤段，可设置黏土、土工膜、固化灰浆、混凝土、塑性混凝土、沥青混凝土等地下截渗墙。

（3）用黏性土做铺盖或用土工合成材料进行防渗，应按相关规定施工。铺盖分片施工时，应加强接缝处的碾压和检验。

（4）采用槽型孔浇筑混凝土或高压喷射连续防渗墙等方法对透水堤基进行防渗处理时，应符合防渗墙施工的规定。

（5）砂性堤基采用振冲法处理时，应符合相关标准的规定。

4. 多层堤基处理

（1）多层堤基如无渗流稳定安全问题，施工时仅需将经清基的表层土夯实后即可填筑堤身。

（2）盖重压渗、排水减压沟及减压井等措施可单独使用，也可结合使用。表层弱透水覆盖层较薄的堤基如下卧的透水层均匀且厚度足够时，宜采用排水减压沟，其平面位置宜靠近堤防背水侧坡脚。排水减压沟可采用明沟或暗沟。暗沟可采用砂石、土工织物、开孔管等。

（3）堤基下有承压水的相对隔水层，施工时应保留设计要求厚度的相对隔水层。

（4）堤基面层为软弱或透水层时，应按软弱堤基施工、透水堤基施工处理。

5. 岩石堤基处理

（1）强风化岩层堤基，除按设计要求清除松动岩石外，筑砌石堤或混凝土堤时基面应铺层厚大于 30mm 的水泥砂浆；筑土堤时基面应涂层厚为 3mm 的黏土浆，然后进行堤身填筑。

（2）裂缝或裂隙比较密集的基岩，可采用水泥固结灌浆或帷幕灌浆进行处理。

7.1.4　堤身填筑与砌筑

主要介绍碾压筑堤，土料吹填筑堤，抛石筑堤，砌石筑墙（堤），堤身防渗施工，反滤、排水等施工工艺。

7.1.4.1　碾压筑堤

1. 填筑作业要求

（1）地面起伏不平时按水平分层由低处开始逐层填筑，不得顺坡铺填。堤防横断面上的地面坡度陡于 1∶5 时，应将地面坡度削至缓于 1∶5。

（2）分段作业面的最小长度不应小于 100m，人工施工时作业面段长可适当减短。相邻施工段作业面宜均衡上升，若段与段之间不可避免地出现高差时，应以斜坡面相接。分段填筑应设立标志，上下层的分段接缝位置应错开。

（3）在软土堤基上筑堤或采用较高含水量土料填筑堤身时，应严格控制施工速度，必要时在堤基、坡面设置沉降和位移观测点进行控制。如堤身两侧设计有压载平台时，堤身与压载平台应按设计断面同步分层填筑。

（4）采用光面碾压实黏性土时，在新层铺料前应对压光层面作刨毛处理；在填筑层检验合格后因故未及时碾压或经过雨淋、暴晒使表面出现疏松层时，复工前应采取复压等措施进行处理。

（5）施工中若发现局部"弹簧土"、层间光面、层间中空、松土层或剪切破坏等现象时应及时处理，并经检验合格后方准铺填新土。

（6）施工中应协调好观测设备安装埋设和测量工作的实施；已埋设的观测设备和测量标志应保护完好。

（7）对占压堤身断面的上堤临时坡道作补缺口处理时，应将已板结的老土刨松，并与新铺土一起按填筑要求分层压实。

（8）堤身全断面填筑完成后，应作整坡压实及削坡处理，并对堤身两侧护堤地面的坑洼进行铺填和整平。

（9）对老堤进行加高培厚处理时，必须清除结合部位的各种杂物，并将老堤坡挖成台阶状，再分层填筑。

（10）黏性土填筑面在下雨时不宜行走践踏，不允许车辆通行。雨后恢复施工，填筑面应经晾晒、复压处理，必要时应对表层再次进行清理。

（11）土堤不宜在负温下施工。如施工现场具备可靠保温措施，允许在气温不低于—10℃的情况下施工。施工时应取正温土料，土料压实时的气温必须在—1℃以上，装土、铺土、碾压、取样等工序快速连续作业。要求黏性土含水量不得大于塑限的90％，砂料含水量不得大于4％，铺土厚度应比常规要求适当减薄，或采用重型机械碾压。

2. 铺料作业要求

（1）应按设计要求将土料铺至规定部位，严禁将砂（砾）料或其他透水料与黏性土料混杂，上堤土料中的杂质应予清除；如设计无特别规定，铺筑应平行堤轴线顺次进行。

（2）土料或砾质土可采用进占法或后退法卸料；砂砾料宜用后退法卸料；砂砾料或砾质土卸料如发生颗粒分离现象时，应采取措施将其拌和均匀。

（3）铺料厚度和土块直径的限制尺寸，宜通过碾压试验确定；在缺乏试验资料时，可参照表7.1的规定取值。

表 7.1　　　　　　　　　　铺料厚度和土块直径限制尺寸表

压实功能类型	压实机具种类	铺料厚度 （cm）	土块限制直径 （cm）
轻型	人工夯、机械夯	15～20	≤5
	5～10t 平碾	20～25	≤8
中型	12～15t 平碾 斗容 2.5m³ 铲运机 5～8t 振动碾	25～30	≤10
重型	斗容大于 7m³ 铲运机 10～16t 振动碾 加载汽胎碾	30～50	≤15

（4）铺料至堤边时，应比设计边线超填出一定余量：人工铺料宜为10cm，机械铺料宜为30cm。

3. 压实作业要求

施工前应先做现场碾压试验，验证碾压质量能否达到设计压实度值。若已有相似施工条件的碾压经验时，也可参考使用。

（1）碾压施工应符合下列规定：碾压机械行走方向应平行于堤轴线；分段、分片碾压时，相邻作业面的碾压搭接宽度：平行堤轴线方向的宽度不应小于0.5m；垂直堤轴线方向的宽度不应小于2m；拖拉机带碾或振动碾压实作业时，宜采用进退错距法，碾迹搭压宽度应大于10cm；铲运机兼作压实机械时，宜采用轨迹排压法，轨迹应搭压轮宽的1/3；机械碾压应控制行车速度，以不超过下列规定为宜：平碾为2km/h，振动碾为2km/h，铲运机为2挡。

（2）机械碾压不到的部位，应辅以夯具夯实，夯实时应采用连环套打法，夯迹双向套压，夯压夯1/3，行压行1/3；分段、分片夯实时，夯迹搭压宽度应不小于1/3夯径。

（3）砂砾料压实时，洒水量宜为填筑方量的20％～40％；中细砂压实的洒水量，宜按最优含水量控制；压实作业宜用履带式拖拉机带平碾、振动碾或气胎碾施工。

（4）当已铺土料表面在压实前被晒干时，应采用铲除或洒水湿润等方法进行处理；雨前应将堤面做成中间稍高两侧微倾的状态并及时压实。

（5）在土堤斜坡结合面上铺筑施工时，要控制好结合面土料的含水量，边刨毛、边铺土、边压实。进行垂直堤轴线的堤身接缝碾压时，须跨缝搭接碾压，其搭压宽度不小于 2.0m。

4. 堤身与建筑物接合部施工

土堤与刚性建筑物如涵闸、堤内埋管、混凝土防渗墙等相接时，施工应符合下列要求：

（1）建筑物周边回填土方宜在建筑物强度分别达到设计强度 50%～70% 的情况下施工。

（2）填土前，应清除建筑物表面的乳皮、粉尘及油污等；对表面的外露铁件（如模板对销螺栓等）宜割除，必要时对铁件残余露头需用水泥沙浆覆盖保护。

（3）填筑时，须先将建筑物表面湿润，边涂泥浆、边铺土、边夯实；涂浆高度应与铺土厚度一致，涂层厚宜为 3～5mm，并应与下部涂层衔接；不允许泥浆干涸后再铺土和夯实。

（4）制备泥浆应采用塑性指数 I_P 大于 17 的黏土，泥浆的浓度可用 1∶2.5～1∶3.0（土水重量比）。

（5）建筑物两侧填土应保持均衡上升；贴边填筑宜用夯具夯实，铺土层厚度宜为 15～20cm。

5. 土工合成材料填筑要求

工程中常用到土工合成材料如编织型土工织物、土工网、土工格栅等，施工时按如下要求控制：

（1）筋材铺放基面应平整，筋材垂直堤轴线方向铺展，长度按设计要求裁制。

（2）筋材一般不宜有拼接缝。如筋材必须拼接时，应按不同情况区别对待：编织型筋材接头的搭接长度不宜小于 15cm，以细尼龙线双道缝合，并满足抗拉要求；土工网、土工格栅接头的搭接长度不宜小于 5cm（土工格栅至少搭接一个方格），并以细尼龙绳在连接处绑扎牢固。

（3）铺放筋材不允许有褶皱，并尽量用人工拉紧，以 U 形钉定位于填筑土面上，填土时不得发生移动。填土前如发现筋材有破损、裂纹等质量问题，应及时修补或做更换处理。

（4）筋材上面可按规定层厚铺土，但施工机械与筋材间的填土厚度不应小于 15cm。

（5）加筋土堤压实，宜用平碾或气胎碾，但在极软地基上筑加筋土堤时，开始填筑的二、三层宜用推土机或装载机铺土压实，当填筑层厚度大于 0.6m 后，方可按常规方法碾压。

（6）加筋土堤施工时，最初二、三层填筑应遵照以下原则：在极软地基上作业时，宜先由堤脚两侧开始填筑，然后逐渐向堤中心扩展，在平面上呈凹字形向前推进；在一般地基上作业时，宜先从堤中心开始填筑，然后逐渐向两侧堤脚对称扩展，在平面上呈凸字形向前推进；随后逐层填筑时，可按常规方法进行。

7.1.4.2　土料吹填筑堤

1. 土料吹填筑堤方式

常用土料吹填筑堤方式有挖泥船法、水力冲挖机组法两种，挖泥船又分绞吸式和斗轮式两种型号。水下挖土多采用绞吸式、斗轮式挖泥船，水上挖土多用水力冲挖机组。所挖泥土均采用管道以压力方式输送至作业面，并在挖泥船取土区应设置水尺和挖掘导标。

排泥管线路布置时应平顺，避免死弯。对水、陆排泥管的连接，应采用柔性接头。排泥管出泥口的布置方式如下：

(1) 吹填用于堤身两侧池塘洼地的充填时，排泥管出泥口可相对固定。

(2) 吹填用于堤身两侧填筑加固平台时，排泥管出泥口应适时向前延伸或增加出泥支管，不宜相对固定；每次吹填层厚不宜超过 1.0m，并应分段间歇施工，分层吹填。

2. 不同土质吹填筑堤原则

(1) 无黏性土、少黏性土适用于吹填筑堤，若用于老堤背水侧培厚加固更为适宜。

(2) 流塑—软塑态中、高塑性的有机黏土，不应用于筑堤。

(3) 软塑—可塑态黏粒含量高的壤土和黏土，不宜用于筑堤；但可用于充填堤身两侧的池塘洼地加固堤基。

(4) 可塑—硬塑态的重粉质壤土和粉质黏土，适用于绞吸式、斗轮式挖泥船以黏土团块的方式吹填筑堤。

3. 吹填区修筑围堰要求

(1) 应认真清基，并确保围堰填筑质量。

(2) 每次筑堰高度，除黏土团块吹填可达 2m 高外，一般不宜超过 1.2m。

(3) 根据不同土质，围堰断面可采用下列尺寸：黏性土，顶宽 1～2m，内坡 1:1.5，外坡 1:2.0；砂性土，顶宽 2m，内坡 1:1.5～1:2.0，外坡 1:2.0～1:2.5。

(4) 筑堰土料可就近取土或在吹填区内取用，但取土坑边缘距堰脚不应小于 3m。

(5) 在浅水域或有潮汐的江河滩地，可采用水力冲挖机组等设备，向透水编织布长管袋中充填土（砂）料垒筑围堰，但需及时对围堰表面作防护。

(6) 应按设计要求做好截渗沟的排水和围护；泄水口可采用溢流堰、跌水、涵管、竖井等结构形式。

4. 吹填法填筑新堤要求

(1) 先在两堤脚处各做一道纵向围堰，然后按照分仓长度要求做多道横向分隔围堰，构成多个封闭仓区，然后逐区分层吹填。

(2) 排泥管道居中布放，采用端进法吹填直至吹填仓末端。

(3) 每次吹填层厚，除黏土团块允许 1.8m 以外，一般宜为 0.3～0.5m。

(4) 每层吹填完成后应间歇一段时间，待吹填土初步排水固结后才允许继续施工，必要时需铺设仓内排水设施加快排水固结。

(5) 当吹填接近堤顶吹填面变窄不便施工时，可改用碾压法填筑至堤顶。

结合工程进展，吹填法施工管理应注意做好以下几点：

1) 加强管道和围堰巡查，掌握管道工作状态和吹填进展趋势。

2) 统筹安排水上、陆上施工，适时调度吹填区分仓轮流作业，提高机船施工效率。

3）查定吹填筑堤时的开挖土质、泥浆浓度及吹填有效土方利用率等项目。

4）适时检测吹填土沿程沉积颗粒大小分布状况以及干密度和强度与吹填土固结时间的关系。

5）控制排放尾水中未沉淀土颗粒的含量，防止河道、沟渠淤积。

6）气温 -5℃ 以下吹填筑堤应连续施工；若需停工时应以清水冲刷管道，并放空管道内存水。

7.1.4.3　抛石筑堤

（1）在水域或陆域软基地段采用抛石法筑堤时，应先实施抛石棱体，再以其为依托填筑堤身闭气土方。

（2）实施抛石棱体时，在水域，应在两条堤脚线外处各做一道；在陆域，可仅在临水侧的堤脚线外做一道。

（3）抛石棱体定线放样，在陆域软基地段或浅水域应插设标杆，间距以 50m 为宜；在深水域，放样控制点需专设定位船，并通过岸边架设的经纬仪定位。

（4）进行抛石作业，应符合以下规定：

1）陆域软基地段或浅水域抛石，可用自卸车辆载料并以端进法向前延伸立抛；立抛时可根据现场情况采用不分层或分层阶梯方式抛投。

2）在软基上的立抛厚度，以不超过地基土的相应极限承载高度为原则。

3）在深水域抛石，宜用驳船在水上定位后分层平抛，每层厚度不宜大于 2.5m。

（5）抛填石料块重以 20～40kg 为宜，抛投时应大小搭配。

（6）当抛石棱体达到预定断面高程，并经沉降初步稳定后，应按设计轮廓将抛石体整理成型。

（7）抛石棱体与闭气土方的接触面应根据设计要求做好砂石反滤层或土工织物滤层。

（8）软基上采用抛石法筑堤，若堤基有已铺填的透水材料或土工合成加筋材料的加固层时，应采取措施加以保护。

（9）陆域抛石筑堤宜用自卸车辆由抛石棱体背水侧开始填筑闭气土方，并逐渐向堤身扩展；闭气土方有填筑密实度要求的，应符合规范的相关规定。

（10）水域抛石筑堤，两抛石棱体之间的闭气土体宜用吹填法施工；在吹填土层露出水面，且表面土层初步固结后，宜采用可塑性大的土料碾压填筑一个厚度约 1m 的过渡层，随后按常规方法填筑。

（11）用抛石法填筑土石混合堤时，应在堤身范围内设置一定数量的沉降、位移观测标点。

7.1.4.4　砌石筑墙（堤）

浆砌石墙（堤）宜用块石砌筑；如规则石料不够，可采用粗料石或混凝土预制块对砌体进行镶面；仅有卵石的地区，也可采用卵石砌筑，但砌体强度应达到设计要求。

1. 浆砌石砌筑的要求

（1）砌筑前，应在砌体外将石料上的泥垢冲洗干净，砌筑时保持砌石表面湿润。

（2）应采用坐浆法分层砌筑，铺浆厚宜 3～5cm，随铺浆随砌石，砌缝需用砂浆填充饱满，不得无浆直接贴靠，砌缝内砂浆应采用扁铁插捣密实；严禁先堆砌石块再用砂浆灌缝方式操作。

（3）上、下层砌石应错缝砌筑；砌体外露面应平整美观，外露面上的砌缝应预留约4cm深的空隙，以备勾缝处理；水平缝宽应不大于2.5cm，竖缝宽应不大于4cm。

（4）砌筑因故停顿、且砂浆已超过初凝时间，应待砂浆强度达到2.5MPa后才可继续施工；继续砌筑前，应将原砌体表面的浮渣清除。

（5）勾缝作业时须先清缝，用水冲净并保持缝槽湿润；勾缝砂浆应分次向缝内填塞密实，严禁勾假缝、凸缝。低温时水泥砂浆拌和时间宜适当延长，拌和物料温度不低于5℃。

（6）小雨中施工时宜适当减小水灰比，遇见中到大雨时应停止施工，并妥善保护工作面；雨后若表层砂浆或混凝土尚未初凝，可加铺水泥砂浆后继续施工，否则应按工作缝要求进行处理。

（7）浆砌石在0～5℃的环境中施工时，应对砌筑层表面保温处理；在0℃以下又无保温措施时，应停止施工。

（8）浆砌石墙（堤）分段施工时，相邻施工段的砌筑面高差应不大于1.0m。

2. 混凝土预制块镶面作业的要求

（1）预制块尺寸及混凝土强度应满足设计要求。

（2）砌筑时，应根据设计要求排布丁、顺砌块；砌缝应横平竖直，上下层竖缝错开距离不应小于10cm，丁石的上、下方不得有竖缝。

（3）砌缝内应砂浆填充饱满，水平缝宽应不大于1.5cm；竖缝宽不得大于2cm。

3. 浆砌石防洪墙的变形缝和防渗止水结构部位的要求

对浆砌石防洪墙的变形缝和防渗止水结构部位，宜预留茬口，用浇筑二期混凝土的方式处理。

4. 干砌石砌筑的要求

（1）不得使用有尖角或薄边的石料砌筑；石料最小边尺寸不宜小于20cm。

（2）砌石应垫稳填实，与周边砌石靠紧，严禁加空。

（3）严禁出现通缝、叠砌和浮塞；不得在外露面用块石砌筑，而中间以小石填心；不得在砌筑面以小块石、片石找平；堤顶应以大石块或混凝土预制块压顶。

（4）承受大风浪冲击的堤段，宜用粗料石丁扣砌筑。

7.1.4.5 堤身防渗施工

1. 黏土防渗体施工

（1）在清理过的无水基底上进行。

（2）坡脚截水槽应与堤身防渗体协同铺筑，尽量减少接缝。

（3）分层铺筑时，上、下层接缝应错开，每层厚以15～20cm为宜，层面间应刨毛、洒水。

（4）相邻工作面搭接碾压应符合设计要求。

2. 土工膜防渗施工

（1）铺膜应选择在小于二级风的天气进行。

（2）铺膜前，应将膜下基面铲平；土工膜质量也应经检验合格。

（3）大幅土工膜拼接，宜采用胶接法黏合或热元件法焊接，胶接法搭接宽度为5～

7cm，热元件法焊接叠合宽度为 1.0～1.5cm。

（4）应自下游侧开始，依次向上游侧平展铺设，避免土工膜打皱。

（5）已铺土工膜上的破孔应及时粘补，粘贴膜大小应超出破孔边缘 10～20cm。

（6）土工膜铺完后应及时铺填（砌）保护层。

7.1.4.6　反滤、排水施工

（1）铺反滤层前，应将基面用挖除法整平，对个别低洼部分，应采用与基面相同土料或反滤层第一层滤料填平。

（2）反滤层铺筑应符合下列要求：

1）铺筑前应做好场地排水、设好样桩、备足反滤料。

2）不同粒径组的反滤料层厚必须符合设计要求。

3）应由底部开始向上按设计结构层要求逐层铺设，并保证层次清楚，互不混杂，不得从高处顺坡倾倒。

4）分段铺筑时，应使接缝层次清楚，不得发生层间错位、断缺、混杂等现象。

5）陡于 1∶1 的反滤层施工时，应采用挡板支护铺筑。

6）已铺好反滤层的工段，不允许人车通行，应及时铺筑上层堤料。

7）下雪天应停止铺筑，雪后复工时，应严防冻土、冰块和积雪混入料内。

（3）土工织物作反滤层、垫层、排水层铺设应符合下列要求：

1）铺设前应对材料质量进行复验，材料质量必须合格，有扯裂、蠕变、老化等现象的材料均不得使用。

2）铺设时，自下游侧开始依次向上游侧铺展，上游侧织物应搭接在下游侧织物上，或者采用专用设备缝制。

3）在土工织物上铺砂时，织物接头不宜用搭接法连接。

4）土工织物长边宜顺河铺设，并避免张拉受力、折叠、打皱等情况发生。

5）土工织物层铺设完毕，应尽快铺设上一层堤料。

（4）堆石排水体应按设计要求分层实施，施工时不得破坏反滤层，靠近反滤层处用较小石料铺设，堆石上下层面应避免产生水平通缝。

（5）排水减压沟应在枯水期施工，沟的位置、深度和断面均应符合设计要求。

（6）排水减压井应按设计要求并参照有关规范施工。钻井宜用清水固壁，并随时取样、绘制地质柱状图，钻完井孔要用清水洗井，经验收合格后安装井管。每口井均应建立施工技术档案。

结合堤防临河防渗及截渗、背水侧导渗等要求，堤基防渗及渗流控制措施如图 7.2、图 7.3 所示。

7.1.5　堤岸防护

河道堤岸受风浪、水流、潮汐作用可能发生冲刷破坏的堤段，宜采用工程措施和生物措施相结合的防护方法。工程措施主要有坡式护岸、坝式护岸护滩和墙式护岸等。工程布设之前，应对河道或沟道的两岸情况进行调查研究，分析在修建护岸护滩工程之后，下游或对岸是否会发生新的冲刷。工程应大致按地形设置，外沿顺直，力求没有急剧弯曲，工程高度应保证高于最高洪水位。

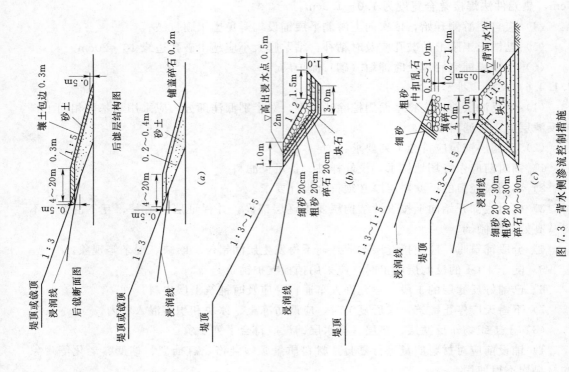

图 7.3　背水侧渗流控制措施

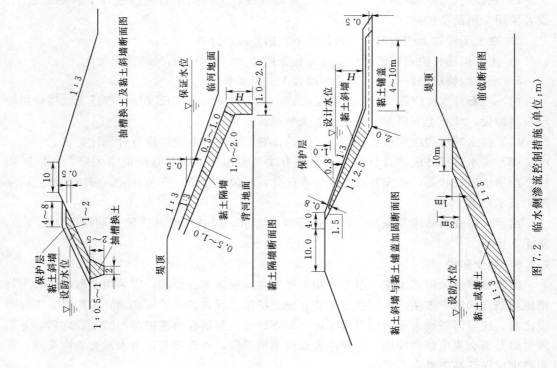

图 7.2　临水侧渗流控制措施（单位：m）

7.1.5.1 坡式护岸

坡式护岸也称平顺护岸，用抗冲材料直接铺敷在岸坡及堤脚一定范围形成连续的覆盖式护岸，对河床边界条件改变较小，是一种常见的、需要优先选用的形式。枯水位以下采取护坡脚工程，枯水位与洪水位之间采用护坡工程。一般施工顺序是先护脚，后护坡、封顶。

1. 护脚工程

护脚工程是防护及崩岸整治工程中的基础，护脚方式有抛石（石笼）、抛土袋（土工包）、抛柴枕、抛六棱框架、充沙模袋软体沉排、模袋混凝土（固化沙浆）沉排、铰链混凝土块沉排、混凝土沉井等多种，应遵照设计要求选用。

（1）抛投石料（石笼、土工包、柴枕、六棱框架等）护脚。抛投前将抛投材料运至施工现场。抛投区的水深、流速、断面形状等抛投前测量完毕，并掌握抛投物料在水中的位移规律。

1）抛投石料（图 7.4）由工程监理严格控制量方，对运送石料的船只应抽样称重检查，确定合理的孔隙率；抛投石笼尺寸（图 7.5），按需要和抛投手段确定；抛投土袋（编织袋）或土工包时，袋、包材料的孔径大小，要与土（砂）粒径相匹配；土（砂）的充填度以 70%～80% 为宜，土袋重不应少于 50kg，装土（砂）后封口绑扎应牢固。

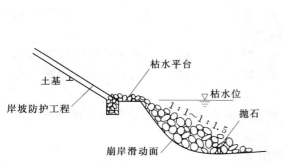

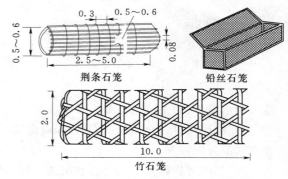

图 7.4　抛石护脚示意图　　　　图 7.5　几种常用的石笼构件图（单位：m）

2）抛投时机宜在枯水期内选择。在抛投区平面图上，利用定位船，对抛投作业进行控制。

3）定位船按划定网格用经纬仪或全站仪布控，抛投船只挂靠在定位船由施工技术员指定的位置，从深水网格开始向浅水网格依次抛投。遵循原则为：抛石护脚宜从下游侧向上游侧依次抛投，水深流急时，应先用较大石块在护脚部位下游侧按设计厚度抛一石埂，然后再逐次向上游抛投；石笼抛完后，须用大石块将笼与笼之间不严密处抛投补齐；岸上抛投土袋宜用滑板，使土袋准确入水叠压；船上抛投土（砂）袋，在流速过大的情况下，可将几个土袋捆绑抛投；抛土工包时宜用开体船；抛柴枕护脚，应从防护段的上游抛起，使柴枕入水后有藏头的地方，分段抛枕时要求同时进行以更好地相互衔接，如图 7.6 和图 7.7 所示；抛投六棱框架护脚，宜将三个框架串连扎成一组抛投。

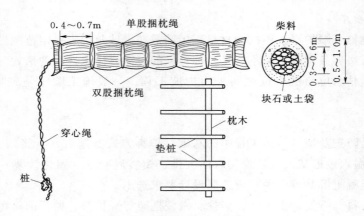

图 7.6　捆柴枕示意图

4）对于抢险或应急护脚工程，应从最能控制险情的部位抛起，依次展开。

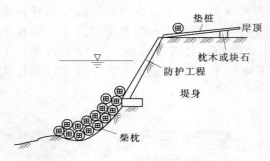

图 7.7　柴枕护脚示意图

度（顺水流方向）一般为 10～15m。

3）由经纬仪、全站仪或 GPS 准确定位，在需要防护的堤岸边将软体排或模袋排布沿垂直水流方向展开。

4）袋或管袋软体排的充砂和沉放，可参照图 7.8。

5）铺排是沉排护脚的重点工序。铺排常用方式有退放铺排、水上拖排沉放、水下拖拉铺排、卷排滚铺等。铺排方案确定后，提前按施工组织设计要求备好所需铺排船舶与设施。铺排前，应按设计要求将排体锚定系统（如带锚桩的钢筋混凝土系排梁、T 形锚桩、压重混凝土枯水平台等形式）的施工完成。

5）抛投过中应及时探测水下抛石坡度、厚度，检查抛投施工情况是否符合设计要求。

（2）沉排（充砂模袋软体排、模袋混凝土排、模袋固化砂浆排等）护脚。

1）模袋或排体织物质量应满足设计要求，孔径大小应与充填土（砂）粒径相匹配。

2）施工前按设计要求将软体排或模袋排布加工好，按施工计划运至现场。排体宽

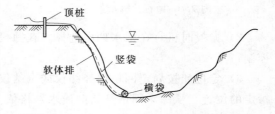

图 7.8　土工织物软体沉排护岸剖面示意图

6）沉排时，由经纬仪控制铺排船移位、定位。排体间的连接采用上游侧排体搭压在下游侧排体上的方式，搭接量应符合设计要求。排体搭接时，应密切关注河岸的起伏不平以及排布收缩等因素的影响，除备足常规矩形排体外，还须准备梯形等异型排体插铺。

7) 对于排体较长、水深较大的铺排护脚施工，应有潜水员在水下引导铺排作业。

（3）铰链混凝土块沉排护脚。

1) 在堤（或岸滩）顶稳定地面，沿整治段方向开挖、铺垫层、立模、浇筑成一钢筋混凝土系排梁，并须洒水养护14d。

2) 施工前将质量合格的铰链混凝土块排体，运至整治段附近堆放，备好起重和运排船只。

3) 用两艘驳船组合成一艘沉排船，在钢板平台的近岸侧焊制圆弧形滑板，并设置拉排梁、卡排梁、拉排卷扬机、提升机等专用设备。

4) 沉排顺序在垂直水流方向上，由堤（岸）边向河心进占；在顺水流方向上，由下游侧向上游侧进占。沉排时，由经纬仪控制沉排船移位、定位，必要时由潜水员辅助操作。排体单元应平稳、缓慢沉入到水下设计部位。

5) 排体搭接遵照上游排体搭压在下游排体上的原则。排体下如需要铺设土工合成材料时，材料规格和质量应满足设计要求。

（4）混凝土沉井护脚。

1) 施工前将质量合格的混凝土沉井运至现场。

2) 将沉井按设计要求在枯水时河滩面上准确定位。

3) 人工或机械挖除沉井内的河床介质，使沉井平稳沉至设计高程。

4) 向混凝土沉井中回填砂石料，填满后，顶面应以大石块盖护。

2. 护坡工程

护坡方式有堆石、干砌石、浆砌石、灌砌石、混凝土预制压块、现浇混凝土板、模袋混凝土以及草皮生态防护等方式，应遵照设计要求和防护段实际情况选用。

护坡施工基本要求：护坡施工应在护脚施工合格的基础上，先从坡脚开始，依次向上护至坡顶；护坡脚槽施工应在低水位时进行，若工程规模较大时，可分段开挖脚槽，并及时砌筑；护坡前，按设计要求先进行削坡，坡面必须平顺坚实，不得有突起、松动块体或虚土浮渣等缺陷；堤（岸）坡线的修整也应大体平顺、流畅；在处理好的坡面上按设计要求铺好碎石粗砂反滤层或土工合成材料垫层；用压有块石的土工布排体将坡脚处盖护，以防坡脚被风浪冲塌；当护坡工程规模较大时，可分块逐一进行护坡施工。

（1）铺土工布堆石护坡。

1) 按设计要求铺好反滤垫层，或用土工合成材料替代。

2) 堆石作业应综合考虑设计要求、施工能力和江（河、湖）水位等因素，具体确定分层和分段的施工顺序。

3) 当施工设计中有控制堆石速率要求时，应设置沉降观测点，准确控制堆石间歇时间。

4) 堆石作业可根据护坡工程的具体情况一次或分多次堆放至顶坎。

（2）砌石护坡。

1) 按设计要求削坡，并砌筑好条埂、铺好垫层或反滤层。

2) 干砌石护坡由低处向高处逐层铺砌，铺砌要嵌紧、整平，铺砌厚度达到设计要求。

3) 浆砌石护坡时，应做好排水孔施工。

4) 灌砌石护坡，要确保混凝土灌筑质量，灌料饱满、振捣密实。护坡结构示意图如

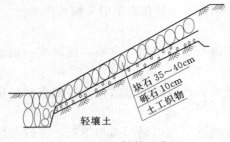

图 7.9　护坡结构示意图

图 7.9 所示。

（3）预制混凝土锁块护坡。

1）按设计要求人工开挖沟槽，砌筑好条埂。

2）坡面开挖修整，自上而下精心修坡，并洒水湿润后夯实。

3）铺设砂石垫层要求层次分明且振动密实。

4）从坡脚开始，向上分层铺砌预制混凝土锁块。铺砌时应符合下列规定：①有长裂纹和缺棱掉角的预制混凝土锁块应剔除；②锁块铺砌应平整密实，不能有架空、超高现象；③预制块体缝口应紧密、均匀，缝线应规则；④铺砌好的预制混凝土锁块坡面上不得堆放预制块或其他重物。

若采用带有锚桩的钢筋混凝土框架梁内铺混凝土预制锁块进行护坡时，应符合下列要求：

1）施工前将预制钢筋混凝土锚桩（长度一般为 2～3m）运至现场堆放。

2）按设计要求将锚桩打入堤（岸）坡上，并将桩顶部分凿毛。

3）按设计要求沿锚桩走向挖好锚定沟及堤（岸）坡上的排水盲沟。

4）立好框架梁模板，并将系排梁（预留有锚定钩）、锚桩和联系梁浇筑成一个整体框架。

5）框架梁格内铺土工布，排水盲沟内填碎石，再压盖混凝土预制锁块。

6）框架梁、锚定沟混凝土施工应满足 DL/T 5144—2001《水工混凝土施工规范》的规定。

（4）草皮生态防护。

1）根据堤（岸）坡具体情况，草皮护坡选用适合当地生长、根系发达的草种，铺植要均匀，草皮厚度不应小于 3cm，并加强草皮养护，提高成活率。

2）对有特殊要求堤（岸）坡防护，辅以土工材料三维植物网垫或格栅固土种植基等措施。

3）护堤林、防浪林栽植，按设计要求确定树种、林带宽度和株、行距，并要适时栽种，保证成活率。同时做好消浪效果观测点的选择。

4）植草皮、植防浪林等生态堤（岸）坡防护措施，要与其他措施（如堆石护脚、预制混凝土空心块护坡等）相配合使用。卫运河土工织物结合生物护坡的护坡设计断面如图 7.10 所示，护坡护基效果良好。

其他护坡形式如现浇混凝土护坡、模袋混凝土护坡（图 7.11）等，可参考有关规定执行。

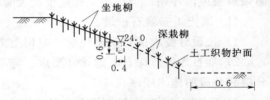

图 7.10　护坡设计断面（单位：m）

堤顶防护与要求可参阅规范，封顶工程要与护坡工程密切配合，连续施工，不遗留任何缺口。对顶部边缘处的集水沟、排水沟等设施，要精心组织施工。

7.1.5.2　坝式护岸

坝式护岸是依托堤身、滩岸修建，主要有丁坝、顺坝以及丁坝与顺坝结合的拐头坝等形式，引导水流离岸，防止水流、风浪、潮汐直接侵袭、冲刷堤岸，危及堤防安全，在一定条件下为河堤、海堤防护所采用。坝式护岸按结构材料、坝高及水流、潮流流向关系，可选用透水、不透水，淹没、非淹没，上挑、正挑、下挑等形式。坝式护岸工程可依堤岸修建，丁坝坝头的位置在规划的治导线上，顺坝沿治导线布置。

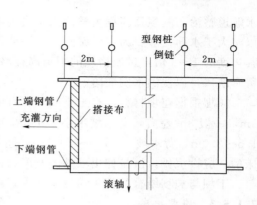

图 7.11　模袋铺设平面图

1. 丁坝

丁坝具有束窄河床、调整水流、保护河岸的性能。丁坝由坝头、坝身和坝根三部分组成，坝根与河岸相连，坝头伸向河槽，在平面上呈丁字形（图 7.12）。按照坝轴线与水流方向的交角，可分为上挑、下挑、正挑三种。

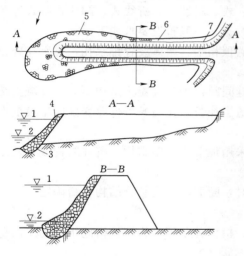

图 7.12　丁坝布置示意图
1—洪水位；2—枯水位；3—抛石护根；4—砌石护面；5—坝头；6—坝身；7—坝根

（1）丁坝的平面布置：丁坝间距一般为坝长的 1～3 倍，处于治导线凹岸以外位置的丁坝及海堤的促淤丁坝的间距可增大；非淹没丁坝宜采用下挑形式布置，坝轴线与水流流向的夹角可采用 30°～60°，强潮海岸的丁坝，其坝轴线应垂直于强潮流方向。

（2）浆砌石丁坝或抛石丁坝的主要尺寸为：坝顶高程一般高出设计水位 1m 左右；坝体长度根据工程的具体条件确定，以不影响对岸滩岸遭受冲刷为原则；坝顶宽度一般 1～3m；两侧坡度 1∶1.5～1∶2.0。

（3）土心丁坝坝身用壤土、砂壤土填筑，坝身与护坡之间设置垫层，一般采用砂石、土工织物做成。坝顶宽度宜采用 5～10m，根据工程的需要可适当增减；坝的上下游护砌坡度宜缓于 1∶1；护砌厚度可采用 0.5～1.0m；土心丁坝在土与护坡之间应设置垫层。根据反滤要求，可采用砂石垫层或土工织物垫层，砂层垫层厚度宜大于 0.1m；土工织物垫层的上面宜铺薄层砂卵石保护。

（4）对不透水淹没丁坝的坝顶面，宜做成坝根斜向河心和纵坡，其坡度可为 1‰～3‰。

2. 顺坝

顺坝是一种纵向整治建筑物，由坝头、坝身和坝根三部分组成。坝身一般较长，与水流方向大致平行或有很小交角，沿整治线布置（图 7.13）。顺坝具有束窄河槽、引导水流、调整岸线的作用，因此又称导流坝。顺坝分淹没式、非淹没式两种形式。淹没式顺坝多用于枯

图 7.13　多种坝型联合布置示意图
1—整治线；2—大堤；3—丁坝；4—顺坝；5—格坝；6—柳石枕；7—活柳坝

水航道整治，其坝顶高程由整治水位决定，并且自坝根至坝头逐渐降低成一缓坡，坡度可以略大于水面比降。为了促淤防冲，顺坝与堤岸之间可以加筑若干格坝，格坝的间距可为其长度的 1～3 倍，过流格坝的坝顶高程略低于顺坝。对于非淹没式顺坝，一般多在下端留有缺口，以便洪水倒灌落淤。

顺坝根据建坝材料，有土质顺坝、石质顺坝与土石顺坝三类。土质顺坝的坝顶宽 2～5m，一般 3m 左右，背水坡不小于 1:2.0，迎水坡 1:1.5～1:2.0；石质顺坝的坝顶宽 1.5～3.0m，背水坡 1:1.5～1:2.0，迎水坡 1:1.0～1:1.5；土石顺坝坝基为细砂河床的，应设沉排，沉排伸出坝基的宽度，背水坡不小于 6m，迎水坡不小于 3m。

丁坝与顺坝结合的拐头坝技术要求，可按前述要求执行。

7.1.5.3 墙式护岸

墙式护岸为重力式挡墙护岸，它对地基要求较高，造价也较高，因而主要用于堤前无滩、水域较窄、防护对象重要、受地形条件或已建建筑物限制的塌岸堤段。墙式护岸的结构形式，临水面可采取直立式，背水面可采取直立式、斜坡式、折线式、卸荷台阶式等形式，墙体材料可采用钢筋混凝土、混凝土、浆砌石等。一般布设要求如下：

（1）墙后与岸坡之间，应回填砂、砾石，与墙顶相平。墙体设置排水孔，排水孔处设反滤层。

（2）沿墙式护岸长度方向设置变形缝，其分缝间距：钢筋混凝土结构 20m；混凝土结构 15m；浆砌石结构 10m。岩基上的墙体分段可适当加长，在堤基条件改变处应增设变形缝，并作防渗处理。

（3）墙式护岸嵌入岸坡以下的墙基结构，可采用地下连续墙结构、沉井结构或桩基结构，可采用钢筋混凝土或少筋混凝土。

（4）地下连续墙、沉井采用钢筋混凝土结构时，断面尺寸应结合结构分析确定。

7.1.5.4 其他防护形式

除以上三种形式外，工程中常采用桩式护岸、植树种草等生物防护措施维护陡岸的稳定，保护堤脚不受强烈水流的淘刷、促淤保堤。

桩式护岸的材料采用木桩、钢桩、预制钢筋混凝土桩、大孔径钢筋混凝土管桩等。桩的长度、直径、入土深度、桩距、结构等根据水深、流速、泥沙、地质等情况分析确定。桩的布置可采用 1～3 排桩，按需要选择丁坝、顺坝等。排距可采用 2.0～4.0m。同一排桩的桩与桩之间可采用透水式、不透水式。透水式桩间应以横梁连系并挂尼龙网、铅丝网、竹柳编篱等构成屏蔽式桩坝。桩间及桩与堤脚之间可抛石块、混凝土预制块等护桩护底防冲。有条件的岸滩应采取生态护岸技术，如植树、植草等生物防护措施，可设置防浪林台、防浪林带、草皮护坡等。

7.2 河道整治工程施工

河道整治为防洪、航运、供水、排水及河岸洲滩的合理利用，按河道演变的规律，因势利导，调整、稳定河道主流位置，以改善水流、泥沙运动和河床冲淤部位的工程措施。针对平原河道，主要有浅滩疏浚、裁弯取直、河道展宽、滩面治理及加固河道（堤防）岸线和整治绿化等。

7.2.1 河道疏浚

疏浚是使用挖泥船或其他工具、设备开挖水下的土、石以增加水深或清除淤积的工程措施。人工开挖只适用于可断流施工的小河流。机械施工广泛使用各类挖泥船，有时也用索铲等陆上施工机械。

7.2.1.1 施工船机

在设备选型时要考虑生态环境要求、河道宽度、水深、土质、排泥场位置及要求、设备调遣条件及河道通航等各方面因素。根据航行方式的不同，挖泥船分为自航式挖泥船、非自航式挖泥船。按照挖泥机具所采用的不同动力，挖泥船又可分为机械式挖泥船、水力式挖泥船和气动式挖泥船。

如小河道在治理过程中存在河窄、水浅和跨河桥梁净高净宽小等困难，宜选用小型疏浚机械，如泥浆泵、小型绞吸式挖泥船、清淤机等。大型河道则可用绞吸式挖泥船（图3.18）、斗轮式挖泥船、抓斗式挖泥船（图7.14）、耙吸式挖泥船（图7.15）、自航式开底泥驳等进行河道疏浚。

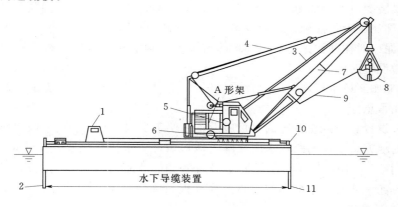

图 7.14 抓斗式挖泥船示意图

1—艉缆；2—边缆；3—抓斗升降启闭钢缆；4—吊杆俯仰钢缆；5—抓斗升降、启闭钢缆滚筒绞车；
6—吊杆俯仰钢缆滚筒；7—吊杆；8—抓斗；9—抓斗稳定索；10—艏缆；11—边缆

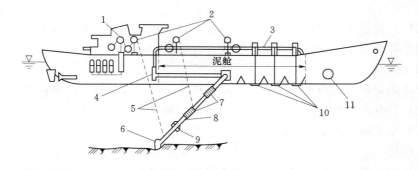

图 7.15 耙吸式挖泥船示意图

1—波浪补偿器；2—耙头提升吊架；3—按岸排泥管；4—泥泵；5—耙头起落钢缆；6—耙头；
7—橡胶软管；8—吸泥管；9—万向节；10—泥门；11—船首横向推进器

7.2.1.2　挖泥船施工

1. 施工标志设立

(1) 测量。施工前对勘测单位提供的测量控制点、水准点进行复核。对丢失的控制点、水准点应补齐，必要时增设辅助导线。疏浚放样点相对于测站点的点位误差不应超过表7.2的规定。

表7.2　　　疏浚放样点位误差要求

序　号	项　　目		平面位置误差 （m）
1	疏浚开挖边线	岸边	±0.5
		水下	±1.0
2	各种管线安装		±0.5
3	挖槽中心线		±1.0
4	疏浚机械定位		±1.0

(2) 标志。

1) 挖槽设计位置以明显标志显示，可用标杆、浮标或灯标。纵向标志应设在挖槽中心线和设计上开口边线上；横向标志设在挖槽起讫点、施工分界线及弯道处。平直河段每隔50～100m设立一组横向标志，弯道处可适当加密。

2) 在沿海、湖泊及开阔水域施工时，各组标志以不同形状的标牌相间设置。夜间同组标志应安装颜色相同的单面发光灯，相邻组标志的灯光，应以不同颜色区别。

3) 水下卸泥区设置浮标、灯标或岸标，指示卸泥范围和卸泥顺序。

4) 在挖泥区通往卸泥区、避风锚地的航道上设置临时性航标，指示航行路线。必要时在转向区增设转向标志。

5) 施工船舶避风水域内，应设置泊位标，并在岸上埋设带缆桩或在水上设置系缆浮筒，以利船舶紧急停泊。

(3) 水尺设置。施工作业区的水尺应设置在便于观测、水流平稳、波浪影响小和不易被船艇碰撞的地方。水尺间距视水面比降、地形条件、水位变化及开挖质量要求来确定。如水面比降小于1/10000时，宜每公里设置一组，水面比降不小于1/10000时，宜每0.5km设置一组。水尺零点宜与挖槽设计底高程一致。

2. 排泥管线架设

(1) 排泥管线应平坦顺直，弯度力求平缓。

(2) 排泥管支架须牢固可靠，出泥管口伸出围堰坡脚外的长度不宜小于5m，并应高出排泥面0.5m以上。

(3) 水陆排泥管应采用柔性接头连接，整个管线和接头不得漏泥漏水。

(4) 因条件限制不能使用水上浮筒管线进行疏浚时，可采用潜管。

3. 挖泥船定位施工

(1) 挖泥船定位。绞吸式挖泥船采用定位桩施工。驶进挖槽起点时，先测量水深，放下一个定位桩，并在船首抛设两个边锚，将船位调整到挖槽中心线起点上，严禁在行进中落锚。逆流向施工时，横移地锚的超前角不宜大于30°，落后角不宜大于15°。

抓斗、链斗、铲扬式挖泥船分别由锚缆、斗桥和定位桩定位。驶进挖槽时航速减至极慢，顺流开挖时先抛尾锚，逆流开挖时先抛首锚。无强风强流时，可将斗桥、抓斗或铲斗下放至泥面，辅助船舶定位。

(2) 挖泥船开挖。挖泥船工作条件根据船舶使用说明书和设备状况确定。一般可参照

表 7.3。实际工作条件指标大于表 7.3 所列数值之一时停止施工。当流速小于 0.5m/s 时，绞吸式挖泥船宜采用顺流开挖；当流速大于 0.5m/s 时，宜采用逆流开挖。链斗式挖泥船宜采用逆流开挖。抓斗式、铲扬式挖泥船宜采用顺流开挖。

表 7.3   挖泥船工作条件限制表

船 舶 类 型		风（级）		浪高（m）	流速（m/s）	雾级（级）
		内 河	沿 海			
绞吸式	500m³/h 以上	6	5	0.6	1.6	2
	200～500m³/h	5	4	0.6	1.5	2
	200m³/h 以下	5		0.6	1.2	2
链斗式	250m³/h 及以上	6	6	1.0	2.5～3.0	2
	250m³/h 以下	5		0.8	1.8	2
铲扬式	斗容 4 m³ 以上	6		0.6	3.0	2
	斗容 4 m³ 及以下	6	5	0.6	2.0	2
抓斗式	斗容 4 m³ 以上	6	5	0.8～1.0	3.0	2
	斗容 4 m³ 及以下	5		0.6	1.5	2
自航耙吸式		7	6	1.0	2.0	2
拖轮拖带泥驳	294kW 以上	6	5～6	0.8	1.5	4
	294kW 及以下	6		0.8	1.3	4

针对下列情况，可分层或分条开挖：

1）泥层厚度超过挖泥船一次最大挖泥厚度时，应分层开挖。上层宜厚，下层宜薄。

2）挖槽断面方量较大，又确有需要提前发挥工程效益时，可分层或分条开挖，即先挖子槽使河道先通后畅。

3）当高潮位水深大于挖泥船最大挖深而低潮位水深又小于挖泥船吃水时，可利用高潮位先挖上层，利用低潮位再挖下层，确保设计挖深达到要求。

4）设计挖槽宽度大于挖泥船的最大挖宽时，应分条开挖。

7.2.2 堤防抢险加固

工程中堤防险情主要有漫溢、渗水、漏洞、跌窝、滑坡、管涌、崩塌、裂缝、风浪等，需采取针对性措施，对堤防除险加固并确保其安全。现就主要几种加以介绍，其他可参阅相关规范。

1. 漫溢

洪水位持续上涨并逼近堤顶，如不及时迅速加高抢护，水流即漫顶而过。

漫溢抢护原则为"水涨堤高"。当遭遇超标准洪水，并根据预报有可能超过堤顶时，为防漫溢溃决，应迅速加高抢护。工程中除采用分洪截流减小来水流量及增加河道泄洪能力等措施外，主要方法是在堤防临水坡顶部，距堤外肩 0.5～1m 处抢筑子堤，如土料子堤、土袋子堤、桩柳（木板）挡墙、柳石枕子堤、防浪墙筑子堤等，如图 7.16 所示。

（1）土料子堤。采用土料抢筑，一般子堤顶宽 0.6～1.0m，边坡不陡于 1：1，堤顶应超出推算最高水位 0.5～1m，土料尽可能选用黏性土壤。如果水已漫顶，远地运土来不及时，也可用堤内的肩土抢筑子堤。适用于取土便利，堤顶较宽，洪峰持续时间不长及不常

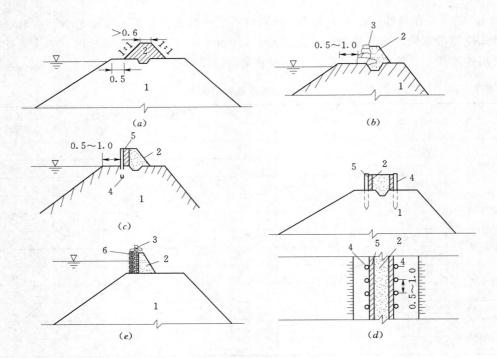

图 7.16 抢筑子堤示意图（单位：m）

(a) 土料子堤；(b) 土袋子堤；(c) 木板埽捆子堤；(d) 双层木板、埽捆子堤；(e) 利用防浪墙筑子堤

1—坝身；2—土料；3—土袋；4—木桩；5—木板或埽捆；6—防浪墙

遭较大风浪袭击的情况。

（2）土袋子堤。当风浪较大，取土困难时，可用草袋、编织袋或麻袋等装上黏性土，袋口不宜用绳扎紧，以利铺砌。土袋主要起防冲作用，排砌紧密，袋缝错开。土袋后面可修土戗，遂砌土袋分层铺土夯实。土袋子堤用土少而坚实，耐水流冲击，占用面积小。

（3）桩柳（木板）挡墙。当取土困难、土袋缺乏、土质较差时，可就地取材，采用桩柳（木板）子堤。

2. 渗水

渗水指在汛期高水位情况下，背河堤坡及附近地面土壤潮湿或有清水渗出的情况。抢护原则为"临河截渗，背河导渗"。一般抢护的方法有临水截渗、反滤沟导渗、反滤层导渗、透水压浸台等。

（1）临水截渗。根据临水深度、流速、风浪大小及取土难易，采用土工膜布截渗、抛黏土截渗和土袋（柳桩）前戗台截渗，如图 7.17 所示。

（2）反滤沟导渗。如果背水坡出现大面积严重渗水，则可开挖导渗沟，在沟内铺设反滤料和加筋透水后戗台，引导渗水排出，降低浸润线。导渗沟的形式有纵横沟、"Y"字沟和"人"字沟，其尺寸和间距视渗水程度确定。一般顺堤边坡的横沟每隔 6～10m 一条，沟深不小于 0.5m。具体有砂石导渗沟、土工织布导渗沟和梢料导渗沟，如图 7.18 所示。

（3）反滤层导渗。多用于大堤透水性较强，背水坡土体稀软，挖沟有困难的情况。通过在渗水坡面上铺反滤层，并延至堤脚以外压块石保护，以便起镇脚作用防止滑坡。按反滤材料有沙石反滤层、织物反滤层、梢料（柴草）反滤层，如图 7.19 所示。

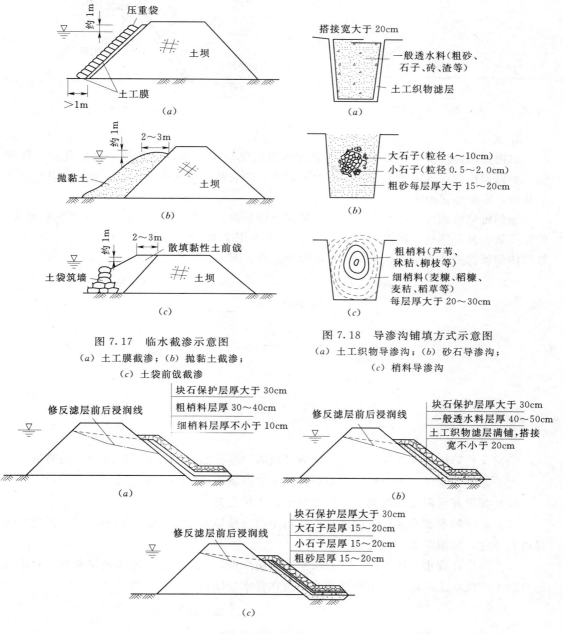

图 7.17　临水截渗示意图
（a）土工膜截渗；（b）抛黏土截渗；
（c）土袋前戗截渗

图 7.18　导渗沟铺填方式示意图
（a）土工织物导渗沟；（b）砂石导渗沟；
（c）梢料导渗沟

图 7.19　反滤层导渗示意图
（a）梢料反滤层；（b）土工织物反滤层；（c）砂石反滤层

（4）透水压浸台。由于堤土质量较差，堤身单薄，造成背水坡渗水严重，坡脚土体软化，甚至发生流土，在背水坡可采用此法。既能排出渗水，防止渗透破坏，又能加大堤身断面。具体有沙土后戗、梢土后戗等，如图 7.20 所示。

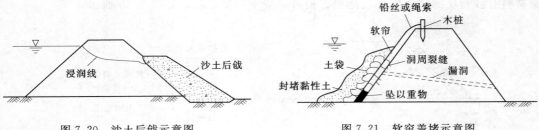

图 7.20　沙土后戗示意图　　　　　　图 7.21　软帘盖堵示意图

3. 漏洞

汛期高水位情况下，大堤背水坡及坡脚附近出现横贯堤身或基础的渗流孔洞，即漏洞。如漏洞出浑水、或由清变浑，或时清时浑，均表明漏洞在迅速扩大，大堤有发生溃决的危险，需要迅速抢护。

漏洞抢堵原则为"临河堵截断流，背河反滤导渗，临背并举"。主要方法有软楔堵塞、软帘盖堵、外月围法（戗堤法）等，如图 7.21 和图 7.22 所示。背水坡漏洞出口抢做反滤导渗体如反滤围井、反滤铺盖和透水压浸台法等。

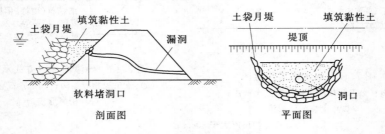

剖面图　　　　　　　　　　　　　平面图

图 7.22　外月围法示意图

4. 跌窝

跌窝又称陷坑，是在大堤顶部、边坡及坡脚附近突然发生局部下陷并形成的险情。

抢护原则为水位以上的跌窝翻填夯实，水位以下填堵防漏。具体如：

（1）如果在汛前发现跌窝，先挑出松土，再填土夯实。

（2）对于临水坡水面以下的跌窝，使用土袋直接填实陷坑，也可做小月围，再填黏土封堵和帮宽，如图 7.23 所示。

（3）发生在背水坡的跌窝，并有渗水或漏洞险情，除尽快进行迎水坡堵截外，对陷坑先将松土或湿软土清除，并用粗沙填实。再在背水坡铺设滤层，如图 7.24 所示。

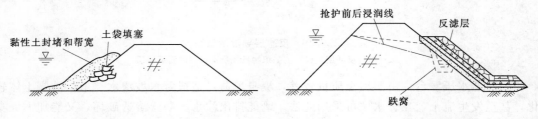

图 7.23　封堵跌窝示意图　　　　　图 7.24　反滤料抢护跌窝示意图

5. 裂缝

堤防出现的裂缝有横向裂缝、纵向裂缝和龟纹裂缝（裂缝纵横交错不规则）。在判明成因的基础上，处理原则为"消除成因，固堤填缝"。特别是对横贯堤身的横向裂缝，须及时处理。在消除产生裂缝的成因后抢护方法有灌堵缝口、压力灌浆、开挖回填和横墙隔断（图 7.25）等。

6. 管涌

在堤身背水坡脚附近，或堤脚以外的洼坑、水沟等出现孔眼冒沙的现象称为管涌，其可能引起堤身裂缝、漏洞、坍塌等。抢护原则为"反滤导渗，制止涌水带出泥沙"。抢险方法有反滤围井、减压围井、反滤铺盖（图 7.26）和压渗台等。

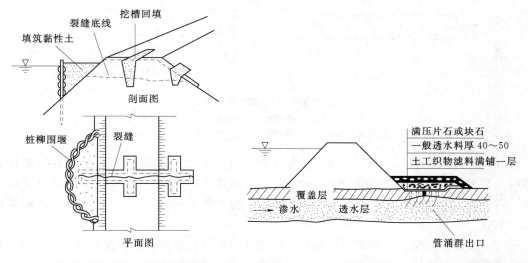

图 7.25 横墙隔断处理裂缝示意图　　　图 7.26 土工织物反滤铺盖示意图（单位：cm）

7.3 防渗墙施工

防渗墙是修建在挡水建筑物基础和透水地层中防止渗透的地下连续墙，具有结构可靠、防渗效果好、修建深度较大、适应多种不同的地层条件、施工进度快等优点。工程中还常用于坝体的防渗和加固、建筑物基础的承重等。筑墙材料可分为刚性材料和柔性材料。刚性材料主要有普通混凝土、掺黏土混凝土和掺粉煤灰混凝土。柔性材料主要有固化灰浆、塑性混凝土。

混凝土防渗墙的施工程序一般分为：造孔前准备 → 造孔（泥浆固壁）→终孔验收和清孔换浆→浇筑混凝土墙体→质量验收等。

7.3.1 造孔前准备

造孔前应根据防渗墙的设计要求，作好定位、定向工作。同时沿防渗墙轴线安设导向槽，用以防止孔口坍塌，并起导向作用。槽壁一般为混凝土。其槽孔净宽一般略大于防渗墙的设计厚度，高度一般为 1.5～2.0m。要求导向槽底部高程高出地下水位 0.5m 以上，顶部高程高于两侧地面高程，防止地表积水倒流和便于自流排浆。

工程中常在导向槽侧铺设钻机轨道，安装钻机，架设动力和照明线路及供水供浆管路等，作好排水排浆系统，并向槽内充灌泥浆，保持泥浆液面在槽顶以下 30~50cm。

7.3.2 造孔

1. 防渗墙的型式（图 7.27）

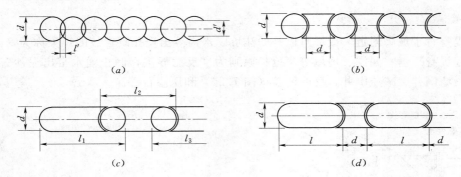

图 7.27 混凝土防渗墙水平截面型式

（a）圆形桩柱型；（b）混合桩柱型；（c）墙板型；（d）墙板与桩柱混合型

d—墙厚，造孔钻头直径；d'—有效墙厚；l—单段墙板长度；l'—搭接长度

（1）圆形桩柱型（亦称圆孔型）。先建造单数号桩柱，再建造与两侧单数号桩柱套接的双数号桩柱，由许多桩柱连锁套接成一道厚度不等的墙。圆孔型防渗墙由于接缝多，有效厚度相对难以保证，孔斜要求较高，施工进度较慢，成本较高，已逐渐被槽孔型取代。

（2）混合桩柱型。先建造圆形桩柱，以相邻两个圆桩的相对凸形弧面作导向，再建造双反弧形桩柱，由许多混合形桩柱相互套接成一道等厚度的墙。

（3）墙板型（亦称槽孔型）。先建造单数号墙板，再建造两个单数号墙板之间的、两端并与之套接的双数号墙板，由许多段墙板套接成一道等厚度的墙。

（4）墙板与桩柱混合型。先建造墙板，以墙板两端的相对凸形弧面作导向，再建造双反弧形桩柱，由许多墙板与桩柱套接成一道等厚度的墙。

混合桩柱型防渗墙、墙板与桩柱混合型墙，都要求先行建造的桩柱或墙板两端的垂直度很高（一般要求孔斜率小于 2％），再以其作导向，则能使任一深度连接处的墙厚达到设计墙厚，故适用于深度大于 60m 的防渗墙。

槽孔型防渗墙的接缝相对减少，有效厚度加大，施工进度较快，成本较低。孔斜的控制在套接部位要求较高，由于连接工艺水平的限制，目前国内多用于深度为 60m 以内的防渗墙。下面以槽孔型防渗墙为例加以介绍。

为保证防渗墙的整体性，应尽量减少槽孔间的接头，尽量采用较长的槽孔。但槽孔过长，可能影响混凝土墙的上升速度（一般要求不小于 2m/h），导致产生质量事故。为此要提高拌和与运输能力，增加设备容量，槽孔长度必须满足下述条件

$$L \leqslant \frac{Q}{kBV}$$

式中　L——槽孔长度，m；

　　　Q——混凝土生产能力，m^3/h；

　　　B——防渗墙厚度，m；

　　　V——槽孔混凝土上升速度，m/h；

　　　k——墙厚扩大系数，可取 1.2～1.3。

槽孔长度应综合分析地层特性、槽孔深浅、造孔机具性能、工期要求和混凝土生产能力等因素决定，一般为 5～9m。深槽段、槽壁易塌段宜取小值。

2. 成槽工艺

开挖槽孔用的钻挖机械型式很多，就钻挖方式来看，主要有冲击式、回转式和抓挖式三种以及这三种方式的组合。为提高工效常将一个槽段划分成主孔和副孔，然后采用钻劈法、钻抓法、分层钻进等方法成槽或铣削法成槽。

(1) 钻劈法。钻劈法又称"主孔钻进，副孔劈打"法，如图 7.28 所示。把一个槽孔划分成奇数个主孔，主孔长度等于终孔钻头直径，副孔长度通过施工试验确定，一般等于 1.5～1.6 倍主孔长度。先用冲击钻钻凿主孔，一般要求主孔先导 8～12m，然后用同样的机械劈打副孔两侧，用抽砂筒及接砂斗出渣，副孔打至距主孔底 1m 处停止，再继续钻主孔，如此交替进行，直至设计深度。此法适用于砂卵石、全风化或半风化基岩。

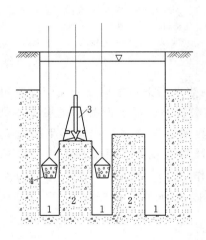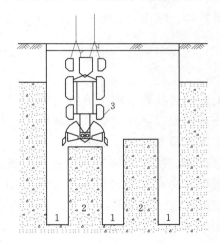

图 7.28　钻劈法成槽工艺示意图　　　　图 7.29　钻抓法成槽工艺示意图
1—主孔；2—副孔；3—冲击钻头；4—接砂斗　　1—主孔；2—副孔；3—液压导板式抓斗

(2) 钻抓法。钻抓法又称"主孔钻进，副孔抓取"法，如图 7.29 所示。主孔、副孔的划分与钻劈法基本相同，主孔长度等于终孔钻头直径，副孔长度等于抓斗的有效抓取长度。先用冲击钻或回转钻钻凿主孔，然后用抓斗抓挖副孔。它适用于粒径较小的松散地层。

(3) 分层钻进法。分层钻进也叫分层平打法，如图 7.30 所示。它是利用钻具的重量和钻头的回转切削作用，分层钻进，每层深度一般等于半根或一根钻杆的长度。为防止槽孔两端发生孔斜，两端钻孔应先行超前钻进，比预计要钻进的层深超深 3～5m。分层下挖时，用砂泵经空心钻杆将土渣连同泥浆排出槽外。分层钻进法适用于细砂层或胶结的土层，不适于含有大粒径卵石或漂石的地层。

（4）铣削法。铣削法（图7.31）采用液压双轮铣槽机，先从槽段一端开始铣削，然后逐层下挖成槽。液压双轮铣槽机是目前一种比较先进的防渗墙施工机械，它由两组相向旋转的铣切刀轮，对地层进行切削，这样可抵消地层的反作用力，保持设备的稳定。切削下来的碎屑集中在中心，由离心泥浆泵通过管道排出到地面。铣削式挖槽机结构较复杂，一般挖掘深度35～50m，最大宽度1.5m。

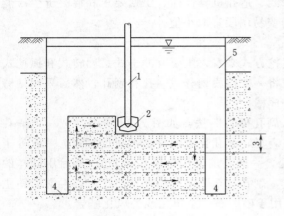

图7.30　分层钻进法成槽工艺示意图
1—钻杆；2—钻头；3—每层深度；
4—超前端孔；5—孔内泥浆

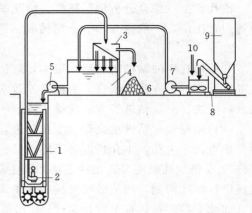

图7.31　铣削法成槽工艺示意图
1—铣槽机；2—泥浆泵；3—除渣装置；4—泥浆泵；
5—供浆泵；6—筛除的残渣；7—补浆泵；8—泥浆
搅拌机；9—膨润土储料罐；10—水源

以上各种造孔方法都是采用泥浆固壁，在泥浆液面下钻挖成槽。泥浆材料可选膨润土、黏土等。泥浆系统主要包括料堰（仓）、供水管路、量水设备、泥浆搅拌机、储浆池、泥浆泵以及废浆池、振动筛、旋流器、沉淀池、排渣槽等泥浆再生净化设施。为确保泥浆性能、配比及施工质量控制，规范有严格的规定。泥浆除了固壁作用外，在造孔过程中，尚有悬浮岩屑和冷却润滑钻头的作用；成墙以后，渗入孔壁的泥浆和胶结在孔壁的泥皮，还有防渗作用。完工后对于剩余的泥浆要做好再生净化和回收利用，以免污染环境。

【工程实例】　双轮铣在小浪底槽孔防渗墙施工中的运用。

小浪底河床砂卵石覆盖层70多m深，中间有1～4m的夹砂层，基岩主要为紫红色细砂岩和黏土岩。槽孔防渗墙混凝土设计强度28d最小为35MPa，渗透系数不大于$1×10^{-7}$cm/s。槽孔防渗墙分两期施工：第一期为右岸滩地部分，用冲击钻造孔、套打一钻的施工方法，采用掺加粉煤灰的缓凝性混凝土，来降低混凝土的早期强度，减少套打接头孔的困难；第二期为左岸河床部分、处于大坝施工关键线路上，必须按期完成。而在防渗墙轴线中间有一"老虎嘴"，又增加了施工难度，对此采用了高效的抓斗和双轮铣造孔设备及适合设备高效施工的横向接头孔方案。先开挖横向接头孔浇筑塑性混凝土，然后进行主槽孔的施工。在进行Ⅰ序槽孔开挖时，超出接头孔中心线10cm，Ⅱ序槽孔开挖时，必须将Ⅰ序槽孔超出接头孔中心线10cm的混凝土用双轮铣铣削干净，形成新鲜的混凝土接触面。

接头孔中超出主槽孔的塑性混凝土保留下来，对接缝起加固和保护作用。

7.3.3　终孔验收和清孔换浆

1. 终孔验收与清孔换浆要求

终孔验收的项目和要求见表 7.4。工程中要做好终孔验收和清孔换浆工作。验收合格方可进行清孔换浆。清孔换浆的目的是要清除回落在孔底的沉渣，换上新鲜泥浆，以保证混凝土和不透水层连接的质量。清孔换浆应该达到的标准是经过 1h 后，孔底淤积厚度不大于 10cm，孔内泥浆比重不大于 1.3，黏度不大于 30S，含砂量不大于 12%。一般要求清孔换浆以后 4h 内开始浇筑混凝土。如果不能按时浇筑，应采取措施，防止落淤。

表 7.4　　　　　　　　　　　　　　终孔验收项目和要求

终孔验收项目	终孔验收要求	终孔验收项目	终孔验收要求
孔位允许偏差	±3cm	一期、二期槽孔搭接孔位中心偏差	≤1/3 设计墙厚
孔宽	≥设计墙厚	槽孔水平断面上	没有梅花孔、小墙
孔斜	≤4‰	槽孔嵌入基岩深度	满足设计要求

2. 终孔验收和清孔验收内容

(1) 槽孔的终孔验收应包括下列内容：孔位、孔深、孔斜、槽宽；基岩岩样与槽孔嵌入基岩深度；一期、二期槽孔间接头的套接厚度。

(2) 槽孔的清孔验收应包括下列内容：孔内泥浆性能；孔底淤积厚度；接头孔壁刷洗质量。

7.3.4　混凝土浇筑

1. 接头工艺

(1) 钻孔法。一期槽孔的混凝土浇筑完毕 12～24h 后，在其两端主孔位置用冲击钻或回转钻再套打一整钻，即打掉等于钻头直径范围内的、自孔口至孔底的混凝土，从而形成与二期槽孔相连接的接头孔。

(2) 接头管法。即起拔接头管形成接头孔法。一期槽孔清孔合格后，浇筑混凝土之前，先在槽孔两端紧贴端壁各下入一根直径等于设计墙厚的接头钢管（分节），待浇筑混凝土一定时间后，开始旋转和试拔接头钢管（"微动"），等混凝土初凝后，开始逐节将接头管起拔出孔外，即可在槽孔两端各形成一个其深度等于钢管下入孔内长度的接头孔。

(3) 胶囊接头管法。槽孔清孔合格后，在浇筑混凝土之前，将底部吊有附加重物的片状胶囊放入槽孔端孔内，用泥浆泵向囊内灌注比重较大的泥浆，使其涨圆，浇筑混凝土过程中还要使囊内泥浆保持一定压力，以抵抗混凝土的侧压力和顶托力，维持孔形的圆整；混凝土浇筑完毕后一定时间，用压缩空气排出囊内泥浆，胶囊即浮出孔外，于是在槽孔端部形成接头孔。

(4) 双反弧接头法。先建造一期槽孔或圆孔，并浇筑混凝土，相邻两个一期孔之间的距离等于设计墙厚，然后用一固定式双反弧钻头以两侧已经硬结的一期孔混凝土作导向向下钻进，至设计孔深后，再用一液压可张式双反弧钻头自上而下刮除一期孔混凝土表面上的残留物，至设计孔深后进行清孔并浇筑混凝土。

【工程实例】 接头管法在糯扎渡水电站大坝上游围堰防渗墙施工中的运用。

　　糯扎渡水电站大坝上游围堰为与坝体结合的土石围堰，堰顶高程656m。围堰上部采用土工膜斜墙防渗，下部及堰基防渗采用C20混凝土防渗墙，墙厚80cm，防渗墙深入基岩0.5m，设计工程量为4580m²。围堰轴线长165.54m，桩号0＋102.97～0＋268.51，防渗墙施工范围0＋102.97～0＋260.78，最大深度约48.0m，防渗墙成墙面积4334m²。一期槽两端各下设一套接头管，接头管分节长度为6m，中间为销轴连接，刚度和强度符合施工要求。接头管外径为780mm，略小于槽孔厚度（80cm）。孔口固定在拔管机上，管底达到槽孔底部。30t吊车配合拔管机下设和起拔接头管。槽孔浇筑结束后，在起拔接头管之前，为防止接头管被混凝土铸死，对接头管进行活动。混凝土终浇4～5h或混凝土丧失流动性后开始对接头管进行活动，每次接头管活动量控制在10～20cm，时间间隔15～20min，待混凝土完全不坍落后拔出接头管，形成接头孔。

　　2. 墙体混凝土浇筑

泥浆下浇筑混凝土的主要特点是：

（1）不允许泥浆与混凝土掺混形成泥浆夹层。

（2）确保混凝土与基础及一、二期混凝土之间的结合。

（3）连续浇筑，一气呵成。

泥浆下浇筑混凝土常用直升导管法。导管由若干节 $\phi20\sim25$cm 的钢管连接而成，沿槽孔轴线布置，相邻导管的间距不宜大于3.5m，一期槽孔两端的导管距孔端以1.0～1.5m为宜，二期槽孔两端的导管距孔端以0.5～1.0m为宜，当孔底高差大于25cm时，导管中心应布置在该导管控制范围的最低处，如图7.32所示。这样布置导管，有利于全槽混凝土面均衡上升，有利于一期、二期混凝土的结合，防止混凝土与泥浆掺混。

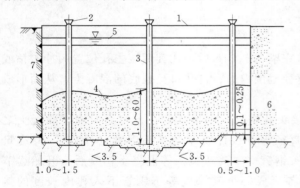

图 7.32　导管布置图（单位：m）
1—导向槽；2—受料斗；3—导管；4—混凝土；
5—泥浆液面；6—已浇槽孔；7—未挖槽孔

　　浇筑前应仔细检查导管形状、接头、焊缝的质量，过度变形和破损的不能使用，并按预定长度在地面进行分段组装和编号。槽孔浇筑应严格遵循先深后浅的顺序，即从最深的导管开始，由深到浅一个一个导管依次开浇，待全槽混凝土浇平以后，再全槽均衡上升。

　　每个导管开浇时，先下入导注塞，并在导管中灌入适量的水泥砂浆，准备好足够数量的混凝土，将导注塞压到导管底部，使管内泥浆挤出管外。然后将导管稍微上提，使导注塞浮出，一举将导管底端被泻出的砂浆和混凝土埋住，保证后续浇筑的混凝土不致与泥浆掺混。

在浇筑过程中，应保证连续供料，保持导管埋入混凝土的深度不小于 1m，但不超过 6m，以防泥浆掺混和埋管；维持全槽混凝土面均衡上升，上升速度不应小于 2m/h，高差控制在 0.5m 范围内。

浇筑过程中应注意观测，作好混凝土面上升的记录，防止堵管、埋管、导管漏浆和泥浆掺混等事故的发生。

3. 墙体混凝土浇筑验收

混凝土浇筑验收应包括下列内容：

（1）导管间距。

（2）浇筑混凝土面的上升速度及导管埋深。

（3）混凝土的终浇高程。

（4）混凝土原材料的检验。

（5）混凝土机口取样的物理力学指标及其数理统计分析结果。

7.3.5　施工记录和观测工作

1. 施工记录

施工单位必须做好防渗墙施工记录和资料分析工作。主要图表包括造孔班报，单孔基岩顶面鉴定表，终孔验收合格证，清孔验收合格证，某导管下设、开浇情况记录表，某槽孔混凝土浇筑指示图等，部分表格参见表 7.5～表 7.7。

表 7.5　　　　　　　　　造孔记录表（造孔工程班报表）

机组编号：　　　　　　　　　　　　　槽孔号：　　　单孔号：

钻孔类型：　　年　月　日　班（自　时至　时）交班孔深（m）：　本班进尺（m）：

时间利用情况			工作内容	钻具			进尺记录（m）				孔内及地质条件	本班主要材料消耗		
开始（时：分）	终止（时：分）	间隔（min）		名称	直径	长度	总长	机上余尺	孔深	进尺		品名	单位	数量
												劳动力出勤情况		
												技工		
												学员		
												普工		

直接生产	辅助生产			故障		附属生产	准备工作		总合计
钻孔	机械维护	换钢丝绳	换钻头	孔内	机械	停水电　待料　清孔　浇筑	安装	搬迁	

机长：　　　交班长：　　　接班长：　　　记录员：

表 7.6　　　　　　　　　**终 孔 验 收 合 格 证**

槽孔编号：　　起止桩号：　　槽孔长度：　　钻孔类型：　　造孔机组：

造孔进尺：　开孔时间：　终孔时间：　造孔方法：　验收方法：　验收时间：

项　目 ＼ 单孔序号			
钻头直径（mm）			
孔位偏差（cm）			
终孔深度（m）			
嵌入基岩深度（m）			
最大孔斜（%）			
相应孔深（m）			
孔形			

一期、二期槽孔套接处的最小厚度：　　起端：　　cm；　　未端：　　cm。

承包单位说明		验收小组意见		验收成员签字	

表 7.7　　　　　　　第＿＿＿＿号导管下设、开浇记录表

槽孔编号：　　　　　　　　开始下设时间：

清孔验收时间：　　　　　　终止下设时间：

清孔结束时间：

导管编号及长度									
导管分节编号	1	2	3	4	5	6	7	8	9	10
导管长度										
导管分节编号	11	12	13	14	15	16	17	18	19	20
导管长度										
导管分节编号	21	22	23	24	25	26	27	28	29	30
导管长度										

导管实际下设情况					
终孔验收孔深（m）	导管总长（m）	孔外管长（m）		导管下端距孔底（m）	孔内管长（m）
		导管放置孔底	导管安设后		

开浇情况：

1. 砂浆注入漏斗时间：

2. 混凝土开始注入槽孔时间：

3. 开浇过程说明（发生事故情况及处理措施）：

　　机长：　　　　　　　班长：　　　　　　　记录：

2. 观测工作

防渗墙施工过程中，宜对槽口沉陷和位移进行观测；在土石坝坝体内建造防渗墙时，施工单位应定期观测坝体的沉陷、位移、裂缝、测压管水位等。

7.4　桩 基 施 工

桩基础是一种常用基础形式。按桩的传力及作用性质的不同，可将桩分成端承桩和摩擦桩两种。按桩的制作方式不同可分为预制桩和灌注桩两类；按桩的横断面分有圆桩、方桩和多边形桩；按桩的材料分，则有木桩、混凝土桩、钢筋混凝土桩、钢桩和砂石桩等。当上部建筑物的荷载比较大、地基软弱，采用天然地基沉降量过大，或建筑物较为重要不容许有过大的沉降时，可采用桩基础。

结合工程应用，主要介绍常用钢筋混凝土预桩和灌注桩的施工。

7.4.1　钢筋混凝土预制桩

钢筋混凝土预制桩施工主要包括预制、起吊、运输、堆放、沉桩等过程。一般应根据工艺条件、土质情况、荷载特点等予以综合考虑。

7.4.1.1　桩的制作、起吊、运输和堆放

工程中较短的桩多在预制厂生产，较长的桩一般在打桩现场附近或打桩现场就地预制。

现场预制桩多用叠浇法施工，重叠层数应根据地面允许荷载和施工条件确定，但不宜超过 3 层。桩与桩间应做好隔离层，上层桩或邻桩的灌注，应在下层桩或邻桩混凝土达到设计强度的 30% 以后方可进行。预制场地应平整夯实，并防止浸水沉陷。桩的制作质量应满足施工规范的要求。

当桩的混凝土强度达到设计强度的 100% 后，方可起吊和运输。起吊时，吊点位置由设计决定。当吊点少于或等于 3 个时，其位置应按正、负弯矩相等的原则计算确定；当吊点多于 3 个时，其位置应按反力相等的原则计算。长 20~30m 的桩一般采用 3 个吊点。常见的几种吊点合理位置如图 7.33 所示。

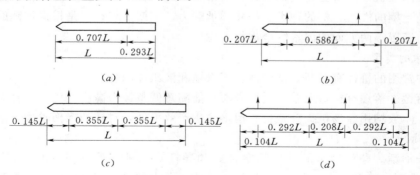

图 7.33　吊点的合理位置

(a) 1 个吊点；(b) 2 个吊点；(c) 3 个吊点；(d) 4 个吊点

　　桩运至桩架下以后，利用桩架上的滑轮组进行提升就位（又称插桩）。即首先绑好吊索，将桩水平提升到一定高度（为桩长的一半加 0.3～0.5m），然后提升其中的一组滑轮使桩尖渐渐下降，从而桩身旋转至垂直于至地面的位置，此时，桩尖离地面 0.3～0.5m。如图 7.34 所示。

　　运桩前应检查桩的质量，运桩后还应进行复查。在运距不大时，桩的运输方式可采用在桩下垫以滚筒，用卷扬机拖拉；当运距较大时，可采用轻便轨道小平台车运输等。

　　桩堆放时，地面必须平整、坚实、垫木的间距应根据吊点位置确定，各层垫木应位于同一垂直线上，堆放层数不宜超过 4 层，不同规格的桩应分别堆放。

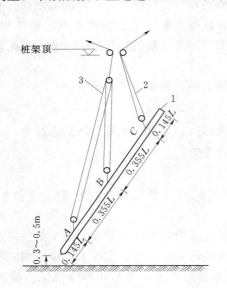

图 7.34　桩的提升示意图
1—桩；2—右滑轮组；3—左滑轮组

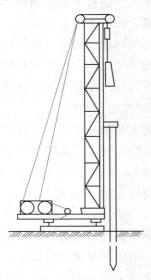

图 7.35　打入桩

7.4.1.2　打桩机械设备的选择

　　打入桩是靠桩锤或其他撞击部分落到桩顶上所产生的冲击能而沉入土中，如图 7.35 所示。打桩用的机械设备主要包括桩锤、桩架和动力装置三部分。在选择打桩设备时，一是根据地基土壤的性质、桩的种类、尺寸和承载力、工期要求；二是根据桩锤的性能和所要求的动力装置等两方面的因素综合进行考虑。

　　1. 桩锤的类型

　　施工中常用的桩锤有落锤、柴油锤、蒸汽锤和液压锤四种。

　　（1）落锤。落锤有构造简单，使用方便，能随意调整锤击高度等优点。轻型落锤可用人力拉升，一般均用卷扬机提升施打。但落锤生产效率低，对柱的损伤较大。落锤重力一般在 5～15kN。

　　（2）柴油锤。柴油锤分管式、活塞杆式和导杆式三种，重 3～100kN，其工作原理（以导杆式为例）如图 7.36 所示。当汽缸 1 迅速下落击桩时，汽缸中的空气受到压缩，温度猛增；与此同时，柴油通过喷嘴 2 喷入汽缸而自行燃烧，所造成的压力又使汽缸上抛，待其丧失上升速度，则又重新降落击桩。柴油锤与桩架、动力设备配套组成柴油打桩机，机架轻便，打桩迅速，常用以打设桩、钢板桩和长度在 12m 以内的钢筋混凝土桩，但不适用于在硬土和松软土中打桩。

（3）蒸汽锤。蒸汽锤是利用蒸汽的动力进行锤击。根据其工作情况又可分为单动式汽锤与双动式汽锤。单动式汽锤的冲击只在上升时耗用动力，下降靠自重；双动式汽锤的冲击体升降均由蒸汽推动。蒸汽锤需要配备一套锅炉设备。

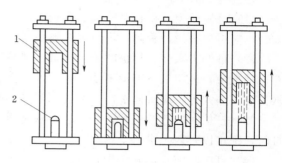

图 7.36　柴油打桩锤的工作原理
1—汽柴油锤；2—喷嘴

双动式汽锤的外壳（即汽缸）是固定在桩头上的，而锤是在外壳内上下运动。因冲击频率高（每分钟 100～200 次）。所以工作效率高。适宜打各种桩，并可在水下打桩和用于拔桩。锤重一般为 6～60kN。

单动式汽锤的冲击力较大，可以打各种桩，常用锤重为 15～150kN。每分钟锤击次数为 25～30 次。

（4）液压锤。液压锤是一种新型打桩设备。它的冲击缸体通过液压油提升与降落，冲击缸体下部充满氮气。当冲击缸体下落时，首先是冲击头对桩施加压力，接着是通过可压缩的氮气对桩施加压力，使冲击缸体对桩施加压力的过程延长。因此每一击能获得更大的贯入度。液压锤不排出任何废气、无噪音，冲击频率高，并适合水下打桩，是理想的冲击打桩设备，但构造复杂、造价高。

2. 桩锤选择

根据现场情况及现有打桩设备条件，确定桩锤类型后，还要选择桩锤重，锤重的选择应根据地质条件、桩的类型与规格、桩的密集程度、单桩极限承载力及现场施工条件等因素综合考虑确定，其中地质条件影响最大。

7.4.1.3　打桩顺序

打桩顺序一般分为：逐排打、自中央向边缘打、自边缘向中央打和分段打四种，如图 7.37 所示。

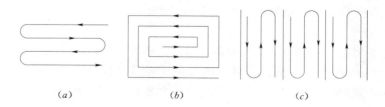

图 7.37　桩的打设"程序"
（a）逐排打设；（b）自中央向两边打设；（c）分段打设

逐排打设容易导致土壤向一个方向挤压而不均匀，使其后面的桩打入深度逐渐减少，最终引起建筑物的不均匀沉降。因此，实际工程中多采用自中央向两边缘打设和分段打设两种方法。

打桩施工时应注意以下几点：

（1）桩锤回弹。正常时桩锤回弹较小，如发现经常回弹较大，桩下沉量小，说明桩锤太轻，应更换桩锤，否则，不但沉桩效率低，且易将桩顶打坏。

（2）桩的贯入度。打桩时若出现贯入度骤减，桩锤回弹增大，应减小落距锤击。若还有这种现象，说明桩下有障碍物；若贯入度突然增大，则可能桩尖或桩身遭到破坏，或遇软土层、洞穴等，应暂停锤击，查明原因并采取相应措施。

（3）打桩时应连续施打。若中途停歇时间过长，桩身周围的土起固结作用，再继续施打时，则难以打入土中。

（4）打桩时防止偏心锤击，以免打坏桩头或使桩身断裂。如发生桩头破坏严重、桩身偏斜或断裂，应将桩拔出，在原桩附近补打一桩。

（5）作好打桩纪录，为工程质量验收提供依据。

（6）打桩过程中应注意打桩机工作情况和稳定性。经常检查机件运转是否有异常，绳索有否损伤，桩锤悬挂是否牢固。桩架移动和固定是否安全等。

（7）当桩顶位于地面以下一定深度而需打送桩（即为一工具式短桩）时，桩与送桩轴线应在同一直线上，否则会导致预制桩入土时发生倾斜。

7.4.1.4　预制桩的其他施工方法

预制桩的其他施工方法有振动法、水冲沉桩法、钻孔锤击法及静力压桩法等。

1. 振动法

振动法就是借助固定于桩头上的大功率甩动振动器的振动锤或液压振动锤所产生的振动力，以减小桩与土之间的摩擦阻力，使桩在自重与机械力的作用下沉入土中。振动法不但能将桩沉入土中，还能将桩利用振动拔出。经验证明此方法对 H 形钢桩和钢板桩拔出效果良好。振动法主要适用于砂石、黄土、软土和亚黏土层中，在含水砂层中的效果更为显著。

2. 水冲沉桩法

利用高压水流冲刷桩尖下面的土壤，以减小桩侧面与土之间的摩擦力和桩尖下土的阻力，使桩身在自重或锤击作用下很快沉入土中。此法适用于砂土、砾石或其他坚硬的土层，特别是对于打设较重的钢筋混凝土桩更为有效。

3. 钻孔锤击法

与水冲法相似，在坚硬土层、厚砂层，锤击法遇到困难时可以先钻孔后锤击。钻孔深度距持力层 1～2m 时应停止钻孔，再用锤击至预定持力层深度。为防止提钻孔壁坍塌，在提钻前注入泥浆起护壁作用。钻孔直径应小于预制桩径，打桩架以双导向桩架适宜。钻孔完成后即可吊桩，然后锤击沉入。

4. 静力压桩法

静力压桩是利用静压力将预制桩逐节压入土中的一种沉桩新工艺，已在我国沿海软土地基上较为广泛采用。压桩架用型钢制成，一般高为 16～20m；静压力为 800～1500 kN。桩应分节预制，每节长约 6～10m。当第一节压入土中，其上端距地面 2m 左右时，即将第二节桩接上，然后继续压入。

静力压桩无振动、噪音，可节约材料、降低造价、减少高空作业。但此法只适用于土质均匀的软土地基，且不能压斜桩。

7.4.2　灌注桩施工

灌注桩是一种就地成型的桩，可直接在桩位上成孔，然后浇筑混凝土或钢筋混凝土而成。与预制桩相比，施工方便，节约材料，可降低成本 $1/3 \sim 1/2$。但操作要求较严格，容易发生缩颈、断裂现象；技术间隔时间较长，不能立即承受荷载，冬季施工困难较大。

灌注桩按施工方法的不同可分为钻孔灌注桩、冲孔灌注桩、沉管灌注桩、人工挖孔灌注桩和爆扩灌注桩等多种。

1. 钻孔灌注桩

钻孔灌注桩是先用钻孔机械进行钻孔，然后在桩孔内放入钢筋笼再浇筑混凝土。钻孔设备主要采用螺旋钻机和潜水钻机两种。如图 7.38 和图 7.39 所示。

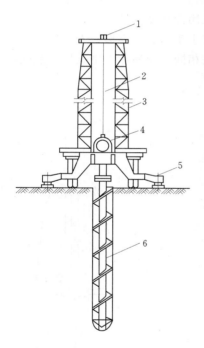

图 7.38　全叶螺旋钻机示意图
1—导向滑轮；2—钢丝绳；3—龙门导架；
4—动力箱；5—千斤顶支腿；
6—螺旋钻杆

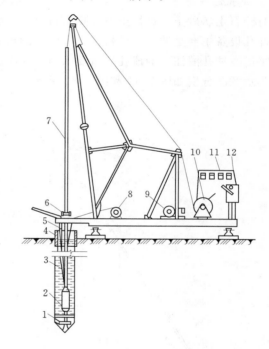

图 7.39　潜水钻机钻孔示意图
1—钻头；2—潜水钻机；3—电缆；4—护筒；5—水管；
6—滚轮（支点）；7—钻杆；8—电缆盘；9—5kN 卷
扬机；10—10kN 卷扬机；11—电流电压表；
12—起动开关

钻孔灌注桩的工艺流程如图 7.40 所示。施工中应注意以下几点：

（1）桩机就位应平整，钻杆轴线与钻孔中心线应对准，钻杆应垂直。

（2）钻孔过程中应注入泥浆护壁；在杂土或松软土层中钻孔时，应在桩位处埋设护筒。护筒用 $3 \sim 5$mm 钢板制作，内径比钻头直径大 100mm，埋入黏土中深度不小于1.0m，砂土中不宜小于 1.5m。

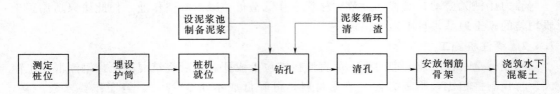

图 7.40 钻孔灌注桩工艺流程图

（3）钻孔达到要求深度后必须清孔，可以采用射水法和换浆法清孔。清孔后应尽快吊放钢筋笼浇筑混凝土。控制混凝土坍落度，一般黏土中宜用 5～7cm；砂类土中用 7～9cm。黄土中用 6～9cm。混凝土应分层浇筑捣实，每层高度一般为 0.5～0.6cm。

（4）在水下浇筑混凝土常用导管法施工。

2. 冲孔灌注桩

对碎石土、砂土、黏性土及风化岩石层，适宜采用冲孔灌注桩。

冲孔设备主要是冲击式钻机，冲击钻头的形式有十字形、工字形、人字形等，一般宜用十字形。冲孔灌注桩的成孔质量要求与钻孔灌注桩相同。简易冲击钻孔机示意图和十字形冲头示意图分别如图 7.41 和图 7.42 所示。

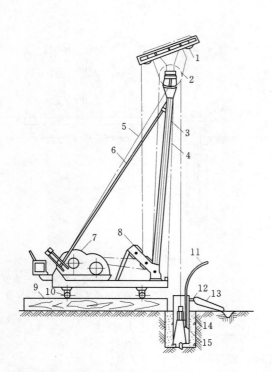

图 7.41 简易冲击钻孔机示意图

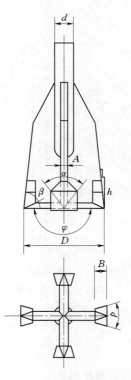

图 7.42 十字形冲头示意图

1—副滑轮；2—主滑轮；3—主杆；4—前拉索；5—后拉索；6—斜撑；
7—双滚筒卷扬机；8—导向轮；9—垫木；10—钢管；11—供浆管；
12—溢流口；13—泥浆渡槽；14—护筒回填土；15—钻头

3. 沉管灌注桩

沉管灌注桩是目前常用的一种灌注桩。它适用于可塑、软塑、流塑的黏性土，稍密及松散砂土。其施工方法是利用锤击打桩法或振动打桩法，将带有钢筋混凝土桩靴或带有活瓣式桩尖的钢管沉入土中，如图 7.43 所示。然后在规定标高处吊放钢筋骨架并浇筑混凝土，最后拔出钢管，便形成所需要的灌注桩。图 7.44 所示为沉管灌注桩的施工过程示意图。

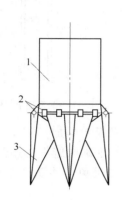

图 7.43　活瓣桩尖示意图
1—桩管；2—锁轴；3—活瓣

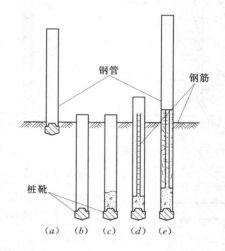

图 7.44　沉管灌注桩施工过程
（a）就位；（b）沉钢管；（c）开始浇筑混凝土；
（d）下钢筋骨架继续浇筑混凝土；（e）拔管成型

4. 人工挖孔灌注桩

人工挖孔灌注桩是指在桩位上采用人工挖桩孔，在护圈护壁的前提下挖土并浇筑混凝土而成桩。主要应解决孔壁坍塌、施工排水、预防流砂和管涌冒砂现象。目前大直径灌注桩的桩径可达 1~3m，桩深为 20~40m，最深可达 60~80m。每根桩的承载力为 1 万~4 万 kN，甚至可高达 6 万~7 万 kN。大直径灌注桩除可采用机械挖孔外，常常采用人工挖孔灌注桩。

人工挖孔桩的优点是设备简单、施工现场较干净；噪音小、振动少、对周围建筑影响小；可按施工进度要求决定同时开挖桩孔的数量；土层情况明确，可直接观察到地质变化情况，桩底沉渣能清除干净，施工质量可靠。事先应根据地质水文资料，拟定合理的衬圈护壁和施工排水、降水方案。

常用的护壁方法有混凝土护圈、沉井护圈和钢套管护圈三种。

（1）混凝土护圈挖孔桩。混凝土护圈挖孔桩如图 7.45 所示，亦称为"倒挂金钟"的施工方法，即分段开挖、分段浇筑护圈混凝土、直至设计标高后、封底和浇筑桩身混凝土，待浇至钢筋笼的底标高时，再吊入钢筋笼就位固定，并继续浇筑桩身混凝土。也有用喷锚砂浆护圈的，即当井筒分段开挖后，随即在筒壁四周架立钢丝网，然后喷以砂浆，无需安装模板。

（2）沉井护圈挖孔桩。沉井护圈挖孔桩如图 7.46 所示，是先在桩位上制作钢筋混凝土井筒，然后在筒内挖土，井筒靠自重或附加荷载克服筒壁与土之间的摩阻力而下沉，沉至设计标高后，再在筒内浇筑钢筋混凝土。

（3）钢套管护圈挖孔桩。钢套管护圈挖孔桩如图 7.47 所示，是在桩位地面上先打入钢套管，直至设计标高，然后再将套内的土挖出，并浇筑混凝土，待桩基混凝土浇筑完毕，随即将套管拔出移至另一桩位使用。

图 7.45　混凝土护圈挖孔桩

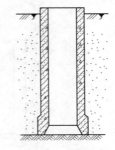

图 7.46　沉井护圈挖孔桩

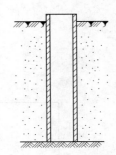

图 7.47　钢套管护圈挖孔桩

钢套管由 12～16mm 厚的钢板卷焊加工成型，其高度根据地质情况和设计要求而定。当地质构造有流砂层或承压含水层时，采用这种方法施工，可避免产生流砂和管涌现象，能确保施工安全。

5. 爆扩灌注桩

爆扩灌注桩又称爆扩桩，是用钻孔或爆扩法成孔，孔底放入炸药，再灌入适量的混凝土，然后引爆，使孔底形成扩大头。此时，孔内混凝土落入孔底空腔内，再放置钢筋骨架，浇筑桩身混凝土而制成灌注桩（图 7.48）。

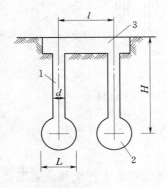

图 7.48　爆扩桩示意图
1—桩身；2—扩大头；3—桩台

爆扩桩在黏土层中使用效果较好，但在软土及砂土中不易成型。桩长（H）一般为 3～6m，最大不超过 10m，扩大头直径 D 为桩径的 2.5～3.5 倍。具有成孔简单、节省劳力和成本低等特点，但检查不便，施工时要求质量较高。

本　章　小　结

堤防工程与河道整治工程密不可分。堤基施工包括软弱堤基、透水堤基、多层堤基、岩石堤基施工。堤身填筑有碾压筑堤、土料吹填筑堤、抛石筑堤、砌石筑墙（堤）等。堤岸防护工程措施主要有坡式护岸、坝式护岸护滩和墙式护岸等。枯水位以下采取护坡脚工程，枯水位与洪水位之间采用护坡工程。一般施工顺序是先护脚，后护坡、封顶。护脚工程常采用抛石料（石笼）、沉排、沉井等方法，护坡主要有堆石、干砌石、浆砌石、灌砌石、混凝土预制压块、现浇混凝土板、模袋混凝土以及草皮生态防护等方式；坝式护岸布置可选用丁坝、顺坝以及丁坝与顺坝结合的拐头坝等型式；墙式护岸的结构临水面可采取直立式，背水面可采取直立式、斜坡式、卸荷台阶式等。墙体材料可采用钢筋混凝土、混凝土、浆砌石等。

针对平原河道，河道整治主要有浅滩疏浚、裁弯取直、河道展宽、滩面治理及加固河道（堤防）岸线和整治绿化等。其中疏浚是使用挖泥船或其他工具、设备开挖水下的土、石以增加水深或清除淤积的工程措施。挖泥船施工有设立施工标志、排泥管线架设、挖泥船定位施工等工序。工程中堤防险情主要有漫溢、渗水、漏洞、跌窝、滑坡、管涌、崩塌、裂缝、风浪等，需及时采取有效措施加以抢护。

混凝土防渗墙的施工程序一般分为造孔前准备、造孔（泥浆固壁）、终孔验收和清孔换浆、浇筑混凝土墙体、质量验收等。水下混凝土墙体浇筑包括压球、满管、提管排球、埋管、查管、连续浇筑、终浇等工序。

桩基础施工按桩的材料分有木桩、混凝土桩、钢筋混凝土桩、钢桩和砂石桩等。钢筋混凝土预制桩施工主要包括预制、起吊、运输、堆放、沉桩等过程；钢筋混凝土灌注桩按施工方法的不同可分为钻孔灌注桩、冲孔灌注桩、人工挖孔灌注桩、沉管灌注桩和爆扩灌注桩等多种。

职 业 训 练

混凝土防渗墙施工质量检测

（1）资料要求：某工程施工资料和相关图纸。

（2）分组要求：3～5 人为一组。

（3）学习要求：①熟悉工程图纸；②编写防渗墙施工方案和质量检测要点。

思 考 题

1. 按筑堤材料不同，堤防工程可分为哪几类？

2. 碾压筑堤与抛石筑堤有何不同？

3. 抛石护脚和沉排护脚施工时有何要求？

4. 坝式护岸中丁坝、顺坝布置有何要求？

5. 挖泥船施工应注意哪些问题？

6. 堤防出现渗水和漏洞时应如何处理？

7. 混凝土防渗墙的型式有哪些？成槽工艺包括哪几种？

8. 简述钢筋混凝土预制桩的施工过程。

9. 工程中常用打桩方法有哪些？

10. 钻孔灌注桩施工中应注意哪些问题？

第8章　渠道及渠系建筑物施工

学习要点

【知 识 点】　掌握渠道施工、水闸地基处理及施工；掌握水工隧洞开挖及管道施工方法；掌握橡胶坝安装和施工。

【技 能 点】　能进行渠道、水闸、隧洞及橡胶坝、管道施工。

【应用背景】　在灌溉工程新建、扩建或改建过程中，常涉及到渠道、水闸、隧洞及管道等工程施工。如渠道开挖填筑与衬砌、水闸地基处理与闸室施工、隧洞开挖衬砌及支护工程等，施工质量的好坏直接影响着输水效率和工程效益。

8.1　渠　道　施　工

渠道作为输水建筑物，横断面型式有梯形、矩形、U 形及复式断面等（图 8.1）。渠道施工包括渠道开挖、渠堤填筑和渠道衬砌，其特点是工程量大，施工线路长，工种单一，适合于流水作业施工。渠道基槽应根据设计测量放线，进行挖、填和修整，严格控制渠道基槽断面的高度、尺寸和平整度。

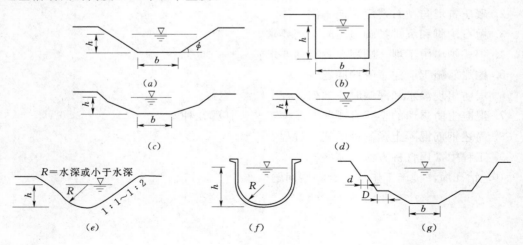

图 8.1　渠道横断面型式

(*a*) 梯形断面；(*b*) 矩形断面；(*c*) 多边断面；(*d*) 抛物线形断面；
(*e*) 弧形渠底断面 (*f*) U 形断面；(*g*) 复式断面

8.1.1　渠道开挖

渠道开挖的施工方法有人工开挖、机械开挖和爆破开挖等。选择哪种开挖方法，主要取决于技术条件、土壤种类、渠道纵横断面尺寸、地下水位等因素。渠道开挖的土方多堆在渠道两侧用作渠堤。对于岩基渠道和盘山渠道，宜采用爆破开挖法，一般先挖平台再挖槽。现主要介绍人工开挖和机械开挖渠道施工。

1. 人工开挖

在干地上开挖渠道时，应自中心向外，分层下挖，边坡处可按边坡比挖成台阶状，待挖至设计深度时，再进行削坡。必须弃土时做到远挖近倒、近挖远倒，先平后高。受地下水影响的渠道应设排水沟，开挖方式有一次到底法和分层下挖法（图 8.2）。

对于开挖土质较好且开挖深度较浅时，可选择一次到底法；如开挖深度较深，一次开挖到底有困难时，可结合施工条件分层开挖。图 8.2（b）适用于工期短、地下水来量小和平地开挖的情况，可选择中心设排水沟。图 8.2（c）适用于开挖深度大、土质差、地下水量大的情况。

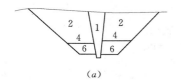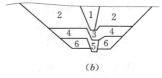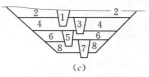

（a）　　　　　　　　　　　（b）　　　　　　　　　　　（c）

图 8.2　人工开挖排水法

（a）一次到底法；（b）中心排水沟；（c）翻滚排水沟

2、4、6、8—开挖顺序；1、3、5、7—排水沟次序

2. 机械开挖

主要有推土机开挖、铲运机开挖、单斗式挖掘机等。

（1）推土机开挖渠道。采用推土机开挖渠道，其深度一般不宜超过 1.5～2.0m，填筑渠道高度不宜超过 2～3m，其边坡不宜陡于 1:2，如图 8.3 所示。在渠道施工中，推土机还可以平整渠底，清除植土层，修整边坡，压实渠道等。

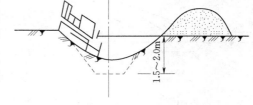

图 8.3　推土机开挖渠道

（2）铲运机开挖渠道。半挖半填渠道或全挖方渠道就近弃土时，采用铲运机开挖最为有利。需要在纵向调配土方的渠道，如运距不远也可用铲运机开挖。铲运机开挖渠道的开行方式有：

1）环形开行。当渠道开挖宽度大于铲土长度，而填土或弃土宽度又大于卸土长度时，可采用横向环形开行如图 8.4（a）所示。反之，则采用纵向环形开行如图 8.4（b）所示。铲土和填土位置可逐渐错动，以完成所需断面。

2）"8"字形开行。当工作前线较长，填挖高差较大时，则应采用"8"字形开行，如图 8.4（c）所示。其进口坡道与挖方轴线间的夹角以 40°～60°为宜，过大则重车转弯不便，过小则加大运距。

采用铲运机工作时，应本着挖近填远，挖远填近的原则施工，即铲土时先从填土区最近的一端开始，先近后远；填土则从铲土区最远的一端开始，先远后近，依次进行，这样不仅创造下坡铲土的有利条件，还可以在填土区内保持一定长度的自然地面，以便铲运机能高速行驶。

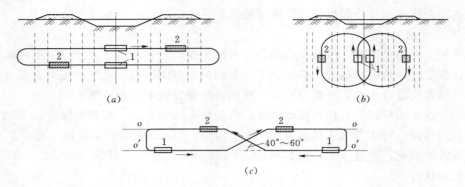

图 8.4　铲运机的开行路线
(a) 环形横向开行；(b) 环形纵向开行；(c) "8" 字形开行
1—铲土；2—填土；o—o 填方轴线；o'—o' 挖方轴线

（3）反向铲挖掘机开挖渠道。对于渠道开挖较深时，采用反向铲挖掘机开挖具有方便快捷、生产率高的特点，在生产实践应用相当广泛，其布置方式有沟端开挖和沟侧开挖，可参见图 3.6。

（4）拉铲挖掘机开挖渠道。采用拉铲挖掘机开挖，根据渠道尺寸和挖掘机本身技术性能，有四种开挖方式：沟端开挖、沟侧开挖、连续开挖和翻转法，如图 8.5 所示。

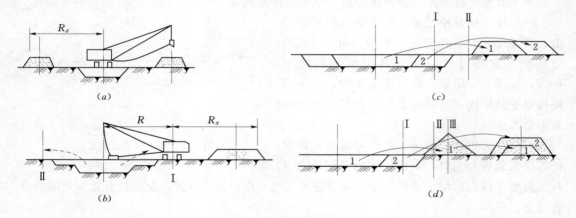

图 8.5　拉铲挖掘机开挖渠道
(a) 沟端开挖；(b) 沟侧开挖；(c) 连续开行；(d) 翻转法

8.1.2　渠堤填筑

筑渠堤用的土料不得掺有杂质，以黏土略含砂质为宜。如果用几种土料，应将透水性小的填筑在迎水坡，透水性大的填筑在背水坡。

新建填方渠道，填筑前应清除填筑范围内的草皮、树根、淤泥、腐殖土和污物，刨松基土表面，适当洒水湿润，然后摊铺选定的土料，分层压实。每层铺土厚度，机械压实时，不应大于 30cm；人工夯实时，不应大于 20cm。土料含水量应按最优含水量控制；针对新建半挖半填渠道的填筑部位，应利用挖方土料按要求进行填筑，达到密实、稳定。在开挖和填筑施工中，宜避免扰动挖方基槽土的结构。填方渠道的取土坑与堤脚保持一定距离，挖土深度不宜超过 2m，取土宜先远后近，并留有斜坡道以便运土。半填半挖渠道应尽量利用挖方筑堤，只有在土料不足或土质不适用时，才在取土坑取土。

挖方渠槽、填方渠槽和已建渠道改建工程中将原渠槽填筑到设计高程时，应按设计定好渠线中心桩，测量好高程，定好两侧开挖线。采用机械或人工开挖法施工时，先粗略开挖至接近渠底，再将中心桩移至渠底，重新测量高程后挖完剩下的土方。然后每隔 5～10m 挖出标准断面，在两个标准断面间拉紧横线，按横线从上至下边挖边刷坡，并用断面样板逐段检查，反复修整，直至符合设计要求。

堤顶应做成坡度为 2%～5% 的坡面，以利排水。填筑高度应考虑沉陷，一般可预加 5% 的沉陷量。填筑完成后，可对渠堤进行夯实（人工夯实或机械压实）。对小型渠道土堤夯实宜采用人力夯和蛙式夯击机。砂卵石填堤，可选用轮胎碾或振动碾，在水源充沛地方可用水力夯实。

8.1.3　渠道衬砌

渠道衬砌目的是防止渗漏，保护渠基不风化，减少糙率，美化建筑物。目前渠道衬砌的材料有灰土、三合土（四合土）、水泥土、砌石、混凝土、沥青材料和膜料等。在选择衬砌时，应考虑就地取材、防渗效果、渠道输水能力和抗冲能力、管理与养护等因素。

1. 灰土衬砌

由石灰和土料混合而成，衬砌的灰与土的配合比一般为 1∶9～1∶3。一般厚度控制在 10～20cm。灰土施工时，先将过筛后的细土和石灰粉干拌均匀，再加水拌和，然后堆放一段时间，使石灰粉熟化，稍干后即可分层铺筑夯实，拍打坡面消除裂缝，灰土夯实后养护一段时间再通水。也有一些工程直接采用土料（黏性土、黏砂混合土）衬砌，厚度大于 30cm。

无条件进行试验时，灰土、三合土等土料的最优含水率选取如灰土可采用 20%～30%，三合土、四合土可采用 15%～20%。

此种衬砌就地取材，施工简便，造价低，但抗冻、耐久性差，可用于气候温和地区的中、小型渠道防渗衬砌。

2. 水泥土衬砌

水泥土主要原材料为壤土、砂壤土、水泥等，配合比应通过试验确定。一般无冻融作用地区，水泥土配合比为 1∶9～1∶7。有冻融作用地区，配合比为 1∶6～1∶5。水泥土防渗结构的厚度，宜采用 8～10cm。小型渠道不能小于 5cm。拌和水泥土时，宜先干拌，再湿拌均匀。

铺筑塑性水泥土前，应先洒水润湿渠基，安设伸缩缝模板，然后按先渠坡后渠底的顺序铺筑。水泥土料应摊铺均匀，浇捣拍实。初步抹平后，宜在表面撒一层厚度 1～2mm 的水泥，随即揉压抹光。应连续铺筑，每次拌和料从加水至铺筑宜在 1.5h 内完成。

考虑预制时，将水泥土料装入模具中，压实后拆模，放在阴凉处静置 24h 后，洒水养护。在渠基修整后，按设计要求铺砌预制板，板间用水泥砂浆挤压、填平，并及时勾缝与养护。

3. 砌石衬砌

砌石衬砌材料有卵石、块石、条石等，砌筑方法有干砌和浆砌两种。砌石防渗结构，宜采用外形方正、表面凸凹不大于 10mm 的料石；上下面平整、无尖角薄边、块重不小于 20kg 的块石；长径不小于 20cm 的卵石；矩形、表面平整、厚度不小于 30mm 的石板等。

护面式防渗结构的厚度，浆砌料石宜采用 15～25cm；浆砌块石宜采用 20～30cm；浆砌石板的厚度不宜小于 3cm（寒区浆砌石板厚度不宜小于 4cm）。

在砂砾石地区，坡度大、渗漏强的渠道多采用浆砌卵石衬砌。施工时应先按设计要求铺设垫层，然后再砌卵石；砌卵石的基本要求是使卵石的长边垂直于边坡或渠底，并砌紧、砌平、错缝、坐落在垫层上，如图 8.6 所示。为了防止砌面被局部冲毁而扩大，每隔 10～20m 用较大的卵石砌一道隔墙。渠坡隔墙可砌成平直形，渠底隔墙可砌成拱形，其拱顶迎向水流方向，以加强抗冲能力。隔墙深度可根据渠道可能冲刷深度确定。

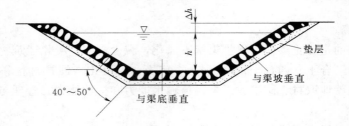

图 8.6　浆砌卵石渠道衬砌示意图

渠底卵石的缝最好垂直于水流方向，这样抗冲效果较好。不论是渠底还是渠坡，浆砌料石、块石、卵石和石板，宜在砌筑砂浆初凝前勾缝。勾缝应自上而下用砂浆充填、压实和抹光。

4. 混凝土衬砌

混凝土衬砌防渗效果好，一般能减少 90％以上渗漏量，耐久性强，糙率小，强度高，适应性强。工程中多采用板型结构，素混凝土板常用于水文地质条件较好的渠段，厚度控制在 6～12cm；钢筋混凝土板则用于地质条件较差和防渗要求较高的重要渠道，厚度控制在 6～10cm。钢筋混凝土板按其截面形状的不同，又有矩形板、楔形板、肋梁板等不同型式。矩形板适用于无冻胀地区的各种渠道。楔形、肋形板多用于冻胀地区的各种渠道；一些小型渠道在工程中有时也采用槽形结构。

（1）现场浇筑。大型渠道的混凝土衬砌多为就地浇筑，渠道在开挖和压实处理以后，先设置排水，铺设垫层，然后再浇筑。渠底跳仓浇筑，但也有依次连续浇筑的。渠坡分块浇筑时，先立两侧模板，然后随混凝土的升高，边浇筑边安设表面模板；如渠坡较缓，用表面振动器捣实混凝土时，则不安设表面模板。在浇筑中间块时，应按伸缩缝宽度设立两边的缝子板。缝子板在混凝土凝固以后拆除，以便灌浇沥青混合物、聚氯乙烯胶泥和沥青油毡等填缝材料。常见接缝型式如图 8.7 所示。近年来，一些工程采用了先进的渠道衬砌成套设备，如矩形、U 形衬砌机能够完成集布料、平仓振捣、衬砌一体化的施工作业，工效大为提高。

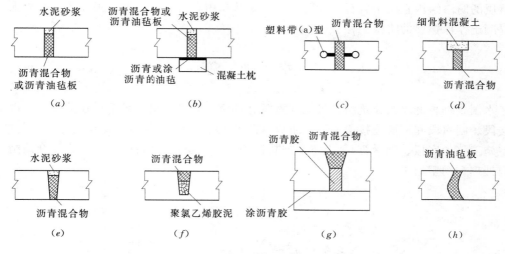

图 8.7　混凝土衬砌渠道伸缩缝

混凝土拌和站的位置应根据水源、料场分布和混凝土工程量等因素来确定。中、小型工程人工施工时，拌和站控制渠道长度以 150～400m 为宜；大型渠道采用机械化施工时，以每 3km 移动一次拌和站为宜。有条件时还可采用移动式拌和站或汽车搅拌机。

（2）预制铺砌。装配式混凝土衬砌是在预制场制作混凝土板，运至现场安装和灌筑填缝材料。预制板的尺寸应与起吊运输设备的能力相适应，适宜厚度 4～10cm。人工安装时，一般为 0.4～0.6 ㎡。装配式衬砌预制板，施工受气候影响条件较小，在已运用的渠道上施工可减少施工与放水间的矛盾。但装配式衬砌的接缝较多，防渗、抗冻性能差，一般在中、小型渠道采用。

此外，喷射混凝土已在工程中应用，作为衬砌渠道，具有强度高、厚度薄、抗冻及抗渗性好、施工方便等优点，适宜厚度 4～8cm。适用于大型渠道和 U 形渠道衬砌。

5. 塑料薄膜衬砌

塑料薄膜具有造价低（运输量少、施工简单）和效果好（适用性强）等优点，多采用埋藏式，可用于铺设梯形、复式梯形、矩形、锯齿形等断面。铺设范围有全铺式、半铺式、底铺式。半铺式和底铺式可用于宽浅渠道，或渠坡有树木的改建渠道。为了施工方便，一般多采用梯形边坡，保护层可用素土夯实或加铺防冲材料，其厚度应不小于 30cm。在寒冷冻深较大的地区，保护层厚度常采用冻深的 1/3～1/2。塑料薄膜防渗的关键是要铺好保护层，以延长使用年限。

膜料（如土工膜、复合土工膜等）可在现场边铺边连接。一般按先下游后上游的顺序，上游幅压下游幅，接缝垂直于水流方向铺设膜层。膜层不要拉得太紧，并平贴渠基，膜下空气应完全排出。填筑过渡层或保护层的施工速度应与铺膜速度相配合，避免膜层裸露时间过长。填筑保护层的土料，不得含石块、树根、草根等杂物。采用压实法填筑保护层时，禁止使用羊脚碾。施工中要注意检查并粘补已铺膜层的破孔。粘补膜应超出破孔周边 10～20cm。

一般无过渡层的防渗结构宜用于土渠基和用黏性土、水泥土作保护层的防渗工程；有过渡层的防渗结构宜用于岩石、砂砾石、土渠基和用石料、砂砾石、现浇碎石混凝土或预制混凝土作保护层的防渗工程。

8.2 水 闸 施 工

水闸是一种低水头建筑物，可完成灌溉、排涝、防洪、给水等多种任务。一般由上游连接段、闸室段和下游连接段三部分组成（图 8.8）。其施工内容主要有地基开挖与处理、闸室施工（如底板、闸墩等）、上下游连接段施工（如护坦、海漫等）。现主要介绍闸基开挖与处理和闸室施工。

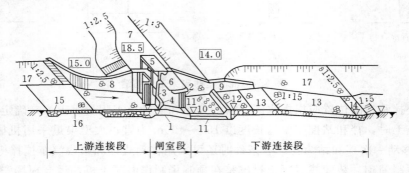

图 8.8　水闸组成

1—闸室底板；2—闸墩；3—胸墙；4—闸门；5—工作桥；6—交通桥；7—堤顶；
8—上游翼墙；9—下游翼墙；10—护坦；11—排水孔；12—消力坎；
13—海漫；14—下游防冲槽；15—上游防冲槽；16—上游护底；
17—上、下游护坡

8.2.1　闸基开挖与处理

8.2.1.1　软基开挖

软基开挖的施工与一般土方开挖相同，可选用人工挖运、推土机配合皮带机或斗车挖运、反向铲或铲运机挖运、正向铲开挖配合自卸汽车等。要注意尽量减少渗入基坑的水量，使边坡保持稳定。由于软基的施工条件比较特殊，针对具体情况，应采取相应的措施。

1. 淤泥

（1）稀淤泥。特点是含水量高，流动性大，装筐易漏。当稀淤泥较薄、面积较小时，可将干砂倒入，进占挤淤而形成土埝，在土埝上进行挖运作业；如面积较大，要同时填筑多条土埝，分区治理，以防乱流；若淤泥深度大、面积广，可将稀泥分区围埝，分别排入附近挖好的深坑内。

（2）烂淤泥。特点是淤泥层较厚，含水量较小，锹插难拔，粘锹不易脱离。为避免粘锹，挖前先将锹蘸水，也可用三股钗或五股钗代替铁锹。为解决立足问题，可自坑边沿起，集中力量突破一点，一直挖到埝土上，再向四周扩展；或者采用苇排铺路法，即将芦席扎成捆枕，每三枕用桩连成苇排铺在烂泥上，人在排上挖运。

（3）夹砂淤泥。特点是淤泥中有一层或几层夹砂层。如果淤泥厚度较大，可采用前面之法挖除；如果淤泥层很薄，先将砂面晾干，能站人时方可进行，开挖时连同下层淤泥一同挖除，露出新砂面。切勿将夹层挖混，造成开挖困难。

2. 流砂

开挖前可人工降低地下水位，不但可以防止流砂产生，而且使土的安息角和密实度增大，减少开挖和回填量。工程中可用管井排水法降低地下水位或轻型井点系统降低水位。

采用明式排水开挖基坑时，由于形成了较大的水力坡降，造成渗流挟带细砂从坑底上冒，或在边坡形成管涌、流土等现象。为避免产生流砂现象，可采取以下措施：

（1）苇捆叠砌拦砂法。如图 8.9 所示，苇捆起到拦砂导渗作用。先沿基坑边线挖出一圈，随即用苇捆靠边叠砌，其上可用土袋或块石适当压重。接着再挖第二层，同样砌一圈苇捆，同时在基坑内布置网格状集水沟。

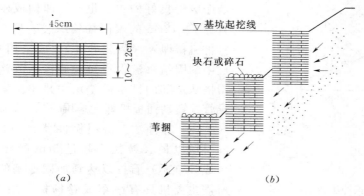

图 8.9　苇捆及其叠砌

（2）柴枕拦砂法。如图 8.10 所示，既可截住由雨水造成的坡面流砂，又可防止由于坡内渗水压力过大造成坡脚坍陷。此法适用于坡面较长基坑开挖很深的情况。

（3）坡面铺设护面层。它可以防止地面径流的冲刷，并起反滤作用，防止坡内渗水把泥砂带出。适用于基坑不大和不深的情况。护面层有两种：一种是

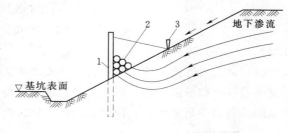

图 8.10　柴枕拦砂法
1—木桩；2—柴枕；3—木橛

在坡面上铺粗砂一层，其上再铺小石子一层，厚度均为 5～8cm；另一种是在坡面上铺设爬坡式柴枕，并从坡脚向上，每隔适当距离打入钎枕桩，在坡角设排水沟。

3. 泉眼

泉眼的产生多因为基坑排水不畅，地下水未能很快降低，导致地下水穿过薄弱土层向外流出。若泉眼水为清水，只需将流水引向积水井，排出基坑外；若为混水，先在泉眼上抛粗砂一层，其上再铺小石一层，使泉水中带泥砂的混水变清水流出，引向积水井，排出基坑外；若泉眼位于建筑物底部，应在泉眼上浇筑混凝土。这时先在泉眼上铺设砂石滤

层，并用管子将泉水引出混凝土之外，管子浇入混凝土中，最后用较干的水泥砂浆将排水管堵塞。

8.2.1.2　软基处理

软基处理方法有换土法、排水法、振冲法、钻孔灌注法及旋喷法等。

（1）换土法。软土层厚度不大时可全部挖除，换填砂土或重粉质壤土，分层夯实。施工时要注意排水，保证干地作业。

（2）排水法。通常用砂井排水法。砂井直径一般为 30～50cm，井距为井径的 4～10倍。打设砂井的方法很多，以水射法为最好。它用起重设备吊起，用高压水泵供水。高压水由射水头的喷水嘴喷出冲射软土成孔，在高压水和环刀切割下，射水头下的土变成泥浆，随上升水流排出井口。当冲到设计深度时，在离井底 50～100cm 处继续冲射 2～3min，以彻底排泥和清除井底沉淀物。成孔后灌注洁净级配良好的中、粗砂，即构成砂井。也可采用直径 7～12cm 的聚丙烯编织袋装砂，以导管式震动打桩机械埋入（袋装砂井）。或采用塑料板排水法，层中的固结渗流水通过滤膜渗入到沟槽内，并通过沟槽从顶部的排水砂垫层中排出。塑料排水板采用导管式震动插板机埋入地层。

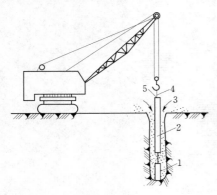

图 8.11　振冲法施工示意图
1—振冲器；2—吊杆；3—填料；
4—高压水管；5—电源线

（3）振冲法。是用振冲器在土层中振冲成孔，同时填以最大粒径不超过 5cm 的碎石（或砾石），形成碎（砾）石桩以达到加固地基的目的。振冲法所需主要机具有吊车或卷扬机、振冲器、供水泵、地面电器控制设备及排污设备等。边振边往孔内填料，每次填料厚度不大于 80cm，振密一段上提一段，如此分层填料与振实，即形成密实的桩柱（图8.11）。

（4）钻孔灌注法。施工时用大锅锥或水冲法造孔，在孔中放入预制好的钢筋骨架，水下浇筑混凝土即成灌注桩。再连接各桩顶成一整体，作为建筑物的承台。桩基不仅解决了软基的承载力不足的问题，同时也增强了建筑物的抗滑稳定。

8.2.2　闸室施工

8.2.2.1　浇筑块划分与浇筑顺序

1.浇筑块划分

混凝土水闸常由沉陷缝、温度缝分为许多结构块，施工时应尽量利用永久性接缝分块。若划分浇筑块面积太大，混凝土拌和运输能力或浇筑能力难以满足要求时，则可设置一些施工缝。

浇筑块的大小，即浇筑块的体积不应大于拌和站相应时间的生产量。浇筑块面积应保证混凝土浇筑中不出现冷缝。浇筑块的高度可视建筑物结构尺寸、季节施工要求及架立模板情况而定。若每日不采用三班连续生产时，还要受混凝土浇筑相应时间的生产量的限

制，即满足下式要求

$$H \leqslant \frac{Qm}{F} \tag{8.1}$$

式中　　H——浇筑块高度，m；

　　　　Q——混凝土拌和站的生产率，m^3/h；

　　　　F——浇筑块平面面积，m^2；

　　　　m——每日连续工作的小时数，h。

2. 混凝土的浇筑顺序

施工中应根据工序先后、模板周转、供料强度及上下层、相邻块间施工影响等因素，确定各浇筑块的浇筑方式、浇筑次序、浇筑日期，以便合理安排混凝土施工进度。安排浇筑进度时，应考虑以下几点：

（1）先深后浅。基坑开挖后应尽快完成底板浇筑。为防止地基扰动或破坏，应优先浇深基础，后浇浅基础，再浇筑上部结构。

（2）先重后轻。荷重较大的部位优先浇筑，再浇相邻荷重较小的部位，以减小两者之间的不均匀沉陷。

（3）先主后次。优先浇筑上部结构复杂、工序时间长，对工程整体影响大的部位或浇筑块。同时注意新筑块浇筑时，其模板已架立，钢筋、预埋件已安设，且已浇筑块应达一定强度。

8.2.2.2　闸底板施工

1. 平底板施工

水闸平底板浇筑时，一般采用逐层浇筑法。但当底板厚度不大，拌和站的生产能力受到限制时，亦可采用斜层浇筑法。

运输混凝土入仓时，必须在仓面上搭设纵横交错的脚手架。混凝土柱间距视脚手架横梁的跨度而定，柱顶高程应低于闸底板表面。底板立模如图 8.12 所示。

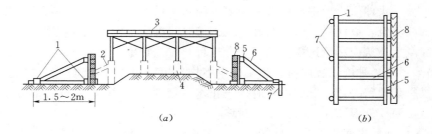

图 8.12　底板立模与仓面脚手
(a) 剖面图；(b) 模板平面
1—地龙木；2—内撑；3—仓面脚手；4—混凝土柱；
5—横围图木；6—斜撑；7—木桩；8—模板

底板混凝土的浇筑一般均先浇上、下游齿墙，然后再从一端向另一端浇筑。当底板混凝土方量较大，且底板顺水流长度在 12m 以内时，可安排两个作业组分层浇筑。首先，两组同时浇筑下游齿墙，待齿墙浇平后，将第二组调至上游浇齿墙，第一组则从下游向上游浇第一坯混凝土。

当底板浇筑接近完成时，可将脚手架拆除，并立即把混凝土表面抹平，混凝土柱则埋入浇筑块内作为底板的一部分。

为了节省水泥，在底板混凝土中可埋入大块石，但应注意勿砸弯钢筋或使钢筋错位。所以抛块石时，最好在一定部位临时抽掉一些面层钢筋，采取固定位置抛块石，为了使块石埋入一定部位，可用滚动的办法就位。混凝土浇至接近面层钢筋位置时，应将原钢筋按设计要求复位。

2. 反拱底板的施工

(1) 施工程序。由于反拱底板对地基的不均匀沉陷反应敏感，必须注意其施工程序。采用方法有下面两种：

1) 先浇闸墩及岸墙后浇反拱底板。为了减少水闸各部分在自重作用下的不均匀沉陷，可将自重较大的闸墩岸墙等先行浇筑，并在控制基底不致产生塑性开展的条件下，尽快均衡上升到顶。对于岸墙还应考虑尽量将墙后还土夯填到顶，这样使闸墩岸墙预压沉实，然后再浇反拱底板，从而底板的受力状态得到改善。此法目前采用较多，对于黏性土或砂性土均可采用。

2) 反拱底板与闸墩岸墙底板同时浇筑。此法适用于地基较好的水闸，对于反拱底板的受力状态较为不利，但保证了建筑的整体性，同时减少了施工工序，便于施工安排。对于缺少有效排水措施的砂性土地基，采用此法较为有利。

(2) 施工要点。

1) 由于反拱底板采用土模，因此必须做好排水工作。尤其是砂土地基，不做好排水工作，拱模控制将很困难。

2) 挖模前必须将基土夯实，放样时应严格控制曲线。土模挖出后，应先铺一层 10cm 厚的砂浆，待其具有一定强度后加盖保护，以待浇筑混凝土。

3) 采用第一种施工程序，在浇筑岸、墩墙底板时，应将接缝钢筋一头埋在岸、墩墙底板之内，另一头伸入土模中，以备下一阶段浇入反拱底板。岸、墩墙浇筑完毕后，应尽量推迟底板的浇筑，以便岸、墩墙基础有更多的时间沉实。为了减少混凝土的温度收缩应力，底板混凝土浇筑应尽量选择在低温季节进行，并注意施工缝的处理。

4) 当采用第二种施工程序时，为了减少不均匀沉降对整体浇筑的反拱底板的不利影响，可在拱脚处预留一缝，缝底设临时铁皮止水，缝顶设"假铰"，待大部分上部结构荷载施加以后，便在低温期用二期混凝土封堵。

5) 为了保证反拱底板的受力性能，在拱腔内浇筑的门槛，消力坎等构件，需在底板混凝土凝固后浇制二期混凝土，且不应使两者成为一个整体。

8.2.2.3 闸墩施工

闸墩的特点是高度大、厚度小、门槽处钢筋密、预埋件多、闸墩相对位置要求严格，所以闸墩的立模与混凝土浇筑是施工中的主要问题。

1. 闸墩模板安装

为使闸墩混凝土一次浇筑达到设计高程，闸墩模板不仅要有足够的强度，而且要有足够的刚度，所以闸墩模板安装常采用"铁板螺栓、对拉撑木"的立模支撑方法。近年来，滑模施工技术日趋成熟，闸墩混凝土浇筑逐渐采用滑模施工。

（1）"铁板螺栓，对拉撑木"的模板安装。立模前，应准备好两种固定模板的对销螺栓：一种是两端都绞丝的圆钢，直径可选用 12mm、16mm 或 19mm，长度大于闸墩厚度并视实际安装需要确定；另一种是一端绞丝，另一端焊接一块 5mm×40mm×400mm 扁铁的螺栓，扁铁上钻两个圆孔，以便固定在对拉撑木上。

闸墩立模时，其两侧模板要同时相对进行。先立平直模板，次立墩头模板。在闸底板上架立第一层模板时，上口必须保持水平，在闸墩两侧模板上，每隔 1m 左右钻与螺栓直径相应的圆孔，并于模板内侧对准圆孔撑以毛竹管或混凝土撑头，然后将螺栓穿入，且端头穿出横向双夹围图和竖直围图木，然后用螺帽拧紧在竖直围图木上。铁板螺栓带扁铁的一端与水平对拉撑木相接，与两端均绞丝的螺栓要相间布置。在对拉撑木与竖直围图木之间要留有 10cm 空隙，以便用木楔校正对拉撑木的松紧度。对拉撑木是为了防止每孔闸墩模板的歪斜与变形。若闸墩不高。每隔两根对销螺栓放一根铁板螺栓。具体安装见图8.13 和图 8.14。

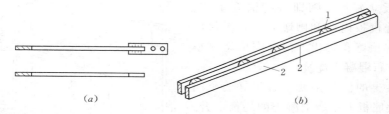

（a）　　　　　　　　　　（b）

图 8.13　对销螺栓及双夹围图
（a）对销螺栓和铁板螺栓；（b）双夹围图
1—每隔 1m 一块的 2.5cm 小木块；2—两块 5cm×15cm 的木板

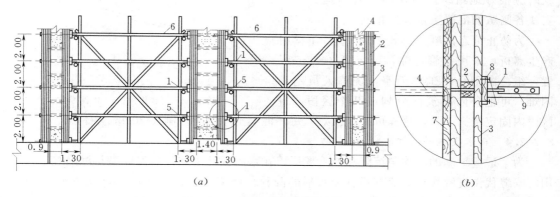

（a）　　　　　　　　　　（b）

图 8.14　铁板螺栓对拉撑木支撑的闸墩模板（单位：m）
1—铁板螺栓；2—双夹围图；3—纵向围图；4—毛竹管；5—马钉；
6—对拉撑木；7—模板；8—木楔块；9—螺栓孔

闸墩两端的圆头部分，待模板立好后，在其外侧自下而上，相隔适当距离，箍以半圆形粗钢筋铁环，两端焊以扁铁并钻孔，钻孔尺寸与对销螺栓相同，并将它固定在双夹围图上（图 8.15）。

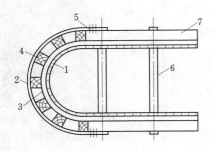

图 8.15   闸墩圆头立模

1—模板；2—半圆钢筋环；3—板墙筋；
4—竖直围图；5—扁铁；6—毛竹管；
7—双夹围图

当水闸为三孔一联整体底板时，则中孔可不予支撑。在双孔底板的闸墩上，则宜将两孔同时支撑，这样可使三个闸墩同时浇筑。

（2）翻摸施工。由于钢模板的广泛应用，施工人员依据滑模的施工特点，发展形成了使用于闸墩施工的翻摸施工法。立模时一次至少立 3 层，当第二层模板内混凝土浇至腰箍下缘时，第一层模板内腰箍以下部分的混凝土须达到脱模强度（以 98kPa 为宜），这样便可拆掉第一层，去架立第四层模板，并绑扎钢筋。依此类推，保持混凝土浇筑的连续性，以避免产生次缝。如江苏省高邮船闸，仅用了两套共 630m² 组合钢模，就代替了原计划四套共 2460m² 的木模，节约木材 200 多 m³，具体组装见图 8.16。

2. 混凝土浇筑

闸墩模板立好后，随即进行清仓工作。用压力水冲洗模板内侧和闸墩底面，污水由底层模板上的预留孔排出。清仓完毕堵塞小孔后，即可进行混凝土浇筑。

闸墩混凝土的浇筑主要是解决好两个问题：一是每块底板上闸墩混凝土的均衡上升；二是流态混凝土的入仓及仓内混凝土的铺筑。为了保证混凝土的均衡上升，运送混凝土入仓时应很好地组织，使在同一时间运到同一底块各闸墩的混凝土量大致相同。

为防止流态混凝土自 8～10m 高度下落时产生离析，采用溜管运输，可每隔 2～3m 设置一组。由于仓内工作面窄，浇捣人员走动困难，可把仓内浇筑面分划成几个区段，每

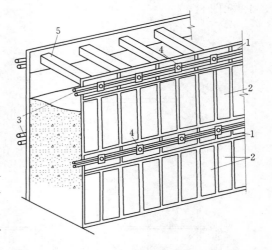

图 8.16   翻模组装图

1—腰箍模板；2—定型钢模；3—双夹围图
（钢管）；4—对销螺栓；5—水泥撑头

区段内固定浇捣工人，这样可提高工效。每坯混凝土厚度可控制在 30cm 左右。

8.2.2.4   止水设施的施工

为了适应地基的不均匀沉降和伸缩变形，在水闸设计中均设置温度缝与沉陷缝，并常用沉陷缝代温度缝作用。缝有铅直和水平的两种，缝宽一般为 1.0～2.5cm。缝中填料及止水设施，在施工中应按设计要求确保质量。

1. 沉陷缝填料的施工

沉陷缝的填充材料常用的有沥青油毛毡、沥青杉木板及沥青芦席等多种。其安装方法有以下两种：

（1）将填料用铁钉固定在模板内侧后再浇混凝土，这样拆模后填充材料即可贴在混凝土上，然后立沉陷缝的另一侧模板和浇混凝土，具体过程如图 8.17 所示。如果沉陷缝

两侧的结构需要同时浇灌，则沉陷缝的填充材料在安装时要竖立得平直，浇筑时沉陷缝两侧流态混凝土的上升高度要一致。

（2）先在缝的一侧立模浇混凝土，并在模板内侧预先钉好安装填充材料的长铁钉数排，并使铁钉的 1/3 留在混凝土外面，然后安装填料、敲弯铁尖，使填料固定在混凝土面上，再立另一侧模板和浇混凝土，具体过程如图 8.18 所示。

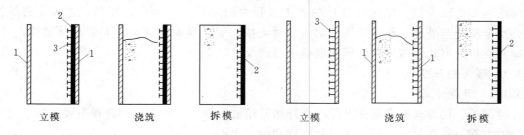

图 8.17 先装填料后浇混凝土的填料施工　　　　图 8.18 先浇混凝土后装填料的填料施工
1—模板；2—填料；3—铁钉　　　　　　　　　　1—模板；2—填料；3—铁钉

若闸墩沉陷缝两侧的混凝土要同时浇筑，可借固定模板用的预制混凝土块和对销螺栓夹紧，使填充材料竖立平直，浇筑时混凝土上升要均衡。

2. 止水的施工

凡是位于防渗范围内的缝，都有止水设施。止水设施分垂直止水和水平止水两种。可参阅有关规范。水平止水大都采用塑料止水带（图 8.19），其安装与沉陷缝填料的安装方法一样，具体布置可见图 8.20。

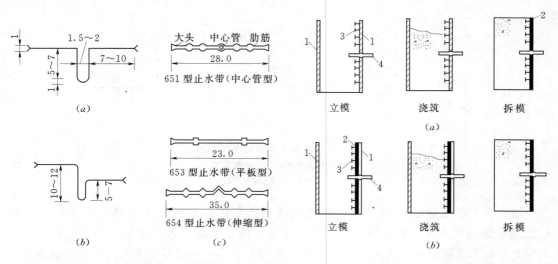

图 8.19 水平止水片与塑料止水带（单位：cm）

图 8.20 水平止水安装示意图
（a）先浇混凝土后装填料；（b）先装填料后浇混凝土
1—模板；2—填料；3—铁钉；4—止水带

有关闸室上部结构施工等内容，可采用立模现浇或预制吊装施工。采用预制构件设计时，要考虑运输、吊装、接缝及建筑物的整体性要求，并拟定出经济合理的吊装方法和施工技术措施。

8.3　水工隧洞施工

水工隧洞施工主要是开挖、衬砌和灌浆。由于多在岩石中开凿，开挖掘进方法有钻孔爆破法和掘进机开挖。钻爆法开挖的施工过程为测量放线、钻孔、装药、爆破、通风散烟、安全检查与处理、装渣运输、洞室临时支护、洞室衬砌或支护、灌浆及质量检查等。衬砌和支护的型式，常用现浇钢筋混凝土衬砌及喷锚支护。

8.3.1　隧洞的开挖

8.3.1.1　开挖方式

隧洞的开挖方式有全断面开挖法和导洞开挖法两种。开挖方式的选择主要取决于隧洞围岩的类别、断面尺寸、施工机械化程度和施工水平。

1. 全断面开挖法

全断面开挖是指整个开挖断面一次钻爆开挖成型，在隧洞断面不大（不超过 16m²），或断面尺寸虽较大，但地质条件好，山岩压力不大，不需要支撑或只需要局部简单支撑，而机械设备又比较完善时，均可采用全断面开挖法。

全断面开挖的施工程序是全断面一次开挖成洞，后面紧跟衬砌作业。其施工特点是净空面积大，各工序相互干扰小，有利于机械化作业，施工组织较简单，掘进速度快。但这种方式受到机械设备、地质条件和断面尺寸的限制。

全断面开挖又分为垂直掌子面掘进和台阶掌子面掘进两种（图 8.21）。

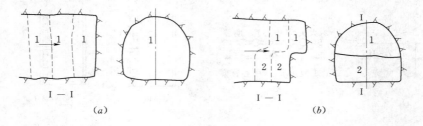

图 8.21　全断面开挖的基本型式
（a）垂直掌子；（b）台阶掌子
1、2—开挖顺序

垂直掌子面掘进能使用多台钻机或钻孔台车，因而适宜于大型机械设备施工。图 8.22 为全断面垂直掌子面开挖掘进、机械化施工的示意图。它采用钻孔台车钻孔、装渣机向电瓶机车牵引的斗车装渣，衬砌采用钢模台车立模，由混凝土泵及其导管运输混凝土进行浇筑。

台阶掌子面掘进是将整个断面分为上、下两层，上层超前 2～3.5m，上下层同时爆破。通风散烟后，迅速清理好台阶上的石渣，就可以在台阶上钻孔，使下层出渣与上层钻孔同时作业。下层爆破由于增加了临空面，可以少用炸药。这种方式适用于断面较大，围岩稳定性好，但又缺乏钻孔台车等大型机械设备的情况。在掘进过程中要求上、下两层同

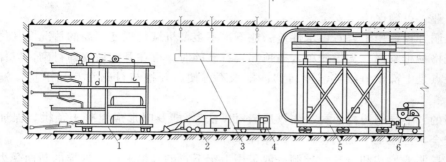

图 8.22　全断面开挖机械化程序
1—钻孔台车；2—装渣机；3—通风管；4—电瓶车；5—钢模台车；6—混凝土泵

时爆破，掘进深度应大致相同。

2. 导洞开挖法

在待开挖的隧洞中先开挖一个小断面的洞作为先导，称为导洞，等导洞贯通后再扩大开挖出设计断面。隧洞较长时，也可在导洞开挖一定距离后，接着进行断面扩大，使导洞开挖与断面扩大相隔 10～15m 的距离同时并进。

根据导洞在横断面位置的不同，有下导洞、上导洞、中导洞、双导洞等。

(1) 下导洞开挖法。导洞布置在断面的下部，又称漏斗棚架法，其施工程序如图 8.23 所示。

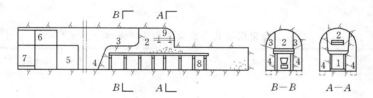

图 8.23　下导洞开挖法施工顺序
1—下导洞；2—顶部扩大；3—上部扩大；4—下部扩大；5—边墙衬砌；
6—顶拱衬砌；7—底板衬砌；8—漏斗棚架；9—脚手架

下导洞开挖适用于岩石稳定、地下水较多的情况。它的优点是下部出渣线路不必转移，运输方便，上部扩大，可利用岩石自重提高爆破效果，排水容易，开挖与衬砌施工干扰小、施工速度较快。缺点是顶部钻孔比较困难，遇岩石破碎时，施工不够安全。

(2) 上导洞开挖法。其开挖与衬砌的程序如图 8.24 所示。当地质条件较好时，可以在断面全部挖好后再进行衬砌，并先衬边墙后衬顶拱；当地质条件不好时，应采用边开挖边衬砌、先衬顶拱后衬边墙的顺序，即在同一断面上，开挖与衬

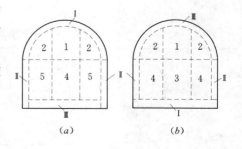

图 8.24　上导洞开挖与衬砌施工顺序
(a) 先拱后墙补砌；(b) 先墙后拱衬砌
1、2、3、4、5—开挖顺序；
Ⅰ、Ⅱ、Ⅲ—衬砌顺序

砌交叉作业，以确保施工安全。

上导洞开挖适用于岩石稳定性差、地下水不多，机械化程度不高的情况。其优点是顶部开挖规格易于掌握，支撑简单，遇顶部岩石破碎时，可在开挖后立即衬砌，以保证施工安全。缺点是上部出渣线路需要转移，排水不方便，开挖与衬砌常互相干扰，施工速度较慢。

常用的"上导洞边挖边衬、先拱后墙衬砌法"，能及时形成混凝土顶拱，保证后续工序施工安全，但施工干扰大，衬砌整体性差。

（3）导洞的形状和尺寸。导洞一般采用上窄下宽的梯形断面，这样的断面受力条件较好，也便于利用断面底角布置风、水、电等管线。导洞断面尺寸根据开挖、支撑、运输工具的大小和人行通道的布置确定，安全距离不小于 20cm。在满足导洞施工的前提下，应尽可能减少断面尺寸，以加快进度，节约炸药用量。

8.3.1.2 炮孔布置与装药量计算

隧洞开挖广泛采用钻孔爆破法。应根据设计要求、地质情况、爆破材料及钻孔设备等条件，作好布置炮孔，确定装药量，选择爆破方法等工作。

1. 炮孔分类与布置

炮孔按所起作用不同分为掏槽孔、崩落孔和周边孔三种。

掏槽孔的作用是增加爆破的临空面，其布置简图及适用条件见表 8.1。为保证一次掘进的深度及掏槽效果，掏槽孔要比其他炮孔略深 15～20cm，装药量比崩落孔多 20% 左右。

表 8.1   常见掏槽孔布置简图和适用条件

掏槽形式	布 置 简 图	适 用 条 件
楔形掏槽	 （a） （b） （a）垂直楔形掏槽孔；（b）水平楔形掏槽孔	适用于中等硬度的岩层。有水平层理时，采用水平楔形掏槽，有垂直层理时，采用垂直楔形掏槽，断面上有软弱带时，炮孔孔底宜沿软弱带布置。开挖断面的宽度或高度要保证斜孔能顺利钻进
锥形掏槽	 （a）（b）（c） （a）三角锥形掏槽孔；（b）四角锥形掏槽孔； （c）圆锥掏槽孔	适用于紧密的均质岩体。开挖断面的高度和宽度相差不大，并能保证斜孔顺利钻进

续表

掏槽形式	布　置　简　图	适　用　条　件
垂直掏槽	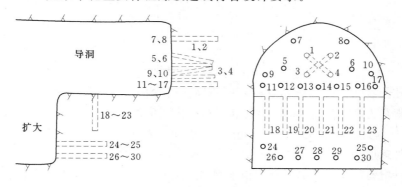 （a）角柱掏槽孔；（b）直线裂缝掏槽孔	适用于致密的均质岩体，不同尺寸的开挖断面或斜孔钻进困难的场合

崩落孔的主要作用是爆落岩体，大致均匀地分布在掏槽孔外围，通常崩落孔与开挖断面垂直，孔底应落在同一平面上。

周边孔主要作用是控制开挖轮廓，布置在开挖断面四周，每个角上须布置角孔。周边孔的孔口应离边界线 10～20cm，以利钻孔。上述周边炮孔爆破后，开挖面高低不平，超欠挖量很大，围岩爆破裂隙亦多。在隧洞开挖施工中，为降低糙率可采用光面爆破技术。

图 8.25 为某隧洞炮孔布置图。导洞共布置了 17 个炮孔，其中 1～4 为掏槽孔，5、6 为崩落孔，7～17 为导洞周边孔。扩大部分共布置 13 个炮孔，其中 18～23 是垂直孔担任掘进任务。24～30 是水平孔主要保证爆破边线符合设计要求。

图 8.25　隧洞的炮孔布置示例

隧洞开挖面上的炮孔总数 N，常用下面经验公式估算

$$N = k_1 \sqrt{fS} \tag{8.2}$$

式中　k_1——系数，一个临空面采用 2.7，两个临空面采用 2.0；

　　　f——岩石的坚固系数；

　　　S——开挖断面面积，m^2。

炮孔深度应根据断面大小、围岩类别、钻孔机具和掘进循环时间进行选择。在一般情况下，崩落炮孔的深度近似等于开挖循环的进尺值。循环进尺值可按下列原则确定：当隧洞围岩为 Ⅰ～Ⅲ 类时，风钻钻孔深度可为 1.2m，钻孔台车钻孔深度可为 2.5～4m；当隧洞围岩为 Ⅳ～Ⅴ 类时，不宜超过 1.5m。

掏槽孔和周边孔的深度可根据崩落孔深度确定。

2. 装药量

隧洞爆破中，炸药用量多少直接影响开挖断面的轮廓、掘进速度、围岩稳定和爆破安全。此外，爆落石块的大小还影响装渣运输。

由于岩石性质和岩层的构造差别甚大，断面大小、爆落块度及炸药性质也不完全相同，因此装药量必须经过现场试验确定。开工前可按下式估算

$$Q = KSL \tag{8.3}$$

式中　Q——一次掘进中的炸药用量，kg；

　　　K——单位炸药消耗量，kg/m^3，可参考表 8.2；

　　　S——开挖断面面积，m^2；

　　　L——崩落孔炮孔深度，m。

表 8.2　　　　　　　隧洞开挖单位炸药（2 号硝铵炸药）消耗量　　　　　　单位：kg/m^3

工程项目		岩 石 类 别			
		软石 （$f<4$）	中硬石 （$f=4\sim10$）	坚硬石 （$f=10\sim16$）	特硬石 （$f>16$）
导洞	面积 4～6m²	1.50	1.80	2.30	2.30
	面积 7～9m²	1.30	1.60	2.00	2.50
	面积 10～12m²	1.20	1.50	1.80	2.25
扩大		0.60	0.74	0.95	1.20
挖底		0.52	0.62	0.79	1.00

各种炮孔的装药深度和药卷直径有所不同。通常掏槽孔的装药深度为孔深的 60%～67%，药卷直径为孔径的 3/4；崩落孔和周边孔为孔深的 40%～55%，而药卷直径崩落孔为孔径的 3/4，周边孔为 1/2。炮孔其余长度用 1∶3 黏土与砂的混合物堵塞。爆破顺序一般是由内向外逐层进行，即按掏槽孔、崩落孔、周边孔的顺序进行。起爆应采用电爆法，用延期或毫秒电雷管控制爆破顺序。隧洞爆破应采用光面爆破或预裂爆破技术，以保证开挖面光滑平整。

3. 钻孔作业

钻孔作业在掘进循环时间中占有很大的比重。在隧洞断面不大或机械化程度不高的情况下，常用风钻钻孔。为了提高钻孔速度，应使用多台风钻同时工作，但应保证每台风钻有 2～4m² 的工作面。当隧洞断面较大时，可采用钻孔台车或多臂钻来提高钻孔速度。

8.3.1.3　装渣与运输

出渣是隧洞开挖中最繁重的工作，费力费时，所花时间约占一次爆破开挖循环时间的 50% 左右，是决定掘进速度的关键工序。出渣的方式有以下几种：

（1）人工出渣。常用架子车或窄轨斗车运渣，适用于小型工地。为提高出渣效率，常借助工作台车或堆渣棚架在装渣点放置钢板，使爆落石渣堆落在钢板上以便铲渣。

（2）装岩机装渣。窄轨机车牵引斗车或矿车出渣。适用于小断面隧洞或大断面分部开挖的隧洞。出渣设备有电动或风动翻斗式装岩机、电动扒斗式装岩机、窄轨电力机车或蓄

电池机车牵引 0.6～1.0m³ 的翻斗车。运输线路应铺双线，并在适当位置铺设岔道，以满足装车及调度需要。如用单线时，则应多设错车道。

（3）装载机或短臂正向铲挖掘机装车，自卸汽车运输适用于大断面隧洞全断面开挖。洞内宜设双车道，如用单车道时，每隔 200～300m 应设错车道。

8.3.1.4　临时支护

在开挖爆破后，为防止破碎岩层坍塌和个别石块跌落以确保施工安全，必须进行临时支护。临时支护的型式很多，根据所使用的材料不同，有以下几种：

（1）木支撑。具有重量轻、加工架立方便，损坏前有显著变形等特点。门框形支撑形式简单，构件数目少，通常适用于断面不大的导洞或临时旁洞。拱形支撑构件承压能力大，其断面小、用料省，支撑下面空间大，适用于较坚硬的岩石中，可作隧洞扩大后的支撑。

（2）钢支撑。在岩层十分破碎不稳定的地层中，山岩压力很大，木支撑难以承受或支撑不能拆除必须留在衬砌层内时，往往采用钢支撑。它占空间小，但耗钢量大。

（3）预制混凝土及钢筋混凝土支撑。适用于岩石软弱、山岩压力大、支撑必须留在衬砌层内、跨度不大的断面中。其特点是刚性大，耐久性好，可作为永久性支护的一部分留在衬砌中。但重量大安装运输不便。

8.3.1.5　隧洞开挖的辅助作业

隧洞开挖的辅助作业有通风、防尘、防有害气体、供水、排水、供电、照明等。很明显，这些辅助工作是改善洞内劳动条件和工程顺利进行的必要保证。

1. 通风与防尘

通风和防尘的目的是为了排除因钻孔、爆破等原因而产生的有害气体和岩尘，保证供给工人必要的新鲜空气，并改善洞内温度、湿度和气流速度。

（1）通风方式。有自然通风和机械通风两种。自然通风只有在掘进长度不超过 40m 时，才允许单独采用，其他情况都必须有专门的机械通风设备。

机械通风的布置方式有压入式、吸出式和混合式三种。如图 8.26 所示。

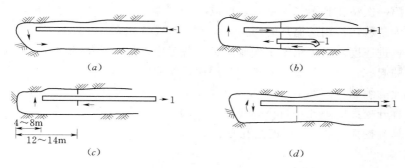

图 8.26　隧洞机械通风方式

(a) 压入式；(b) 两台鼓风机混合式；(c) 吸出式；(d) 一台可转向的鼓风机混合式

1—鼓风机，箭头为气流方向

压入式将新鲜空气沿风管送到工作面，以保证新鲜空气的及时供给，但洞内污浊空气则由洞身流出洞外，将流经整个隧洞；吸出式将污浊空气由风管排出，但新鲜空气流入缓慢；混合式在经常性供风时用压入式，而在爆破后排烟时改用吸出式，从而具有上述两种方式的优点。

（2）通风量。通风量可按以下要求分别计算，并取其中最大值，再考虑 20%～50% 的风管漏风损失：

1）按洞内同时工作的最多人数计算，每人所需通风量为 $3m^3/min$。

2）按冲淡爆破后产生的有害气体的需要计算，使其达到允许的浓度（CO 的允许浓度应控制在 0.02% 以下）。

3）按洞内最小风速不低于 0.15m/s 的要求，计算和校核通风量。

（3）防尘、防有害气体。除按地下工程施工规定采用湿钻钻孔外，还应在爆破后通风排烟、喷雾降尘、对渣堆洒水，并用压力冲刷岩壁，以降低空气中的粉尘含量。

2. 排水与供水

洞内渗水及施工废水需及时排水，当隧洞开挖是向上坡进行时，水量不大时，可沿洞底设置排水沟，使水顺沟排出。当隧洞开挖是向下坡进行或洞底是水平时，应将隧洞沿纵向分成数段，每段设置排水沟和集水井，用水泵排出洞外。

洞内钻孔、洒水和混凝土养护等施工用水，一般可在洞外较高处设置水地，或直接用水泵加压供水，使压力水沿洞内敷设的供水管道，送到工作面。

3. 供电与照明

洞内供电线路一般采用三相四线制。动力线电压为 380V，成洞段照明用 220V，工作段照明用 24V 或 36V。在工作面较大的地段，也可采用 220V 的投光灯照明。由于洞内空间小，潮湿，所有线路、灯具、电气设备都必须注意绝缘、防水、防爆、防止安全事故的发生。开挖区的电力起爆主线，必须单独设置，与一般供电线路分两侧架设，以示区别。

8.3.1.6 隧洞开挖的循环作业

用钻爆法开挖隧洞包括钻孔、装药、爆破、散烟、安全检查、出渣、临时支撑和铺轨等工序。从第一次钻孔到第二次钻孔，构成一个"循环"。为便于交接班，应使一昼夜中的循环次数为整数，常用的循环时间为 4h、6h、8h、12h 等。

为确保掘进速度，常采用流水作业法组织各工序进行开挖掘进工作。在一个循环时间内，各工序的起、止时间和进度安排，常用循环作业图表示。

循环作业的编制步骤如下：

（1）计算开挖面的炮孔数目 N，见式（8.2）。

（2）计算开挖面掘进 1m 时的炮孔总长 $L_总$。

$$L_总 = \frac{N \times 1}{\eta}(m) \tag{8.4}$$

式中　η——炮孔利用系数，约为 0.8～0.9。

（3）计算开挖面掘进 1m 时的钻孔时间 $t_钻$。

$$t_钻 = \frac{L_总}{P_钻 \, n\varphi}(h) \tag{8.5}$$

式中　$P_钻$——台风钻的生产率，m/h，当使用手持式风钻时可取 3；

　　　n——使用的风钻台数；

　　　φ——n 台风钻同时工作系数。

（4）计算开挖面掘进 1m 时的出渣时间 $t_渣$。

$$t_渣 = \frac{Sk_松 \times 1}{P_渣} \tag{8.6}$$

式中　S——开挖断面面积，m^2；

　　　$k_松$——岩石松散系数，约为 1.6～1.9；

　　　$P_渣$——装岩机的生产率，m/h。

（5）确定其他辅助工序的时间 $T_辅$（h），包括装药、爆破、通风排烟、爆破后检查处理、铺接轨道等工序所占用的时间，可按工程类比法确定。

（6）计算开挖面循环掘进深度 L。

$$L = \frac{T - T_辅}{t_钻 + t_渣} \tag{8.7}$$

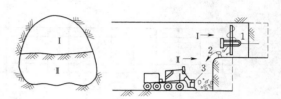

图 8.27　全断面台阶法掘进示意图

Ⅰ—上台阶；Ⅱ—下台阶

1—上台阶钻孔；2—扒落石渣；3—出渣后再钻孔

图 8.27 为全断面台阶法掘进方案，工作开始时，先将上台阶的石渣扒到洞底，因而上台阶钻孔可与下台阶出渣平行作业，然后进行下台阶钻孔，最后上、下台阶同时装药爆破，其循环作业图见表 8.3。

表 8.3　　　　　　　　　　　　　　　　循　环　作　业　图

序号	工　序	时间(h)	班　时　（h）							
			1	2	3	4	5	6	7	8
1	工作面检查清理	0.5								
2	上台阶扒渣	0.5								
3	上台阶钻孔	5.9								
4	出　渣	2.9								
5	下台阶钻孔	3.1								
6	装药、爆破、通风	1.0								

8.3.2　隧洞衬砌

混凝土和钢筋混凝土衬砌的施工有现浇、预填骨料压浆和预制安装等方法。现仅介绍现浇混凝土的衬砌方法。

8.3.2.1　衬砌分缝分块

在隧洞洞轴线上设有永久性结构缝时，可按结构缝分段施工，若结构缝间距过大或无永久性结构缝时，则设施工缝分段浇筑。一般分段长度 6～18m，视地质条件、隧洞断面大小、施工方法及浇筑能力等因素而定。

分段浇筑的顺序有跳仓浇筑、分段流水浇筑、分段留空档浇筑等三种方式，分别如图 8.28（a）、（b）、（c）所示。

衬砌施工在横断面上分块进行，一般分成底拱、边拱和顶拱，如图 8.28（d）、（e）所示，其浇筑顺序一般是先底拱，后边拱，再顶拱。其中边拱和顶拱可以按分块浇筑，也可以连续浇筑，视模板型式和浇筑能力而定。

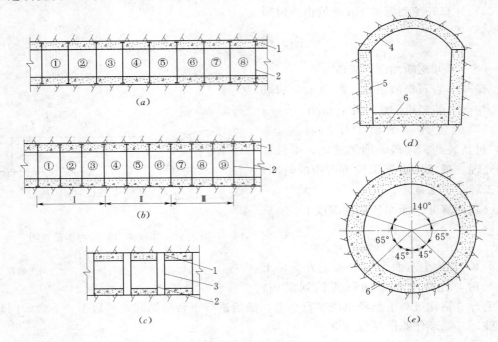

图 8.28　隧洞衬砌分段分块

（a）跳仓浇筑，先浇①、③、⑤、…段，后浇②、④、⑥、…段；（b）分段流水浇筑，在大段 Ⅰ、Ⅱ、Ⅲ、…之间进行流水作业；（c）分段留空档浇筑，空档 1m 左右，最后浇筑；（d）在结构转折点处设施工缝；

（e）在内力较小部位设施工缝

①、②、…、⑨—分段序号；Ⅰ、Ⅱ、Ⅲ—流水段序号

1—止水；2—缝；3—空档；4—顶拱；5—边拱（边墙）；6—底拱（底板）

8.3.2.2　衬砌混凝土的浇筑

1. 模板架立

对于底拱，如果中心角不大，只需架立两端模板，待混凝土浇筑后，用弧形样板将表面刮成弧形即可。当中心角较大时，一般采用悬吊式模板（图 8.29）。先立端部模板，再立弧形模板桁架，然后随混凝土浇筑，逐渐从中间向两旁安装悬吊式模板。边拱和顶拱可用桁架式模板（图 8.30）。通常是在洞外先将桁架拼装好，运入洞内安装就位后再安设面板。

在大中型隧洞衬砌时，可用移动式钢模台车（图 8.31）。它可沿专用轨道移动，上面装有垂直和水平千斤顶及调节螺杆，用来撑开、收拢模板支架和调整模板就位。

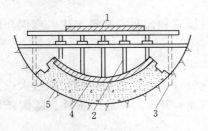

图 8.29　悬吊式模板

1—脚手板；2—固定模板的悬吊杆；3—支撑边柱；4—悬吊模板；5—已浇混凝土

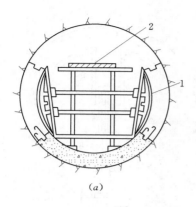
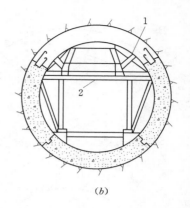

图 8.30 桁架式模板

(*a*) 边拱桁架式模板；(*b*) 顶拱桁架式模板

1—桁架式模板；2—工作平台或脚手架

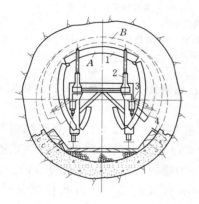
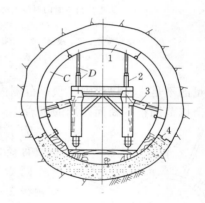

图 8.31 钢模台车工作过程示意图

A—活动台车驮钢模就位；*B*—支起顶部钢模；*C*—支起两侧钢模；*D*—台车脱离钢模

1—钢模；2—液压千斤顶；3—螺杆千斤顶；4—预埋锚筋

2. 衬砌的浇筑和封拱

在中小型隧洞施工中，运送混凝土常用手推车和斗车。当浇筑底拱时，可在其脚手架上运送混凝土直接倾倒入仓。浇筑边拱时，混凝土可由模板上预留的几层窗口进料。

浇筑顶拱时，混凝土在模板顶部预留的几个窗口进料，顺洞轴线方向退到端部，最后由端部挡板上预留的小窗口进料直到浇完为止。如浇筑段两端的相邻段都浇好，只能在顶拱的最后一个窗口封拱。常采用封拱盒进行封拱（图 8.32）。

用混凝土泵浇筑边拱和底拱，既可解决在狭窄隧洞内的运输问题，又可提高混凝土的浇筑质量。封拱时在导管末端接上冲天尾管伸入仓内。为了排除仓内空气和检查顶拱的混凝土填满程度，可在仓内最高处设通气管。

8.3.3 隧洞灌浆

隧洞灌浆有回填灌浆和固结灌浆两种。前者是堵塞岩石与衬砌之间的空隙，以弥补混

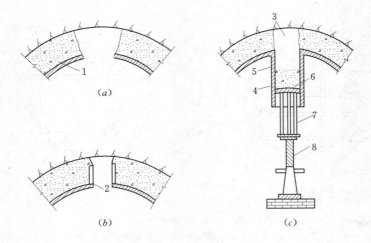

图 8.32　用千斤顶封拱盒封拱

（a）工人退出窗口时的混凝土浇筑面；（b）装模框后浇筑情况；

（c）最后封拱盒封拱

1—已浇混凝土；2—模框；3—封拱部分；4—封拱盒；5—进料活门；

6—活动封口板；7—顶架；8—千斤顶

凝土浇筑质量的不足，所以只限于顶拱范围内；后者是为了加固围岩，以提高围岩的整体性和强度，所以范围包括断面四周的围岩。

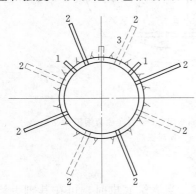

图 8.33　灌浆管孔的布置

1—回填灌浆管；2—固结灌浆管孔；

3—检查管

为了节省钻孔工作量，两种灌浆都需要在衬砌时预留直径为 38～50mm 的灌浆钢管，并固定在模板上。

图 8.33 为隧洞两种灌浆管孔的布置。灌浆管孔沿洞轴线 2～4m 布置一排，各排孔位交叉排列。此外，还需要布置一些检查孔，用以检查灌浆质量。

灌浆必须在衬砌混凝土达到一定强度后才能进行，并先进行回填灌浆，隔一个星期后再进行固结灌浆。灌浆时应先用压缩空气清孔，然后用压力水冲洗。灌浆在断面上应自下而上进行，并利用上部管孔排气。在洞轴线方向采用隔排灌注、逐步加密的方法。

为了保证灌浆质量和防止衬砌结构的破坏，必须严格控制灌浆压力。回填灌浆压力：无压隧洞第 Ⅰ 序孔采用 100～304kPa，有压隧洞第 Ⅰ 序孔采用 200～405kPa；第 Ⅱ 序孔可增大 1.5～2 倍。固结灌浆的压力，应比回填灌浆的压力高一些，以使岩石裂缝灌注密实。

8.3.4　喷锚支护

喷锚支护是利用喷混凝土和锚杆加固围岩，阻止围岩变形，提高围岩的自身稳定能力，使衬砌结构与围岩形成共同工作的整体，将围岩转化成为承重结构的一部分。

喷锚支护的类型有四种：一是锚杆支护，在临时支护中多用楔缝式锚杆，永久支护多用砂浆锚杆；二是喷混凝土支护；三是砂浆锚杆和喷混凝土联合支护，多用于稳定性较差的围岩；四是砂浆锚杆、钢筋网和喷混凝土联合支护，多用于软弱岩体和破碎带的支护。

8.3.4.1　锚杆支护

在水工隧洞中常用的锚固方式有机械性锚固和胶结型锚固。前者常用楔缝式锚杆和胀壳式锚杆。后者常用砂浆锚杆，有普通砂浆锚杆（由 $\phi16\sim25$ 螺纹钢筋制成）和楔缝式注浆锚杆等。锚杆的类型如图 8.34 所示。

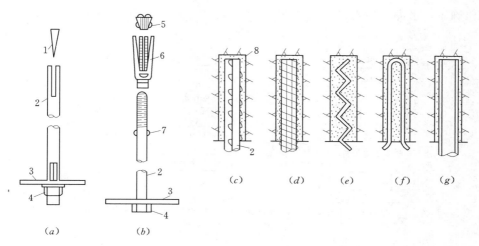

图 8.34　锚杆的类型

（a）楔缝式锚杆；（b）胀壳式锚杆；（c）螺纹或竹节钢筋砂浆锚杆；（d）中空螺纹或竹节钢筋砂浆锚杆；
（e）波浪形钢筋砂浆锚杆；（f）倒"U"形钢筋砂浆锚杆；（g）钢管砂浆锚杆
1—楔块；2—锚杆；3—垫板；4—螺帽；5—锥形螺帽；6—胀圈；7—突头；8—水泥砂浆或树脂

1. 楔缝式锚杆施工

楔缝式锚杆施工的顺序是先按设计孔位钻孔，将楔块放入锚杆楔缝内，把带楔块的锚杆插入钻孔，使楔块与孔底接触，用铁锤或风镐对锚杆冲击，使楔块插入缝内，迫使锚头张开，楔紧在眼底孔壁，最后安上垫板，拧紧螺帽。

2. 砂浆锚杆施工

施工程序是钻孔、钻孔清洗、压注砂浆和安设锚杆。压注砂浆用风动锚孔灌浆机进行。灌浆时先将砂浆装入罐内，打开进气阀使压缩空气进入罐内，砂浆即沿管道进入孔内。锚杆徐徐插至孔底后，即在孔口楔紧，待砂浆凝固后再拆除楔块。

先设锚杆后注砂浆的施工工艺，用真空压力法注浆（图 8.35）。注浆时先启动真空泵，通过端部的抽气管抽气，然后由灰浆泵将砂浆压入孔内，一边抽

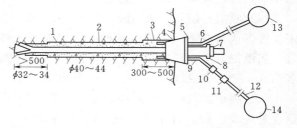

图 8.35　真空压力注浆孔口装置简图（单位：mm）
1—锚杆；2—砂浆；3—抽气管；4—橡皮封闭塞；
5—垫板；6—抽气管接真空泵；7—螺帽；
8—套筒压紧装置；9—注浆管接灰浆泵；
10、11—阀门；12—高压软管；
13—真空泵；14—灰浆泵

气一边压浆，砂浆注满后，停灰浆泵，而真空泵继续工作几分钟，以保证注浆质量。适用于楔缝式锚杆等。

8.3.4.2　喷混凝土施工

喷混凝土是将水泥、砂、石子和速凝剂等材料，按一定比例混和后，装入喷射机中，用压缩空气将混和料压送到喷嘴处与水混和（干喷）或直接拌和成混凝土（湿喷），然后再喷到岩石表面及裂隙中，使之起到支护作用。喷混凝土的配合比，可按类比法选择后再通过试验确定，水泥与砂石的重量比为 1：4～1：5，砂率为 50%～60%，水灰比 0.4～0.5。

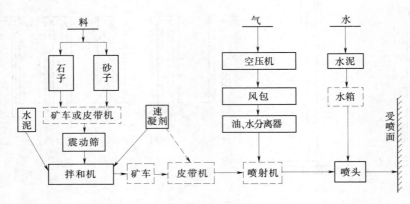

图 8.36　喷射混凝土工艺流程图

图 8.36 为喷射混凝土的工艺流程。为保证喷混凝土的质量，必须合理控制有关施工参数，主要有以下内容：

（1）风压。是指正常作业时喷射机工作室内的风压。风压过大，混凝土回弹量大；风压过小，喷射速度低，混凝土不易密实。一般控制在 0.2MPa 左右。

（2）水压。喷头处的水压必须大于该处风压 0.1～0.15MPa，以保证混合料充分润湿均匀。

（3）喷射方向和喷射距离。喷头与受喷面应垂直，偏角宜控制在 20°以内，并稍微向刚喷射的部位倾斜。最佳喷射距离为 1m 左右，过远或过近都会增加回弹量。

（4）喷射分层和间歇时间。分层喷射的间歇时间与水泥品种、速凝剂型号及掺量、施工温度等因素有关。一般应掌握在前层混凝土终凝后，并有一定强度时，再喷后一层为好。当喷混凝土设计厚度大于 10cm 时，应分层喷射。当掺有速凝剂时，一次喷射顶拱厚度约 5～7cm，边拱厚约 7～10cm。不掺速凝剂时应薄些。

（5）喷射区段与喷射顺序。喷射作业应分区段进行，区段长一般为 4～6m。喷射时，通常是先墙后拱，自下而上进行（图 8.37）。喷头的运动呈螺旋形划圈，划圈直径为30cm 左右，并以每次套半圈地前进。

（6）养护。喷后 2～4h 后开始洒水养护。洒水次数以保持混凝土表面充分湿润为宜。养护历时不少于 14d。

此外，一些工程应用喷射钢纤维混凝土用来边坡维护、建筑结构及建筑物补强加固等，取得满意的效果。因增加了钢纤维，明显改善了喷混凝土的物理力学性能。有关资料

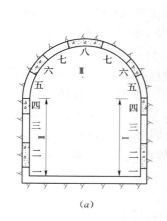

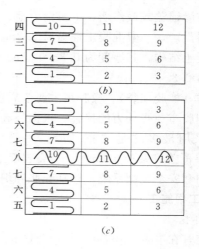

图 8.37　喷射区段和喷射顺序

(a) 喷射分区；(b) 侧墙Ⅰ、Ⅱ区喷射次序；(c) 顶拱Ⅲ区喷射次序

表明，钢纤维掺入率显著影响复合材料的各项物理力学指标。一般掺入率为 1%～3%。

8.4　橡 胶 坝 施 工

橡胶坝是用胶布按要求的尺寸，锚固于底板上成封闭状，用水（气）充胀形成的袋式挡水坝，可采用单跨式或多跨式。常见于平原河道、溢流堰或溢洪道上，用于防洪、灌溉、发电、供水、航运、挡潮等工程中。

8.4.1　橡胶坝的型式

橡胶坝按岸墙的结构型式可分为直墙式和斜坡式。直墙式橡胶坝的所有锚固均在底板上，橡胶坝坝袋采用堵头式，这种型式结构简单，适应面广，但充坝时在坝袋和岸墙结合部位出现坍肩现象，引起局部溢流，这就要求坝袋和岸墙结合部位尽可能光滑。斜坡式橡胶坝的端锚固设在岸墙上，这种型式坝袋在岸墙和底板的连接处易形成褶皱，在护坡式的河道中，与上下游的连接容易处理，如图 8.38 所示。

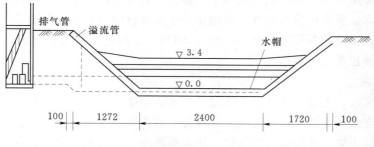

图 8.38　斜坡式橡胶坝（单位：mm）

橡胶坝结构主要由三部分组成：

（1）土建部分。包括基础底板、边墩（岸墙）、中墩（多跨式）、上下游翼墙、上下游

护坡、上游防渗铺盖或截渗墙、下游消力池、海漫等。铺盖常采用混凝土或黏土结构，厚度视不同材料而定，一般混凝土铺盖厚 0.3m，黏土铺盖厚不小于 0.5m。护坦（消力池）一般采用混凝土结构，其厚度为 0.3～0.5m。海漫一般采用浆砌石、干砌石或铅丝石笼，其厚度一般为 0.3～0.5m。

（2）坝体（橡胶坝袋）。橡胶坝主要依靠坝袋内的胶布（多采用锦纶帆布）来承受拉力，橡胶保护胶布免受外力的损害。根据坝高不同，坝袋可以选择一布二胶、二布三胶和三布四胶，采用最多的是二布三胶。一般夹层胶厚 0.3～0.5mm，内层覆盖胶大于 2.0mm，外层覆盖胶大于 2.5mm。坝袋表面上涂刷耐老化涂料。

（3）控制和安全观测系统。包括充胀和坍落坝体的充排设备、安全及检测装置。

8.4.2　土建工程施工

1. 基坑开挖

基坑开挖宜在准备工作就绪后进行（图 8.39），对于沙砾石河床，一般采用反铲挖掘机挖装，自卸汽车运至弃渣区。要求预留一定厚度（20～30cm）的保护层，用人工挖清理至设计高程。

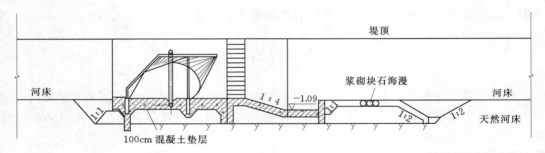

图 8.39　基础开挖剖面图

对于坝基础石方开挖，应自上而下进行。设计边坡轮廓面可采用预裂爆破或光面爆破，高度较大的边坡应考虑分台阶开挖；基础岩石开挖时，应采取分层梯段爆破；紧邻水平建基面，可预留保护层进行分层爆破，避免产生大量的爆破裂隙，损害岩体的完整性；设计边坡开挖前，应及时做好开挖边线外的危石处理、削坡、加固和排水等工作。

在开挖过程中，对于降雨积水或地下水渗漏，必须及时抽干，不得长期积水；若地基不满足设计要求，要开挖进行处理，并防止产生局部沉陷。侧墙开挖要严防塌方，以免影响工期。泵房施工及设备安装参照 SL 234—1999《泵站施工规范》进行，并注意防渗要求，使橡胶坝能正常运行操作。

2. 混凝土施工

主要有坝底板、上游防渗铺盖、下游消力池、边墩（中墩）等混凝土施工。一般从岸边向中间跳仓浇筑，先浇筑坝基混凝土，再浇上游防渗铺盖混凝土、下游消力池混凝土。

坝底板混凝土施工流程为基础开挖→垫层混凝土→供排水管道安装→钢筋制作与安装→埋件与止水安装→模板安装→混凝土浇筑→拆模养护等。混凝土入仓时，注意吊罐卸料口接近仓面，缓慢下料，可采用台阶法或斜层铺筑法，避免扰动钢筋或预埋件。先浇筑沟槽，再浇筑底板。振捣时严禁接触预埋件及钢管。

边墩（中墩）混凝土施工流程为基础开挖→混凝土垫层→供排水管道安装→基础钢筋制作与安装→基础预埋件与止水安装→基础模板制作与安装→基础混凝土浇筑→墩墙钢筋制作与安装→墩墙模板安装→墩墙混凝土浇筑→拆模养护等。边墩（中墩）混凝土施工同坝底板混凝土施工，一般先浇筑基础混凝土，后浇墩墙混凝土。墩墙混凝土施工时，在墙体顶部设置下料漏斗，均匀下料，分层振捣密实。

止水安装如橡皮止水带（条）、铝皮止水等按设计要求进行。施工中按尺寸加工成型，拼组焊接。防止止水卷曲和移位，严禁止水上钉铁钉、穿孔。

3. 埋件和锚固

（1）预埋件安装。埋件安装有埋设在一期混凝土、地下和其他砌体中的预埋件，包括供排水管和套管、电气管道及电缆，设备基础、支架、吊架、坝袋锚固螺栓、垫板锚钩等固定件，接地装置等预埋件。

坝袋埋件主要有锚固螺栓和垫板。当坝底板立模、扎筋完成后，应在钢筋上放出锚固槽位置，将垫板按要求摆放到位，在两端焊拉线固定架，拉线确定垫板的中心线和高程控制线，把垫板上抬至设计高程，中心对中然后焊接固定，再进行统一测量和检查调整。全部垫板安装完毕并检查无误后，可将锚固螺栓自下向上穿入垫板锚栓孔内，测量高程，调整垂直度和固定。

锚固螺栓和垫板全部安装完成以后，可安装锚固槽模板和浇筑混凝土。

（2）锚固施工。锚固结构型式可分为螺栓压板锚固（图 8.40）和楔块挤压锚固。

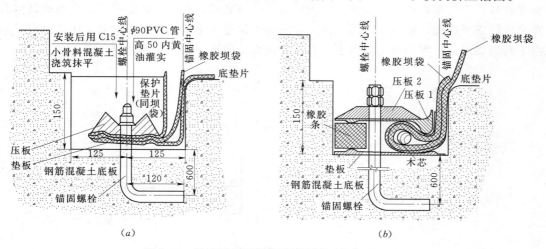

图 8.40　螺栓压板锚固布置示意图（单位：mm）

1）螺栓压板锚固的施工。在预埋螺栓时，可采用活动木夹板固定螺栓位置，用经纬仪测量，螺栓中心线要求成一直线。用水准仪测定螺栓高度，无误差后用木支撑将活动木夹板固定于槽内，再用一根钢筋将所有的钢筋和两侧预埋件焊接在一起，使螺栓首先牢固不动，然后才可向槽内浇筑混凝土。混凝土浇筑一般分为两期：一期混凝土浇筑至距锚固槽底 100mm 时，应测量螺栓中心位置高程和间距，发现误差及时纠正；二期混凝土浇筑后，在混凝土初凝前再次进行校核工作。压板除按设计尺寸制造外，还要制备少量尺寸不规格的压板，以适用于拐角等特殊部位。

2）楔块锚固。必须在基础底板上设置锚固槽，槽的尺寸允许偏差为±5mm，槽口线和槽底线一定要直，槽壁要求光滑平整无凸凹现象。为了便于掌握上述标准，可采用二期混凝土施工。二期混凝土预留的范围可宽一些。浇筑混凝土楔块，要严格控制尺寸，允许偏差为±2mm；特别应保证所有直立面垂直；前楔块与后楔块的斜面必须吻合，其斜坡角度一般取75°左右（图8.41）。

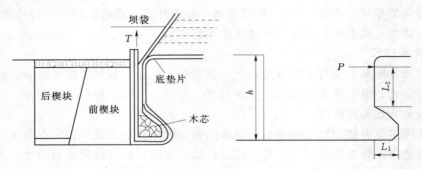

图 8.41　楔块锚固示意图

锚固线布置分单线锚固、双线锚固两种（图8.42）。单线锚固只有上游一条锚固线，锚线短，锚固件少，但多费坝袋胶布，低坝和充气坝多采用单线锚固。由于单线锚固仅在上游侧锚固，坝袋可动范围大，对坝袋防振防磨损不利，尤其在坝顶溢流时，有可能在下游坝脚处产生负压，将泥沙（或漂浮物）吸进坝袋底部，造成坝袋磨损。双线锚固是将胶布分别锚固于四周，锚线长，锚固件多，安装工作量大相应地处理密封的工作量也大，但由于其四周锚固，坝袋可动范围小，有利于坝袋防振防磨损。

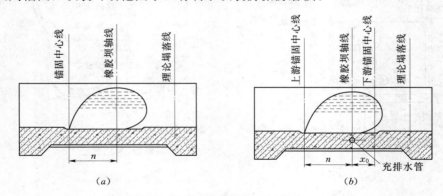

图 8.42　单线锚固和双线锚固布置示意图
（a）单线锚固；（b）双线锚固

8.4.3　坝袋安装

1. 安装前检查

坝袋安装前的检查主要有：

（1）楔块、基础底板及岸墙混凝土的强度必须达到设计要求。

（2）坝袋与底板及岸墙接触部位应平整光滑。

（3）充排管道应畅通，无渗漏现象。

（4）预埋螺栓、垫板、压板、螺帽（或锚固槽、楔块、木芯）、进出水（气）口、排气孔、超压溢流孔的位置和尺寸应符合设计要求。

（5）坝袋和底垫片运到现场后，应结合就位安装首先复查其尺寸和搬运过程中有无损伤，如有损伤应及时修补或更换。

2. 坝袋安装顺序及要求

（1）底垫片就位（指双锚线型坝袋）。对准底板上的中心线和锚固线的位置，将底垫片临时固定于底板锚固槽内和岸墙上，按设计位置开挖进出水口和安装水帽，孔口垫片的四周作补强处理，补强范围为孔径的 3 倍以上；为避免止水胶片在安装过程中移动，最好将止水胶片粘贴在底垫片上。

（2）坝袋就位。底垫片就位后，将坝袋胶布平铺在底垫片上，先对齐下游端相应的锚固线和中心线，再使其与上游端锚固线和中心线对齐吻合。

（3）双线锚固型坝袋安装。按先下游，后上游，最后岸墙的顺序进行。先从下游底板中心线开始，向左右两侧同时安装，下游锚固好后，将坝袋胶布翻向下游，安装导水胶管，然后再将胶布翻向上游，对准上游锚固中心线，从底板中心线开始向左右两侧同时安装。锚固两侧边墙时，须将坝袋布挂起撑平，从下部向上部锚固。

（4）单线锚固型坝袋的安装。单线锚固只有上游一条锚固线，锚固时从底板中心线开始，向两侧同时安装。先安装底层，装设水帽及导水胶管，放置止水胶，再安装面层胶布。

（5）堵头式橡胶坝袋的安装。先将两侧堵头裙脚锚固好；从底板中线开始，向两侧连续安装锚固。为了避免误差集中在一个小段上，坝袋产生褶皱，不论采用何种方法锚固，锚固时必须严格控制误差的平均分配。

（6）螺栓压板锚固施工步骤。压板要首尾对齐，不平整时要用橡胶片垫平；紧螺帽时，要进行多次拧紧，坝袋充水试验后，再次拧紧螺帽；紧螺帽时宜用扭力扳手，按设定的扭力矩逐个螺栓进行拧紧；卷入的压轴（木芯或钢管）的对接缝应与压板接缝处错开，以免出现软缝，造成局部漏水。

（7）混凝土模块锚固施工步骤。将坝袋胶布与底垫片卷入木芯，推至锚固槽的半圆形小槽内；逐个放入前楔块，一个前楔块在两头处打入木楔块，在前模块中间放入后楔块，用大铁锤边打木楔块，边打后楔块，反复敲打使后楔块达到设计深度并挤紧时，才将木楔块橇起换上另两块后楔块，如此反复进行；当锚固到岸墙与底板转角处，应以锚固槽底高程为控制点，坝袋胶布可在此处放宽 300mm 左右，这样坝袋胶布就可以满足槽底最大弧度要求。

8.4.4　控制、安全和观测系统

1. 控制系统

控制系统由水泵（鼓风机或空压机）、机电设备、传感器、管道和阀门等组成。其施工安装要求较高，任何部位漏水（气）都会影响坝袋的使用，在安装中应注意下列事项：

（1）所有闸阀在安装前，都要做压力试验，不漏水（气）才能安装使用。所有仪表在安装前应经调校。

（2）充水式橡胶坝的管道大部分用钢管，其弯头、三通和闸阀的连接处均用法兰、橡胶圈止水连接，尽可能用厂家产品。管道在底板分缝处，应加橡胶伸缩节与固定法兰连接。

（3）充气式橡胶坝的管道均采用无缝钢管，为节省管道，进气和排气管路可采用一条主供、排气管。管与管之间尽可能用法兰连接，坝袋内支管与坝袋内总管连接采用三通或弯头。排气管道上设置安全阀，当主供气管内压力超过设计压力时开始动作，以防坝袋超压破坏。另外要在管道上设置压力表，以监测坝袋内压力，总管与支管均设阀门控制。

2. 安全系统

安全系统由超压溢流孔、安全阀、压力表、排气孔等组成，该系统的施工要求严密，不得有漏水（气）现象。安装时注意以下几点：

（1）密封性高的设备都要在安装前进行调试，符合设计要求方能安装使用。

（2）安全装置应设置在控制室内或控制室旁，以利随时控制。

（3）超压管的设置，其超压排水（气）能力应不小于进坝的供水（气）量。

3. 观测系统

观测系统由压力表、内压检测、上下游水位观测装置等组成，施工中应注意以下几点：

（1）施工安装时一定要掌握仪器精度，要保证其灵活性、可靠性和安全性。

（2）坝袋内压的观测要求独立管理，直接从坝内引管观测，上、下游水位观测要求独立埋管引水，取水点尽量离上下游远点。

（3）坝袋的经纬向拉力观测，要求厂家提供坝袋胶布的伸长率曲线。

8.4.5 工程检查与验收

（1）施工期间应检查坝袋、锚固螺栓或楔块标号及外形尺寸、安装构件、管道、操作设备的性能。

（2）检查施工单位提供的质量检验记录和分部分项工程质量评定记录，同时需进行抽样检查。

（3）坝袋安装后，必须进行全面检查。在无挡水的条件下，应做坝袋充坝试验；若条件许可，还应进行挡水试验。整个过程应进行下列项目的检查：

1）坝袋及安装处的密封性。

2）锚固构件的状况。

3）坝袋外观观察及变形观测。

4）充排、观测系统情况。

5）充气坝袋内的压力下降情况。

（4）充坝检查后，应排除坝袋内水（气）体，重新紧固锚固件。

（5）坝袋以设计坝高为验收标准。验收前的管理维护工作如下：

1）工程验收前，应由施工单位负责管理维护。

2）对工程施工遗留问题，施工单位必须认真加以处理，并在验收前完成。

3）工程竣工后，建设单位应及时组织验收。

8.5　管　道　施　工

管道是水利工程中常见的一种输水建筑物，常采用钢筋混凝土结构或预应力钢筋混凝土结构。工程中有以下几种形式：

(1) 大断面的刚性结点箱涵，一般在现场浇筑。

(2) 盖板涵，即用浆砌块石或混凝土作好底板及边墩，最后盖上预制的钢筋混凝土盖板。

(3) 预制圆管。

前两者的施工方法和一般混凝土工程相同，不再介绍。预制圆管直径一般在 2m 以下，多用卧式离心法成型。圆管养护好后，用内套筒式水压试验和全充水式水压试验机进行压水试验检验涵管的质量。一般工程量小的工程可直接购买合格的涵管进行安装，工程量大的可自行预制。管道安装按是否开槽划分，有开槽法施工和不开槽法施工。

8.5.1　管道的开槽法施工

开槽法施工包括土方开挖、管道基础、下管和稳定、接口、砌筑附属构筑物和土方回填等过程。土方开挖与回填、混凝土基础等施工内容在有关章节中已有涉及，这里侧重介绍下管和稳管。

8.5.1.1　下管

下管方法有人工下管和机械下管法。应根据管子的重量和工程量的大小、施工环境、沟槽断面、工期要求及设备供应等情况综合考虑确定。

1. 人工下管法

人工下管应以施工方便、操作安全为原则，可根据工人操作的熟练程度、管子重量、管子长短、施工条件、沟槽深浅等因素综合考虑。其适用范围为：①管径小，自重轻；②施工现场窄狭，不便于机械操作；③工程量较小，而且机械供应有困难。

(1) 贯绳下管法。适用于管径小于 30cm 以下的混凝土管、缸瓦管。用带铁钩的粗白棕绳，由管内穿出勾住管头，然后一边用人工控制白棕绳，一边滚管，将管子缓慢送入沟槽内，如图 8.43 所示。

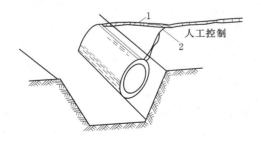

图 8.43　贯绳下管法
1—白棕绳；2—铁钩

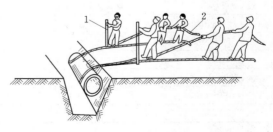

图 8.44　压绳下管法
1—撬棍；2—下管大绳

(2) 压绳下管法。压绳下管法是人工下管法中最常用的一种方法，如图 8.44 所示。适用于中、小型管子，方法灵活，可作为分散下管法。具体操作是在沟槽上边打入两根撬棍，分别套住一根下管大绳，绳子一端用脚踩牢，用手拉住绳子另一端，听从一人号令，徐徐放松绳子，直至将管子放至沟槽底部。

当管子自重大，一根撬棍的摩擦力不能克服管子自重时，两边可各自多打入一根撬棍，以增大绳的摩擦阻力。

（3）集中压绳下管法。此种方法适用较大管径，即从固定位置往沟槽内下管，然后在沟槽内将管子运至稳管位置。如图 8.45 所示。在下管处埋入 1/2 立管长度，内填土方，将下管用两棍大绳缠绕（一般绕一圈）在立管上，绳子一端固定，另一端由人工操作，利用绳子与立管之间的摩擦力控制下管速度。操作时注意两边放绳要均匀，防止管子倾斜。

（4）搭架法（吊链下管）。常用有三脚架式四脚架法，在架子上装上吊链起吊管子。其操作过程如下：先在沟槽上铺上方木，将管子滚至方木上。吊链将管子吊起，撤出原铺方木，操作吊链使管子徐徐下入沟底。如图 8.46 所示。下管用的大绳应质地坚固、不断股、不糟朽、无夹心，其直径选择可参照表 8.4。

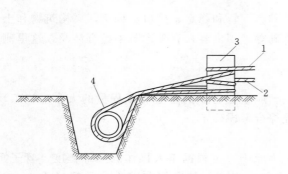
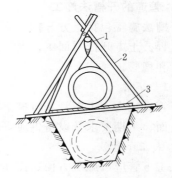

图 8.45　立管压绳下管法　　　　　图 8.46　三脚架下管法

1—放松绳；2—绳子固定端；3—立管；4—下管　　　1—手动葫芦；2—三脚架；3—临时支护或垫板

表 8.4　　　　　　　　　　　　下管用大绳截面直径　　　　　　　　　　单位：mm

管　子　直　径			大绳截面直径
铸铁管	预应力钢筋混凝土管	钢筋混凝土管	
≤300	≤200	≤400	20
350～500	300	500～700	25
600～800	400～500	800～1000	30
900～1000	600	1100～1250	38
1100～1200	800	1350～1500	44
		1600～1800	50

2. 机械下管法

机械下管速度快、安全，并且可以减轻工人的劳动强度。条件允许时，应尽可能采用机械下管法。其适用范围为：①管径大，自重大；②沟槽深，工程量大；③施工现场便于机械操作。

机械下管一般沿沟槽移动。因此，沟槽开挖时应一侧堆土，另一侧作为机械工作面，运输道路、管材堆放场地。管子堆放在下管机械的臂长范围之内，以减少管材的二次搬运。

机械下管视管子重量选择起重机械，常用有汽车起重机和履带式起重机。采用机械下管时，应设专人统一指挥。机械下管不应一点起吊，采用两点起吊时吊绳应找好重心，平吊轻放。各点绳索受的重力 q 与管子自重 Q、吊绳的夹角 α 有关。如图 8.47 所示。

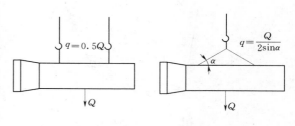

图 8.47　吊钩受力图

起重机禁止在斜坡地方吊着管子回转，轮胎式起重机作业前将支腿撑好，轮胎不应承担起吊的重量。支腿距沟边要有 2.0m 以上距离，必要时应垫木板。在起吊作业区内，禁止无关人员停留或通过。在吊钩和被吊起的重物下面，严禁任何人通过或站立。起吊作业不应在带电的架空线路下作业，在架空线路同侧作业时，起重机臂杆距架空线保持一定安全距离。

8.5.1.2　稳管

稳管是将每节符合质量要求的管子按照设计的平面设置和高程稳在地基或基础上。稳管包括管子对中和对高程两个环节，两者同时进行。

1. 管轴线位置的控制

管轴线位置的控制是指所铺设的管线符合设计规定的坐标位置。其方法是在稳管前由测量人员将管中心钉测设在坡度板上，稳定时由操作人员将坡度板上中心钉挂上小线，即为管子轴线位置。如图 8.48 所示。稳管具体操作方法有中心线法和边线法。

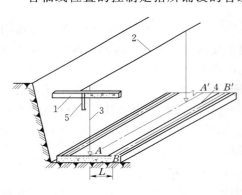

图 8.48　坡度板
1—坡度板；2—中心线；3—中心垂线；
4—管基础；5—高程钉

（1）中心线法。如图 8.49 所示，即在中心线上挂一垂球，在管内放置一块带有中心刻度的水平尺，当垂球线穿过水平尺的中心刻度时，则表示管子已经对中。倘若垂线往水平尺中心刻度左边偏离，表明管子往右偏离中心线相等一段距离，调整管子位置，使其居中为止。

（2）边线法。如图 8.50 所示，即在管子同一侧，钉一排边桩，其高度接近管中心处。在边桩上钉一小钉，其位置距中心垂线保持同一常数值。稳管时，将边桩上的小钉挂上边线，即边线是与中心垂线相距同一距离的水平线。在稳管操作时，使管外皮与边线保持同一间距，则表示管道中心处于设计轴线位置。边线法稳管操作简便，应用较为广泛。

2. 管内底高程控制

沟槽开挖接近设计标高，由测量人员埋设坡度板，坡度板上标出桩号、高程和中心钉，如图 8.48 所示。

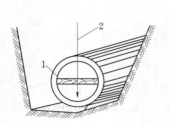

图 8.49　中心线对中法
1—水平尺；2—中心垂线

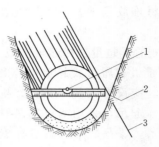

图 8.50　边线对中法
1—水平尺；2—边柱；3—边桩

　　坡度板埋设间距，排水管道一般为 10m，给水管道一般为 15～20m。管道平面及纵向折点和附属构筑物处，根据需要增设坡度板。

　　相邻两块坡度板的高程钉至管内底的垂直距离保持一常数，则两个高程钉的连线坡度与管内底坡度相平行，该连线称坡度线。坡度线上任何一点到管内底的垂直距离为一常数，称为下反数，稳管时，用一木制丁字形高程尺，上面标出下反数刻度，将高程尺垂直放在管内底中心位置，调整管子高程，使高程尺下反数的刻度与坡度线相重合，则表明管内底高程正确。

　　稳管工作的对中和对高程两者同时进行，根据管径大小，可由 2 人或 4 人进行，互相配合，稳好后的管子用石块垫牢。

8.5.2　管道的不开槽法施工

　　地下管道在穿越铁路、河流、土坝等重要建筑物和不适宜采用开槽法施工时，可选用不开槽法施工。此法施工的特点为：不需要拆除地上建筑物、不影响地面交通、减少土方开挖量、管道不必设置基础和管座、不受季节影响，有利于文明施工。

　　管道不开槽法施工种类较多，可归纳为掘进顶管法、不取土顶管法、盾构法和暗挖法等。暗挖法与隧洞施工有相似之处，现主要介绍顶管法和盾构法。

8.5.2.1　掘进顶管法

　　掘进顶管法包括人工取土顶管法、机械取土顶管法和水力冲刷顶管法等。

　　1．人工取土顶管法

　　人工取土顶管法是依靠人工在管内端部挖掘土壤，然后在工作坑内借助顶进设备，把敷设的管子按设计中心和高程的要求顶入，并用小车将土从管中运出（图 8.51）。

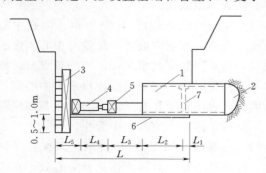

图 8.51　掘进顶管示意图
1—管子；2—掘进工作面；3—后背；4—千斤顶；
5—顶铁；6—导轨；7—内涨圈

适用于管径大于 800mm 的管道顶进，应用较为广泛。

　　（1）顶管施工的准备工作。工作坑（图 8.52）是掘进顶管施工的主要工作场所，应

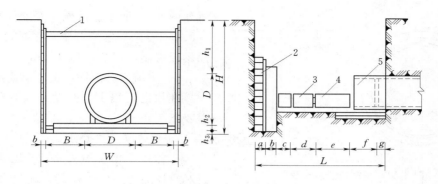

图 8.52　工作坑尺寸示意图

1—支撑；2—后背；3—千斤顶；4—顶铁；5—混凝土管

有足够的空间和工作面，保证下管、安装顶进设备和操作间距。施工前，要选定工作坑的位置、尺寸及进行顶管后背验算。后背可分为浅覆土后背和深覆土后背，具体计算可按挡土墙计算方法确定（图 8.53）。顶管时，后背不应当破坏及产生不允许的压缩变形。工作坑的位置可根据以下条件确定：

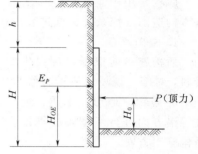

图 8.53　后背墙受力图

1）根据管线设计，排水管线可选在检查井处。

2）单向顶进时，应选在管道下游端，以利排水。

3）考虑地形和土质情况，选择可利用的原土后背。

4）工作坑与被穿越的建筑物要有一定安全距离，距水、电源地方较近。

（2）挖土与运土。管前挖土是保证顶进质量及地上构筑物安全的关键，管前挖土的方向和开挖形状直接影响顶进管位的准确性。由于管子在顶进中是循已挖好的土壁前进，管前周围超挖应严格控制。

管前挖土深度一般等于千斤顶出镐长度，如土质较好，可超前 0.5m。超挖过大，土壁开挖形状就不易控制，易引起管位偏差和上方土坍塌。在松软土层中顶进时，应采取管顶上部土壤加固或管前安设管檐，操作人员在其内挖土，防止坍塌伤人。

管前挖出土应及时外运。管径较大时，可用双轮手推车推运。管径较小，应采用双筒卷扬机牵引四轮小车出土。

（3）顶进。顶进是利用千斤顶出镐在后背不动的情况下将管子推向前进。其操作过程如下：

1）安装好顶铁挤牢，管前端已挖一定长度后，启动油泵，千斤顶进油，活塞伸出一个工作行程，将管子推向一定距离。

2）停止油泵，打开控制闸，千斤顶回油，活塞回缩。

3）添加顶铁，重复上述操作，直至需要安装下一节管子为止。

4）卸下顶铁，下管，在混凝土管接口处放一圈麻绳，以保证接口缝隙和受力均匀。

5）在管内口处安装一个内涨圈，做为临时性加固措施，防止顶进纠偏时错口，其装

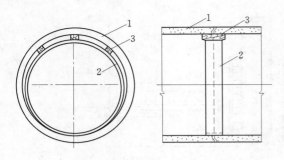

图 8.54　钢制内涨圈安装图

1—混凝土管；2—内涨圈；3—木楔

置如图 8.54 所示。涨圈直径小于管内径 5～8cm，空隙用木楔背紧，涨圈用 7～8mm 厚钢板焊制，宽 200～300mm。

6）重新装好顶铁，重复上述操作。

在顶进过程中，要做好顶管测量及误差校正工作。

2. 机械取土顶管法

机械取土顶管与人工取土顶管除了掘进和管内运土不同外，其余部分大致相同。机械取土顶管是在被顶进管子前端安装机械钻进的挖土设备，配上皮带运土，可代替人工挖、运土。

8.5.2.2　盾构法

盾构是用于地下不开槽法施工时进行地层开挖及衬砌拼装时起支护作用的施工设备，基本构造由开挖系统、推进系统和衬砌拼装系统三部分组成。其施工原理如图 8.55 所示。

1. 施工准备

盾构施工前根据设计提供的图纸和有关资料，对施工现场应进行详细勘察，对地上、地下障碍物、地形、土质、地下水和现场条件等诸方面进行了解，根据勘察结果，编制盾构施工方案。

盾构施工的准备工作还应包括测量定线、衬块预制、盾构机械组装、降低地下水位、土层加固以及工作坑开挖等。

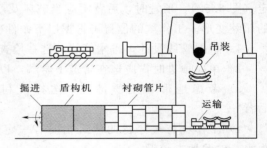

图 8.55　盾构掘进机施工原理示意图

2. 盾构工作坑及始顶

盾构法施工也应当设置工作坑，作为盾构开始、中间、结束井。

开始工作坑与顶管工作坑相同，其尺寸应满足盾构和顶进设备尺寸的要求。工作坑周壁应做支撑或者采用沉井或连续墙加固，防止坍塌，并在顶进装置背后做好牢固的后背。

盾构在工作坑导轨上至盾构完全进入土中的这一段距离，借助外部千斤顶顶进。与顶管方法相同，如图 8.56（a）所示。

当盾构已进入土中以后，在开始工作坑后背与盾构衬砌环之间各设置一个木环，其大小尺寸与衬砌环相等，在两个木环之间用圆木支撑，如图 8.56（b）所示，作为始顶段的盾构千斤顶的支撑结构。一般情况下，衬砌环长度达 30～50m 以后，才能起到后背作用，方可拆除工作坑内圆木支撑。

如顶段开始后，即可起用盾构本身千斤顶，将切削环的刃口切入土中，在切削环掩护下进行掘土，一面出土一面将衬砌块运入盾构内，待千斤顶回镐后，其空隙部分进行砌块拼装。再以衬砌环为后背，启动千斤顶，重复上述操作，盾构便不断前进。

3. 衬砌和灌浆

按照设计要求，确定砌块形状和尺寸以及接缝方法，接口有平口、企口和螺栓连接。

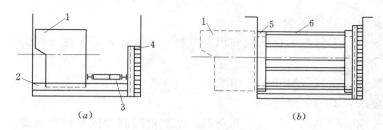

图 8.56　始顶工作坑

(*a*) 盾构在工作坑始顶；(*b*) 始顶段支撑结构

1—盾构；2—导轨；3—千斤顶；4—后背；5—木环；6—撑木

企口接缝防水性能好，但拼装复杂；螺栓连接整体性好，刚度大。砌块接口涂抹黏结剂，提高防水性能，常用的黏结剂有沥青玛脂、环氧胶泥等。

砌块外壁与土壁间的间隙应用水泥砂浆或豆石混凝土浇筑。通常每隔 3～5 衬砌环有一灌注孔环，此环上设有 4～10 个灌注孔。灌注孔直径不小于 36mm。

灌浆作业应及时进行。灌入顺序自下而上，左右对称地进行。灌浆时应防止浆液漏入盾构内，在此之前应做好止水。

砌块衬砌和缝隙注浆合称为一次衬砌。二次衬砌按照动能要求，在一次衬砌合格后，可进行二次衬砌。二次衬砌可浇筑豆石混凝土、喷射混凝土等。

本　章　小　结

渠道施工主要包括开挖、填筑与衬砌。开挖方法有人工开挖、机械开挖和爆破开挖等。针对不同情况，可选择灰土、三合土（四合土）、水泥土、砌石、混凝土、沥青材料、膜料等进行衬砌，提高水的利用率；水闸则作为低水头建筑物，可完成灌溉、排涝、防洪、给水等多种任务。施工内容有地基开挖与处理、闸室施工、上下游连接段施工等。针对工程软基，可采用换土法、排水法、振冲法、钻孔灌注法及旋喷法等。

隧洞开挖方式有全断面开挖法和导洞开挖法两种（常采用钻孔爆破法）。通风方式有自然通风、机械通风。混凝土（钢筋混凝土）衬砌施工有现浇、预填骨料压浆和预制安装等方法。为使衬砌结构与围岩形成共同工作的整体，多采用喷锚支护技术。其中喷混凝土有干喷和湿喷法。

橡胶坝按岸墙的结构型式可分为直墙式和斜坡式。结构主要包括土建部分、坝体（橡胶坝袋）、控制和安全观测系统。锚固结构型式有螺栓压板锚固、楔块挤压锚固。坝袋可以选择一布二胶、二布三胶和三布四胶，采用最多的是二布三胶。

管道安装按是否开槽划分，有开槽法施工和不开槽法施工。开槽法施工包括土方开挖、管道基础、下管和稳定、接口、砌筑附属构筑物和土方回填等过程。不开槽法施工有掘进顶管法、不取土顶管法、盾构法和暗挖法等。其中掘进顶管法包括人工取土顶管法、机械取土顶管法等。

职　业　训　练

1. 渠道开挖施工

(1) 资料要求：工程资料和图纸。

（2）分组要求：3～5 人为 1 组。

（3）学习要求：①熟悉工程图纸和相关资料；②制定渠道开挖与衬砌方案。

2. 隧洞开挖施工

（1）资料要求：工程资料和相关图纸。

（2）分组要求：3～5 人为 1 组。

（3）学习要求：①熟悉工程图纸和资料；②制定隧洞开挖与衬砌方案。

思 考 题

1. 渠道开挖方法有哪些？试加以简述。

2. 水闸施工内容有哪些？闸室施工应注意哪些问题？

3. 水工隧洞施工有何特点？

4. 喷锚支护的类型有哪些？试加以简述。

5. 喷混凝土施工有何要求？应注意哪些问题？

6. 橡胶坝锚固结构型式有哪些？

7. 橡胶坝坝袋安装应注意哪些问题？

8. 管道开槽法施工和不开槽法施工有何不同？

9. 管道的开槽法施工包括哪些程序？

第 9 章 施 工 组 织 与 计 划

学习要点

【知 识 点】 掌握施工组织设计内容；掌握流水作业、网络计划技术及时间参数的计算；掌握施工进度计划的编制方法；了解施工总体及临时设施布置与特点。

【技 能 点】 会编制施工组织；会应用网络图编制施工进度计划；会进行施工总平面图的布置。

【应用背景】 水利水电工程建设规模大，涉及专业多，地质、地形条件复杂，需要应用现代施工组织计划技术，科学地组织和编写施工组织设计，以统筹规划、协调各方面矛盾，正确指导施工活动。施工组织设计是工程建设前的总体战略部署，作为指导施工全过程各项活动的技术经济纲领性文件，是工程开工后施工活动有序、高效、科学合理地进行的保证。

9.1 施 工 组 织 设 计

工程建设要经过规划、设计、施工等阶段及试运转和验收等过程，整个过程是由一系列紧密联系的工作环节组成。在不同设计阶段，施工组织设计要求的工作深度有所不同，它是编制工程投资估算、总概算和招、投标文件的主要依据。根据基建程序，工作环节具有环环相扣紧密相连的性质。

9.1.1 建设程序与项目划分

1. 基本建设程序

基本建设程序是指基本建设项目从决策、设计、施工到竣工验收全过程中各项工作所必须遵循的先后次序。设计工作一般分两阶段进行，即初步设计和施工图设计。对于重大工程建设项目或新型、特殊工程项目采用三阶段设计，即初步设计、技术设计和施工图设计。在建设实施阶段，施工单位须严格履行合同，和建设单位、设计单位、监理工程师密切配合。施工过程须按设计图纸严格进行，各个环节要相互协调，科学管理，确保工程质量。水利水电工程基本建设程序如图 9.1 所示。

基本建设程序的特点表现在：

（1）建设项目单一性。水电建设项目有特定的目的和用途，须单独设计和单独建设。即使为相同规模的同类项目，由于工程地点、地区条件和自然条件如水文、气象等不同，均会造成设计和施工有一定差异。

（2）建设地点固定，工期长，耗资较大。项目施工中消耗的人力、物力和财力，在工程费用中占有较大的比例。同时，由于工程复杂和艰巨性，建设周期长。小型工程短则二

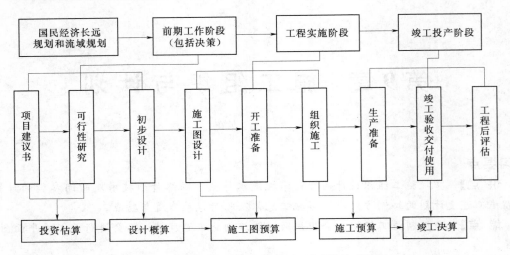

图 9.1 水利水电工程建设程序与概预算关系简图

三年，大型工程长则十几年，例如龙羊峡、李家峡、长江三峡工程。

（3）涉及面广，问题复杂。项目一般为多目标综合开发利用，具有防洪、灌溉、发电、供水、航运等综合效益。需科学组织和编写施工组织设计，优质高速地完成预期目标。

2. 建设项目划分

水利水电基本建设项目一般包括新建、续建、改建、加固和修复工程建设项目。工程质量评定时，一般逐级划分为若干个扩大单位工程（又称单项工程）、单位工程、分部工程和单元工程。如图 9.2 所示。也有一些工程按单位工程、分部工程和单元工程三级划分。

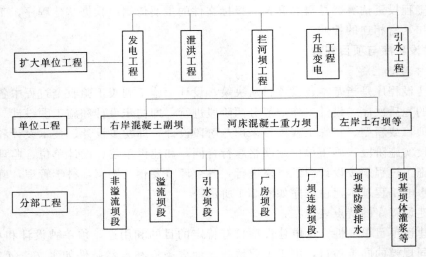

图 9.2 水利水电建设项目划分简图

（1）扩大单位工程。扩大单位工程是指由几个单位工程联合发挥同一效益与作用，或具有同一性质和用途的工程。具有独立的设计文件，可独立发挥生产能力或效益。如发电工程、拦河坝工程、航运工程、引水工程等。

（2）单位工程。单位工程是指具有独立的施工条件或有独立作用的，由若干个分部工程组成。如溢流坝、泄洪洞，水电站引水工程中的进水口、调压井等。

（3）分部工程。分部工程是指组成单位工程的各个部分。如隧洞工程可分为开挖工程、衬砌工程等。混凝土坝工程可以分为非溢流坝段、溢流坝段、引水坝段、厂坝连接坝段、坝基及坝体接缝灌浆等分部工程。

（4）单元（分项）工程。单元工程是组成分部工程的由几个工种施工完成的最小综合体，也是建设项目最基本的组成单元和日常质量考核的基本单位。可依据设计结构、施工部署或质量考核要求把建筑物划分为层、块、区、段如混凝土浇筑仓等。

9.1.2 施工组织设计任务与分类

1. 施工组织设计的任务

从施工的角度对建筑物的位置、型式及枢纽布置进行方案比较；选定施工方案并拟定施工方法；确定施工程序及施工进度；计算工程量及相应的建筑材料、施工设备、劳动力及工程投资需用量；进行工地各项业务的组织，确定场地布置和临时设施等。

根据基建程序，在可行性研究中，施工组织设计要根据工程施工条件，从施工导流及度汛、对外交通、当地建材、施工厂区布置和施工进度等主要方面，对不同坝址的建设条件，进行技术经济综合论证；初步设计阶段的施工组织设计，主要是配合坝型选择和枢纽布置方案进行的。要求重点研究导、截流（包括施工期度汛通航、过木、下闸蓄水及下游供水）、当地建设材料料源、对外交通运输、主体工程的施工程序、施工方法、施工布置、混凝土温度控制设计与温控措施、施工工厂规模及临建工程量、施工总布置和施工总进度安排等，并通过分析比较，选定技术先进、经济合理的设计方案。对某些重大技术问题，必要时提出专题报告；在招标投标活动中，参加招标的单位，都要从各自的角度，分析施工条件，研究施工方案，提出质量、工期、施工布置等方面的要求，以便对工程的投资或造价作出合理的估计；在技术设计和工程施工过程中，要针对各单项工程或专项工程的具体条件，编制单项工程或专项工程施工措施设计，从技术组织措施上具体落实施工组织设计的要求。

2. 施工组织设计的分类

根据编制的对象或范围不同，可将施工组织设计分为三类：

（1）施工组织总设计。针对整个水利水电枢纽工程编制的施工组织设计，一般在工程设计阶段编制，相对比较宏观、概括和粗略，对工程施工起指导作用。

（2）单项工程施工组织设计。按单项（单位）工程编制的施工组织设计（或施工计划）。

（3）分部（分项）工程施工组织设计或年度、季度施工计划的实施计划。以分部（分项）工程为编制对象，用以具体实施其施工全过程的各项施工活动的技术、经济和组织的综合性文件。它将单位工程施工组织设计进一步具体化，是专业工程的具体施工设计。

9.1.3 编制依据及编制原则

1. 编制依据

进行施工组织设计工作的依据主要有：

（1）可行性研究报告及审批意见、设计任务书、上级单位对工程建设的要求和批件。

（2）工程所在地区有关基本建设法规或条例、地方政府对工程建设的要求。

（3）国民经济各有关部门如铁路、交通、灌溉、环保、城市供水、旅游等，对工程建设期间有关要求及协议。

（4）当前水利水电工程建设的施工装备、管理水平和技术特点。

（5）工程所在地区和河流的自然条件、施工电源、水源及水质、交通、环保、旅游、防洪、灌溉、航运、过木、供水等现状和近期发展规划。

（6）当地城镇现有修配、加工能力，生活、生产物资和劳动力供应条件，居民生活、卫生习惯等。

（7）施工导流及通航过木等水工模型试验、各种原材料试验、混凝土配合比试验、重要结构模型试验、岩土物理力学试验等成果。

（8）工程有关工艺试验或生产性试验成果。

（9）勘测、设计各专业有关成果。

2. 编制原则

尽管不同的阶段施工组织设计的内容和深度有所不同，但编制水利水电工程施工组织设计都应遵循以下原则：

（1）严格遵循国家有关工程建设的方针政策，贯彻施工技术规范和操作规程。

（2）保证工程按期完工并争取尽早投入使用。

（3）根据需要，尽可能采取机械化、工业化施工。

（4）分清主次，保证重点，尽可能节省人力、财力、物力。

（5）尽量利用已有建筑物和结合永久建筑物，减少临时设施工程。

（6）尽量不破坏植被，减少施工用地，不占用或少占用农田。

（7）尽可能使用和总结推广新材料、新技术、新方法。

（8）尽量采用流水作业，组织连续、均衡、有节奏的施工。

（9）充分掌握和利用自然条件，根据季节合理安排施工顺序与施工进度。

（10）创造良好的施工条件，做到文明生产和文明施工，保证施工安全。

9.1.4 施工组织设计内容

施工组织设计的内容是根据不同工程的特点和要求，结合现有的和可能创造的施工条件，从实际出发，决定各种生产要素（材料、机械、资金、劳动力和施工方法等）的结合方式。尽管在不同设计阶段编制的施工组织设计文件，内容和深度不尽相同，但应包含施工方法与相应的技术组织措施、施工进度计划、施工现场平面布置、各种资源需要量及其供应等内容。

施工组织设计的重点是施工平面布置图、进度计划和施工方案。

1. 施工条件分析

施工条件包括工程条件、自然条件、物质资源供应条件以及社会经济条件等，主要有：工程所在地点，对外交通运输，枢纽建筑物及其特征；地形、地质、水文、气象条件；主要建筑材料来源和供应条件；当地水源、电源情况，施工期间通航、过木、过鱼、供水、环保等要求；国家对工期、分期投产的要求；施工用地、居民安置以及与工程施工有关的协作条件等。施工条件分析需在简要阐明上述条件的基础上，着重分析它们对工程施工可能带来的影响和后果。

2. 施工导流与截流

施工导流设计应在综合分析导流条件的基础上，确定导流标准和导流量，划分导流时段，明确施工分期，选择导流方案、导流方式和导流建筑物，进行导流建筑物的设计，提出导流建筑物的施工安排，拟定截流、拦洪度汛、基坑排水、通航过木、下闸封孔、供水、蓄水发电等措施。

3. 主体工程施工

主体工程，包括挡水、泄水、引水、发电、通航等主要建筑物，应根据各自的施工条件，对施工程序、施工方法、施工强度、施工布置、施工进度和施工机械等问题，进行分析比较和选择。必要时，对其中的关键技术问题，如特殊的基础处理、大体积混凝土温度控制、土石坝合龙、拦洪及光爆喷锚等问题，作出相应的设计和论证。

对于有机电设备和金属结构安装任务的工程项目，应对主要机电设备和金属结构的加工、制作、运输、预拼装、吊装以及土建工程与安装工程的施工顺序等问题，作出相应的设计和论证。

4. 施工交通运输

施工交通运输分为对外交通运输和场内交通运输。对外交通运输是在弄清现有对外水陆交通和发展规划的情况下，根据工程对外运输总量、运输强度和重大部件的运输要求，确定对外交通运输方式，选择线路和线路的标准，规划沿线重大设施和与国家干线的连接，并提出场外交通工程的施工进度安排。场内交通运输应根据施工场区的地形条件和分区规划要求，结合主体工程的施工运输，选定场内交通主干线路的布置和标准，提出相应的工程量。施工期间，若有船、木过坝问题，应作出专门的分析论证，提出解决方案。

5. 施工辅助企业和大型临建工程

根据工程施工的任务和要求，对主要施工辅助企业（如混凝土骨料开采加工系统、土石料场和土石料加工系统、混凝土拌和和制冷系统、钢筋加工厂、预制构件厂、木料加工厂、机械修配系统、汽车修配厂等），应分别确定各自的位置、规模、设备容量、生产工艺、占地面积、建筑面积和土建安装工程量，并提出土建安装进度和分期投产的计划；对大型临建工程（如导流设施，施工道路，施工栈桥，过河桥梁，缆机平台，风、水、电、通信系统等），要作出专门设计，确定其工程量和施工进度安排。

6. 施工总体布置

施工总体布置主要是根据工程规模、施工场区的地形地貌、枢纽主要建筑物的施工方案、各项临建设施的布置要求，研究解决主体工程施工期间所需的辅助企业、交通道路、仓库、施工动力、给排水管线等设施的总体布置问题，对施工场地进行分期分区规划，确定分期分区布置方案和各承包单位的场地范围，对土石方和开挖、堆弃和填筑进行综合平衡，使整个工地形成一个统一的整体。

具体而言，主要有以下几点：

（1）结合对外运输方案、主体工程施工方案，选定场内运输方式和两岸交通联系方式。

（2）确定场内区域划分原则，布置各施工辅助设施、仓库站场、施工管理及生活福利设施。

（3）选择和布置给水、供电、供气和通信等系统及干管、干线。

（4）确定施工场地排水防洪标准，布置排水防洪沟涵、管道系统。

（5）规划弃渣、堆料场地，做好土石方平衡及开挖土石方调配方案。

（6）研究和确定环境保护和水土保持措施。

7. 施工总进度

施工总进度的任务是根据工程所在地区的自然条件、社会经济资源及工程建设目标、水工设计方案、工程施工方案、工程施工特性等，研究确定关键性工程的施工进度，从而选择合理的总工期及相应的总进度；在保证工程质量和施工安全的前提下，协调平衡和安排其他单项工程的施工进度，使工程各阶段、各单项工程、各工序间统筹兼顾，最大限度地合理使用建设资金、劳力、机械设备和建筑材料。

施工总进度的安排必须符合国家对工程投产所提出的要求。为了合理安排施工进度，必须仔细分析工程规模、导流程序、对外交通、资源供应、临建准备等各项控制因素，拟定整个工程，包括准备工程、主体工程和结束工作在内的施工总进度，确定各项目的起讫日期和相互之间的衔接关系；对导流截流、拦洪度汛、封孔蓄水、供水发电等控制环节，工程应达到的形象面貌，需作出专门的论证；对土石方、混凝土等主要工种工程和施工强度，对劳动力、主要建筑材料、主要机械设备的需用量，要进行综合平衡；要分析施工工期和工程费用的关系，提出合理工期的推荐意见。

8. 主要技术及物资供应计划

根据施工总进度的安排和定额资料的分析，对主要建筑材料（如钢材、钢筋、木材、水泥、粉煤灰、油料、炸药等）和主要施工机械设备，列出总需要量和分年需要量计划。必要时还需提出进行试验研究和补充勘测的建议，为进一步深入设计和研究提供依据。

9. 拆迁赔偿和移民安置计划

拆迁赔偿和移民安置计划主要包括拆迁数量、征占地面积、补偿标准以及生活生产安置等。

10. 施工组织领导

施工组织设计中应明确提出施工机构、管理方式、隶属关系和人员配备的建议等。

11. 附图及说明

在完成上述设计内容时，还应提交以下附图：

（1）施工场外交通图及施工转运站规划布置图。

（2）施工征地规划范围图及施工总布置图。

（3）施工导流方案综合比较图及施工导流分期布置图。

（4）导流建筑物结构布置图及导流建筑物施工方法示意图。

（5）施工期通航过木布置图。

（6）主要建筑物土石方开挖程序及基础处理示意图。

（7）主要建筑物的混凝土及土石方填筑施工程序、施工方法及施工布置示意图。

（8）地下工程开挖、衬砌施工程序、施工方法及施工布置示意图。

（9）机电设备、金属结构安装施工示意图。

（10）砂石料系统、混凝土拌和及制冷系统布置图。

（11）施工总进度表及施工关键路线图。

综上叙述，在编制施工组织设计时，应注意以下几点：

（1）运用系统的观念和方法，建立施工组织设计编制工作的标准。

（2）选择合理的施工方案是施工组织设计的核心，应借鉴国内外先进施工技术，运用现代科学管理方法，从技术及经济上比较选出最合理的方案来编制施工组织设计。

（3）运用现代化信息技术，实行施工组织设计的模块化编制，内容应简明扼要，突出目标。

（4）贯彻国家质量管理体系标准，实现设计和施工技术一体化，使新的技术成果在施工组织设计中得到应用。

9.1.5　施工组织各部分内容的关系

施工组织设计各部分内容，虽各有侧重和自成体系，但密切关联，相辅相成。弄清施工组织设计各部分内容之间的内在联系，对于搞好施工组织设计、做好现场施工的组织和管理，都有重要的意义。

施工条件分析是其他各部分设计的基础和前提，只有切实掌握施工条件，才能搞好施工组织设计。

施工导流解决施工全过程的水流控制问题，主体工程施工方案从技术组织措施上保证主要建筑物的修建，施工总进度对整个施工过程作出时间安排，施工总布置对整个施工现场进行空间规划，各自从不同的角度对施工全局作出部署。因此，在进行这四个部分的设计时，必须密切配合，互相协调，以取得相辅相成的效果。

施工交通运输是整个工程施工的动脉，施工工厂设施和技术供应是施工前方的后勤保障，关系到外来建筑材料、机械设备的供应，关系到工程建设任务的完成，关系到施工进度的实施和施工布置的合理性。

由此可见，施工组织设计各个组成部分是一个整体，必须全面考虑，互相协调，才能取得合理的解决。它们之间的关系可形象地用图 9.3 来表示。

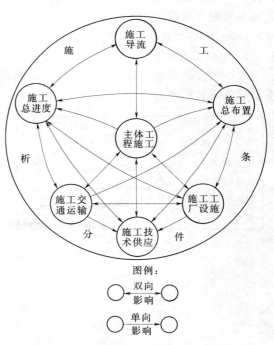

图 9.3　施工组织设计各部分的关系

9.2　施 工 组 织 计 划 技 术

9.2.1　流水作业法

9.2.1.1　流水作业的概念与作用

在组织多个工程对象施工时，通常有顺序施工、平行施工和流水施工三种形式。

（1）顺序施工。是施工对象一个接一个依次进行施工的方法。各工作队按顺序依次在各施工对象上工作。这种方法组织较简单，同时投入的劳动力和物资资源量较小，但各专业工作队不能连续工作，工地物资资源的消耗也有间断性，施工工期长，一般用于规模较小，工作面有限的工程。

（2）平行施工。是所有施工对象同时开工，齐头并进，同时完工的组织施工方法。采用平行施工方法可以缩短工期，但劳动力和资源需要量集中，施工组织管理复杂，且费用高，此法仅用于工期要求紧，需要突击的工程。

（3）流水施工。是将拟建工程按工程特点和结构部位划分为若干施工段，各工作队按一定的顺序和时间间隔连续地在各施工对象上工作。流水施工综合了顺序施工和平行施工的特点，消除了它们的缺点，保证了各工作队的工作和物资资源的消耗具有连续性和均衡性。流水作业法是组织生产的一种高级形式，它运用流水作业原理，对于保持施工作业的连续性、均衡性，充分利用时间和空间，进行专业化施工，保证工程质量，提高工效和降低成本有着显著的作用。

9.2.1.2　流水作业法的表述形式

1. 水平图表

水平图表的表述方式如图 9.4 所示。其横坐标表示持续时间，纵坐标表示施工过程或施工对象的名称或编号。

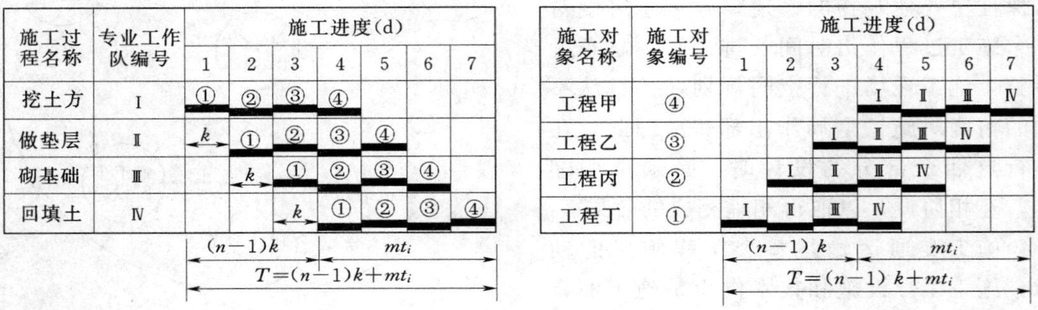

图 9.4　流水作业水平图表

T—流水施工的总工期；m—施工段的数目；n—施工过程或专业工作队的数目；t_i—流水节拍；k—流水步距，此例 $k=t_i$

2. 垂直图表

垂直图表的表述方式如图 9.5 所示。其横坐标表示持续时间，纵坐标表示工程项目或施工工段的名称或编号，图中符号同前。

3. 网络图

网络图的表述方式，详见 9.2.2。

9.2.1.3　流水作业参数

组织流水施工，应依据工程类型、平面形式、结构特点和施工条件，确定下列流水作业参数。

1. 施工过程数 (n)

施工过程是指用以表达流水施工在工艺上开展层次的有关过程，施工过程的数目，通常以 n 表示。施工过程可以根据计划需要确定其粗细程度，既可以是一个具体的工序，也可以是一个分项工程，还可以是它们的组合。

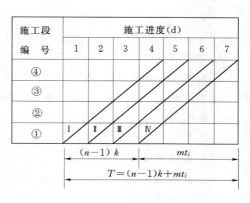

图 9.5　流水作业垂直图表

施工过程数与建筑物和构筑物的复杂程度、施工方法等有关。确定施工过程数要适当。应突出主导施工过程或主要专业工种。若取得太多太细，会给计算增添麻烦，在施工进度计划上也会带来主次不分的缺点；但若取的太少又会使计划过于笼统，失去指导作用。

2. 施工段数 (m)

把拟建工程在平面上划分为若干个劳动量大致相等的施工段落，即为施工段，段数一般以 m 表示。在划分施工段时，应遵循以下原则：

（1）要专业工种在各个施工段上所消耗的劳动量大致相等。相差幅度不宜超过 10％～15％。

（2）每一施工段的大小应满足专业工种对工作面的要求，并以主导施工过程的工作需要为主。

（3）施工段数目应根据各工序在施工过程中工艺周期的长短来确定，能满足连续作业，不出现停歇的合理流水施工要求。

（4）施工段分界限应尽可能与工程的自然界限相吻合，如伸缩缝，沉降缝等，对于管道工程可考虑划在检查井或阀门井等处；各层房屋的竖向分段一般与结构层一致，并应使各施工过程能连续施工。即各施工过程的工作队作完第一段，能立即转入第二段；作完第一层的最后一段，能立即转入第二层的第一段。因而每层的最少施工段数目 m_0 应满足 $m_0 \geqslant n$，其中 m_0 为每层最少施工段数；n 为施工过程数。

此外，施工段的划分还应考虑垂直运输方式和进料的影响。

3. 流水节拍 (t_i)

流水节拍是指各个专业工作队在各个施工段完成各自施工过程所需的持续时间，通常以 t_i 表示。

流水节拍决定施工的速度和施工的节奏性。因此，各专业工作队的流水节拍一般应成倍数，以满足均衡施工的要求。流水节拍的确定，应考虑劳动力、材料和施工机械供应的可能性，以及劳动组织和工作面使用的合理性。通常按下式计算

$$t_i = Q_i / S_i R_i N = P_i / R_i N \tag{9.1}$$

式中　t_i——某施工过程在某施工段上的流水节拍；

Q_i——某施工过程在某施工段上的工程量；

S_i——某专业工种或机械的产量定额；

R_i——某专业工作队人数或机械台数；

N——某专业工作队或机械的工作班次；

P_i——某施工过程在某施工段上的劳动量。

4. 流水步距（$k_{i,i+1}$）

在流水施工过程中，相邻两个专业工作队先后进入第一施工段开始施工的时间间隔，称为流水步距，通常以 $k_{i,i+1}$ 表示。正确的流水步距应与流水节拍保持一定的关系。确定流水步距应遵循以下原则：

（1）要保证每个专业工作队，在各个施工段上都能连续作业。

（2）要使相邻专业工作队，在开工时间上实现最大限度地、合理地搭接。

（3）要满足均衡生产和安全施工的要求。

5. 技术间歇时间（S）

由于工艺和组织原因引起的等待时间称为技术间歇时间，有时对两类不同的间歇时间可以分别考虑。

（1）工艺间歇。是指在流水施工中，由于施工工艺的要求，某施工过程在某施工段上除流水步距以外必须停歇的时间间隔。

（2）组织间歇。是指施工中由于考虑组织技术的因素，某施工过程在某施工段上除流水步距以外增加的必要时间间隔。

6. 平行搭接时间（C）

组织流水施工时，在工作面允许的条件下，某些施工过程可以与其他施工过程平行作业，其搭接时间以 C 表示。

9.2.1.4 流水施工基本方式

流水施工有流水段法和流水线法，可以根据建筑物或构筑物的结构特点进行选用。根据各施工过程时间参数的不同特点，流水段法可分为固定节拍专业流水、成倍节拍专业流水和分别流水等几种形式。

1. 固定节拍专业流水

固定节拍专业流水是指在所组织的流水范围内各施工过程的流水节拍均彼此相等，并且等于流水步距，即 $t_i = K =$ 常数。由于流水节拍相等，因此各施工过程的施工速度是一样的，两相邻施工过程间的流水步距等于一个流水节拍。这种组织方式能够保证专业工作队的工作连续、有节奏，可以实现均衡施工，从而最理想地达到组织流水作业的目的。

固定节拍流水施工工期，可以由下式计算

$$T = (m+n-1)t_i - \sum C + \sum S \tag{9.2}$$

式中 m——施工段数；

n——专业施工队数；

$\sum C$——所有平行搭接时间的总和；

$\sum S$——所有技术间歇时间的总和。

【工程实例一】 某工程由挖土方、做垫层、砌基础、回填土四个过程组成，它在平面上划分为四个施工段，各施工过程在各个施工段上的流水节拍均为 1d，试组织固定节拍的流水施工。

解：根据题设条件和要求，其基本步骤如下：

（1）确定流水步距。

$$K = t = 3(d)$$

（2）确定流水工期。

$$T = (4 + 4 - 1) \times 1 = 7(d)$$

（3）绘制流水指示图表，如图 9.4（a）所示。

2. 成倍节拍专业流水

在组织流水施工时，通常会遇到不同施工过程之间，由于劳动量的不等以及技术或组织上的原因，其流水节拍互成倍数，从而形成成倍节拍专业流水。即不同施工过程的 t_i 成倍数关系，同一过程不同段的 t_i 相等。成倍节拍流水又分为一般成倍节拍流水和加快速度的成倍节拍流水施工。

一般成倍节拍流水关键在于求出各施工过程的流水步距，使各专业施工队都能连续施工，实现最大限度地、合理地搭接。各施工过程的流水步距的计算公式为

$$K_i = \begin{cases} t_{i-1}, & \text{当 } t_{i-1} \leqslant t_i \\ mt_{i-1} - (m-1)t_i & \text{当 } t_{i-1} > t_i \end{cases} \tag{9.3}$$

一般成倍节拍流水施工的工期，可按下式计算

$$T = \sum K_{i,i+1} + T_n - \sum C + \sum S \tag{9.4}$$

式中　$\sum K_{i,i+1}$——流水步距总和；

　　　T_n——最后一个施工过程在施工段上的持续时间之和；

　　　$\sum C$——所有平行搭接时间的总和；

　　　$\sum S$——所有技术间歇时间的总和。

【工程实例二】　假若工地需安装 400m 管道，分 4 段施工，工序分为①测量放样开挖每段 $t_i = 5$d；②基础垫层施工每段 $t_i = 10$d；③管道安装每段 $t_i = 10$d；④回填压实每段 $t_i = 5$d，试组织一般成倍节拍流水。

解：（1）按公式（9.3）计算流水步距。

$$t_1 < t_2 \quad K_2 = t_1 = 5(d)$$
$$t_2 = t_3 \quad K_3 = t_2 = 10(d)$$
$$t_3 > t_4 \quad K_4 = mt_3 - (m-1)t_4 = 4 \times 10 - 3 \times 5 = 25(d)$$

（2）按公式（9.4）确定流水工期。

$$T = (5 + 10 + 25) + 4 \times 5 = 60(d)$$

（3）绘制流水指示图表，如图 9.6 所示。

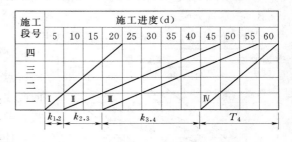

图 9.6　一般成倍节拍流水图表

加快速度的成倍节拍流水，为了加快流水施工的速度，当不同施工过程在同一施工段上的流水节拍之间存在一个最大公约数时，可按最大公约数的倍数确定每个施工过程的专业工作队，这样便构成了一个工期最短的成倍节拍流水施工方案，其基本步骤如下：

（1）确定流水步距。

$$K_b = 最大公约数\{各施工过程流水节拍\} \tag{9.5}$$

式中　K_b——流水步距，数值上等于所有流水节拍的最大公约数。

（2）确定专业施工队的数目。每个施工过程所需的专业施工队的数目，可由下式计算确定

$$b_j = \frac{t_i}{K_b} \tag{9.6}$$

式中　b_j——某施工过程所需的专业施工队数目；

　　　t_i——某施工过程的流水节拍。

成倍节拍流水施工的专业施工队的总和可按下式计算

$$n' = \sum_{j=1}^{n} b_j \tag{9.7}$$

（3）确定流水施工工期。成倍节拍流水的施工工期，可由下式计算

$$T = (m + n' - 1) K_b - \sum C + \sum S \tag{9.8}$$

式中　　　m——施工段数；

　　　　　n'——专业施工队总和；

　$\sum C$、$\sum S$——同公式（9.2）。

（4）绘制流水施工指示图表。

前面所述【工程实例二】如组织加快成倍节拍流水，可有效缩短工期，计算如下：

1）确定流水步距。

$$K_b = 最大公约数\ \{5；10；10；5\}\ = 5(d)$$

2）确定专业施工队的数目。由式（9.7）得

$$b_1 = 5/5 = 1$$
$$b_2 = 10/5 = 2$$
$$b_3 = 10/5 = 2$$
$$b_4 = 5/5 = 1$$
$$n' = 1 + 2 + 2 + 1 = 6$$

3）确定流水施工工期

$$T = (4 + 6 - 1) \times 5 = 45(d)$$

4）绘制流水施工指示图表，如图9.7所示。

3. 分别流水法

当各施工段的工程量不等，各队（组）的生产效率互有差异，并且也不可能组织固定节拍或成倍节拍流水时，则可组织分别流水。它的特点是各施工过程的流水节拍随施工段的不同而改变。不同施工过程之间流水节拍的变化又有很大差异。通过组织各专业施工队连续流水作业，使得专业工作队之间在一个施工段内不相互干扰，或前后两专业施工队之间工作紧紧衔接。

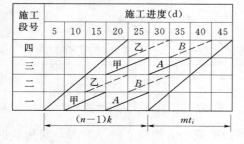

图9.7　加快成倍节拍流水图

组织分别流水法的关键是正确计算流水步距，可采用"相邻队组每段作业时间累加数列错

位相减取最大差"的方法进行计算，即首先分别将两相邻工序每段作业时间逐项累加得出两个数列，后续工序累加数列向后错一位对齐，逐个相减最后得到第三个数列，从中取最大值，即为两工序施工队间的流水步距。

分别流水的施工工期的计算计算式为

$$T = \sum K_i + \sum t_n \tag{9.9}$$

式中　$\sum K_i$——各流水步距之和；

$\sum t_n$——最后一个施工过程在各施工段的持续时间之和。

【工程实例三】　某工程的各段流水节拍见表 9.1，组织分别流水作业并绘制流水作业图。

表 9.1　　　　　　　　　　某 工 程 流 水 节 拍 表

施工过程	流 水 节 拍			
	①	②	③	④
A	2	3	1	2
B	3	2	2	1
C	3	2	3	2

解：（1）累加各施工过程的流水节拍，形成累加数据数列：施工过程 A 为 2、5、6、8；施工过程 B 为 3、5、7、8；施工过程 C 为 3、5、8、10。

（2）A、B 两个相邻施工过程的累加数据数列错位相减得

$$
\begin{array}{r}
2\ 5\ 6\ 8\ \ \ \\
-)\quad 3\ 5\ 7\ 8 \\
\hline
2\ 2\ 1\ 1\ -8
\end{array}
$$

可得 $K_{ab}=2$，同理可求出 B、C 两个相邻施工过程的流水步距 $K_{bc}=3$。

（3）计算工期。由式（9.9）得

$$T = \sum K_i + \sum t_n = (2+3) + (3+2+3+2) = 15(\text{d})$$

（4）其分别流水作业图，如图 9.8 所示。

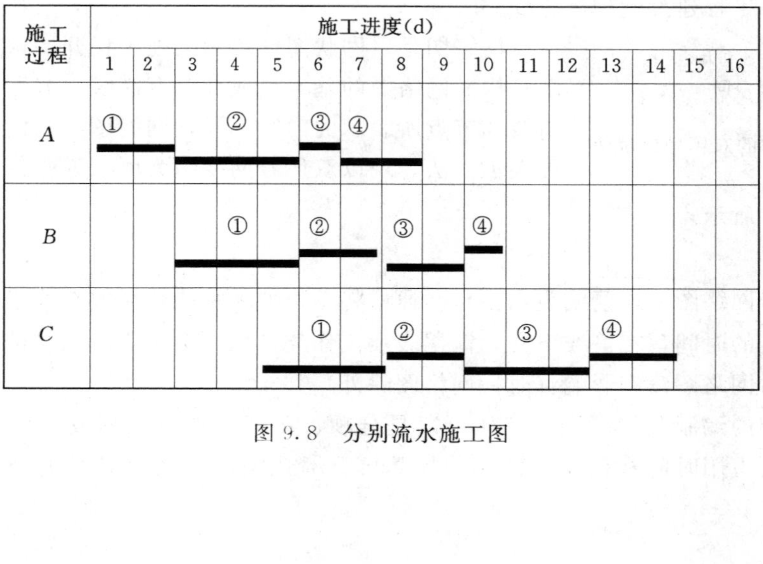

图 9.8　分别流水施工图

4. 流水线法

在工程中常遇到延伸很长的构筑物，其长度可达数十米甚至数百千米，这样的工程称为线性工程，如管道、道路工程等。由于其工程数量沿着长度方向均匀分布且结构情况一致，在组织流水作业时，只需将线性工程分为若干施工过程，分别组织施工队；然后各施工队按照一定的工艺顺序相继投入施工，各队以固定的速度沿着线性工程的长度方向不断向前移动，每天完成同样长度的工作任务，称之为流水线法。流水线法只适用于线性工程，它同流水段法的区别就在于流水线法没有明确的施工段，只有速度进展问题。如将施工段理解为在一个工作班内，在线性工程上完成某一施工过程所进展的长度，那么流水线法就和流水段法一样了，因此，流水线法实际上是流水段法的一个特例。

流水线法的总工期，可用下式计算

$$T=(n-1)K+L/V \tag{9.10}$$

式中 T——线性工程的总工期；

L——线性工程的总长度；

V——工作队移动的速度，km/班或 m/班；

K——流水步距；

n——施工过程数或工作队数。

9.2.2   网络计划技术

9.2.2.1   网络图的概念与作用

网络计划技术是用网络图解模型表达计划管理的一种方法，其基本原理是应用网络图描述一项计划中各个工作（任务、活动、过程、工序）的先后顺序和相互关系；估计每个工作的持续时间和资源需要量；通过计算找出计划中的关键工作和关键线路；再通过不断改变各项工作所依据的数据和参数，选择出最合理的方案并付诸实施；然后在计划执行过程中进行有效的控制和监督，保证最合理地使用人力、物力、财力和时间，顺利完成规定的任务。目前，网络计划技术越来越多地被应用于资源和成本优化、工程投标、签订合同和拨款业务、工程建设监理等方面。

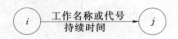

图 9.9   工作的双代号表示法

网络图是以网状图形表示某项工程开展顺序的工作流程图。构成网络图的基本组成部分有箭线、节点和线路。根据箭线和节点所表示的内容不同，网络图有双代号、单代号两种表示方法。现以双代号网络图为例来说明各组成部分的含义，如图 9.9 所示。

1. 箭线

在双代号网络图中，箭线表示工作。通常将工作的名称或代号放在箭线的上方。完成该项工作所需的时间写在箭线下方，箭尾表示工作的开始，箭头表示工作的结束，箭线的长短和曲折对网络图没有影响（时标网络图除外）。

根据计划的编制范围不同，工作可以是分项、单元、单位工程或工程项目。一般来讲，工作需要占用时间和消耗资源，如挖基坑、绑扎钢筋、浇灌混凝土等。有些技术问题，如混凝土的养护，满水试验观测等，也应作为一项工作，不过它只占用时间而不消耗资源。因此，凡是占用时间的过程都应作为一项工作看待，即在网络图中有一条相应的箭线。为了正确表示各项工作之间的逻辑关系，常引入所谓"虚工作"，它既不占用时间，也不消耗资源，以虚线表示。

2. 节点

用圆圈或其他封闭图形表示的箭线之间的连接点称为节点。节点也称为事件，它表示工作的开始、结束或衔接等关系。网络图中的第一个节点叫起始节点，最后一个节点叫终结节点，它们分别表示一项任务的开始或完成。其他节点叫中间节点。

为了使网络图便于检查和计算，所有节点均应统一编号，若某工作的箭尾和箭头节点分别是 i 和 j，则 $i-j$ 即表示该工作的代号，节点编号不应重复。为计算方便和更直观起见，箭尾节点的号码应小于箭头节点的号码，即 $i<j$。编号方法可以沿水平方向，也可沿垂直方向，由前到后顺序进行，可按自然数连续编号，但有时由于网络图需要调整，因此也可以不连续编号，以便增添。

3. 线路

从起始节点沿箭线方向顺序通过一系列箭线与节点，最后到达终结节点的若干条"通路"称为线路，显然，线路有很多条，通过计算可以找到需用工作时间最长的线路，这样的线路称为关键线路。（关键线路最少为一条，也可能有若干条。）位于关键线路上的工作称为关键工作，常以粗线或双线表示。

关键工作完成的快慢直接影响着工程的总工期，这就突出了整个工程的重点，使施工的组织者明确主要矛盾。非关键线路上的工作则有一定的机动时间，叫做时差。如果将非关键工作的部分人工、机具转到关键工作上去，或者在时差范围内对非关键工作进行调整则可达到均衡施工的目的。关键工作与非关键工作，在一定条件下可能相互转化，而由它们组成的线路，也随之转化。

9.2.2.2 双代号网络图的编制

1. 双代号网络图的绘制

（1）正确表达各项工作间的逻辑关系。逻辑关系是指工作进行的、客观上存在的一种先后顺序关系。这里既包括客观上的先后顺序关系，也包括施工组织要求的相互制约、相互依赖的关系，前者称为工艺逻辑，后者称为组织逻辑。逻辑关系的正确与否是网络图能否反映工程实际情况的关键。某项工作和其他工作的相互关系可以分为三类，即紧前工作、紧后工作、平行工作（图 9.10）。

表 9.2 所列是网络图中常见的一些逻辑关系及其表示方法。

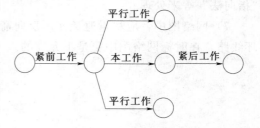

图 9.10　工作的逻辑关系

（2）双代号网络图的绘制规则。绘制网络图时，除了必须正确反映项目之间的逻辑关系以外，还应遵循以下规则：

1）网络图中不允许出现循环线路（闭全回路）。

表 9.2   **五种基本逻辑关系单、双代号表达方式对照表**

序号	描述	单代号表达方法	双代号表达方法
1	A 工序完成后，B 工序才能开始		
2	A 工序完成后，B、C 工序才能开始		
3	A、B 工序完成后，C 工序才能开始		
4	A、B 工序完成后，C、D 工序才能开始		
5	A、B 工序完成后，C 工序才能开始，且 B 工序完成后，D 才能开始		

2）为了统一计算基准，在一个网络图中只能有一个起始节点和一个终结节点（多目标网络图除外）以统一整个网络进度的开工，完工时间。

3）为了方便计算，对网络图的节点要进行编号，通常的做法是从网络图的始端到终端顺序递增编号，编号可以连续也可间断，但要防止重复（在网络图中不允许出现代号相同的箭线），并保持箭尾编号小于箭头编号。

4）在网络图中不允许出现有双向箭头或无箭头的线段。

5）不允许出现没有起始节点的工作。

6）表示两项工作的箭线发生交叉时可采用图 9.11 所示的"暗桥法"，"断线法"或"指向法"等来处理。

7）网络图中，应尽量避免使用反向箭线。因为反箭线容易发生错误，可能会造成循环线路，在时标网络图中更是不允许的。

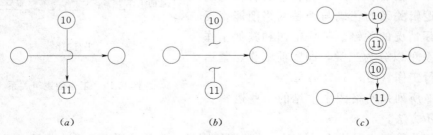

图 9.11　箭线交叉的处理方法
(a) 暗桥法；(b) 断线法；(c) 指向法

8）正确使用虚箭线（虚项目），虚项目的延续时间为零，不耗用任何资源。

虚箭线主要用于工作的逻辑连接和工作的逻辑"断路"两个方面，例如绘制网络图时遇到图 9.12 所示的情况，这里 A 工作不仅制约 B 工作，而且制约 D 工作，C 工作仅制约 D 工作，而不制约 B 工作，这时必须在节点②和⑤之间引入虚箭线。又如某基础工程施工由挖槽、垫层、墙基和回填四项工作组成，分两段施工，因为挖槽 2 与墙基 1 没有逻辑上的关系（垫层 2 与回填土也是），所以必须增加虚箭线来加以分隔，如图 9.13 所示。这种用虚箭线隔断的网络图中无逻辑关系的各项工作的方法称为"断路法"，这种方法在组织分段流水作业的网络图中使用很多，虚箭线的数量应以必不可少为限度。

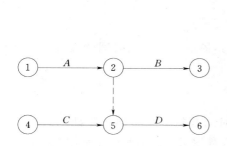

图 9.12　虚箭线的应用之一

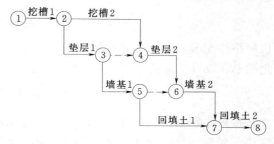

图 9.13　虚箭线的应用之二

2. 双代号网络计划时间参数的计算

网络计划的时间参数是确定关键工作、关键线路和计划工期的基础，也是判定非关键工作机动程度和进行计划优化、调整与动态管理的依据。网络计划的时间参数可直接按工作计算，计算过程比较直观，也可按节点算出节点时间参数，再进行推算，多用于计算机计算中。常用的计算方法有图上计算法、表上计算法、矩阵法和电算法等，由于计算原理和计算公式相同，现结合图 9.14 分别讨论如下。

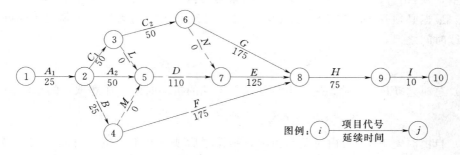

图 9.14　双代号网络进度计算举例

（1）最早可能开工时间 ES。在网络图中任何一个项目，只有它的紧前项目都完工以后才有可能开工，因此，每个项目都有一个最早可能开工时间。计算最早可能开工时间应从网络的始端节点起，循着箭线的指向顺序逐项进行，直到终端节点止。

如果网络图的节点编号是从 1 开始到 n 结束，并设定整个网络进度的起始时间为零，则各项目的最早可能开工时间为

$$ES_{1j} = 0, \ 1 < j \leqslant n \tag{9.11}$$

$$ES_{ij} = \max_h(ES_{hi} + t_{hi}), \ 2 \leqslant i < j \leqslant n \qquad (9.12)$$

式中　ES_{1j}——前节点为 1 的项目，即与网络始端相联的项目的最早开工时间，均按零计算；

　　　ES_{ij}——其他任意项目 (i, j) 的最早开工时间；

　　　ES_{hi}——项目 (i, j) 的紧前项目 (h, i) 的最早开工时间；

　　　t_{hi}——紧前项目 (h, i) 的延续时间。

（2）最早可能完工时间 EF。任意项目的最早可能完工为它的最早可能开工时间和本项目的延续时间之和，即

$$EF_{ij} = ES_{ij} + t_{ij}, \ 1 \leqslant i < j \leqslant n \qquad (9.13)$$

以网络终端节点 n 为后节点的项目 (i, n)，其最早可能完工时间的最大值，就是网络计划的总工期 T。故有

$$T = \max_i(EF_{in}) \qquad (9.14)$$

（3）最迟必须完工时间 LF。最迟必须完工时间是指不致延误总工期的最迟完工时间，它等于紧后项目最迟开工时间的最小值。计算最迟必须完工时间系从网络的终端节点起，逆箭线指向，逆序逐项进行，直到始端节点为止。通常规定以 n 为后节点的项目 (i, n)，其最迟必须完工时间等于总工期 T，即

$$LF_{in} = T = \max_i(EF_{in}), \ 1 \leqslant i < n \qquad (9.15)$$

其他各项目的最迟完工时间按定义有

$$LF_{ij} = \min_k(LF_{jk} - t_{jk}), \ 1 \leqslant i < j < n \qquad (9.16)$$

这里，项目 (j, k) 为项目 (i, j) 的紧后项目。

（4）最迟必须开工时间 LS。任意项目最迟必须开工时间为最迟必须完工时间与该项目的延续时间之差，即

$$LS_{ij} = LF_{ij} - t_{ij} \quad (1 \leqslant i < j < n) \qquad (9.17)$$

（5）总时差 TF。总时差是指不致延误总工期的机动时间。任意项目的总时差为

$$TF_{ij} = LS_{ij} - ES_{ij} = LF_{ij} - EF_{ij} \quad (1 \leqslant i < j < n) \qquad (9.18)$$

（6）自由时差 FF。自由时差是指不致延误紧后项目开工的机动时间，它应等于紧后项目最早开工时间的最小值与本项目最早完工时间之差，即

$$FF_{ij} = \min_k(ES_{jk}) - EF_{ij} \quad (1 \leqslant i < j < n) \qquad (9.19)$$

根据以上公式对图 9.14 的网络计划进行计算，其结果示于图 9.15 和表 9.3 中。

3. 双代号网络计划调整

网络计划初始方案确定以后，最常遇到的问题是计算工期不满足要求。这时就需要进行调整。调整的方法有两类：第一类需要改变网络图的结构；第二类是网络图结构不变，只改变工作的持续时间。

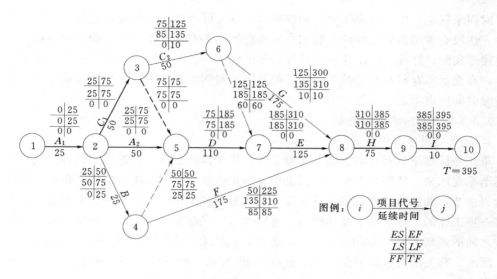

图 9.15 双代号网络计划时间参数计算

表 9.3 时 间 参 数 计 算 表

序号	工程项目及其代号	t	ES	EF	LF	LS	TF	FF	备注
1	(1，2)，A_1	25	0	25	25	0	0	0	关键
2	(2，3)，C_1	50	25	75	75	25	0	0	关键
3	(2，4)，B	25	25	50	75	50	25	0	
4	(2，5)，A_2	50	25	75	75	25	0	0	关键
5	(3，5)，L	0	75	75	75	75	0	0	关键，虚项目
6	(3，6)，C_2	50	75	125	135	85	10	0	
7	(4，5)，M	0	50	50	75	75	25	25	虚项目
8	(4，8)，F	175	50	225	310	135	85	85	
9	(5，7)，D	110	75	185	185	75	0	0	关键
10	(6，7)，N	0	125	125	185	185	60	60	虚项目
11	(6，8)，G	175	125	300	310	135	10	10	
12	(7，8)，E	125	185	310	310	185	0	0	关键
13	(8，9)，H	75	310	385	385	310	0	0	关键
14	(9，10)，I	10	385	395	395	385	0	0	关键

（1）网络图结构调整。调整网络图结构的方法有两种：一种是改变施工方法，这时网络图一般应重新绘制和计算；另一种是在施工方法没有改变的情况下，调整工作的逻辑关系（主要指组织逻辑关系的调整，工艺逻辑关系一般不变），并对网络图进行修正和并重新计算时间参数。

（2）关键工作持续时间的调整。工期的缩短，可以通过增加劳动力或机械设备、缩短关键工作的持续时间来实现，也可以通过某些非关键工作向关键工作的资源转移来实现。

选择压缩工作顺序的方法有：顺序法、加权平均法、选择法等。顺序法是按关键工作开工时间来确定,先干的先压缩。加权平均是按关键工作持续时间长度的百分比压缩。这两种方法没有考虑需要压缩的关键工作所需资源是否有保证及相应的费用增加幅度。选择法更接近实际,即按一定次序先选择优先压缩的工作。这些因素包括:对质量影响不大的工作;有充足库存材料和机械的工作;缩短持续时间增加工人或其他资源最少的工作;缩短持续时间所需增加费用最少的工作。

9.2.2.3　单代号网络图的编制

　　1. 单代号网络图的绘制

　　单代号网络图具有容易绘制、无虚工作、便于修改等优点,近年来国外对单代号网络图逐渐重视起来,特别是西欧一些国家正不断扩大单代号网络图的应用。单代号网络图也是由许多节点和箭线组成,但是其含义与双代号不同。单代号网络图的节点表示工作,通常将一项工作的工作名称、持续时间、连同编号等一起写在圆圈或方框里,而箭线只表示工作之间的逻辑关系,如图 9.16 (a) 所示,其他常用的绘图符号还有几种,如图 9.16 (b) 所示。有关箭线前后节点的关系如图 9.17 所示。用单代号网络图表示的基本逻辑关系见表 9.2。

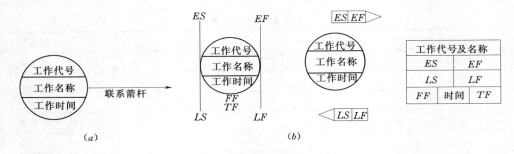

图 9.16　工作的单代号表示法

　　绘制单代号网络图的逻辑规则与双代号网络图基本相同,但要注意,如果单代号网络图在开始和结束时的一些工作缺少必要的逻辑联系时,必须在开始和结束处增加虚拟的起始节点和终结节点。

　　2. 单代号网络计划时间参数的计算

　　单代号网络计划与双代号网络计划只是表现形式和参数符号不同,其表达内容是完全一样的。所以计算时除时差外,只需将双代号计算式中的符号加以改变即可适用,如图 9.18 所示。

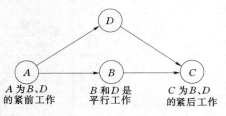

图 9.17　节点所表示的工作关系

9.2.2.4　时标网络计划

　　时标网络计划是以时间坐标为尺度表示工作时间的网络计划。它吸取了横道图直观易懂的优点,使用方便。

　　1. 双代号时标网络计划

　　双代号时标网络计划可按最早时间也可按最迟时间绘制。绘制方法是先计算无时标网络计划的时间参数,再在时标上进行绘制,也可不经计算直接绘制。

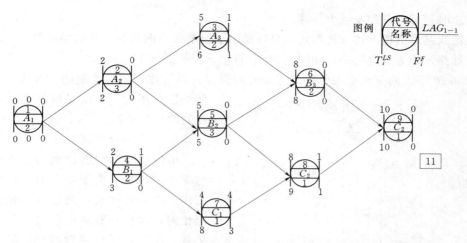

图 9.18　单代号网络计划时间参数计算

下面以图 9.19 为例说明不经计算直接按最早时间绘制双代号时标网络计划的步骤：

（1）绘制时标表。

（2）将起始节点定位在时标表的起始刻度线上，如图 9.20 中的节点①。

（3）按工作持续时间在时标表上绘制起始节点的外向箭线，如图 9.20 中的①—②、①—③、①—④。

（4）工作的箭头节点，必须在其所有内向箭线绘出以后，定位在这些内向箭线中最晚完成的实箭线箭头处，如图 9.20 中的节点③、④、⑤。

（5）某些内向实箭线长度不足以达到该箭头节点时，水平部分用波形线补足，其末端有垂直部分时用实线绘制，如图 9.20 中的①—③、①—④、②—⑤、③—⑤。如果虚箭线的开始节点和结束节点之间有水平距离时，也以波形线补足，垂直部分用虚线绘制。

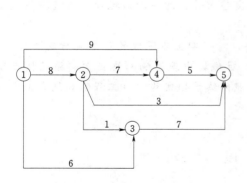

图 9.19　双代号无时标网络计划

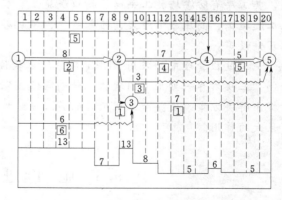

图 9.20　双代号最早时间时标网络
计划及资源动态曲线

无论是上述哪种情况，水平波形线的长度就表示该工作的自由时差。

（6）用上述方法自左至右依次确定其他节点的位置，直至终结点定位，绘制完成，如图 9.20 所示。确定节点位置时，尽量与无时标网络图的节点位置相当，保持布局不变。

工作的总时差可自右到左逐个推算。

　　关键线路可依据下述方法判定：自终结节点逆箭头方向观察，凡自始至终不出现波形线路的通路，即为关键线路，如图 9.20 中的①→②→④→⑤线路。

　　图 9.20 下方的资源动态曲线是把每天的资源需要量逐天累加绘制的，对施工中资源使用很有用途。它也是网络调整与成本控制的分析依据。

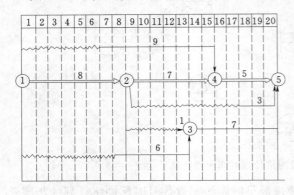

图 9.21　单代号时标网络计划

　　2. 单代号时标网络计划

　　单代号时标网络计划的优点是更加与横道图相似。由于每个节点代表一项工作，把节点拉长，其形状与横道图完全相同，而且有竖向箭线表示彼此制约关系，还可表示出关键线路；缺点是竖向箭线时常重叠，不易看清。为此，可用圆弧过桥和平行竖箭线方法来解决。如图 9.21 所示，图中虚方框表示非关键工序的最迟位置，据此也可画时标网络，其绘制方法与双代号类似。

【工程实例四】　三峡右岸一期工程施工管理。

　　三峡工程一期土石围堰于 1993 年 10 月 24 日正式下河填筑，第一步是先填至 70m 高程，形成防渗墙钻孔灌浆平台。施工需在狭长和拥挤的地带上施工，平行交叉作业，干扰较大，其次水下地形复杂，河下淤泥较厚，对堰体石渣堤的填筑造成不利。填筑过程中过往船只所引起的波浪，会把抛填的风化砂携走。同时，由于块石及石渣料源不够，9km 之外的采石场运至围堰，将严重影响石渣堤的施工进度。第二步是从 70m 高程起填至堰顶，其工序有防渗墙施工平台、槽口板施工、钻机安装就位、风水电管线纵横交叉铺设、土工膜施工、高压旋喷灌浆、帷幕灌浆、风化砂交替上升、防冲块石抛投、石渣堤填筑反滤层铺设等。

　　施工过程管理中，采用 PERT 网络技术软件，对一期土石围堰的施工实行动态控制。绘制"三峡右岸一期土石围堰施工计划网络图"，对现场出现影响网络正常实施的情况及时提出解决方案，使整个工程项目的施工始终按照网络计划实施，对工程的如期完工发挥了巨大的作用。

9.3　施 工 进 度 计 划

9.3.1　进度计划的概念与分类

　　1. 进度计划的概念

　　施工进度计划是施工组织设计的重要组成部分，是对工程建设实施计划管理的重要手段。它规定了工程项目施工的起讫时间、施工顺序和施工速度，是工程项目施工的时间规划，是控制工期的有效工具，同时也是国家对该工程分年度投资和财务拨款、贷款计划的控制依据之一。

　　施工进度计划与施工组织设计的其他组成部分密切关联，互相制约（见图 9.3）。如选择施工导流方案，研究主体工程施工方法，确定施工现场的总体布置，规划场内外的交通运输，组织施工技术供应，拟定施工工厂的生产规模，都要依据施工进度的安排。反之，拟定施工进度计划时，必须与施工导流程序相适应，即应根据导流程序来考虑导流、截流、拦洪、度汛、下闸、蓄水、供水、发电等控制环节的施工顺序和施工速度；进度计划中拟定的施工强度，应有施工方法、施工方案所提供的生产能力来保证；施工进度的安排，要与分期施工的场地布置相协调等。

　　施工进度计划可用进度表（横道图）或网络图的形式来表示。横道图优点是图面简单明确，直观易懂，缺点是不能表示各分项工程之间的逻辑关系，不能反映进度安排的工期、投资或资源等参数的相互制约关系；网络图前述已介绍，能明确表示分项工程之间的依存关系和控制工期的关键线路，采用计算机进行施工进度的优化和调整比较方便。

　　2. 进度计划的分类

　　水电工程的施工进度计划，按内容范围和管理层次一般分成三类：

　　（1）施工总进度计划。施工总进度计划是对某一水电工程整个枢纽编制的，它将整个枢纽工程划分成若干个单项工程，定出每个项目的施工顺序和起止日期，以及施工准备和结尾工作项目的施工顺序和施工期限。

　　（2）单项工程进度计划。单项工程进度计划的对象是各扩大单位工程或单位工程，如大坝、电站厂房、导流建筑物等，它将单项工程划分成若干个分部分项工程甚至更细的项目，定出这些项目的施工顺序和起止日期，并安排单项工程施工准备和结尾工作项目的施工顺序和施工期限。

　　（3）施工措施计划。施工措施计划一般按日历时段（如月，季，年等）编制，将处于该时段中的所有工程，包括它们的准备和结束工作，按结构部位以至工种进行分项，定出施工顺序和起止日期。

　　在施工组织设计中，主要研究前两种进度计划；在施工阶段则更侧重于施工措施计划，它是实施性进度计划。

9.3.2　施工进度计划的编制

9.3.2.1　施工进度计划的编制原则

　　编制施工进度计划（特别是施工总进度）主要应遵循以下基本原则：

　　（1）严格执行基本建设程序和国家方针政策，遵守有关法令法规，满足国家和上级主管部门对本工程建设的具体要求。

　　（2）编制施工进度计划应以规定的竣工投产要求为目标，分清主次，抓住施工过程中对施工进度起控制作用的环节（如导流截流、拦洪度汛、下闸蓄水、供水发电等），与施工组织的其他各专业设计统筹考虑，确保工期。

　　（3）按合理的顺序进行项目排队，按均衡连续有节奏的方式组织工程施工，减少施工干扰，从施工顺序和施工速度等组织措施上保证工程质量和施工安全。

　　（4）考虑到水电工程施工既受自然条件干扰和制约，又受到社会经济供应条件的影响和限制，编制施工进度计划时要做到既积极可靠又留有适当的余地。

（5）编制施工进度计划时需要对人力物力进行综合平衡，在保证施工质量和工期的前提下，充分发挥投资效益。

9.3.2.2 施工进度计划编制的方法和步骤

不论是三类施工进度计划中的哪一类，其内容范围和项目划分的粗细程度虽有所不同，但编制方法和步骤基本一致。

1. 收集基本资料

编制进度计划一般要具备以下资料：

（1）上级主管部门对工程建设开竣工投产的指示和要求，有关工程建设的合同协议。

（2）工程勘测和技术经济调查的资料，如水文、气象、地形、地质、当地建筑材料，以及工程所在地的工矿资源、水库淹没和移民安置等资料。

（3）工程规划设计和概算方面的资料。

（4）国民经济各部门对施工期间防洪、灌溉、航运、放木、供水等方面的要求。

（5）施工组织设计其他部分对施工进度的限制和要求，如交通运输能力、技术供应条件、施工分期、施工强度限制等。

（6）施工单位施工能力方面的资料等。

2. 列出工程项目

工程列项的粗细程度应与进度计划的内容范围相适应，与定额相适应，要防止漏项。通常的做法是按施工先后顺序和相互关联密切程度依次一一列表填明。

在总进度计划中，若按扩大单项工程列项，可以有准备工程、导流工程、拦河坝工程、溢洪道工程、引水工程、水电站、升压变电站、水库清理工程、结束工作等；对于单项工程进度，若按分部分项工程列项，以拦河坝工程为例可以有准备工作、基础开挖、基础处理、河床坝段、岸坡坝段、坝项工程等；对于施工措施计划，若按结构部位分项，以混凝土坝为例，可按浇筑部位列项，如坝身、溢流面、挑流坎、闸墩、工作桥、公路桥等；若按工种分项，还可按浇筑部位细分为安装模板、架设钢筋、埋设冷却水管、层间处理、混凝土浇筑及养护、模板拆除等。

3. 计算工程量和施工延续时间

根据列出的项目，分别计算工程量和工作时间。

工程量的计算应根据设计图纸，按工程性质，考虑工程分期和施工顺序等因素，分别按土方、石方、水上、水下、开挖、回填、混凝土等进行计算。有时为了分期、分段组织施工的需要，要计算不同高程（如对拦河坝）、不同桩号（如对渠道）的工程量，并作出累积曲线。

根据计算的工程量，应用相应的定额资料，可以计算或估算各项目的施工延续时间。为了便于对施工进度进行分析比较和调整，常用三值估计法估计出施工延续时间 t 为

$$t = \frac{t_a + 4t_m + t_b}{6} \tag{9.20}$$

式中　t_a——最乐观的估计时间，即最紧凑的估计时间，或称项目的紧缩时间；

　　　t_b——最悲观的估计时间，即最松动的估算时间；

　　　t_m——最可能的估计时间。

4. 分析确定项目逻辑关系

项目逻辑关系是由施工组织、施工技术等许多因素决定的，应逐项研究，仔细确定。概括说来可分为两类：

（1）工艺关系。即由施工工艺决定的逻辑顺序关系。如土建工程中的先基础（地下）后上部（地上）；混凝土浇筑中的模板安装、钢筋架立、混凝土浇筑、养护和拆模；土方填筑中的铺土、平土、洒水、压实、刨毛等。这些逻辑顺序一般是不允许违反的，否则将造成不必要的损失。

（2）组织关系。即由施工组织安排决定的衔接关系。如由于劳动力的调配、施工机械的转移、建筑材料的供应和分配、机电设备进场等原因，安排一些项目在先，另一些项目滞后，均属组织关系所决定的顺序关系。由组织关系所决定的衔接顺序一般是可以改变的，只要改变相应的组织安排，有关项目的衔接顺序就会有相应的变化。

5. 初拟施工进度

通过项目之间逻辑关系的分析，掌握工程进度的特点，理清工程进度的脉络，就可以初步拟出一个施工进度方案。

对于蓄水枢纽工程的施工总进度计划，其关键项目一般均位于河床，故常以导流程序为主要线索，先将施工导流、围堰截流、基坑排水、坝基开挖、基础处理、施工度汛、坝体拦洪、下闸蓄水、机组安装和引水发电等关键性控制进度安排好，其中应包括相应的准备、结束工作和配套辅助工程的进度，构成总的轮廓进度，然后再配合安排不受水文条件控制的其他工程项目，形成整个枢纽工程施工总进度计划草案。

对于引水枢纽工程，一般引水建筑的施工期限成为控制总进度的关键。

6. 优化、调整和修改

初拟施工进度以后，要配合施工组织设计其他部分的分析，对一些控制环节、关键项目的施工强度、资源需用量、投资过程等重大问题，进行分析计算和优化论证，以期对初拟的进度进行修改和调整，使之更加完善合理。

必须指出的是：施工进度的优化调整往往要反复进行，工作量比较大，一般通过网络计划的优化来实现。

7. 提出施工进度成果

经过优化调整修改之后的施工进度计划，可以作为设计成果，整理以后提交审核。同时还应提交有关主要工种施工强度、主要资源需用强度和投资费用动态过程等方面的成果。

9.4　施 工 总 体 布 置

9.4.1　施工总体布置目的与作用

1. 施工总体布置的概念

施工总体布置是在分析施工场区的地形条件、枢纽布置情况和各项临时设施布置要求的前提下，确定施工场地的分期、分区、分标布置方案，对施工期间所需的交通运输设施、各类生产和生活用房、动力管线及其他施工设施作出平面上和立面上的布置，从场地安排上为减少施工干扰，保证施工安全和工程质量，加快施工进度和降低工程造价，创造环境条件。它是施工组织设计的重要组成部分，是施工期间对整个施工场区的空间规划。

无论工程建设的哪个阶段，施工总体布置都是不可缺少的。可行性研究阶段，应着重对主要场区划分、主要料场、对外交通、场内主干线以及它们之间的衔接等问题作出规划，提出主要施工设施的项目，估算建筑面积、占地面积、主要工程量等技术经济指标；初步设计阶段，应分别对施工场地的划分、生产生活设施的布置、料场及其生产系统布置、主要施工工厂及大型临时设施的布置、场内主要交通运输线路的布置以及场内外交通的衔接等，拟定布局方案并进行论证比较，选择合理的方案，并提出各项施工设施布置的建筑面积、占地面积、工程量及相应的机械设备、建筑材料数量等技术经济指标；技术设计和工程施工阶段，主要是在初步设计的基础上，进一步完善、落实布置的具体内容，进行详细分区布置设计，并对主要施工工厂进行工艺布置设计，对大型临建工程作出结构设计。

2. 施工总体布置目标

施工总体布置的成果主要是标示在一定比例尺（总平面图 1：2000～1：5000）的施工场区地形图——施工总体布置图，它是施工组织设计的主要成果之一。

施工总体布置图应包括一切地上和地下、已有和拟建的建筑物和构筑物，以及一切为施工服务的临时性建筑物和施工设施。

临时性建筑物和施工设施主要有：施工导流建筑物；交通运输系统；料场及其加工系统；各种仓库、料堆和弃料场等；混凝土产生系统；混凝土浇筑系统；机械修配系统；金属结构、机电设备和施工设备安装基地；风、水、电供应系统；钢筋加工、木材加工、预制构件等施工工厂；办公及生活用房；安全防火设施及其他等。

施工总体布置的成果除了集中反映在施工总体布置图上以外，还应提出各类临时建筑物、施工设施的分区布置一览表，包括它们的占地面积、建筑面积和建筑安装工程量等；对施工征地应估计面积并提交使用计划，同时研究还地造田和征地再利用的措施；对重大施工设施的场址选择和大宗物料的运输，应进行单独研究并提出优选方案。

施工总体布置是一个复杂的系统工程，施工过程又是一个动态过程：永久性建筑物将随施工进程按一定顺序修建；临时性建筑物和临时设施则随着施工的进展而逐渐建造、拆除转移或废弃；同时，水文、地形等自然条件也将随着施工的进展而不断变迁。因此，研究施工总体布置，解决施工地区空间组织问题，必须同施工进度等施工组织设计的其他环节协调考虑。对于工期较长的大型水电工程，还需根据不同施工时期的现场特点，分期作出布置。

9.4.2　施工总体布置图设计原则

施工总体布置图的设计，由于施工条件多变，不可能列出一种一成不变的格局，只能根据实践经验，因地制宜，按场地布置优化的原理和原则，创造性地予以解决。

一般说来，设计施工总体布置图应该符合以下原则：

（1）合理使用场地，尽量少占农田。

（2）场区划分和布局应符合有利生产、方便生活、易于管理、经济合理的原则，并符合国家有关安全、防火、卫生和环保等的专门规定。

（3）一切临时建筑物和施工设施的布置，必须满足主体工程施工的要求，互相协调，避免干扰，尤其不能影响主体工程的施工和运行。

（4）主要的施工设施、施工工厂的防洪标准，可根据它们的规模大小、使用期限和重要程度，在 5~20 年重现期内选用。必要时，宜通过水工模型试验来论证场地防护范围。

9.4.3　施工总体布置图的设计步骤

设计施工总体布置图，大体可以按以下步骤进行。

1. 收集和分析基本资料

所需的基本资料包括：施工场区的地形图；拟建枢纽的布置图；已有的场外交通运输设施、运输能力和发展规划；施工所在地的城镇及工矿企业、有关建筑标准、可供利用的住房、当地建筑材料、水电供应以及机械修配能力等情况；施工场区的土地状况；料场位置和范围；河流水文特征资料；施工地区的地质及气象资料；施工组织设计中的有关成果，如施工方法、导流程序和进度安排等。

2. 列出临建工程项目清单并计算场地面积

在掌握基本资料的基础上，根据工程的施工条件，结合类似工程的施工经验，编拟临建工程项目单，估算它们的占地面积、敞棚面积、建筑面积，明确它们的建筑标准、使用期限以及布置和使用方面的要求，对于施工工厂还要列出它们的生产能力、工作班制、水电动力负荷以及服务对象等情况。必要时，应结合施工分期分区情况来编列清单，使临建工程的分片布置更加清晰。

3. 进行现场布置总体规划

施工现场总体规划是施工总体布置的关键，要着重研究解决一些重大原则问题。如总体布局、主要交通干线及场内外交通衔接、临建工程与永久设施的结合、施工前后期的结合等。在工程施工实行分项承包时，尤其要做好总体规划，明确划分各承包单位的施工场地范围，并按总体规划要求进行布置。

4. 临时建筑物的具体布置

临时建筑物的布置，通常是在现场布置总体规划的基础上，根据对外交通方式，按实际地形地貌，依一定顺序进行的。

5. 方案调整与选定

施工场地布置的协调和修正，主要是检查临建工程与主体工程之间有无矛盾、各项临建工程之间有无干扰、生产和施工工艺是否协调、防火安全和环境卫生能否满足要求、占用农田是否合理等，如有不协调的地方，进行适当调整。通常要提出若干个布置方案，进行综合评价和选择，并对选定的方案绘制施工总体布置图。

需要指出，施工总体布置方案可以从不同的角度来进行评价。其评价因素主要有定性因素和定量因素两大类。经常用来对定性、定量因素进行综合评价的方法有层次分析法、效用函数法、模糊分析法、专家评分法等。

9.4.4　施工分区布置

1. 主要施工分区

大、中型水利水电工程进行施工总平面布置时，一般可按以下分区：

（1）主体工程施工区。

（2）施工工厂设施区。

（3）当地建材开发区。

（4）仓库、站场、码头、转运站等储运系统。

（5）机电、金属结构和大型施工机械设备安装场地。

（6）工程弃料堆放区。

（7）施工管理及生活营区。

2. 施工分区的总体布局方式

根据枢纽布置和地形条件的不同，施工场地的总体布局有如下几种情况：

（1）一岸布置和两岸布置。若工程比较集中且下游比较平坦开阔，可在枢纽轴线下游的一岸或两岸设立施工场地。当设在一岸时，则这一岸的选择常受电站厂房位置和对外交通线路的影响。若分设在两岸，则主要场地的确定也受上述因素的影响。如丹江口工程由于对外铁路、公路都自左岸引入，采取了左右结合以左岸为主的布置方案。隔河岩工程大坝为混凝土重力拱坝，坝址位于高山峡谷地区，右岸岸边布置电站厂房，其施工总布置见图 9.22 所示。

（2）集中布置和分散布置。无论是一岸布置还是两岸布置，集中布置具有占地少、布置紧凑和管理方便等许多优点，但有些工程由于地形陡峻，主体工程附近没有合适的场地供集中布置，化整为零的分散布置也常被采用。不过即使是分散布置，有些临时设施仍然需要相对集中地布置。

（3）"一条龙"和"一二线"布置。如果坝址位于峡谷地区，两岸地形陡峻，则施工场地常沿河流一岸或两岸的冲沟分布，形成所谓"一条龙"的布置方式。直接影响工程施工的临时设施尽可能地靠近施工现场，随着影响程度的减弱，逐渐向下游延伸，如江西上犹江、浙江新安江、青海李家峡以及许多峡谷枢纽等均采用此布置。如果离工地一定距离处有适合布置生活区的场地或城镇，采用"一二线"布置比较理想，即工区布置在施工现场，生活区集中布置在较远的地方。

枢纽工程的组成不同，施工辅助设施的构成也不尽相同，其施工布置常有很大差异。对以混凝土坝为主体的枢纽工程，在进行施工总体布置时，当以骨料开采、运输、加工、储存和混凝土的拌和、运输、浇筑为主线来规划布置各项施工工厂和临时设施。对以土石坝为主体的枢纽工程，其施工总体布置的重点应放在土石料开采、加工、堆置和上坝线路等方面，并以此为主线来规划布置其他施工设施和施工工厂。

规划施工场地时，对水文资料要进行认真研究。主要场地和交通干线要满足防洪标准。在坝址上游布置临时工程时，要研究施工期间由于导流、截流、拦洪、蓄水等原因而引起的上游水位变化，保证在淹没前能顺利撤走。在峡谷冲沟内布置施工场地时，要注意冲沟的承雨面积，分析研究山洪突然袭击的可能。

有些工程建成以后，就成为工程所在地区的工农业发展中心，形成一些相当规模的城镇，对于这样一些工程，就有必要在确定工程建设的同时，结合将来的城市建设规划来考虑施工总体布置，虽然表面上会提高某些临建工程的标准，增加工程的投资，但从整体来看是值得研究的比较方案。

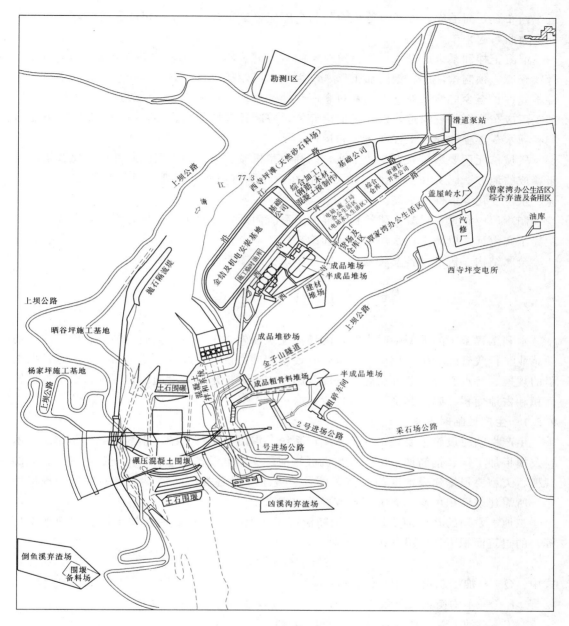

图 9.22 隔河岩工程施工总布置图

3. 施工分区布置注意事项

如果对外交通采用铁路或水路，应首先确定车站或码头的位置，然后布置场内外交通的衔接和场内交通干线，再沿干线布置各项施工工厂和仓库等设施，最后布置办公、生活设施以及水、电和动力供应系统等。如果对外交通采用公路，则可与场内交通联成一个系统来考虑。

车站应布置在施工场区入口附近，并有足够的临时堆场，工地的一般器材仓库可以靠近车站布置，而油库、炸药库等危险物品仓库应单独布置，设立一定的警戒线，并和场内外交通联系起来。

混凝土拌和系统应设在主要浇筑对象附近，并和混凝土运输线路相协调。水泥仓库、骨料仓库、预制构件厂、钢筋加工厂、模板加工厂，都应尽量靠近拌和系统。如果地形条件不允许，至少应使水泥仓库、骨料仓库和拌和系统布置在一起，形成运输流水线。骨料加工厂应布置在料场附近，以免运输废弃料，并减轻现场干扰。弃料堆场的布置，不能影响各项永久工程和导流工程和施工和运行。

机械修配厂要尽量靠近交通干线，以利重型机械进出；中心变电站常设在比较僻静便于警戒的地方；码头和供水抽水站可布置在枢纽下游河边，但要考虑河岸稳定、河水流速、水位变化等条件的影响。

制冷厂应布置在混凝土建筑物和混凝土系统附近，冷水供应最好采用自流方式，输送距离不宜太远，以减少提水加压设备和冷耗。

金属结构、机电设备安装基地，宜尽量减少运输距离。

9.5 大 型 临 时 设 施

水利工程施工的大型临时设施，除导流建筑物外，主要包括交通运输、仓库、施工辅助企业、行政管理和生活用房、水电临时设备和动力供应设施等。施工布置主要是根据工程的规模、特点、施工条件、施工进度及施工方法，拟定临时设施的设置项目，估算建筑面积和占地面积，确定其平面布置位置。

9.5.1 生产性临时设施

生产性临时设施主要包括砂石料生产系统、混凝土生产系统、钢筋混凝土预制厂、木料及模板加工厂、钢筋加工厂、各类机械修配厂、机电设备及金属结构安装场等。它们的规模、类型要根据建设地区的具体条件及建设工程对各类产品需要加工的数量和规格确定。所需建筑面积可参考有关资料或经验数据选定。

工地上常用的几种加工厂（如钢筋混凝土预制厂、木料及模板加工厂、钢筋加工厂等）的建筑面积 F，可用下式确定

$$F=KQ/(TS\alpha) \tag{9.21}$$

式中　Q——加工总量（m^2、t、…）；

　　　K——不均衡系数，取 1.3～1.5；

　　　T——加工总工期（月）；

　　　S——每平方米场地月平均产量；

　　　α——场地或建筑面积利用系数，取 0.6～0.7。

各类临时建筑的结构形式，应根据使用期限及当地条件确定。使用年限较短时，一般可采用竹木结构；使用年限较长时，常采用砖木结构或装拆式活动房屋。

9.5.2 工地临时仓库设施

工地临时仓库组织包括：确定材料的储备量、确定仓库面积、进行仓库设计及选择仓库位置等。施工现场所需仓库按其用途分为转运仓库（设在大车站、码头及专用线卸货

场，为转运之用）、中心仓库（即总仓库，储存整个建筑工地或区域型建筑企业所需材料及需要整理配套的材料仓库）、现场仓库（或堆场，为某一在建工程服务的仓库，一般均就近设置）。

1. 仓库材料储备量的确定

材料储备既要保证工程连续施工的需要，但也不应储存过多使仓库面积过大，积压资金。一般须根据现场条件、供应方式及运输条件来确定。

（1）全工地的材料储备，常按年、季组织储备，按下式计算

$$q_1 = K_1 Q_1 \tag{9.22}$$

式中　q_1——总储备量；

　　　K_1——储备系数，一般情况下，对于水泥、砖瓦、管材、块石、石灰、沥青等材料，可取 0.2～0.3；对于型钢、木材等用量小，不经常使用的材料，取 0.3～0.4；

　　　Q_1——该项材料最高年、季需用量。

（2）单位工程的材料储备量，应保证工程连续施工的需要，同时应与全场材料的储备综合考虑，做到减少仓库面积，节约资金。其储备量可按下式计算

$$q_2 = \frac{nQ_2}{T} \tag{9.23}$$

式中　q_2——单位工程材料储备量；

　　　n——储备天数；

　　　Q_2——计划期间内需用的材料数量；

　　　T——需用该项材料的施工天数，其值应大于 n。

2. 仓库面积的确定

当施工单位缺少资料时，可参考有关施工手册资料选用，或按材料储备期计算。当用于施工规划时，可采用系数进行估算。

（1）按材料储备期计算。

$$F = \frac{q}{P} \tag{9.24}$$

式中　F——仓库面积（m^2）；

　　　q——材料储备量；

　　　P——每 m^2 仓库面积上存放材料数，可查有关手册。

（2）按系数计算，适用于施工规划估算。

$$F = \varphi m \tag{9.25}$$

式中　F——所需仓库面积，m^2；

　　　φ——系数，可查有关手册；

　　　m——计算基数，可查有关手册。

材料存放方式及仓库结构形式，应根据材料性质、种类、当地气候等条件确定。仓库的位置，应根据施工组织设计中施工总平面图设计统筹安排。

9.5.3　生活行政临时设施

在组织工程施工时，须为施工人员准备行政、生活福利设施。确定这类临时建筑，应

尽量利用施工现场及其附近的原有房屋，或提前修建可资利用的永久性工程为施工生产服务，不足部分再修建临时房屋。修建临时建筑的面积主要取决于建设工程的施工人数，并参照有关资料合理确定。

按照实际使用人数确定建筑面积，可由下式计算

$$S = NP \tag{9.26}$$

式中　S——所需建筑面积，m^2；

　　　N——实际使用的人数；

　　　P——建筑面积指标，见表9.4。

表 9.4　　　　　　　　　行政、生活福利临时建筑面积参考指标　　　　　　　　单位：m^2/人

序号	临时房室名称	指标使用方法	参考指标	序号	临时房室名称	指标使用方法	参考指标
1	办公室	按使用人数	3～4	8	招待所	按高峰年平均人数	0.06
2	宿舍	按高峰年平均人数	2.5～4.0	9	托儿所	按高峰年平均人数	0.03～0.06
3	家属宿舍	按户数（m^2/户）	16～25	10	子弟学校	按高峰年平均人数	0.06～0.08
4	食堂兼礼堂	按高峰年平均人数	0.5～0.9	11	其他公用	按高峰年平均人数	0.05～0.10
5	医务所	按高峰年平均人数	0.05～0.07	12	厕所	按工地平均人数	0.02～0.07
6	浴室	按高峰年平均人数	0.07～0.1	13	工人休息室	按工地平均人数	0.15
7	理发室	按高峰年平均人数	0.01～0.03				

临时宿舍建筑的设计应遵守节约、适用和装拆方便的原则，按照当地气候条件，工程施工工期的长短确定结构形式。

9.5.4　临时供水和供电设施

9.5.4.1　工地临时供水设施

1. 施工现场需水量计算

施工现场需水量主要包括施工生产用水量、施工机械用水量、施工现场生活用水、生活区生活用水量、消防用水量等五部分，各部分用水量的计算可结合有关手册和用水定额，按有关公式进行。

施工现场总用水量，可根据上述五部分用水量的大小，按有关规定确定。

2. 水源选择及确定临时给水系统

（1）水源选择。施工现场临时供水水源应尽量利用附近现有的给水管网，只有当施工现场附近缺少现成的给水管线或无法利用时，才另选天然水源。

天然水源可选用地面水（如江河、湖泊、人工蓄水库等）或地下水（如井水）。选择的水源必须水量充沛可靠，能满足施工现场最大需水量的要求，水质应符合生产、生活饮用水的水质要求，取水、输水、净水设施安全可靠，施工、运转、管理和维护方便。

（2）临时给水系统。施工临时给水系统由取水净水设施、储水构筑物（水塔及蓄水池）、输水管和配水管组成。通常，应尽先修建厂区拟建永久性给水系统，只有当工期紧迫、修建永久性供水系统难应急需时，才修临时供水系统。

临时给水系统所用水泵，一般采用离心泵，水泵扬程可按有关公式计算。

9.5.4.2　工地临时供电

施工现场临时供电组织，一般包括计算用电量、选择电源、确定变压器、布置配电线路及决定导线断面等。

1. 工地总用电量计算

工地临时供电包括动力用电和照明用电两类。总用电量可按有关公式计算。

各种机械设备和室外照明用电定额，可参考有关手册资料选定，或采用企业本身积累的资料。如果每日为单班施工，用电量计算可不考虑照明用电。

2. 选择电源及确定变压器

工地临时供电电源的选择，须考虑的因素有：施工过程中的最高负荷；各个施工阶段的电力需要量；用电设备在施工现场上的分布情况及距离电源的远近；施工现场现有电气设备容量；电源位置应尽量布置在用电设备集中、负荷最大、输电距离最短的地方。

工地临时用电电源，通常有以下几种情况：

（1）全部由工地附近电力系统供给。全面开工前完成永久性供电外线工程并设置变电站。

（2）工地附近的电力系统只能供给部分电力，工地需增设临时电力系统以补不足。

（3）利用附近高压电力网输电，设置降压变电所。

（4）工地位于边远地区，电力全部由工地临时电站供给。

配电线路须设在道路一侧，不得妨碍交通和施工机械的运转，并应避开堆料、挖槽及修建临时工棚用地，具体布置按施工平面图进行。

9.5.5　施工运输设施

前述已提及，施工期间的交通运输分为对外交通运输和场内交通运输。选择运输方式时，须考虑各种因素，如运输量大小、运距及货物的性质、品种，现有运输设备条件，利用现有航运、铁路、道路的可能性，当地地形、地质、气象等自然条件，铺设临时运输道路、装卸、运输费用等。当有数种可行运输方案时，应经比较确定。

1. 场内交通运输

场内交通运输是指材料、物资、机械、设备等在工地范围内的流动，如将骨料从筛分楼运到拌和楼，将土石料从采料场运到土石坝坝面等。场内交通方案要确保施工工地内部各工区、当地材料产地、堆渣场、各生产区、各生活区之间的交通联系，主要道路与对外交通衔接。

工地敷设临时道路，通常是指施工现场内部及工地附近短距离的道路修建。大量的运输道应尽量利用现有的和拟建工程永久性道路为施工服务。

2. 对外交通运输

对外交通运输是指将材料、物资、器材等从国家交通干线或地方支线的车站、码头运送到工地的运输。常用的场外交通运输主要有铁路运输、公路运输和水路运输等三种方式。铁路运输的优点是运输能力大、运行费用低，但初期投资大，施工期长，还需要公路作为辅助；公路运输具有方便、灵活、适应性强、施工期短、投资少等优点，但公路运输耗油多，运行成本高；水路运输的优点是运输量大、投资少、运营费低，但水路运输季节性强，且运输线路受到一定的限制。目前施工中对外交通多采用公路运输方式。

水利水电工程建设的施工过程中，所需运输的物资不仅多种多样（如大宗建筑材料，机电设备及金属结构，加工的成品、半成品，施工用的机械设备，以及职工生活福利用物品等），而且运输量大、运输强度高、季节性强。这些施工所需物资多数由外地运来，一般由专业运输单位按施工进度计划安排承运。工程所在地区内的物资运输，通常由施工单位负责。工地范围内的运输均由施工单位自行组织。

施工运输组织主要包括确定运输量、选择运输方式、计算运输工具需要量等。

场外货物运输量的确定，可用下式计算

$$q = K \frac{\sum Q_i L_i}{T} \tag{9.27}$$

式中　q——日货运量，t·km/d；

$\quad\quad Q_i$——各种货物年度需用量，或全部工程的货物用量；

$\quad\quad L_i$——各种货物从发货地点到储存地点的距离，km；

$\quad\quad T$——工程年度运输工作日数（对单位工程取该工程的运输日数）；

$\quad\quad K$——运输工作不均匀系数，铁路运输取 1.5；汽车运输取 1.2；水路运输取 1.3。

本　章　小　结

基本建设程序是指基本建设项目从决策、设计、施工到竣工验收全过程中各项工作所必须遵循的先后次序。设计工作一般分初步设计和施工图设计两阶段进行。施工组织设计根据编制的对象或范围不同，分施工组织总设计、单项工程施工组织设计、分部（分项）工程施工组织设计或年度、季度施工计划的实施计划等三类。

流水施工有流水段法和流水线法，流水段法可分为固定节拍专业流水、成倍节拍专业流水和分别流水等几种形式，其表述形式有水平图表、垂直图表、网络图等。其中网络图有双代号、单代号两种表示方法。网络计划的时间参数（如 ES、EF、LF、LS、TF、FF 等）是确定关键工作、关键线路和计划工期的基础，是判定非关键工作机动程度和进行优化、调整与动态管理的依据。

施工进度计划按内容范围和管理层次一般分施工总进度计划、单项工程进度计划、施工措施计划。施工管理中，施工进度计划与施工组织设计的其他组成部分密切关联，互相制约。

施工总体布置图包括一切地上和地下、已有和拟建的建筑物和构筑物，以及一切为施工服务的临时性建筑物和施工设施，是施工组织设计的主要成果之一。根据施工组织设计规范，施工总布置可划为七个分区。结合工程实际，施工场地的总体布局有一岸布置和两岸布置、集中布置和分散布置、"一条龙"和"一二线"布置等几种情况。对于大型临时设施主要根据工程规模、施工条件、施工进度及施工方法等，估算建筑面积和确定平面布置。

职　业　训　练

施工组织设计

（1）资料要求：工程资料和相关图纸。

（2）分组要求：3～5 人为 1 组。

（3）学习要求：①熟悉工程图纸；②编写施工组织设计，绘制施工总进度计划与施工总平面布置图。

思　考　题

1. 施工组织设计内容有哪些？各内容之间有何关系？

2. 顺序施工与流水施工有何不同？

3. 何谓成倍节拍专业流水？与分别流水法有何不同？

4. 试比较横道图与网络图的优缺点。

5. 绘制网络图时应注意哪些问题？

6. 双代号网络图与单代号网络图有何不同？

7. 何谓施工进度计划？简述其编制方法和步骤。

8. 施工总体布置图主要包括哪些内容？

9. 施工大型临时设施有哪些？施工布置应注意哪些问题？

第 10 章 施 工 管 理

学习要点

【知 识 点】 掌握计划管理、质量管理的内容与要求；熟悉施工安全技术与防护；了解成本管理控制及信息管理等内容。

【技 能 点】 能进行施工计划编制、质量控制及施工安全控制。

【应用背景】 现代水利工程施工不仅仅注重科学技术的发展，而且日益强调科学管理的必要性和重要性。如何精心组织施工，进行计划、决策、组织、指挥、控制和协调，则是管理工作的中心任务。在工期、质量、成本和安全管理中，质量问题关系到工程的根本。在目标实施阶段须检查实施情况，控制目标偏差，防止目标管理失控。如通过信息技术建立项目管理信息数据库，对相关数据资源及时汇总为施工管理决策提供信息资源支持等。

10.1 施 工 计 划 管 理

水利工程建设是一个综合复杂的系统工程，特别是建设管理中推行业主（项目法人）负责制、招标承包制、建设监理制和合同管理制以来，要求采用现代管理的手段，对工程实行全面、全过程的监督和管理。其中计划管理是施工管理工作的核心，用以指导、调整和检验各项具体的活动，保证活动目标得以高效率地实现。

10.1.1 现代管理

现代管理是运用系统分析、信息功能及计算机等现代科学技术，重视发挥人的创造力和主观能动性，进而发挥人的管理才能和管理艺术。主要表现在以下几点：

（1）科学组织"5M"要素，即人、材料、机械、资金和方法。比如材料的物理力学性能等是否达到技术标准和设计要求，机械设备使用性能和精度等是否满足工程的要求，施工工艺是否合理等。各要素需要相互有机结合起来，以确保管理目标的最优实现。

（2）采用 PDCA 循环法，逐步达到目标。

（3）采用动态管理，管理上保持一定弹性。

（4）管理中各环节分工明确，科学组合，实现管理高效能。

（5）重视管理人员培训，特别是高级管理人才的培养。

（6）运用科学技术新理论，并利用计算机以提高管理效能。

（7）强化信息管理，发挥信息功能。

现代管理科学吸收许多新的理论和方法，如图论、网络计划技术、线性规划与非线性规划、决策论等，其他领域应用的灰色系统理论、系统聚类分析等，从不同角度、不同深度应用于施工组织设计之中，如施工进度计划编制中应用的网络计划技术，施工导流规划与设计中导流标准的风险率研究、导流方案多目标决策和优化，主体工程如混凝土坝施工模拟等，对指导和组织水利工程施工发挥了极其重要的作用。

现代管理可概括为三个阶段，即输入、处理和输出阶段。针对水利工程施工，输入阶段主要有设计、施工组织、施工预算、材料、施工机具与设备、现场准备等；处理阶段主要为完成施工及工程竣工等；输出阶段有工程交工，完成要求技术经济指标等。

10.1.2 施工管理流程

工程实践表明，建设项目施工与时间、空间、资源及资金密切相关。在工程施工过程中，参与工程建设的各方均须遵守和执行规定的程序，各个工作环节要环环相扣紧密相连，特别施工单位须严格履行合同，与建设单位、设计单位、监理工程师密切配合，确保工程质量。一般施工管理流程如图 10.1 所示。

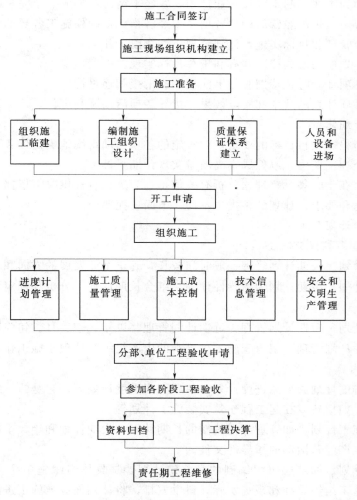

图 10.1　工程施工管理流程图

10.1.3　计划管理的任务与要求

1. 计划管理

计划管理是根据工程施工组织设计和现有技术条件与水平等因素，进行全面的和综合性管理工作，确定未来一段时间内应达到的目标，分析和筹划实现目标的一切资源、条件，制定方案和具体时间安排等。一般通过施工计划编制、计划的实施及信息反馈等，适时调整，完成预期目标。

计划管理的职能要求施工单位在组织施工的各个工作环节中进行全员性的科学管理，如施工准备、施工到竣工验收等阶段，使各项工作纳入正常轨道，进而实施有效的管理。如大坝、电站厂房、隧洞等施工均需制定一个周密的计划，即根据项目目标的要求，对项目实施的各项活动做出周密安排。工程施工过程中，严密的计划和科学的组织管理显得尤为重要。

2. 计划管理的任务

计划管理的任务为利用现代技术和管理手段，科学合理地使用人力、物力和财力，以生产、经营活动为主体，制定各项专业计划，并经平衡协调形成一个完整的综合计划，在执行中不断改善施工生产经营活动的各项技术经济指标，确保施工各环节有计划进行。

为确保高效管理和目标实施，计划管理应注意以下几点：

（1）各项计划应动态调控，并有利于总目标实现。

（2）执行各项计划时，特别时间上注意相互衔接和连贯性。

（3）强调各项计划的效率和实际效果，指导各项活动顺利进行。

10.1.4　施工计划体系

项目计划即根据项目目标的要求，对实施的各项活动系统地确定任务、进度及所需资源等，使其在合理工期内，以低成本高质量实现预期目标。

计划的作用在于收集、整理、分析有关信息，为决策者提供决策依据。针对不同的部门、对象、用途和要求，计划的种类也不同。下面仅扼要介绍。

10.1.4.1　施工计划种类

1. 按计划管理期限分

（1）长期计划。长期计划管理一般时间较长，确定企业发展的方向和目标。

（2）中期计划。中期计划为指导性计划。结合长期计划，分析和确定计划期内的基本任务。

（3）短期计划。短期计划管理为近期计划管理。以年、季、月、旬为限，是施工企业最重要的实施性计划管理，偏重于施工中日常的生产组织和体现于施工作业计划。

2. 按计划内容和性质分

（1）施工进度计划。如总进度计划、单项工程进度计划等，它是施工组织设计的一个重要组成部分，如拟建或在建工程建筑安装施工计划等。

（2）综合施工计划。如管理部门编制的长期计划、中期计划和年、季度计划，是指导有关部门进行生产经营活动的指导性文件。

（3）作业计划。如基层组织编制的月、旬计划，是具体组织施工生产活动的计划文件。一般根据施工组织设计和现场实际，科学安排，将计划任务、施工进度计划与现场实际情况紧密结合，成为组织施工的直接指导性文件。

（4）专业计划。如成本计划和质量计划等。各专业工程有土建、电气和管道等专业计划。

根据实际工程的需要，还有工程计划或企业生产计划相配套的劳动工资计划、物资供应计划等。

10.1.4.2　施工计划编制

工程中常根据工程规模和工程施工期的长短来考虑编制要求。如根据施工总进度要求，编制年度施工计划、季度施工计划和月施工计划等。

施工计划的编制由计划部门负责。虽在具体项目、内容、指标方面有不同要求，但编制步骤大致相同。一般考虑有确定目标、资料收集和准备、计划分析与评价、计划决策等几个过程。

施工进度计划的编制在第 9 章中已有介绍，施工措施计划是施工组织设计中各项进度安排的具体化，可按年度、专题或分部分项进行编制。

在年度施工措施计划中，应明确主要施工任务，常以截流、防汛、拦洪、蓄水、发电等为中心，提出基础工程和各项建筑物需完成的工程量和形象进度，并安排物资器材供应、机械设备调配及劳力、临时工程等计划。

工程中重大施工任务如施工导流、截流、蓄水、发电及复杂地基处理时，常编制专题施工措施计划，着重于技术措施上分析和安排。

分部分项（单元）施工措施计划由基层施工单位编制，是具体安排施工的行动计划。

以编制年进度计划和月进度计划为例，一般应掌握如下原则：

（1）短期进度计划须据长期进度计划编制。年进度计划和月进度计划须对各指导周期内的各工作项目作出协调安排，统筹考虑各种资源，使周期总效益最高。

（2）按基本建设程序和施工程序办事，确保施工秩序和文明施工。

（3）责任明确，指标分管及便于检查控制。

（4）进度网络计划逻辑清楚，切合实际和便于执行。

此外，编制施工作业计划时，由于其直接指导施工，要求深入现场调查研究，同时计划中应列出计划期内完成的工程项目、实物工程量，完成计划任务的资源需要量及提高劳动生产率、降低成本等措施。

10.1.4.3　施工计划控制

施工计划控制是一个动态过程。影响因素有人为因素、技术因素、材料和设备因素、地基因素、资金因素、气候及环境因素等。以施工单位为例，影响进度计划如施工组织设计的编制、生产能力和管理素质、投入人力及分包施工单位的进度保证能力等。此外，不可预见事件的发生如工程事故、恶劣气候等。

可见，计划实施过程中，在科学组织调度保证其有节奏和均衡地进行施工的同时，应根据计划实施反馈信息，了解工程进展情况，并组织有关部门及时检查，发现某一阶段或某一工序施工进度与计划有偏离时，要积极寻找原因，及时协调和调整，并制定出因工程条件发生变化的应变措施，修改和完善原有施工计划，使施工计划真正起到组织施工活动的作用。

计划调控时，常根据施工需要，绘制工程进度管理、材料供应管理等曲线，以便对工程进度、材料等进行适时控制。

施工进度控制时，可采用以下几种方法。

1. 横道图

采用横道图可将计划进度与实际进度表示出来，通过比较而直观了解工程进展情况，工程中常用实线（粗实线）、虚线或双线分别表示实际进度和计划进度。此法不足在于难以清晰反映出进度的差距和某工序对其他工序和整个工程的影响。利用横道图控制大而复杂的工程进度时较为困难。

为此，工程应用中将传统横道图与网络图结合起来成为新横道图。其根据网络计划编制，但与网络计划表达形式不同，主要保留了计划中明确的工作逻辑关系和各工作的时间参数的正确表达。

2. 工程进度管理曲线

以横轴表示工期，以纵轴表示工程进度参数的累计量（如工程量、施工强度等），图上可分别绘出实际曲线和计划曲线（图10.2），看出实际进度与计划进度的差距，一定程度上克服横道图表示法的不足，但仍难以直接反映出某项作业滞后对其他作业和整个工程的影响。

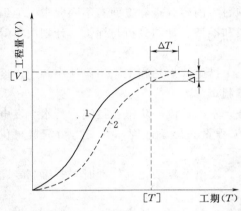

图 10.2   工程进度管理曲线

1—计划进度；2—实际进度

[V] —计划工程量；[T] —计划工期；

ΔV—工程量偏差；ΔT—工期偏差

由于实际进度曲线随工程条件和管理条件而变化，工程中常使实际进度曲线保持在一定的安全区域（即控制曲线的允许上、下限）内，以便进行施工进度控制。该区域为满足施工管理基本条件而适时调整施工进度曲线的变化范围。

3. 网络计划技术

利用现代网络计划技术管理施工进度，可在计划网络图上直接标示实际进度，由反馈的信息及时进行施工进度调整。对施工进度的控制比较方便，也有利于施工管理，是进行适时控制的有效手段。

相关内容可见第9章所述。按网络图绘制的计划进度管理曲线，通常用最早时间、最迟时间分别绘出两条资源累计曲线，其形似香蕉，又称香蕉曲线。

需指出，在计划管理工作中，一方面要科学编制计划，另一方面也要采取可行措施，加强管理，以保证各项工作和任务顺利进行。

为及时了解工程进展情况，可采取措施有：

（1）建立定期例会制度。分析工程实施情况，不断总结经验教训，提高施工和管理水平。

（2）加强施工调度与管理。按施工计划调度劳力、材料和机械设备，发现问题及时解决。

（3）建立定期检查制度。直观检查工程实际的施工进展情况及质量、安全、文明施工等，了解计划实施和存在的问题。

（4）加强机械维修管理。现代水利工程对施工机械的要求越来越高，综合机械化施工已成为必然趋势，应有计划对施工机械和设备进行保养，如润滑、调整、检查和修理等，以提高工效，满足施工的需要。

（5）强化基本资料整理和统计工作。应利用现代工具和手段进行管理，科学地归类分析与整理。在计划管理中，施工进度统计是统计工作中心，消耗统计是经济核算的关键，质量统计是工程顺利施工的根本。要重视和发挥统计工作的作用，利用基本数据和资料为工程施工服务。

10.2　质　量　管　理

质量管理是指制定和实施质量方针的全部管理职能，是施工管理的中心工作。包括为实现质量目标而进行的战略策划、资源分配及其他有系统的活动，如质量策划、实施和评价，工程施工中有关技术组织措施的改进，施工技术规范的制定和贯彻，施工过程的安排和控制，技术岗位责任制的建立和推行等。

水利工程建设各单位推行全面质量管理，采用先进的质量管理模式和管理手段，推广先进的科学技术和施工工艺，依靠科技进步和加强管理，努力创建优质工程。

10.2.1　全面质量管理程序和特点

全面质量管理是将组织管理、专业技术、数理统计、系统理论等密切结合起来，建立一套完整的质量管理体系。主要包括：

（1）情况调研，产品及工艺装备研制，材料供应、生产和检验及行政管理、经营管理等环节。

（2）信息及时反馈，控制和改进质量。

（3）科学运用系统理论、数理统计等方法，促使工作制度化和标准化。

1. 工作程序

全面质量管理遵循科学的工作程序，即 PDCA 循环，它是计划、执行、检查、处理四个阶段的简称。

计划（Plan）阶段主要为确定任务、目标、计划、管理项目和拟定措施等，分析现状和产生质量问题的原因，制定计划和有效技术组织措施，提出目标和相应的执行计划。

执行（Do）阶段主要根据工程目标、质量标准及施工规范按已确定的行动计划组织实施。

检查（Check）阶段为计划与实际相比较，分析存在问题，调查执行效果。

处理（Action）阶段为总结经验教训，不断提高施工技术和管理水平，并形成制度化和纳入规程，对于存在和未解决的问题，转入到下一管理循环。

PDCA 循环是一周而复始、不断螺旋形循环和阶梯形上升的质量管理方法，促使工作质量、产品质量和管理水平不断提高，如图 10.3 所示。各级质量管理均有一个 PDCA 循环，每个 PDCA 循环都有新的目标和内容。其中处理（Action）阶段是循环的关键。每一次循环后，制定新的质量计划与措施，使质量管理工作及工程质量进一步提高。

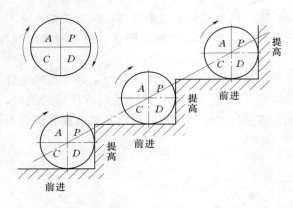

图 10.3　全面质量管理 PDCA 循环图
P—计划；D—执行；C—检查；A—处理

2. 工作特点

全面质量管理的特点表现在：

（1）全面的质量管理。质量包括技术指标和适用性、安全性、经济性等综合性质量指标，质量管理包括工程质量和影响质量的工作质量。

（2）全过程的质量管理。如人、材料、机械、环境等影响及施工中每一道工序和每一环节进行管理而形成严密的质量管理体系。

（3）全员的质量管理。动员和组织各部门及全体人员，明确岗位责任，确保工作质量和工程质量。

（4）多种多样的质量管理方法。运用现代科技和先进的理论方法，如概率论、数理统计等，依靠数据资料作出判断和采取有效措施，质量管理工作由定性管理发展为定量管理。

根据以上特点分析，全面质量管理需注意以下几点：

（1）按施工程序精心组织施工，文明施工。

（2）对于重大和技术复杂问题，应就施工要求、方法、质量标准、组织设计等进行技术交底，协商讨论和制定技术措施。

（3）质量计划如指标计划、措施计划是全面质量管理的目标，要明确和做好标准化（如技术标准、工作标准）工作。

（4）明确岗位职责和权限，有效开展检查、督促及指导等，建立健全岗位责任制。

3. 统计工具

全面质量管理需要调查、分析大量的数据和资料，常用的统计工具有直方图、排列图、因果分析图、分层法（分类法）、控制图、散布图（相关图）、统计分析表等。关于这几种工具的应用，可查阅有关说明。

10.2.2　质量管理体制

水利工程质量实行项目法人（建设单位）负责、监理单位控制、施工单位保证和政府监督相结合的质量管理体制。强调工程建设各单位要加强质量法制教育，将提高劳动者的素质作为提高质量的重要环节，建立和完善质量管理的激励机制。此外，建设单位、勘察单位、设计单位、施工单位、工程监理单位依法对建设工程质量负责，严格执行基本建设程序，坚持先勘察、后设计、再施工的原则，鼓励采用先进的科学技术和管理方法，提高建设工程质量，且建设工程实行质量保修制度和质量监督管理制度。

1. 工程质量监督管理

水利工程按照分级管理的原则由相应水行政主管部门授权的质量监督机构实施质量监督。质量监督机构必须建立健全质量监督工作机制，完善监督手段，增强质量监督的权威性和有效性，其职能主要表现在：

（1）加强对贯彻执行国家和水利部有关质量法规、规范情况的检查，坚决查处有法不依、执法不严、违法不究及滥用职权的行为。

（2）负责监督设计、监理、施工单位在其资质等级允许范围内从事水利工程建设的质量工作。

（3）负责检查、督促建设、监理、设计、施工单位建立健全质量体系。

（4）以抽查为主的监督方式，按照国家和水利行业有关工程建设法规、技术标准和设计文件实施工程质量监督，对施工现场影响工程质量的行为进行监督检查。必要时，可委托经计量认证合格的检测单位，对工程有关部位及所采取的建筑材料和工程设备进行抽样检测。

（5）工程竣工验收时，对工程质量等级进行核定。未经质量核定或核定不合格的工程，施工单位不得交验，工程主管部门不能验收，工程不得投入使用。

工程质量监督的依据主要有：

（1）国家有关的法律、法规。

（2）水利水电行业有关技术规程、规范，质量标准。

（3）批准的设计文件等。

2. 项目法人质量管理

项目法人（建设单位）要根据工程规模和特点，按有关规定，通过资质审查、招标，选择勘测设计、施工、监理单位并实行合同管理。合同文件中，必须有工程质量条款，明确图纸、资料、工程、材料、设备等的质量标准及合同双方的质量责任。

针对项目法人在工程建设中的地位和作用，具体要求为：

（1）加强工程质量管理，建立健全施工质量检查体系，根据工程特点建立质量管理机构和质量管理制度。

（2）按规定向水利工程质量监督机构办理工程质量监督手续。

（3）工程施工中，接受质量监督机构对工程质量的监督检查。

（4）组织设计和施工单位进行设计交底，工程完工后，及时组织有关单位进行工程质量验收、签证。

3. 监理单位质量管理

监理单位应严格执行国家法律、水利行业法规、技术标准，履行监理合同。依核定的监理范围承担相应的水利工程监理任务，主要工作有：

（1）根据承担工程的监理任务，向现场派相应的监理机构和人员，监理工程师持证上岗。

（2）根据工程监理合同，参与招标工作，从保证工程质量全面履行承建合同出发，签发施工图纸。

（3）审查施工单位的施工组织设计和技术措施。

（4）指导监督合同中有关质量标准、要求的实施。

（5）参加工程质量检查、质量事故调查处理及工程验收工作。

4. 设计单位质量管理

设计单位必须建立健全设计质量保证体系，加强设计过程质量控制。主要任务有：

（1）设计文件满足相应设计阶段有关要求，设计质量满足工程质量、安全需要及设计规范的要求。

（2）按合同规定及时提供设计文件和施工图纸，施工中掌握现场情况，优化设计和解决有关问题。

（3）在阶段验收、单位工程验收和竣工验收中，对施工质量是否满足设计要求提出评价意见。

5. 施工单位质量管理

施工阶段是工程实体形成阶段，是工程质量控制的重要环节。施工单位必须依国家、水利行业有关工程建设法规、技术规程、技术标准的规定及设计文件和施工合同的要求进行施工。

10.2.3 质量控制

施工阶段质量影响因素主要有人、材料、机械、方法、环境等。质量控制主要从内控、外控等几个方面进行，其中施工单位施工质量的管理是关键。施工质量控制程序如图10.4所示。

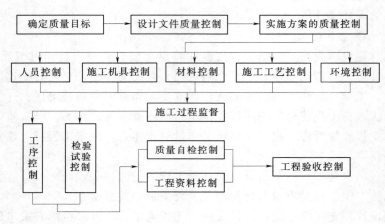

图 10.4 施工质量控制程序

10.2.3.1 主要内容

（1）施工单位要推行全面质量管理，建立健全施工质量保证体系，制定和完善岗位质量规范、质量责任及考核办法，落实质量责任制。管理人员及特殊岗位的工作人员必须符合施工合同和相应管理规程的要求。

（2）施工过程中加强质量检验工作，做好工程质量的全过程控制。原材料、半成品或构配件等进场应专人检查验收，不合格材料、构配件不许进场，需要试验或复验的原材料或构配件，要按有关规定取样进行。其中进场材料质量检验报告单、材料试验报告填写式样分别见表10.1、表10.2。

质检人员要熟悉有关规范和试验规程要求，如检验内容和方法、抽检数量等，进行施工作业过程的质量检查时，要严格执行技术操作规程、施工工艺标准和施工验收规范，每道工序要及时检验，发现问题及时处理。对于有关检验、抽验及复验计划，要和供应部门、施工部门密切配合，并通过相应的措施加以保证。

表 10.1　　　　　　　　　　　　**进场材料质量检验报告单**

承建单位：　　　　　　　　　　　　　　　　　　　　　合同编号：＿＿＿＿＿

申请使用工作项目及部位					工程项目施工时段		
材料记录	材料名称	规格	数量	产地或厂家	进场日期	检查日期	
储存情况			储存地点或库号				
抽样方法			抽样数量				
主要质量检验指标	试验项目						
	规定值						
	试验值						
试验室结论							
承建单位报送记录						监理机构认证意见	□合格 □按审批意见办理 □不合格 □ 工程监理部： 认证人： 日期：　　年　月　日
	报送单位： 日期：　　年 月 日						
附件目录	（1）材料出厂合格证；（2）材料样品试验报告。						

说明：一式四份报送监理部，完成认证后返回报送单位两份，留作单元、分部、单位工程质量评定资料备查。

表 10.2　　　　　　　　　**材 料 试 验 报 告**　　　　　编号：＿＿＿＿＿

工程名称及部位				试样编号	
委托单位		试验委托人		委托编号	
材料名称及规格				产地、厂别	
代表数量		来样日期		试验日期	
要求试验项目及说明：					
试验结果：					
结论：					
批准		审核		试验人员	
试验单位				报告日期	

（3）施工单位按照施工组织设计和施工进度计划、施工方案（方法）要求，组织施工机械设备，设备的性能参数、数量等满足工程需要。

（4）按照投标文件的技术条款，编制施工组织总体设计和单位工程施工组织设计方案。施工总体布置要与工程地形、地貌、建筑平面相协调。编制过程中要注意以下问题：

1）工期目标和质量目标要符合施工承包合同的规定和要求。安全、卫生、消防和文明施工等措施切实可行。

2）施工技术要先进、可靠，施工机械设备的型式、性能和数量与拟定的施工组织方式相适应，确保施工质量和施工效率。

3）施工方法合理可行，符合施工现场条件及施工规范、标准，满足工艺要求。

4）施工质量管理体系要健全、有效，特别针对特殊条件如严冬、雨季等，有针对性地保证施工质量和安全的施工组织技术措施。

5）施工程序要合理，有效避免施工交叉作业对施工质量和安全的影响。

（5）施工单位应将设计单位移交的测量基准点、基准线、参考标高等测量控制点进行复核，建立施工现场的平面坐标控制网及高程控制网，并将复核结果报监理工程师审批确认后，方可据此进行施工测量和放线。

（6）要做好工序控制，严格执行"三检制"（自检、复检、终检）。竣工工程质量符合要求，并提交完整的技术档案、试验成果及有关资料。

工程施工中要结合施工组织设计、施工科学研究和试验，健全技术管理制度。重视对施工中的重大技术问题如设计变更、设备重大缺陷、施工方案重大变更等的解决。特别施工现场管理中注意以下几点：

1）为确保工程质量，施工前要求进行图纸会审（表 10.3）。在采用新技术、新工艺、新材料时，要进行技术交底。

表 10.3　　　　　　　　　　图 纸 会 审 纪 要　　　　　　　编号：＿＿＿＿＿＿

工程名称			分类工程名称		
地点			日期		
序号	图号		图纸问题		图纸问题交底
签字栏	建设单位		监理单位	设计单位	施工单位

2）施工中发现设计错误、施工有困难及为生产运行方便和安全等提出改变的要求，必须办理设计变更手续。

3）根据工程质量检验的数据和基本资料，进行质量分析，总结经验教训。

4）结合施工组织设计，对施工现场科学管理。由于工程进展，施工总平面及布置会发生变化，如施工生产、堆场、管线、道路、仓库、加工及其他临时设施，需根据工程的需要及时进行调整，加强现场组织调度，实行科学动态管理。

5）运用科学方法如网络计划技术等组织施工，采用新工艺和先进的施工技术，以更好地进行质量控制、进度控制和投资控制。

6）工程出现质量事故，保护好现场，接受工程质量事故调查，进行事故处理。

10.2.3.2　工序质量控制

工程项目的施工过程是由一系列相互关联、相互制约的工序所构成，工序质量是基础，直接影响工程项目的整体质量。为了把工程质量从事后检查把关，转向事前控制，达到"以预防为主"的目的，必须加强施工工序的质量控制。工序控制的主要内容是工序活动条件的控制、工序活动的过程控制和工序活动效果的控制。

1. 工序活动条件的控制

主要是为工序的活动（作业）创造一个良好的环境，使工序能正常进行，其受到人、材料、机械、方法、环境等因素综合作用的影响。

（1）人的影响。如施工人员质量意识差、不遵守操作规程、技术水平低及操作不熟悉等。控制措施为检查操作人员及其他施工人员是否具备上岗条件，进行岗前考核（培训）和质量教育，提高质量意识和责任心。

（2）材料的影响。表现在材料的质量特性指标是否符合设计和标准的要求，防止错用和使用不合格材料。

（3）机械的影响。表现在机械的性能和操作使用上，控制措施为合理选择施工机械设备的型式、数量和性能参数，严格执行操作规程，遵守各种管理制度等。

（4）方法对工序的影响。表现在工艺流程、技术措施、工序间的衔接等，要确定正确的工艺流程和操作规程，加强工序交接的检查验收等。

（5）环境影响。如气象条件、管理环境和劳动环境等。对于气象条件的变化（如温度、大风、暴雨、严寒等）采取相应预防措施。

2. 工序活动的过程控制

在工序活动过程中，影响质量的因素会发生变化，如出现与预先（施工前）准备好的条件和环境不一致等。施工管理人员若发现不利于工序质量的因素和条件变化，如物料、施工机械设备、气象条件、施工现场环境及人员等，要立即采取有效措施加以控制和纠正。

3. 工序活动效果的控制

主要针对工序施工完成的工程产品质量性能状况（指标）的控制，即每道工序施工完成的工程产品是否达到有关质量标准。一般为施工单位进行自检，自检合格后填写验收通知单，监理单位接到验收通知单后在规定的时间内对工序进行抽样，通过对样品检验的数据分析，判断工序活动的效果（质量）是否符合质量标准的要求。其控制步骤如下：

（1）抽样：对工序抽取规定数量的样品或确定规定数量的检测点。

（2）实测：采用必要的检测工具和手段，对抽取的样品或确定的检测点进行质量检验。

（3）分析：对检验所得的数据，通过直方图法、排列图法或管理图法等进行分析，了解这些数据所遵循的规律。

（4）判断：根据数据分析的结果，与质量标准或规定相对照，判断该道工序是否达到质量标准的要求。

（5）认可或纠正：若符合规定的质量标准的要求，则对该道工序的质量予以确认；若不符合规定的质量标准的要求，则应寻找原因，采取对策和措施加以纠正。

施工过程中的工序控制，通常按下列程序进行：

（1）制定质量控制的工作程序（工作流程）。

（2）制定工序质量控制计划，明确质量控制的工作程序和质量控制制度。

（3）分析影响工序质量的各种因素，进行预防控制。

（4）设置工序质量控制点，进行质量预控，如关键环节或薄弱环节等。

（5）对工序活动过程进行动态跟踪控制。发现工序活动出现异常，及时采取有效措施。

（6）工序施工完成后，及时进行工序活动效果的质量检验。

4. 质量控制点的设置

控制点是指为了保证工序质量而需要进行控制的重点，如关键部位、薄弱环节等，以便在一定时期内、一定条件下进行强化管理，使工序处于良好的控制状态。

质量控制点应根据工程特点，视其重要性、复杂性、精确性、质量标准和要求，进行全面分析、比较而定。如操作、材料、机械设备、施工顺序、技术参数、工程环境等，均可作为质量控制点来设置。

（1）质量控制点设置的原则。

1）重要的和关键性的施工环节和部位，如预应力结构的张拉工序，钢筋混凝土结构中的钢筋架立等。

2）质量不稳定，施工质量没有把握的施工内容和项目，如复杂曲线模板的放样等。

3）施工条件困难的或技术难度大的环节和部位。

4）质量标准或质量精度要求高的施工内容和项目。

5）对工程项目的安全和正常使用有重要影响的施工内容和项目。

6）对后续工序质量或安全有重大影响的施工内容、施工工序或部位，如预应力钢筋质量、模板的支撑与固定等。

7）对施工质量有重要影响的技术参数。

8）某些质量的控制指标。

9）可能出现常见质量通病的施工内容或项目。

10）采用新技术、新材料、新工艺施工时的工序操作。

（2）质量控制点的设置。

1）人的行为。对于高空作业、水下作业、危险作业、易燃易爆作业、操作复杂、技术难度大的工序等，为了避免和防止操作失误而造成质量问题，应将操作人员的作业行为作为质量控制点。事前除详细技术交底、提出要求外，还应对操作人员从人的心理活动、技术能力、思想素质等方面进行考核，以免产生错误行为和违纪违章现象。

2）物的状态。在某些工序或操作中，则应以物的状态作为控制的重点。如计量不准与计量设备、仪表有关；危险源与失稳、倾覆、腐蚀、振动、冲击、爆炸等有关，也与立体交叉、多工种密集作业场所有关等。根据不同工序的特点，有的应以控制机械设备为重点，有的应以防止失稳、倾覆、过热、腐蚀等危险源为重点，有的则应以作业场所作为控制的重点。

3）材料的质量和性能。材料的质量和性能是直接影响工程质量的主要因素，尤其是某些工序，更应将材料质量和性能作为控制的重点，如钢筋预应力加工等。

4）关键的操作。工序施工中应对某些施工操作重点控制。如混凝土振捣时，振捣棒距模板应保持一定距离，否则拆模后混凝土表面易产生蜂窝麻面；分层浇筑大体积混凝土时，振捣棒应插入下层混凝土一定深度，确保上下层混凝土结合为一个整体。

5）施工顺序。有些工序的操作，必须严格控制相互之间的先后顺序。如冷拉钢筋，一定要先对焊后冷拉，否则会失去冷强。

6）技术间隙。有些工序之间的技术间歇时间性很强，如不严格控制会影响施工质量。如分层浇筑混凝土，必须待下层混凝土未初凝时将上层混凝土浇完，否则易形成薄弱面（冷缝），严重影响混凝土的整体质量。

7）技术参数。有些技术参数与质量密切相关，应作为工序质量控制点。如外加剂的掺量、混凝土的水灰比、沥青胶的耐热度、回填土的最佳含水量等，都将直接影响强度、密实度、抗渗性和耐冻性。

8）施工工法。施工工法对质量产生重大影响，如预防群柱失稳问题、液压滑模施工中支承杆失稳问题、混凝土拉裂和坍塌问题、大模板施工中模板的稳定和组装问题等，均是质量控制的重点。

9）质量指标。如回填土的干密度、混凝土强度、混凝土抗渗性、寒冷地区混凝土抗冻性等，应严格控制其质量指标。针对特殊土地基和特种结构，如膨胀土、红黏土等地基处理及大跨度结构等技术难度较大的施工环节和重要部位，应特别控制。

10）新工艺、新技术、新材料应用。新工艺、新技术、新材料初次施工时，施工操作人员缺乏经验，必须将其工序操作作为重点严加控制。

（3）工序质量控制点的管理。针对质量控制措施的设计，主要步骤和内容有：

1）列出质量控制点明细表。包含质量控制点的名称和内容、质量要求、质量检验程度和方法、检验工具和设备、质量控制责任人等。

2）设计控制点施工流程图。

3）进行工序分析，找出主导因素。

4）制定工序质量控制表，对影响质量特性的主导因素规定出明确的控制范围和控制要求。

5）编制保证质量的作业指导书。

6）编制作业网络图，明确标出各控制因素采用的计量仪器、编号、精度等，以便进行精确计量。

质量控制点的实施，主要包括：

1）交底。将控制点的"控制措施设计"向操作班组交底，使操作人员明确操作要点。

2）质量控制人员在现场进行重点指导、检查、验收。

3）按作业指导书认真操作，保证每个环节的操作质量。

4）按规定做好检查并认真记录，取得第一手数据。

5）运用数据统计方法，不断进行分析与改进（PDCA），直至质量控制点验收合格。

10.2.4　工程质量事故与处理

1. 工程质量事故的分类

工程质量事故是指在水利工程建设过程中，由于建设管理、监理、勘测、设计、咨询、施工、材料、设备等原因造成工程质量不符合规程规范和合同规定的质量标准，影响使用寿命和对工程安全运行造成隐患和危害的事件。按直接经济损失的大小，检查、处理事故对工期的影响时间长短和对工程正常使用的影响，可分为（表10.4）：

表 10.4　　　　　　　　　　　　　水利工程质量事故分类标准

损失情况 ＼ 事故类别		特大质量事故	重大质量事故	较大质量事故	一般质量事故
事故处理所需物资、器材和设备、人工等直接损失费（人民币，万元）	大体积混凝土、金属制作和机电安装工程	＞3000	＞500 ≤3000	＞100 ≤500	＞20 ≤100
	土石方工程、混凝土薄壁工程	＞1000	＞100 ≤1000	＞30 ≤100	＞10 ≤30
事故处理所需合理工期（月）		＞6	3～6	1～3	≤1
事故处理后对工程功能和寿命影响		影响工程正常使用，需限制条件使用	不影响工程正常使用，但对于工程寿命有较大影响	不影响工程正常使用，但对于工程寿命有一定影响	不影响工程正常使用和工程寿命

注　1. 直接经济损失费用为必要条件，事故处理所需时间以及事故处理后对工程功能和寿命影响主要适用于大中型工程。
　　2. 小于一般质量事故的质量问题称为质量缺陷。

（1）一般质量事故。一般质量事故是指对工程造成一定经济损失，经处理后不影响正常使用并不影响使用寿命的事故。

（2）较大质量事故。较大质量事故是指对工程造成较大经济损失或延误较短工期，经处理后不影响正常使用但对工程寿命有一定影响的事故。

（3）重大质量事故。重大质量事故是指对工程造成重大经济损失或较长时间延误工期，经处理后不影响正常使用但对工程寿命有较大影响的事故。

（4）特大质量事故。特大质量事故是指对工程造成特大经济损失或长时间延误工期，经处理后仍对正常使用和工程寿命造成较大影响的事故。

由于建设项目生产组织特有的流动性、综合性、劳动的密集性和协作关系的复杂性，工程质量事故的特点表现在：

1）复杂性。同类型工程因地区不同，施工条件不同，可引起诸多复杂的技术问题，造成质量事故的原因错综复杂。如坝体混凝土裂缝，可能为设计不良、计算错误、温控不当或建筑材料质量及施工质量低劣等诸多因素造成的，需加以具体分析进行处理。

2）严重性。质量事故会造成和影响施工的正常进行，给工程留下隐患或缩短建筑物的使用年限，严重时会影响安全甚至不能使用。如坝体垮坝等将造成重大损失。

3）可变性。工程质量问题随时间、环境、施工等情况而变化。如坝体裂缝、水闸渗透破坏等问题，应及时分析和采取补救措施，以免进一步发展和恶化。

4）多发性。多指工程质量通病，如砂浆强度不足、混凝土蜂窝麻面及常出现的裂缝等。

2．工程质量事故的报告

事故发生后，事故单位要严格保护现场，采取有效措施抢救人员和财产，防止事故扩大。因抢救人员、疏导交通等原因需移动现场物件时，应当作出标志、绘制现场简图并作出书面记录，妥善保管现场重要痕迹、物证，并进行拍照或录像。

项目法人必须将事故的简要情况向项目主管部门报告。项目主管部门接事故报告后，按照管理权限向上级水行政主管部门报告。发生（发现）较大、重大和特大质量事故，事故单位要在 48h 内向有关单位写出书面报告；突发性事故，事故单位要在 4h 内电话向上级单位报告。

一般事故报告应包括以下主要内容：

1）工程名称、建设规模、建设地点、工期、项目法人、主管部门及负责人电话。

2）事故发生的时间、地点、工程部位及相应的参建单位名称。

3）事故发生的简要经过，伤亡人数和直接经济损失的初步统计。

4）事故发生原因初步分析。

5）事故发生后采取的措施及事故控制情况。

6）事故报告单位、负责人及联系方式。

3. 事故调查程序

事故调查的基本程序如下：

（1）发生质量事故，要按有关规定及管理权限进行调查，查明事故原因，提出处理意见和提交事故调查报告。

事故调查组成员实行回避制度。

（2）事故调查管理权限。

1）一般事故由项目法人组织设计、施工、监理等单位进行调查，调查结果报项目主管部门核备。

2）较大质量事故由项目主管部门组织调查组进行调查，调查结果报上级主管部门批准并报省级水行政主管部门核备。

3）重大质量事故由省级以上水行政主管部门组织调查组进行调查，调查结果报水利部核备。

4）特大质量事故由水利部组织调查。

（3）事故调查的主要任务。

1）查明事故发生的原因、过程、财产损失情况和对后续工程的影响。

2）组织专家进行技术鉴定。

3）查明事故的责任单位和主要责任者应负的责任。

4）提出工程处理和采取措施的建议。

5）提出对责任单位和责任者的处理建议。

6）提交事故调查报告。

（4）事故调查组有权向事故单位、各有关单位和个人了解事故的有关情况。有关单位和个人必须实事求是地提供有关文件或材料，不得以任何方式阻碍或干扰调查组正常工作。

（5）事故调查组提交的调查报告经主持单位同意后，调查工作即告结束。

4. 质量事故处理

（1）质量事故处理的原则。发生质量事故，必须坚持"事故原因不查清楚不放过、主要事故责任者和职工未受到教育不放过、补救和防范措施不落实不放过"的原则，认真调查事故原因，研究处理措施，查明事故责任，做好事故处理工作。

（2）质量事故处理职责划分。水利工程质量事故处理实行分级管理的制度。发生质量事故，必须针对事故原因提出工程处理方案，经有关单位审定后实施。

1）一般质量事故，由项目法人负责组织有关单位制定处理方案并实施，报上级主管部门备案。

2）较大质量事故，由项目法人负责组织有关单位制定处理方案，经上级主管部门审定后实施，报省级水行政主管部门或流域机构备案。

3）重大质量事故，由项目法人负责组织有关单位提出处理方案，征得事故调查组意见后，报省级水行政主管部门或流域机构审定后实施。

4）特大质量事故，由项目法人负责组织有关单位提出处理方案，征得事故调查组意见后，报省级水行政主管部门或流域机构审定后实施，并报水利部备案。

特别指出，事故处理需要进行设计变更的，需原设计单位或有资质的单位提出设计变更方案。需要进行重大设计变更的，必须经原设计审批部门审定后实施。

事故部位处理完成后，必须按照管理权限经过质量评定与验收后，方可投入使用或进入下一阶段施工。

10.3 成　本　管　理

施工成本的管理关系到工程费用的控制及工程施工进度等诸多环节。针对水利工程投资多、规模庞大、建筑物及设备种类繁多的特点，成本管理是项目管理的核心工作。通过工程预算分解、动态资金管理以及基础管理等方面，施工单位要加强施工中各项费用的控制、减少浪费以及不必要的支出，增加经济效益，提高市场竞争力。

工程成本管理的主要内容有：

（1）结合工程实际，分析和成本有关的各类作业。

（2）根据规范，确定各类作业的计划成本。

（3）结合现场实际和施工状况，深入调查、研究各类作业的实际成本。

（4）各类作业的实际成本与计划成本进行对比，分析差异和找出原因。

（5）采取有效措施加以解决。

10.3.1　成本管理的任务

成本管理应根据国家、水利行业有关工程建设法规、技术规程、技术标准及设计文件和施工合同，在保证工期和质量满足要求的情况下，利用组织措施、经济措施、技术措施、合同措施把成本控制在计划范围内，并进一步寻求最大程度的成本节约。施工成本管理的任务和环节主要包括成本预测、成本计划、成本控制、成本核算、成本分析和成本考核。

施工阶段影响投资的主要因素是施工工期、工程质量成本、人工成本、材料成本、机械使用成本和施工管理费。在控制投资时，主要为控制工程成本、总工期、施工索赔及工程变更等。结合工程实际，成本管理工作须注意以下几点：

（1）数据和资料统计。严格执行有关规定，做好施工原始记录和报表制度。利用计算机加强对基本数据的分析统计工作，为工程成本分析和管理掌握第一手资料。

（2）计量检验。根据计量细则、方法及合同中的要求，做好计量检验工作，如计量器具、出入库检验制度等。工程中计量与支付是财务管理的关键环节，是合同管理的重要内容。

施工阶段成本或投资控制的重要任务是控制付款。应严格进行工程量计量复核工作和工程付款账单复核工作，根据建筑材料、设备消耗、人工劳务消耗等，进行施工费用结算和竣工决算。

（3）定额管理。定额是科学组织施工的必要手段，是进行按劳分配、经济核算、提高经济效益的有效工具，是确定工程造价和进行技术经济评价的依据。在施工阶段作为班组下达具体施工和计划组织施工任务的基本依据。计划部门则根据施工任务，按定额计算人工、材料和机械设备的需要量和需要时间。供应部门由计划适时、保质保量地供应材料和机械设备。

（4）施工预算。施工阶段在施工图预算控制下，通过工料分析，计算拟建工程工、料和机具等需要量，根据施工图工程量、施工组织设计或施工方案、施工定额等资料编制，作为加强企业内部经济核算，节约人工和材料，向施工班组签发施工任务单和限额领料的主要依据。

10.3.2 施工成本预测

施工成本预测是根据成本信息和施工项目的具体情况，运用一定的专门方法，对未来的成本水平及其可能发展趋势做出科学的估计，其是在工程施工以前对成本进行的估算。通过成本预测，选择成本低、效益好的最佳成本方案，并能够在施工项目成本形成过程中，针对薄弱环节，加强成本控制，克服盲目性，提高预见性。

施工成本预测是施工项目成本决策与计划的依据。通常是对施工项目计划工期内影响其成本变化的各个因素进行分析，比照近期已完工施工项目或将完工施工项目的成本（单位成本），预测这些因素对工程成本中有关项目（成本项目）的影响程度，预测出工程的单位成本或总成本。

10.3.3 施工成本计划

施工成本计划是施工项目成本控制的一个重要环节，是实现成本管理任务的指导性文件。编制施工成本计划，需要广泛收集相关资料并进行整理，以作为施工成本计划编制的依据。施工成本计划的编制依据包括：

（1）投标报价文件。

（2）企业定额、施工预算。

（3）施工组织设计或施工方案。

（4）人工、材料、机械台班的市场价格。

（5）企业颁布的材料指导价、企业内部机械台班价格、劳动力内部价格。

（6）周转设备内部租赁价格、摊销损耗标准。

（7）已签订的工程合同、分包合同。

（8）结构件外加工计划和合同。

（9）有关财务成本核算制度和财务历史资料。

（10）施工成本预测资料。

（11）拟采取的降低施工成本的措施。

（12）其他相关资料。

根据有关设计文件、工程承包合同、施工组织设计、施工成本预测资料等，按照施工项目应投入的生产要素的变化和拟采取的各种措施，估算施工项目生产费用支出的总体水平，进而提出施工项目的成本计划控制指标，确定目标总成本。目标成本确定后，应将总目标分解落实到各个机构、班组及便于进行控制的子项目或工序。

目前，我国的建筑安装工程费由直接费、间接费、利润和税金组成。有的将施工成本按成本组成分解为人工费，材料费，施工机械使用费，措施费和间接费，如图 10.5 所示。施工成本计划的编制须以成本预测为基础，关键是确定目标成本。

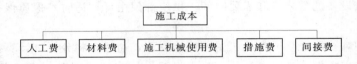

图 10.5　施工成本组成示意图

10.3.4　成本管理控制与措施

施工中造成工程成本差异的原因较多，如施工现场条件变化、资源供应、设计变更、质量事故及临建工程增加等。施工成本控制是指在施工过程中，对影响施工成本的各种因素加强管理，并采取各种有效措施，将施工中实际发生的各种消耗和支出严格控制在成本计划范围内，随时揭示并及时反馈，严格审查各项费用是否符合标准，计算实际成本和计划成本之间的差异并进行分析，进而采取多种措施，消除施工中的损失浪费现象。

施工成本控制贯穿于项目从投标阶段开始直至竣工验收的全过程，可分为事先控制、事中控制（过程控制）和事后控制。在项目的施工过程中，需按动态控制原理对实际施工成本的发生过程进行有效控制。

工程中成本控制一般根据目标成本（如施工预算），将任务逐步分解，如企业、工区、施工队（班组）等，对实际成本的形成过程进行监督和管理，将费用开支加以合理控制。施工阶段成本管理与控制主要应加强合同管理、岗位和成本责任制管理、工程变更与索赔管理、信息管理、竣工决算管理等工作。现简要分述如下。

1. 合同管理

施工合同是协调项目法人（建设单位）与施工单位间相互关系、明确责任和互相制约、共同促进为完成施工任务的法律性文件。特别要求施工企业加强合同管理，提高合同履约意识，它与提高企业的经济效益，保证利润目标的实现，有着极为密切的联系。

合同管理要求按合同规定的工期、质量和投资组织施工，使合同实施按预定的计划和方向顺利进行。要求及时检查工程进度情况，已完工程质量检验及措施执行情况，工程款支付及材料、设备供应情况，定期进行合同履约情况分析，纠正施工中偏离合同的现象。

工程成本控制和工程质量、进度密切相关。在工程质量保证的前提下，为便于进行成本控制，常进行计划费用、实际费用和进度比较，绘制工程进度与成本管理曲线，对工程未来的发展做出预测，估计其超支、节约或拖后的情况，以便进行适时调控。

2. 岗位和成本责任制管理

前已述及全面质量管理的概念和方法，在工程管理中要明确制定和完善岗位质量规范，落实质量责任制。在成本管理中应做好以下工作：

（1）建立和完善管理制度，严格执行施工组织设计及各项降低成本的措施。

（2）落实成本责任制，进行检查、分析和改进。根据工程进展情况，分析人工费、材料费、机械使用费节超原因，以便采取措施进行处理。

（3）建立材料限额领料制度，进行成本核算。

3. 工程变更与索赔管理

水利工程施工涉及面广，技术复杂且工期较长，可能会发生工程变更，如设计图纸、施工时间、工程数量、技术规范等变更及合同条件的修改。任何部分的工程变更，业主、监理工程师和承包商均可以提出，但须经监理工程师批准并发出有关的变更指令。

工程变更的程序为提出工程变更、审查工程变更、编制工程变更文件等。工程变更文件包括如下内容：

（1）工程变更令。说明工程变更的理由，工程变更估价等情况。

（2）工程量清单。填写项目变更前、后的单价、数量和金额及确定有关单价的资料。

（3）设计图纸。应包括计算书及技术标准等内容。

（4）其他文件。和工程变更有关的函件列入工程变更文件中。

索赔与反索赔工作在工程建设中越来越受到重视，可以认为索赔是一种管理手段，是施工合同履行中的促进剂。工程索赔一般有：

（1）工程变更引起的索赔。

（2）承包商自身以外的原因造成工程延误引起的索赔。如延期发出图纸、延期提供施工用地等。

（3）承包商遇到无法遇见的不利自然条件，或人为障碍引起的费用索赔。

索赔工作是一项较为复杂的工作，应遵循合同、实事求是等原则，按有关规定和程序进行。

4. 竣工决算管理

竣工决算包括项目从筹建到竣工验收投产的全部实际支出费，是考核竣工项目概预算与基建计划执行情况及分析投产效益的依据。对于总结基本建设经验，降低建设成本，提高投资效益具有重要的价值。

日常管理和竣工决算应注意以下几点：

（1）施工中原始资料分类立卷收集和整理。如图纸会审记录、修改或变更设计通知书、隐蔽工程检查验收证书、工程签证单及其他材料，做好竣工验收准备工作。

（2）做好工程有关物资、账务和债权债务等工作，正确编制年度财务决算。

（3）做好竣工决算报告。如竣工平面示意图、竣工决算说明书等。其中主要有概预算与工程计划执行情况，投资使用和基建支出情况，工程费用分配和投资分摊等。

结合工程实际，在成本管理中可进一步采取如下措施：

（1）根据施工组织设计，合理安排劳力，以提高工效。

（2）强化材料采购、运输、保管及使用等环节，减少损耗。

（3）做好机械设备日常保养和维修，提高施工机效。

（4）积极推广和采用新技术、新工艺，不断提高施工技术和水平。

（5）严格执行各项管理制度，明确各级施工成本管理人员的任务和职能分工、权利和责任，确保施工顺利进行。

特别指出，施工成本管理是一个系统工程，要及时抓好成本考核工作。通过定期和不定期的成本考核，督促各责任部门和责任者更好地完成自己的责任成本，形成实现项目成本目标的层层保证体系，并通过成本考核这一个环节，贯彻落实责、权、利相结合的原则，完成施工项目的成本目标。

10.4 信 息 管 理

10.4.1 信息基本属性

信息是帮助人们做出正确决策的知识，而数据是信息的载体。信息需要被记载、加工和处理。其基本属性主要有：

（1）真实性。信息是对实体的真实反应，真实是对信息最基本的要求。

（2）层次性。针对不同管理要求，信息具有不同的层次性。如工程施工时施工单位需要的是基层信息，关心项目进度、质量、成本等情况；监理单位需要有关合同签订、工程总进度、质量、安全、投资控制等信息，现场监理人员进行事务处理，需要材料、工艺程序、进度等信息。

（3）滞后性。信息是客观事实的反映，滞后于事实的发生，如施工过程中获得质量、成本等相关的数据和资料。事后控制信息的及时分析和研究，可为下一步工作和环节提供经验和借鉴。

（4）增值性。一些信息的时间性较强，利用其增值性可将无用的信息变得有用，并分析其变化的趋势，已成为常用信息收集的手段。对于特定目的如工程招标等，类似工程投标报价资料的积累，可为以后的投标竞争提供重要价值的资料。

（5）可转换性。信息在决策者采用时才可产生一定的价值。信息、能源和物质之间相互联系且相互转换，如工程咨询公司、信息服务中心等。

10.4.2 信息管理的基本要求

在水利工程施工与管理中，主要有以下几方面的技术资料：

（1）勘测设计资料。如地质勘察报告、设计施工图纸、设计修改及会审记录等。

（2）工程项目资料。如招投标资料、中标通知书、施工合同、施工组织设计等。

（3）工程施工资料。如开工报告、测量放样与记录、试验报告、工程例会记录、隐蔽工程质量验收、施工日记等。

（4）工程质量资料。如原材料说明书、检验与复检记录、质量评定与验收记录及有关质量管理制度、措施等。

（5）经济核算资料。如有关经济责任制度、措施，工程统计资料、成本核算资料、工资等。

（6）安全生产资料。如各项安全生产制度、措施，安全生产检查及会议记录、安全事故调查报告等。

针对上述大量的技术数据和信息，为提高施工质量和管理水平，需要对这些数据和信息科学的进行分类、计算、组合及整理，以顺利组织和指导工程的施工。对于技术数据和信息处理的精度和及时性，对工程建设的质量和成败有着重要的影响。因此，信息管理是施工项目管理的关键过程之一，是施工项目管理知识体系的重要组成部分。

信息管理是指对信息的收集、加工、整理、存储、传递与应用等一系列工作的总称，其目的就是通过有组织的信息流通，使决策者能及时、准确地获得相应的信息。一般对施工项目信息管理的基本要求如下：

（1）根据信息来源进行分类，适应施工项目管理的需要，为预测未来和正确决策提供依据。

（2）掌握信息流程的不同环节，建立项目信息管理系统，优化信息结构，实现项目管理信息化。

（3）建立信息管理制度，及时收集、整理、汇总本项目范围内的信息，并将信息准确、完整地传递给使用单位、部门和人员。

（4）科学运用信息管理的手段，配备有资质的信息管理人员，对于大型项目应设置信息管理职能部门或信息中心。

在施工监理过程中，信息管理的主要作用在于辅助监理工程师对项目实施主动的、动态的、及时的、有效的全过程目标控制，将大量的原始数据收集、整理，通过计算机进行处理，使这些数据形成工程师跟踪监测施工活动，分析、预测各个事件，及时乃至提前做出决策的有用信息。监理工程师的信息来源包括承包商和工程师之间的大量往来信函，现场监理值班日报、施工进度周报、施工月进度报告、支付凭证、各种会议纪要、备忘录、现场地质素描及其他信息简报等。监理工程师要按照项目组织与管理的工作过程建立管理信息系统流程，并控制信息流。施工管理中信息流主要有：

（1）外部信息流。主要指国内外同行业、同系统的有关信息，为科学组织施工和精心管理提供分析及决策。

（2）横向信息流。主要指同一层次各部门间的信息关系。通过信息传递和相互了解情况，加强合作，完成和实现预期的目标。

（3）纵向信息流。主要指由上层下达到基层，或由基层反映到上层的各种信息。如有关指示、通知、报表、统计资料等。

10.4.3 项目信息的分类

1. 按工程目标划分

（1）投资控制信息。指与投资控制直接有关的信息，如各种估算指标、设计概算、概（预）算定额、施工图预算；计划（完成）工程量、索赔费用表、竣工决算、施工阶段的支付账单；原材料价格、机械设备台班费、人工费、运杂费等。

（2）质量控制信息。指建设工程项目质量有关的信息，如国家有关的质量法规、政策及质量标准、项目建设标准；质量目标体系、工作流程、工作制度和质量抽检数据、质量事故记录和处理报告等。

（3）进度控制信息。指与进度相关的信息，如总进度（网络）计划、单项工程进度计划、施工措施计划、进度控制的工作流程与工作制度、计划进度与实际进度偏差、网络计划的优化与调整等。

（4）合同管理信息。指建设工程相关的各种合同信息，如工程招投标文件、施工承包合同、物资设备供应合同、监理合同及合同签订、变更、执行、索赔等情况。

2. 按信息来源划分

（1）项目内部信息。指建设工程项目各个阶段、各个环节、各有关单位发生的信息总体。如工程概况、设计文件、施工方案、承包合同及合同管理制度、会议制度、监理组织，项目投资目标、质量目标、进度目标等。

（2）项目外部信息。指来自项目外部环境的信息，如国家有关的政策及法规、原材料及设备价格、类似工程造价与进度，新技术、新材料、新方法及资金市场变化等。

3. 按信息稳定程度划分

（1）固定信息。指在一定时间内相对稳定不变的信息，包括标准信息、计划信息和查询信息。标准信息主要指各种定额和标准，如施工定额、原材料消耗定额、设备和工具的耗损程度等。计划信息反映在计划期内已定任务的各项指标情况。查询信息主要指国家和行业颁发的技术标准、不变价格、监理工作制度等。

（2）流动信息。是指在不断变化的动态信息，如项目实施阶段的质量、投资及进度的统计信息，项目实际进程及计划完成情况，原材料实际消耗量、机械台班数、人工工日数等。

4. 按信息层次划分

（1）战略性信息。指项目建设过程中的战略决策所需的信息，如投资总额、建设总工期、承包商的选定、合同价等信息。

（2）管理性信息。指项目年度进度计划、财务计划等。

（3）业务性信息。指各业务部门的日常信息，较具体，精度较高。

此外，结合工程实际，信息也可大致分为：

（1）计划信息。主要指工程各项计划指标、统计资料、有关指示等。

（2）执行信息。如施工下达有关计划、命令等。

（3）检查信息。如施工进度、质量和成本控制等，了解工程进展情况。

（4）反馈信息。如施工中有关调整措施、方法及意见等。

前述提到，数据是信息的载体。工程管理中涉及到设计、监理及施工单位，需要处理大量的技术数据。数据大致可表述为以下几种。

（1）存档类数据。如国家政策法规、技术规范、施工定额及合同等。

（2）计划类数据。如工程有关计划与预测、监理规划、实施报告等。

（3）事务类数据。主要指工程实施及生产活动引起存档类数据的变更等。如施工实际进度、成本与进度计划、投资计划的动态控制等，特别在监理工作中，相关阶段性的数据如材料认可、设计变更、阶段验收及价款支付等。

（4）统计类数据。如事务类数据的累计、汇总、分类及分析产生的中间或结果数据。

10.4.4 信息管理过程和内容

信息管理贯穿建设工程全过程，衔接建设工程各个阶段、各个参建单位和各个方面，主要包括信息的收集、加工整理、存储、检索和传递。管理中要了解各参建方之间正确的信息流程，进而组建建设工程项目的合理信息流，保证工程数据的真实性和信息的及时产生。

1. 项目信息的收集

主要收集项目决策和实施过程中的原始数据。信息管理工作的质量取决于原始资料的全面性和可靠性，故建立一套完善的信息采集制度是非常有必要的。

(1) 建设前期的信息收集。项目在正式开工之前，需要进行许多工作并产生大量的文件。资料收集主要包括：

1) 收集设计任务书及有关资料。

2) 设计文件及有关资料的收集。

3) 招标投标合同文件及其有关资料的收集。

(2) 施工期的信息收集。工程在施工阶段，每天都发生各种各样的情况，相应地包含着各种信息，需要及时收集和处理。此阶段可以说是大量的信息发生、传递和处理的阶段。

1) 建设单位提供的信息。

2) 施工单位提供的信息。

3) 工程监理的记录。

4) 工地会议信息。

(3) 竣工阶段的信息收集。工程竣工验收时，需要大量的对竣工验收有关的各种资料信息。这些信息一部分是在整个施工过程中长期积累形成的；另一部分是在竣工验收期间，根据积累的资料整理分析而形成的。

2. 信息的加工整理和存储

信息管理除注意各种原始资料的收集外，更重要的要对收集来的资料进行加工整理，并对工程决策和实施过程中出现的各种问题进行处理。如对资料和数据进行分析，产生项目管理决策的信息；通过应用数学模型统计推断产生决策信息等。

在项目建设过程中，依据收到信息所作的决策或决定主要有：

(1) 依据进度控制信息，对施工进度状况的意见和指示。

(2) 依据质量控制信息，对工程质量控制情况提出意见和指示。

(3) 依据投资控制信息，对工程结算和决算情况的意见和指示。

(4) 依据合同管理信息，对索赔的处理意见。

3. 信息的检索和传递

对于存入档案库或存入计算机的信息、资料，入库前均需拟定一套科学的查找方法和手段，作好编目分类工作。健全的检索系统可以使报表、文件、资料、人事和技术档案既保存完好，又查找方便。

信息的传递是借助于一定的载体（如纸张、软盘、磁带等）在建设项目信息管理工作的各部门、各单位之间的传递。通过传递形成各种信息流，利用报表、图表、文字、记录、各种收发文、会议及计算机等传递手段，不断地将项目信息输送到建设各方手中，成为他们工作的依据。

处理好的信息，要按照需要和要求编印成各类报表和文件，以供项目管理使用。存储于计算机数据库中的数据，可为各个部门所共享。

10.4.5　项目档案管理

1. 档案资料管理的范围

水利工程建设项目立项、可行性报告、设计、决策、施工、质检、监理、过程中验收、竣工验收、试运行等工程建设中形成，并应归档保存的文字、表格、声像、图纸等各种载体材料，均属档案资料管理的范围。

2. 档案资料管理的要求

（1）工程档案工作应与工程建设进程同步管理。

（2）档案应完整、准确、系统，做到装订整齐、签字手续完备，图片、照片等附情况说明。

（3）竣工图应反映实际情况，必须做到图物相符，做好施工记录、检测记录、交接验收记录和签证，并加盖竣工图章。

（4）施工过程中的图片、照片、录音、录像等材料，以及施工中的重大事件、事故等，应有完整文字说明。同时详细填写档案资料情况登记表。

3. 档案资料管理制度

根据不同工程特点和实际情况，一般档案资料管理制度或办法主要有：

（1）档案工作制度。

（2）技术资料管理制度。

（3）工程档案管理办法。

（4）工程竣工文件编制及档案整理制度。

（5）文书档案归档文件整理制度。

（6）文书档案归档范围及保管期限等。

（7）声像档案管理制度。

4. 档案资料立卷和整编

（1）工程档案组卷。原件内容（领导签名、签字、意见及原始记录等）一律用黑色碳素笔（或蓝黑色钢笔）书写。来往函件以有文签的为原件。

组卷要求遵循文件材料的形成特点和规律，保持文件材料的系统联系，便于档案的保管和利用。一般按工程档案归档内容划分表划分类别，按文件种类组卷。同一类型的文件材料以属类为单位进行组卷，即一个属类中相同类型的文件材料放在一起。

文件材料的组卷按单位工程、分部工程、单元工程的顺序排列。归档前，根据各专业的技术管理要求和工作大纲进行审查、验收，合格后方能归档。

水利工程建设项目施工文件材料归档范围与保管期限参考表 10.5。

（2）案卷编制。

1）案卷封面：包括案卷题名、立卷单位、起止日期、保管期限、密级等。

2）页号编写：卷内文件材料逐页编号，不得漏号或重号。经印刷装订有正式页号的文件材料，归档时不需要编写页号，但需要在卷内备考表中说明，写明总张数。

表 10.5　　　　水利工程建设项目施工文件材料归档范围与保管期限表

序号	归 档 文 件	保管期限		
		项目法人	运行管理单位	流域机构档案馆
1	工程技术要求、技术交底、图纸会审纪要	长期	长期	
2	施工计划、技术、工艺、安全措施等施工组织设计报批及审核文件	长期	长期	
3	建筑原材料出厂证明、质量鉴定、复验单及试验报告	长期	长期	
4	设备材料、零部件的出厂证明（合格证）、材料代用核定审批手续、技术核定单、业务联系单、备忘录等		长期	
5	设计变更通知、工程更改洽商单等	永久	永久	永久
6	施工定位（水准点、导线点、基准点、控制点等）测量、复核记录	永久	永久	
7	施工放样记录及有关材料	永久	永久	
8	地质勘探和土（岩）试验报告	永久	长期	
9	基础处理、基础工程施工、桩基工程、地基验槽记录	永久	永久	
10	设备及管线焊接试验记录、报告，施工检验、探伤记录	永久	长期	
11	工程或设备与设施强度、密闭性试验记录、报告	长期	长期	
12	隐蔽工程验收记录	永久	长期	
13	记载工程或设备变化状态（测试、沉降、位移、变形等）的各种监测记录	永久	长期	
14	各类设备、电气、仪表的施工安装记录，质量检查、检验、评定材料	长期	长期	
15	网络、系统、管线等设备、设施的试运行、调试、测试、试验记录与报告	长期	长期	
16	管线清洗、试压、通水、通气、消毒等记录、报告	长期	长期	
17	管线标高、位置、坡度测量记录	长期	长期	
18	绝缘、接地电阻等性能测试、校核记录	永久	长期	
19	材料、设备明细表及检验、交接记录	长期	长期	
20	电器装置操作、联动实验记录、	短期	长期	
21	工程质量检查自评材料	永久	长期	
22	施工技术总结，施工预、决算	长期	长期	
23	事故及缺陷处理报告等相关材料	长期	长期	
24	各阶段检查、验收报告和结论及相关文件材料	永久	永久	* 永久
25	设备及管线施工中间交工验收记录及相关材料	永久	长期	
26	竣工图（含工程基础地质素描图）	永久	永久	永久
27	反映工程建设原貌及建设过程中重要阶段或事件的声像材料	永久	永久	永久
28	施工大事记	长期	长期	
29	施工记录及施工日记		长期	

注　保管期限中有 * 的类项，表示相关单位只保存与本单位有关或较重要的相关文件材料。

3）签订表填写：归档材料均应填写档案签订表，内容包括档案号、密级与保管期限、名称、签订意见简述、签订单位与签订者、签订日期、总监理工程师意见、业主代表审查意见等。

4）卷内目录编制：内容有序号、文件编号、责任者、文件材料题名、日期、页号等。

5）卷内备考表编制：内容有立卷人、立卷日期、检查人、检查日期等。

以上内容和表格可参考相关规定，竣工验收时需提交合格的档案资料及完整的竣工图纸，为工程维修和管理提供依据。

10.4.6　管理信息系统

管理信息系统首先要掌握足够的真实情况及有用的信息，特别现代管理领域中的信息量急剧增加，需要运用现代信息处理的方法和技术。一项工程就是一个信息系统，通过建立和完善系统或组织内部的信息系统，及时全面地为不同层次的管理人员提供所需的数据和信息，从而为一个组织的计划、控制和协调的职能服务。以工程建设为例，业主、承包商、监理单位构成一个统一的组织系统，针对工程项目进行各自的工作。作为监理单位，其本身形成一个信息系统，如政府法规、专业规范、合同要求、施工进度及投资等资料的收集，对数据和收集信息进行处理和决策。

在水利工程施工与管理中，信息系统的总目标为控制质量、工期和成本。其子系统包括工程、计划、物资、进度、质量、成本及设备等。目前，信息管理和计算机的应用在水利施工与管理中发挥着重要的作用。同时，现代水利施工对管理系统的开发与应用也提出较高的要求。限于篇幅，仅简要介绍。

1. 系统开发具备条件

（1）具有科学管理的基础。确保组织内部职能分工的明确化，具有清晰的信息流结构；日常业务的标准化，规定标准的工作程序和工作方法；设计统一的报表格式，避免报表泛滥和重复，即报表文件的规范化；数据资料的完整化和代码化，建立一套完整的信息目录表及信息编码系统。此外，还应使信息收集、整理等工作制度化。

（2）具有系统开发专业人才。如系统分析、设计、程序编制等专业人员。

（3）具有合适的硬件和软件。如主机运算速度和存储容量等。

2. 系统开发原则

（1）经济效益原则。系统开发须评价其直接效益和间接效益，同时，也需要一定的人力、物力和财力。

（2）循序渐进原则。系统开发有一个逐渐完善和扩充的发展过程，开始不宜贪大求全，逐步发展到综合的管理信息系统。

（3）灵活性与适应性原则。系统开发应具有足够的灵活性与适应性，能反映现代项目管理的需要，满足各种专业管理和综合管理的要求。

（4）一致性原则。保持各子系统间的协调和统一性及与外界其他信息系统的一致性，保证正常使用的信息的安全。

3. 信息系统评价标准

（1）系统功能。如校验功能、计算能力、信息显示等。

（2）系统效率。如信息处理时所需的时间和资源。

（3）信息服务质量。如计算精确度、图表可读性及清晰度等。

（4）系统可靠性与适应性。

针对项目信息管理系统，特别应注意以下几点：①信息管理系统目录完整、层次清晰、结构严密，主要信息资源能够共享；②方便施工项目管理人员进行信息的输入、整理、存储和提取；③能及时调整数据、表格与文档，补充、修改与删除数据，信息的种类与数量能满足施工项目管理的全部需要；④以进度、费用、质量、安全等目标管理（控制）为重点，实现风险管理信息化。

4. 系统开发可行性分析

系统开发可行性分析主要内容有：

（1）经济效益可行性。主要指系统运行带来的经济效益，并考虑系统投资、运行费用等。

（2）技术力量可行性。指系统开发拥有技术力量和可委托、借用的技术力量等。说明运行、维护技术人员及培养计划。

（3）计算机性能可行性。如系统性能，计算机硬件和软件性能要求及在安全、可靠、处理能力等方面的情况。

通过综合分析和比较，对提出的几个可行方案选择最优的方案。

5. 系统实施与评价

此阶段的工作主要有实施准备、编程、调试、系统转换、运行与维护及评价等。

（1）实施准备工作。主要包括制订实施计划、规定编程规范、编写程序设计说明书及编程人员等。应注意做好相互之间的协调工作。

（2）程序设计。可选用流程图、结构化编程等方法进行程序的设计工作。注意程序的文法和风格，使其思路清晰、语句流畅。

（3）系统调试。一般包括程序调试、联合调试和用户界面调试。通过调试来发现问题和检查程序的运行状况。

（4）系统实施。如用户培训、系统转换，系统运行与维护等。

（5）系统评价。如系统是否达到主要目标、文档资料是否完整及经济效益如何等。

【水利工程管理信息系统简介】

水利工程管理信息系统由水利工程档案管理子系统、水利工程建设与管理子系统、水利工程运行动态监控管理子系统和河道监控管理子系统等四部分组成。前两部分内容如下。

（1）水利工程档案管理子系统主要是各类工程的报审资料和文件、规划设计资料、招投标资料、建设过程质量资料、监理资料、竣工验收资料、维护建设申报资料等入库、查询、统计等应用，以水利工程基础数据库为基础。

（2）水利工程建设与管理子系统主要是满足工程筹备和审批阶段、施工准备阶段、实施阶段和竣工验收阶段、运行阶段的各项过程和业务流程的管理，包括招投标管理、项目管理、质量管理和建设审批流程管理、工程管理等。其中项目管理主要包括工程建设过程中的目标控制、组织管理、合同管理及工程进度管理等；质量管理主要包括工程质量评价管理、工程监督管理等。

该系统依托水利基础数据库和水利计算机网络，掌握相关辖区范围内水利工程的运行情况，实现工程建设和运行管理的信息化。

10.5 施工安全管理

现代水利施工和机械化要求，使施工安全管理工作越来越受到重视，它直接关系到施工人员和国家财产的安全。水利水电建设工程施工安全管理，实行建设单位统一领导，监理单位现场监督、施工承包单位为责任主体的各负其责的管理体制。各单位必须充分认识安全生产的重要性，认真搞好安全生产教育，自觉执行安全规程，做到文明施工和科学管理。

10.5.1 施工安全管理的要求

水利工程施工安全管理涉及到用电、防火、爆破、人员安全、警示性标志及作业场所卫生等方面的要求。针对工程特点、施工方法及机械设备等情况，应编制具体的安全技术措施和安全操作规程，施工前进行技术交底。大型拆除项目开工前，必须制定安全技术措施。

1. 施工人员安全要求

（1）施工管理及工程专业技术人员应熟悉水利水电工程建筑安装的安全技术工作规程的各项规定，不同工种施工者必须熟悉本工种的安全操作规程。

（2）施工现场人员必须按规定穿戴好防护用品和必要的安全防护用具，严禁穿拖鞋、高跟鞋或赤脚工作。严禁在铁路、公路、洞口或山坡下等不安全地区停留和休息。

特别应严格遵守以下规定：

（1）患有高血压、心脏病、贫血、精神病及其他不适于高处作业病症的人员，不得从事高处作业。

（2）在坝顶、陡坡、屋顶、悬崖、杆塔、吊桥脚手架及其他危险边沿进行悬空高处作业时，临空一面必须搭设安全网或防护栏杆。工作人员必须栓好安全带，戴好安全帽。

（3）在带电体附近进行高处作业时，须满足距带电体的最小安全距离。如遇特殊情况，则必须采取可靠的措施确保作业安全。

2. 施工设施（设备）管理要求

（1）施工现场存放的材料、设备，应做到场地安全可靠、存放整齐，必要时设专人看护。

（2）施工现场的各种施工设施、管道线路等，应符合防火、防爆、防洪、防风、防坍塌及工业卫生等要求。

（3）施工现场电气设备和线路应配置触电防护器，以防止因潮湿漏电和绝缘损坏引起触电及设备事故。

（4）挖掘机工作时，任何人不得进入挖掘机的危险半径以内。

（5）搬运器材和使用工具时，须注意自身安全和四周人员的安全。

（6）起重机使用前须试车，检查挂钩、钢丝绳及电气等。使用时禁止任何人员站在吊运物品上或下面停留、行走。物件悬空时，驾驶人员不得离开操作岗位。

此外，施工现场排水设施应进行规划，排水通畅且不妨碍正常交通。

3. 施工防火安全的要求

工程施工中应注意以下问题，以确保防火安全：

（1）施工现场的用火作业区距所建的建筑物和其他区域的距离不小于 25m，距生活区的距离不小于 15m。

（2）修建仓库和选择易燃、可燃材料堆集场时，应确保其距离已修建的建筑物或其他区域的距离大于 20m。

（3）易燃废品堆集产生意外事故的可能性更大，易燃废品集中站距所建的建筑物和其他区域的距离应大于 30m。

（4）防火间距中，不应堆放易燃和可燃物质。如在仓库、易燃、可燃材料堆集场与建筑物之间堆放易燃和可燃物质，应确保建筑物距离易燃和可燃物质最近的距离大于防火安全距离。

汽油库必须选在安全地点，周围设置围墙，设置"严禁烟火"警示牌，库顶设避雷装置。

4. 施工用电安全要求

施工照明及线路应符合安全技术规程规定的要求。施工现场一般不允许架设高压电线，必须架设时，应与建筑物、工作地点保持安全距离。

（1）大规模露天施工现场宜采用大功率、高效能灯具。

（2）施工现场及作业地点应有足够的照明，主要通道应设有路灯。

（3）在高温、潮湿、易于导电触电的作业场所使用照明灯具距地面高度低于 2.2m 时，其照明电源电压不得大于 24V。

在存有易燃、易爆等危险物品的场所，或有瓦斯和粉尘的巷道，微小火星都有可能引起火灾、爆炸等危害，照明设备必须采取防爆措施。

5. 警示性标志的要求

水利工程施工现场较为复杂，应对工程现场的危险处或地带进行防护与标示。

（1）施工现场的洞（孔）、井、坑、升降口、漏斗等危险处应有防护设施或明显标志，特别在夜间也可明显看见，以防人员和机械设备掉入。

（2）在交通频繁的交叉路口，设置交通指挥亭，设专人指挥。

（3）火车道口两侧设置路杆，以防行人和车辆发生意外。

（4）在有塌方等危险的地段悬挂"危险"或"禁止通行"的夜光标志牌。

6. 爆破安全的要求

爆破安全控制有关内容可见 2.5 节。对于一些大的水利工程，一般由多个施工单位承担施工，应规定在固定时间进行爆破，统一各工区的警戒信号及警戒标志，统一划定安全警戒区与警戒点，实行分片负责，明确各警戒点的负责单位与警戒人员。

10.5.2　施工安全控制

1. 施工安全控制程序

施工安全控制的程序如图 10.6 所示。安全控制与管理贯穿工程建设的整个过程，各单位应贯彻"安全第一、预防为主"的方针，加强安全生产管理和制度建设，单位行政第一负责人为安全生产的第一责任人。由建设单位组织建立有施工、设计、监理等单位参加的工程施工安全管理机构，制定安全生产管理办法，明确各单位安全生产的职责和任务，共同做好工程施工安全生产工作。

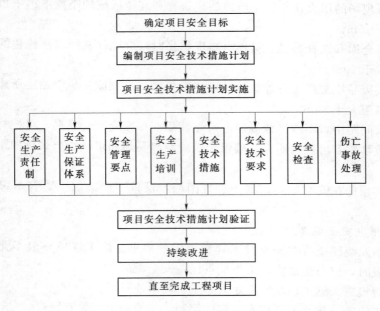

图 10.6　施工安全控制程序

各单位应按国家规定建立安全生产管理机构，配备符合规定的安全监督管理人员，健全安全生产保障体系和监督管理体系，以确保实现工程安全生产管理目标。

2. 施工单位安全控制

施工单位应持有安全生产许可证，按承包合同规定和设计要求，结合施工实际，编制相应的安全生产措施，对重大危险施工项目，应编制专项安全技术方案。为做好安全控制与管理工作，应从以下几方面着手：

（1）建立安全生产管理机构。工程实践表明，要安全生产和文明施工，必须从上而下明确各自的安全生产职责，建立安全生产管理机构和安全生产责任制。

1）实行管生产必须同时管安全的原则，明确各级安全生产负责人。严格按照合同文件、技术规范组织施工。

2）落实安全管理和环境保护的要求。编制施工组织设计及施工计划时，同时编制施工安全技术措施。布置生产任务时，须进行安全技术交底。对下列达到一定规模的危险性较大的工程应当编制专项施工方案，并附具安全验算结果，经施工单位技术负责人签字以及总监理工程师核签后实施，由专职安全生产管理人员进行现场监督：

①基坑支护与降水工程；②土方和石方开挖工程；③模板工程；④起重吊装工程；⑤脚手架工程；⑥拆除、爆破工程；⑦围堰工程；⑧其他危险性较大的工程。

3）结合工程情况，设专职或兼职安全员。如各班组安全员负责本班组安全生产，组织班前、班后的安全检查等。

4）把好安全生产"六关"，即措施关、交底关、教育关、防护关、检查关、改进关。

（2）安全教育与检查。

1）利用多种形式进行安全宣传教育，提高职工的安全生产知识。

2）进行安全知识教育和安全技术知识的培训工作。特别有针对性组织职工学习安全生产、急救常识等，提高自我保护能力。

3）教育职工遵守国家环境保护法令、法规。

4）教育职工自觉遵守安全生产规章制度，不违章作业。

5）加强对新职工的入场（厂）安全教育和岗位安全教育，确保安全生产。

6）各类人员必须具备相应的执业资格才能上岗，特殊工种如爆破工、电工、驾驶员、焊工等，坚持培训和持证上岗制度。

7）新技术、新工艺、新结构施工及复杂部位施工时，加强安全教育，并进行重点检查。

8）节假日或季节性气候变化，应进行安全检查，进一步落实安全措施。

9）经常检查与定期检查相结合，普通检查与重点检查相结合，建立定期与不定期的安全检查制度。

10）根据检查结果和反馈信息，不定期召开安全形势分析会，提出整改意见并予以落实。对查出的安全隐患做到"五定"，即定整改责任人、定整改措施、定整改完成时间、定整改完成人、定整改验收人。

（3）安全事故处理。重视安全事故处理工作是搞好安全生产重要的一环。若发生安全事故，按规定及时上报，并及时处理和分析原因，制定必要的防范措施。对违反政策法令和规章制度者，视情节轻重、损失大小等进行处理。

3．监理单位安全控制

水利建设项目管理使得以监理单位为核心的技术咨询服务体系在工程施工与管理中发挥重要的作用。为实现文明施工，完成质量控制、进度控制和投资控制三大目标，加强施工安全控制是监理工程师一项重要任务。其职责主要有：

（1）贯彻执行党和国家的安全生产及劳动保护的政策法规。

（2）指导施工单位及安全技术人员的工作，掌握安全生产情况。针对存在问题，提出改进意见和措施。

（3）审查施工方案及安全技术措施，并检查执行情况。

（4）组织安全活动，定期召开安全工作会议。

（5）制止违章指挥和违章作业。

（6）工伤事故的调查和处理。

对施工单位安全技术措施审查时，主要考虑：

（1）施工总平面布置图。施工平面布置不当会造成施工干扰，影响施工进度，同时留下施工安全隐患。可着重检查炸药库、油库和其他易燃、易爆、有毒危险品库位是否满足安全要求；水平运输和垂直运输线路布置、电气线路及变配电设备布置是否满足安全要求等。

（2）施工现场安全管理。检查施工单位是否落实对施工现场安全管理的具体要求，以确保施工有秩序、安全施工。

（3）施工安全技术。针对不同部位检查其措施是否到位和切实可行。

10.5.3　施工安全防护

施工安全管理过程中，结合已有工程的经验教训，有针对性地分析不同工种的不安定因素，可进一步采取有效安全技术措施，以促进和提高施工管理水平。

下面仅就爆破工程、土石方工程、电气工程、混凝土工程等安全防护措施进行介绍和说明。

1. 爆破工程

爆破工程的材料如炸药、雷管均为爆炸危险品，存在极大的不安全因素。在严格执行安全规定及加强运输管理、仓库保管工作的同时，爆破作业是一关键环节。

一般发生事故的原因主要有：

（1）起爆材料不符合标准，导致早爆或迟爆。

（2）炮位选择不当，飞石超越警戒线。

（3）违章处理瞎炮或变质的爆炸材料。

（4）施工设备、人员未按规定撤离危险区或爆破后过早进入爆破区。

（5）电力起爆时，有杂散电流或雷电干扰发生早爆事故。

（6）爆炸材料不按规定堆放或警戒，管理不严而造成爆炸事故。

（7）仓库无避雷装置，发生雷击事故。

（8）爆破造成爆破区发生塌方、滑坡等。

针对上述分析，应从以下几方面做好安全防护与管理：

（1）根据爆破区进一步了解其周围环境的障碍物和需保护对象，必要时采取保护措施。

（2）科学编制爆破施工方案。对大、中型工程的爆破，应进行爆破工程设计。

1）根据工程地质等勘探资料，结合工程情况如工期、环境条件等选择适宜爆破方案。

2）合理确定爆破设计参数。

3）具有安全技术措施。如建筑物、爆破飞石防护措施，减少地震效应影响措施及安全警戒等。

（3）认真落实爆破方案要求的各项安全技术措施。

1）爆破作业前进一步讨论和积极落实安全措施，并做好组织协调工作。

2）严格按爆破设计的装药量、技术措施进行装炮作业。如检查炮孔位置、堵塞长度等是否符合要求。

（4）做好爆破器材日常管理工作，严格爆破器材出库、入库制度。

2. 土石方工程

土石方工程施工如明挖、填筑时，常因不利情况发生影响施工正常进行。工程施工时要高度重视，针对具体情况采取相应安全防护和措施。

土石方明挖与填筑时，发生事故的原因主要有：

（1）土石方明挖，工程量大，工期紧，工作面较集中，易发生边坡滚动物伤人和机械设备如挖掘机、推土机、装载机和自卸汽车等伤人事故。

（2）在高边坡、基坑、深槽处开挖，易发生浮石滚落、坍塌或滑坡事故。

（3）对于土方沟槽开挖，最大危险为土壁坍塌，将作业人员埋入。

（4）土石围堰拆除，在河边（部分在河下）进行，易发生机械设备倾翻坠河、人员坠河淹溺伤亡事故。一般现场车辆来往繁忙，也易发生交通事故。

（5）填筑时一般昼夜连续作业，如装土、运土、平仓、碾压等，机械设备易发生互撞、倾覆或撞人伤亡事故。

（6）江河截流土石填筑时，河水猛烈冲刷进占戗堤，造成戗堤局部频繁坍塌。

（7）坡面整坡、砌筑时易产生滚石，坡面碾压和夯实作业时，设备、设施易发生倾覆事故。

针对上述情况，可从以下几方面着手：

（1）科学制定土石方开挖方案，控制边坡开挖坡度。施工中视开挖及进度等情况，设置必要安全防护措施。作业区有足够的设备运行场地和施工人员通道。

（2）在土质疏松或较深的沟、槽、坑、穴作业时应设置挡土护栏或固壁支撑等。

（3）坡高大于 5.0m，坡度大于 45°的高边坡、深基坑开挖作业，应清除设计边线外 5m 范围内的浮石、杂物，修筑坡顶截水天沟和坡顶设置安全防护栏或防护网。

（4）雨季施工设计好排水系统，防止雨水冲塌边坡或流入基坑。

（5）土石围堰拆除时，水上部分应设有交通和警告标志，水下部分配有供开挖作业人员穿戴的救生衣等防护用品。围堰混凝土部分爆破拆除时，可进行覆盖防护。

（6）向水下填掷石块、石笼的起重设备，要锁定牢固。人工抛掷应有防止人员坠落和应急施救措施。

（7）坡面整坡、砌筑应设置人行通道，坡面碾压、夯实作业时，设备、设施锁定牢固，工作装置有防脱、防断措施。

3. 电气工程

电气事故危害较大，如爆炸着火、伤害人体和损坏设备等。水利施工现场因工种较多，交叉作业，易发生触电等事故。

发生触电等事故的原因主要有：

（1）供电线路敷设不符合安装规程和要求。如架设过低、导线绝缘损坏、采用不合格导线或绝缘子等。

（2）维护检修工作不合理，违反安全操作规程。如移动或修理设备时不预先切断电源、湿手接触开关和插头等。

（3）违章在高压线下施工且未采取安全措施。如钢管、钢筋等碰上高压线而触电。

（4）用电设备损坏或不合规格。

（5）检修工作不及时。

施工安全监控措施可从以下着手：

（1）经常带电设备，应根据设备性质、电压等级、周围环境及运行条件，保证防护意外接触。对裸导线或母线采取封闭、高挂或设置罩盖等绝缘、屏护遮栏及安全距离等措施。

（2）偶然带电设备，如电机外壳、电动工具等，可采用保护接地、保护接零或安装漏电断路器等措施。

（3）检查维修作业时，严禁违章工作，严格执行安全规定。

（4）加强安全宣传教育工作。

4. 混凝土工程

混凝土施工在第 4 章已介绍。施工过程中如模板、钢筋及混凝土生产、浇筑等存在的不安定因素要充分予以重视。结合工程实践，主要有以下几点：

（1）木材加工要防止各种锯、刨、钻等加工设备的转动与传动部位的机械伤害和木料飞出伤害事故。

（2）大型模板进入现场吊运时易发生脱落伤人事故。安装时大多为高处临空作业。

（3）钢模台车工作范围窄小，要防止人员坠落及坠物伤人事故发生。

（4）钢筋除锈、绑扎焊接时，要注意尘毒危害，防止人员高处坠落及电焊机漏电触电事故等。

（5）混凝土生产时，制冷系统设备多为压力容器，主要防止爆炸和急性中毒等。

（6）拌和站（楼）布设时，要防止高处坠落，因联系信号失误致使误操作造成机械伤害及雷击等。

（7）水泥和粉煤灰罐储存运行要防止粉尘危害、罐顶高处坠落及罐内掩埋事故。

（8）混凝土仓面清理时，易发生触电、高处坠落和冲毛冲洗伤人，振捣设备漏电等。

（9）水下混凝土浇筑要防止淹溺伤亡，设置防护栏杆、交通栈桥等。

（10）地下工程混凝土浇筑，环境潮湿且多为高处作业。

为此，混凝土施工时要根据具体情况，采取有效的安全防护措施，确保各项作业顺利进行。具体可参阅施工安全技术规程。

本　章　小　结

水利施工实行全面、全过程的监督和管理，参与工程建设的各方须遵守和执行规定的程序，其中计划管理是施工管理工作的核心。工程中常根据施工总进度要求，编制年度施工计划、季度施工计划和月施工计划等。施工进度控制常采用横道图、工程进度管理曲线、网络计划技术等方法。

工程质量实行项目法人（建设单位）负责、监理单位控制、施工单位保证和政府监督相结合的质量管理体制。施工阶段质量影响因素主要有人、材料、机械、方法、环境，要严格执行"三检制"（自检、复检、终检），加强工序质量控制，实施全面质量管理（PDCA）。针对一般质量事故、较大质量事故、重大质量事故、特大质量事故须按规定上报并处理。

成本管理主要有成本预测、成本计划、成本控制、成本核算、成本分析和成本考核。其中施工成本计划是实现成本管理任务的指导性文件，应加强合同管理、岗位和成本责任制管理、工程变更与索赔管理、信息管理、竣工决算管理。信息管理主要包括信息的收集、加工整理、存储、检索和传递。

施工安全管理实行建设单位统一领导、监理单位现场监督、施工承包单位为责任主体的各负其责的管理体制。施工单位应持有安全生产许可证，建立安全生产管理机构，加强安全教育与检查、坚持培训和持证上岗制度，对查出的安全隐患做到"五定"，即定整改责任人、定整改措施、定整改完成时间、定整改完成人、定整改验收人。

职 业 训 练

1. 工序质量控制

（1）资料要求：工程资料、相关图纸和规范。

（2）分组要求：3～5 人为 1 组。

（3）学习要求：①熟悉工序过程控制；②编写质量控制的工作程序（质量控制点）。

2. 施工安全控制

（1）资料要求：工程资料、相关图纸和规范。

（2）分组要求：2～4 人为 1 组。

（3）学习要求：①熟悉施工安全控制程序；②编制安全生产措施（方案）。

思 考 题

1. 施工计划的种类有哪些？试加以简述。

2. 何谓计划管理？其任务是什么？

3. 工程质量控制时应注意哪些问题？

4. 何谓全面质量管理？简述其特点。

5. 工程质量事故有哪些？如何避免事故的发生？

6. 简述工程成本的控制与措施。

7. 简述施工管理信息及信息流。

8. 施工现场对安全管理有何要求？

参 考 文 献

［1］ 中国水力发电工程. 施工卷. 北京：中国电力出版社，2000.
［2］ 中华人民共和国电力行业标准. 水工建筑物水泥灌浆施工技术规范（DL/T 5148—2001）. 北京：中国电力出版社，2001.
［3］ 袁光裕. 水利工程施工（第三版）. 北京：中国水利水电出版社，1996.
［4］ 杨康宁. 水利水电工程施工技术. 北京：中国水利水电出版社，1996.
［5］ 吴安良. 水利工程施工. 北京：水利电力出版社，1992.
［6］ 司兆乐. 水利水电枢纽施工技术. 北京：中国水利水电出版社，2001.
［7］ 龚晓南. 地基处理新技术. 西安：陕西科学技术出版社，1997.
［8］ 牛运光. 土坝安全与加固. 北京：中国水利水电出版社，1998.
［9］ 张正宇，等. 现代水利水电工程爆破. 北京：中国水电出版社，2003.
［10］ 魏璇. 水利水电工程施工组织设计指南. 北京：中国水利水电出版社，1999.
［11］ 董利川. 建设项目质量控制. 北京：中国水利水电出版社，1996.
［12］ 邓学才. 施工组织设计的编制与实施. 北京：中国建材工业出版社，2000.
［13］ 黄宗璧. 建设项目投资控制. 北京：中国水利水电出版社，1996.
［14］ 胡宝柱. 建设项目信息管理. 北京：中国水利水电出版社，1996.
［15］ 水利部人事劳动教育司. 水利概论. 南京：河海大学出版社，2002.
［16］ 水利部国际合作与科技司. 工程建设标准强制性条文. 北京：中国水利水电出版社，2001.
［17］ 郑达谦. 给水排水工程施工. 北京：中国建筑工业出版社，1998.
［18］ 毛建平. 水利水电工程施工. 郑州：黄河水利出版社，2004.
［19］ 何佩德. 小型水利工程施工. 北京：中国水利水电出版社，1995.
［20］ 田会杰. 给水排水工程施工. 第二版. 北京：中国建筑工业出版社，1996.
［21］ 高钟璞. 大坝基础防渗墙. 北京：中国电力出版社，2000.
［22］ 孙志峰. 钻探灌浆工. 郑州：黄河水利出版社，1996.
［23］ 钟汉华. 坝工混凝土工. 郑州：黄河水利出版社，1996.
［24］ 王英华. 水工建筑物. 北京：中国水利水电出版社，2004.
［25］ 朱学敏. 起重机械. 北京：机械工业出版社，2003.
［26］ 中华人民共和国电力行业标准. 水工混凝土施工规范（DL/T 5144—2001）. 北京：中国电力出版社，2001.
［27］ 中华人民共和国行业标准. 碾压混凝土坝设计规范（SL 314—2004）. 北京：中国水利水电出版社，2004.
［28］ 中华人民共和国电力行业标准. 水电水利工程模板施工规范（DL/T 5110—2000）. 北京：中国电力出版社，2000.
［29］ 中华人民共和国电力行业标准. 水电水利工程爆破施工技术规范（DL/T 5135—2001）. 北京：中国电力出版社，2001.
［30］ 中华人民共和国电力行业标准. 水利水电工程施工安全防护设施技术规范（DL 5162—2002）. 北京：中国电力出版社，2002.
［31］ 顾志刚，等. 水利水电工程施工技术创新实践. 北京：中国电力出版社，2010.

[32]　钟汉华. 城市水利工程施工技术. 郑州：黄河水利出版社，2008.

[33]　中华人民共和国水利行业标准. 水利水电工程施工组织设计规范（SL 303—2004）. 北京：中国水利水电出版社，2004.

[34]　中华人民共和国水利行业标准. 水利水电工程施工通用安全技术规程（SL 398—2007）. 北京：中国水利水电出版社，2007.

[35]　中华人民共和国水利行业标准. 水利水电工程土建施工安全技术规程（SL 399—2007）. 北京：中国水利水电出版社，2007.

[36]　王运辉. 防汛抢险技术. 武汉：武汉水利电力大学出版社，1999.

[37]　彭立前，等. 水利工程建设项目管理. 北京：中国水利水电出版社，2009.

[38]　杨月林，等. 水工建筑物水泥灌浆施工技术. 武汉：长江出版社，2005.

[39]　包承纲. 堤防工程土工合成材料应用技术. 北京：中国水利水电出版社，1999.

[40]　李广诚，等. 堤防工程地质勘察与评价. 北京：中国水利水电出版社，2003.

[41]　张家驹. 水利水电工程资料员培训教材. 北京：中国建材工业出版社，2010.

[42]　中华人民共和国水利行业标准. 渠道防渗工程技术规范（SL 18—2004）. 北京：中国水利水电出版社，2004.

[43]　中华人民共和国行业标准. 水利水电工程施工质量检验与评定规程（SL 176—2007）. 北京：中国水利水电出版社，2007.